U0259818

普通高等教育“十三五”规划教材
高等学校粮食工程专业教材

粮食工程导论

主编　林亲录　杨玉民

中国轻工业出版社

图书在版编目（CIP）数据

粮食工程导论/林亲录，杨玉民主编. —北京：中国轻工业出版社，2019.9

普通高等教育“十三五”规划教材

高等学校粮食工程专业教材

ISBN 978-7-5184-2209-8

Ⅰ.①粮… Ⅱ.①林… ②杨… Ⅲ.①粮食加工—高等学校—教材 ②粮油贮藏—高等学校—教材 Ⅳ.①TS210.4 ②TS205.9

中国版本图书馆 CIP 数据核字（2018）第 282546 号

责任编辑：马　妍

策划编辑：马　妍　　责任终审：滕炎福　　封面设计：锋尚设计

版式设计：砚祥志远　　责任校对：吴大鹏　　责任监印：张　可

出版发行：中国轻工业出版社（北京东长安街 6 号，邮编：100740）

印　　刷：三河市国英印务有限公司

经　　销：各地新华书店

版　　次：2019 年 9 月第 1 版第 1 次印刷

开　　本：787×1092　1/16　印张：18

字　　数：400 千字

书　　号：ISBN 978-7-5184-2209-8　　定价：49.00 元

邮购电话：010-65241695

发行电话：010-85119835　传真：85113293

网　　址：http://www.chlip.com.cn

Email：club@chlip.com.cn

如发现图书残缺请与我社邮购联系调换

160645J1X101ZBW

本书编委会

主　　编　林亲录（中南林业科技大学）

　　　　　杨玉民（吉林工商学院）

副 主 编　吴　伟（中南林业科技大学）

　　　　　孙　宇（吉林工商学院）

　　　　　汪　鸿（吉林工商学院）

　　　　　吴晓娟（中南林业科技大学）

参编人员　吴　跃（中南林业科技大学）

　　　　　张　亮（吉林工商学院）

　　　　　付湘晋（中南林业科技大学）

　　　　　杨　英（中南林业科技大学）

　　　　　丁玉琴（中南林业科技大学）

前　言

“民以食为天，国以粮为本”。粮食是人类赖以生存的物质资源之一，粮食加工业是关系到国计民生的产业。在我国，数以万计的粮食加工企业分布在全国各地，共同构成了我国粮食加工制品及其安全的重要环节，同时极大地支撑了我国经济的发展。改革开放以来，我国粮食加工业已实现了由粗放型向精细型、基本供给型向专用满足型转变，“十一五”“十二五”期间，继续向产业规模化、经营集约化、技术先进化、产品标准化、资源利用精深化方向发展。然而“十三五”期间，粮食加工业发展面临的形势依然严峻，粮食产品质量安全、营养健康和节能环保方面的问题依然存在，粮食种植结构和加工发展难以适应人民群众日益增长和不断升级的安全优质营养健康粮油产品的消费需求。为促进粮食行业持续发展，提升粮食加工业在国民经济中的地位，急需培养从事粮食或相关产品的科学研究、技术开发、工程设计、生产管理、品质控制、产品销售、检验检疫、教育教学等方面工作的本科专业技术人才。

粮食工程专业主干学科属于食品科学与工程学科，粮食工程专业相关学科包括化学、生物学、机械工程、农学、轻工技术与工程等，相关专业包括食品科学与工程、食品质量与安全等。粮食工程专业立足于粮食产后储藏、加工和利用，是粮食产后加工与研究及其后续产品研发的基础与核心。我国部分高等院校自 20 世纪 50 年代中期开始，陆续开办了粮食工程或粮食、油脂及植物蛋白工程专业，致力于系统培养粮食工程专业技术人才。虽然有关农产品和食品加工方面的专业书籍很多，但能够系统反映我国粮食加工领域研究理论和生产实践的教材却很少。为了加强粮食加工及相关专业本科生的专业教育，使学生系统了解粮食加工的理论基础和生产实践，本书首先对粮食的定义、粮食工业的范畴和粮食工程专业人才培养等方面进行了简要概述，然后在传统粮食加工的基础上，拓展了粮食深加工和副产物综合利用方面的内容。

本书分为七章，由林亲录、杨玉民任主编，吴伟、孙宇、汪鸿、吴晓娟任副主编。具体编写分工如下：第一章由林亲录、吴跃编写；第二章由杨玉民、孙宇编写；第三章由杨玉民编写；第四章由张亮、孙宇编写；第五章由汪鸿编写；第六章由吴伟、吴晓娟编写；第七章由吴伟、付湘晋、杨英、丁玉琴编写。全书由林亲录、杨玉民、吴伟负责统稿。

粮食工程专业具有理工学科结合的特点，覆盖化学、物理、生物、农学、医学、机械、环境、管理等多个学科领域的基本理论和方法。由于本书涉及的学科门类多、内容范围广，加之编者水平和能力有限，书中难免有不妥之处，敬请同行专家和广大读者批评指正，以使本书在使用过程中不断完善和提高。

编者

2019 年 4 月

目　　录

第一章　绪论

第一节　粮食与粮食工程

一、粮食的定义

[学习指导]

比较我国传统的粮食概念、粮食部门的粮食概念、统计部门的粮食概念和国外的粮食概念；了解粮食工业的概念、粮食工业的分类和特点；了解我国粮食工程专业的人才培养情况。

对于粮食的概念，国内与国际对此所作的定义有一定的区别。我国统计的粮食口径，除了传统的谷物类，还包括豆类和薯类，即农业的各种粮食作物和粮食部门经营的全部品种。国际通行的粮食概念指谷物，包括麦类、粗粮和稻谷类三大类，与我国统计的粮食概念有所不同。除非特殊说明，本书所分析的粮食是指稻谷、小麦和玉米三大粮食作物。因为依据国家统计局统计数据，稻谷、小麦和玉米产量占谷物总产量的95%以上，占粮食总产量的85%左右，是我国最主要的粮食作物。

粮食所含营养物质主要为糖类，主要成分是淀粉，其次是蛋白质。联合国粮食及农业组织（下称粮农组织）的粮食概念就是指谷物，包括麦类、粗粮和稻谷类三大类。

（一）中国的粮食概念

粮、食在中国古代字义是有区别的两个字。如《周礼·地官·廪人》中“凡邦有会同师役之事，则治其粮与其食。”东汉学者郑玄（公元127—200年）注解：“行道曰粮，谓精也；止居曰食，谓米也。”这里的“粮”是指行人携带的干粮，行军作战用的军粮；“食”是指长居家中所吃的米饭。后来两字逐渐复合成“粮食”。

中国传统粮食的解释有广义和狭义之分。狭义的粮食是指谷物类，即禾本科作物，包括稻谷、小麦、玉米、大麦、高粱、燕麦、黑麦等，习惯上还包括蓼科作物中的荞麦。广义的粮食是指谷物、豆类、薯类的集合，包括农业生产的各种粮食作物。《现代汉语词典》（第5版）对粮食的解释是：供食用的谷物、豆类和薯类的统称。

新中国成立初期，我国人均谷物产量很低，为确保人人有饭吃的低标准的粮食安全，根据周恩来总理的指示，把能够有助于实现温饱水平的豆类、薯类也纳入谷物产量之中。1950年，粮食包括七大品种：小麦、大米、大豆、小米、玉米、高粱、杂粮。1952年，粮食减为四大品种：小麦、大米、大豆、杂粮。从1953年起，国家修改农业统计口径，每年公布的粮食产量均采用广义的粮食概念。1953 年，粮食增为五大品种：小麦、大米、大豆、杂粮、薯类。1964 年，又把杂粮改为“玉米等”，粮食为新五大品种：小麦、大米、大豆、玉米、薯类。1994 年，粮食的五大品种又改为：小麦、大米、玉米、大豆、其他。此后，一直沿用至今。

在粮食商品品种中，粮食部门根据其领域和作用对象的不同，分为四类。

原粮，又称“自然粮”，是指收割、打场和脱粒后，未经碾磨加工和不需要加工就能食用的粮食，如小麦、稻谷、大豆、高粱、玉米、绿豆、大麦、蚕豆、薯干等。在统计全社会粮食生产时，采用原粮。

成品粮，是指原粮经过加工后的成品，如面粉、大米、小米、玉米面等。在统计成品粮时，对不是成品粮的品种，要按规定的折合率折算为成品粮品种。

混合粮，又称“实际粮”，是指原粮和成品粮的统称，即按照经营活动发生的实际粮食品种进行排列的方法，如小麦、面粉、稻谷、大米、大豆、高粱、玉米面等。基层粮食部门为了便于直接观察业务活动实际情况，通常使用混合粮，如年粮食经营量。

贸易粮，是指粮食部门在计算粮食收购、销售、调拨、库存数量时，统一规定使用的粮食品种的统称。在计算时，要将原粮（如稻谷）或成品粮按规定的折合率，折合成对应粮食品种的贸易粮（如大米）。有一些粮食品种既是原粮，又是贸易粮，如小麦等。

（二）国外的粮食概念

《粮农组织生产年鉴：1998 年第 52 卷》中文版所列的详细谷物产品目录有 8 种，即小麦、稻谷、粗粮（包括大麦、玉米、黑麦、燕麦、小米、高粱）。

需要指出的是，对于稻谷（Rice），联合国粮农组织在统计粮食生产总量时，一般采用原粮“稻谷”这一概念。在统计粮食贸易总量时，一般采用成品粮“大米”这一概念，《粮农组织贸易年鉴：1998 年第 52 卷》中文版所列的农产品贸易项目第 36 项为大米。有时，也采用成品粮“稻米”这一概念，其 2008 年 4 月出版的中文版第 1 期《作物前景与粮食形势》在公布世界谷物库存量时，使用的是稻米。

联合国粮农组织每年公布世界谷物总产量时，由于中国翻译上的习惯，常译成“世界粮食总产量”。其实，这个“世界粮食总产量”只是谷物，不包括豆类和薯类。显然，这和中国粮食产量的统计口径有很大差别。中国在统计粮食产量时，除谷物外，还包括豆类和薯类。

如果将中国粮食总产量与“世界粮食总产量”进行对比，一定要将豆类和薯类的产量从中国粮食总产量中剔除出去，这样统计口径一致，才有可比性。特别要指出的是，大豆，中国将其归类为粮食；联合国粮农组织将其归类为油料。

二、粮食的质量标准

粮食标准化工作，是粮食生产、流通、加工等中具有基础性、全局性、战略性和长期性的重要工作。做好粮食标准化工作，对于引导粮食生产，促进农民增收，维护粮油市场秩序，提升我国粮油产品的国际竞争能力，确保国家粮食数量安全、质量安全和消费安全，促进小康社会、和谐社会的发展，都具有极其重要的意义。

通过多年来各有关部门广大科技人员和管理人员的共同努力，我国已经形成了包括产品标准、检验方法标准、储运加工机械设备和检验仪器标准、行业管理技术规范标准等数百项标准在内的比较完整的粮油标准体系，覆盖了粮食生产、收购、储存、加工、运输、销售和进出口等各个领域，主要标准与国际标准和发达国家标准已基本接轨，能够适应和满足我国粮食生产、流通和消费的发展需要，为保障粮食供给、规范粮食购销市场、提高粮食质量安全水平、保护农民和消费者利益、促进粮食进出口贸易发挥了重要作用。

（一）粮食标准的范围

粮食标准是食品标准的一部分。一般来说，“粮食标准”可分为狭义和广义两个方面。狭义的粮食标准仅指由国家粮食局归口管理的标准，主要有以下几个方面：

（1）粮食行业的通用技术术语、图形符号、编码、图例、图标；

（2）粮油及其加工（包括深加工）产品的质量要求、加工过程、检验方法及包装、储存、运输等技术要求；

（3）粮油加工厂、粮库、油库、粮油加工及储运设施、设备、粮油检验仪器的设计、生产、测试、操作的技术要求和规范等；

（4）粮油贸易、工业生产、粮油企业的分类、等级、从业要求、粮食行业管理技术、信息技术的要求及规范；

（5）需要统一的其他相关粮食技术要求和规范。

据统计，截至 2010 年 7 月，国家粮食局归口管理的粮食国家标准和行业标准共有 441 项，其中国家标准 257 项，行业标准 184 项，基本覆盖了粮食生产流通的各环节。按照标准类型分，国家标准中，粮食产品质量标准 74 项、粮食产品检测方法标准 150 项、粮食储藏标准 8 项、粮食机械标准 6 项、基础标准 16 项、管理标准 3 项；行业标准中，粮食产品质量标准 66 项、粮食产品检测方法标准 5 项、粮食机械标准 72 项、基础标准 24 项、管理标准 17 项。目前我国粮食国家标准体系中以检测方法标准为主，其次为产品标准，二者共占标准总数的近九成。由此可以看出，我国粮食行业标准中，以机械标准和产品标准为主，约占标准总数的 3/4。全部标准中，强制性标准有 20 个，约占标准总数的 5%，其中国家标准 17 个，行业标准 3 个，以主要粮食品种和主要粮油制品的产品标准为主，以及部分涉及安全方面的控制规范等。其他标准为推荐性标准。

（二）粮食产品质量标准

粮食产品质量标准主要包据原粮油料质量标准、成品粮油质量标准以及粮油深加工产品质量标准。

1. 主要原粮油料质量标准

目前，新的《小麦》《稻谷》《玉米》《大豆》《花生》等主要原粮油料质量国家标准均已发布实施，《优质小麦》《优质稻谷》等优质粮食国家标准也已基本完成了修订。与 1999 年发布的老标准相比，新标准更好地反映了我国现阶段粮食生产流通的实际情况，同时注重了与国际标准的衔接，将在全面提高我国商品粮整体质量、配合落实国家有关惠农政策、促进粮食种植结构调整、促进种粮农户增收、推动粮食产销衔接等方面发挥重要作用。

2. 主要成品粮油质量标准

小麦粉、大米、食用油脂等粮食加工产品是我国消费最多、涉及面最广的食品。随着广大人民群众生活水平的提高，人们已经从“吃饱”的基本要求逐步向“吃好”“吃健康”“吃安全”的方向转变。为此，新的《小麦粉》《大米》《芝麻油》等标准中，除了对产品质量提出进一步的要求以外，重点对产品的卫生安全、产品成分的真实性、标签标识的规范性等方面进行了规范，为保障消费者健康和权益、推动我国粮油加工行业健康发展提供了必要技术法规保障。

3. 小品种粮食质量标准

多种多样的小品种粮食是我国丰富的粮食资源的重要组成部分。近年来，随着消费者对粗粮、杂粮以及部分小品种食用油脂产品需求的增加，小品种粮食越来越受到重视。随着《小米》《高粱》《小豆》《荞麦》等老标准的重新修订，以及《核桃油》《葡萄籽油》等新标准的发布实施，小品种粮食质量标准不断丰富，分类和质量要求更加合理，以适应消费者对其质量和品质的更高要求。

4. 粮油深加工产品质量标准

随着科技进步、粮食加工水平的不断提高，越来越多的具有较高附加值的粮油深加工产品在市场不断出现。为规范新型粮油产品，推动粮食综合利用和深加工，新出台了《花生蛋白粉》《小麦麸》《大豆异黄酮》等一系列标准，成为粮油产品标准的重要组成部分。

（三）检测方法标准

检测方法标准是粮食标准的主要部分，占标准总量的一半以上。与以往检测项目主要为水分、容重等粮食常规质量指标相比，目前更注重粮食及制品有关品质和卫生项目的检测方法标准，例如小麦粉中溴酸钾、吊白块等有害物质的检测，大米涂油、食用油脂掺伪等的检测，以更好地服务于食品安全。同时，为进一步提高标准技术水平，促进我国粮食产品的国际贸易，粮油检测方法标准特别注意了与国际标准和国外先进标准的接轨。以国际标准化组织（ISO）有关标准为例，我国对口标准的采标率超过 90%。150 项方法国家标准中，采用或参考国际标准或国外先进标准的占 112 项，还有 38 项没有国际标准或国外先进标准，基本实现了应采尽采。从标准上，为解决“检不了、检不准、检得慢”的问题打下了基础。

1. 机械标准

粮食机械标准目前还以行业标准为主，包括稻谷、小麦、植物油加工的主要机械设备、储运机械设备以及粮食机械通用技术条件等标准。2008 年，国家粮食局组织有关单位对 40 余项粮食机械标准进行了集中制修订，提出并规范了粮油加工及储运机械设备的技术条件、试验方法、检验规则等要求，对技术成熟、使用范围较广的行业标准，拟统一提升为国家标准，这对于提升我国粮油机械设备产品质量水平、规范粮油机械产品市场将起到重要作用。

2. 储藏标准

粮食储藏标准是当前粮食标准体系的一个重要发展方面。目前我国粮食储藏标准还较少，主要为粮食储藏品质评价标准和储藏管理技术标准。2008 年，国家粮食局组织开展了包括仓储设施设备、储藏技术、储藏管理等一系列标准的制修订工作，着重规范了粮油储藏的质量管理要求和技术应用，明确了仓储设施设备的技术条件。粮食储藏标准的制定，对于促进标准化储粮、保障储粮安全、更好地服务于国家粮食安全，有着非常重要的意义。

3. 基础和管理标准

包括图形符号、名词术语、储运包装要求、管理控制规范等。主要规范了有关常用的名词术语和图形符号，提出了覆盖粮食收获质量调查、收购、储运、加工、包装销售等各环节的操作规范和管理要求。目前，大部分基础标准已经过重新修订，基本实现了各领域术语、符号的统一。

4. 粮食标准体系标龄

按照标准化工作的要求，国家标准每 5 年应复审一次。目前，我国粮食标准体系标龄情况良好，标龄在 5 年之内的国家标准占到总数的 85%以上，还有超过 10%的标准也已经完成了修订工作，基本做到了与时俱进，以保证标准的先进性和科学性。

5. 产品质量标准总体情况

根据我国粮食生产和加工特点，对我国现有粮食、水稻、玉米、小麦、杂粮、食用豆和薯类相关产品质量和术语定义标准进行了梳理。截至 2015 年底，我国粮食相关产品质量标准（包括术语定义标准）214 个，其中产品质量标准 196 个，涉及强制性国家标准 13 个、推荐性国家标准 70 个、推荐性农业行业标准 65 个、推荐性其他行业标准 48 个；术语定义标准 18 个，包括推荐性国家标准 8 个，推荐性农业行业标准 2 个，推荐性其他行业标准 8 个（表 1-1）。目前，我国粮食产品质量标准中强制性国家标准比例较低，主要涉及水稻、大米、小麦、小麦粉、玉米、大豆、马铃薯等主粮和粮食作物种子；行业标准仍是标准的主力，主要涉及各类专用玉米、小麦、稻谷、小宗粮豆、饲料、种薯、专用小麦粉、粮食加工食品、副产品、绿色食品以及相关术语等（表 1-2）。从表 1-1 和表1-2 可以看出，我国各作物产品质量标准基本平衡，小麦和食用豆的加工品种种类较多，水稻和玉米的专用品种种类略多，其他作物产品标准数量基本一致。近年来，随着粮食产业不断优化升级，国家投入和支持力度不断加大，我国粮食产品质量标准数量充足，结构基本趋于合理，各类粮食作物发展较为均衡，已形成了以主类、专用品种、种子、加工品、绿色食品和副产品为主的粮食产品标准体系主框架，覆盖到了整个产业链，有效保障了国家粮食和种业安全，一定程度上指导了粮食生产加工，以及市场流通和消费，促进了粮食产业全面发展。

表 1-1　　不同作物产品质量标准（含术语定义标准）统计

分类	国家标准		行业标准（推荐性）					总计
	强制性	推荐性	农业	粮食	商业	轻工业	进出口	
粮食	1	5	2	1	0	0	1	10
水稻	2	10	13	1	1	1（机械）	0	28
玉米	2	10	11	1	0	1	0	25
小麦	2	14	10	15	4	0	0	45
杂粮	2	13	6	4	0	0	0	25
食用豆	2	23	10	4	12	3	0	54
薯类	2	3	15	3	2	2	0	27
合计	13	78	67	29	19	7	1	214

表 1-2　各类作物产品标准涉及产品情况

分类（产品/标准数量）	水稻（24/24）	玉米（22/25）	小麦（34/36）	杂粮（16/24）	食用豆（47/56）	薯类（26/27）
主类	稻谷 GB；食用稻；饲料稻；饲料用稻谷	玉米 GB；食用玉米；饲料用玉米	小麦 GB	大麦 2；燕麦（莜麦）3；荞麦；高粱 2；粟 3；黍 2；稷 2	豆类；大豆 GB；饲料用大豆；绿豆 2；小豆；红小豆；豇豆；菜豆（芸豆）；精米豆（竹豆、榄豆）；扁豆；木豆；蚕豆；豌豆	马铃薯（土豆、洋芋）；马铃薯等级规格；甘薯（地瓜、红薯、白薯、红苕、番薯）；甘薯等级规格；木薯；能源木薯等级规格鲜木薯
专用品种	黑米；香稻米；富硒稻米；地理标志产品方正大米；地理标志产品盘锦大米；地理标志产品五常大米；地理标志产品原阳大米；天津小站米	糯玉米 2；高油玉米 2；高淀粉玉米；淀粉发酵工业用玉米；甜玉米；优质蛋白玉米；爆裂玉米；笋玉米	优质小麦强筋小麦；优质小麦弱筋小麦；东北地区硬红春小麦；黄淮海地区强筋白硬冬小麦	啤酒大麦	豆浆用大豆；小粒黄豆；地理标志产品宝清红小豆；地理标志产品郫县豆瓣	加工用马铃薯 油炸
种子				粮食作物种子荞麦 GB；粮食作物种子燕麦 GB	豆类 GB	种薯 GB；马铃薯种薯 GB；马铃薯原原种等级规格；甘薯脱毒种薯；木薯种茎
绿色食品	绿色食品稻米	绿色食品玉米及玉米粉	绿色食品小麦及小麦粉；绿色食品生面食、米粉制品；绿色食品熟粉及熟米制糕点；绿色食品速冻预包装面米食品；绿色食品蒸制类糕点	绿色食品大麦及大麦粉；绿色食品燕麦及燕麦粉；绿色食品荞麦及荞麦粉；绿色食品高粱；绿色食品粟米及粟米粉	绿色食品豆类；绿色食品豆制品	绿色食品薯芋类蔬菜

续表

分类（产品/标准数量）	水稻（24/24）	玉米（22/25）	小麦（34/36）	杂粮（16/24）	食用豆（47/56）	薯类（26/27）
加工品	糙米；大米GB；食用粳米；食用籼米；方便米饭；米饭、米粥、米粉制品；汤圆用水磨白糯米粉	玉米粉；玉米糁；方便玉米粉；玉米笋罐头；甜玉米罐头	小麦粉GB；高筋小麦粉；低筋小麦粉；面包用小麦粉；面条用小麦粉；饺子用小麦粉；馒头用小麦粉；发酵饼干用小麦粉；酥性饼干用小麦粉；蛋糕用小麦粉；糕点用小麦粉；自发小麦粉；营养强化小麦粉；裱花蛋糕2；挂面；花色挂面；手工面；面包；小麦粉馒头；速冻饺子2；速冻面米食品；方便面	方便杂粮粉	豆制品；非发酵豆制品；膨化豆制品；大豆蛋白制品3；熟制豆类；豆粕5；豆芽；豆浆类；纳豆；豆沙馅料；黄豆酱2；黄豆复合调味酱；盐水红豆罐头；绿豆芽罐头；蚕豆罐头；青刀豆罐头；青豌豆罐头；豆浆晶；豆腐干；卤制豆腐干；方便豆腐花	马铃薯淀粉；马铃薯冷冻薯条；马铃薯片；马铃薯雪花全粉；甘薯干；甘薯片；工业薯类淀粉；工业用甘薯片；木薯淀粉2
副产品	饲料用米糠；饲料用米糠饼；饲料用米糟粕；饲料用碎米	玉米干全酒糟（DDGS）2；饲料用玉米蛋白粉；工业玉米淀粉GB；食用玉米淀粉；青贮玉米品质分级	食用小麦淀粉；小麦胚（胚片、胚粉）；饲料用小麦麸		大豆肽粉2；大豆低聚糖；可溶性大豆多糖；大豆膳食纤维粉；大豆皂苷；大豆异黄酮	饲料用甘薯片；饲料用甘薯叶粉；饲料用木薯干；饲料用木薯叶粉

注：表中GB表示该标准为强制性国家标准。另有粮食类标准GB 4404.1—2008《粮食作物种子　第1部分：禾谷类》和NY/T 2106—2011《绿色食品　谷物类罐头》未统计在内。

6. 产品质量标准问题分析

在粮食产业发展初期，我国粮油专业人员短缺、资金匮乏、技术设备落后，政府相关部门支持力度有限，导致该领域许多标准未能得到及时更新，造成了标准内容过时、先进程度低、实用性较差等问题。进入“十一五”后，我国粮油标准数量不断增加，但整体结构仍不合理，国家和行业标准重复交叉制定严重。如表1-2所示，仍有10%左右的产品存在多标并存问题，产品分类和等级规格较为混乱，标准内容和参数设置重复、不协调，造成整个标准体系混乱、不清晰，影响了标准的使用和制定。针对这一现状，对现有粮食产品质量标准分作物、分类型逐一梳理，寻找问题主要根源，分类汇总后发现问题主要来自4个方面（表1-3）。

表1-3　　产品质量和术语定义标准存在的主要问题

具体问题	粮食	水稻	玉米	小麦	杂粮	食用豆	薯类	总数量	占总数量比例/%
协调性差、不统一									
参数设置不一致	0	5	9	7	0	11	4	36	16.8
作物学术名称不一致	0	0	0	0	5	0	0	5	2.3
定义不准确、有矛盾	3	4	10	4	0	4	0	25	11.7
标准分散不系统									
标准过于细分	0	6	11	14	8	0	2	41	19.2
附录带检测方法	0	7	5	21	3	19	6	61	28.5
引用内容更新慢、格式陈旧									
引用标准更新不及时	0	6	13	6	3	0	1	29	13.6
文本15年以上，陈旧需修订	0	1	3	22	3	5	8	42	19.6
标准关键内容重复									
内容完全一致	0	0	2	0	0	0	0	2	0.9
关键内容重复	2	2	6	4	0	7	0	21	9.8

7. 我国现行主要粮食标准

20世纪90年代以来，我国粮油标准工作迅速发展，全面制修订了小麦、玉米、稻谷、杂粮及食用植物油等主要原粮和产品标准。2006年以后，相继发布了油菜籽、稻谷、小麦、玉米、大豆等新的国家标准，修改了质量检测项目，进一步完善了粮油标准体系。在这些标准中，油菜籽以含油率定等，稻谷以出糙率定等，小麦、玉米以容重定等，大豆以完整粒率定等。水分、蛋白质、脂肪是粮食的重要组成成分，也是人类的重要营养物质，各种粮食中化学组成不同，含量差异较大，这些化学指标也在标准中有所体现。

（1）稻谷标准　我国稻米标准主要以外观特性、加工特性、食用品质特性等指标对稻米的品质进行评价。2009年，我国发布了GB 1350—2009《稻谷》标准，与GB 1350—1999《稻谷》相比，将整精米率由定等指标改为非定等指标，并对指标值进行修改，增加了等外级、判定规则和有关标签标示的规定。根据我国稻谷生产、加工和消费特点，我国已建立了普通稻谷、优质稻谷、富硒稻谷等系列标准，形成了出糙率、整精米率、谷外糙米、垩白粒率、垩白度等相应的质量评价指标和相应检测方法。

（2）玉米标准　2009年我国发布了GB 1353—2009《玉米》，2009年9月1日起开始实施。历次标准版本的替代，反映了标准的延续性。《玉米》新标准仍以容重进行定等，并将原有的3个等级调整为5个等级，并增加等外级，调整了不完善粒，并对应等级设定指标，同时研究完善了玉米容重测定方法，调整了高水分玉米容重测定规则。也建立了饲料用玉米、高油玉米等相应的国家标准，以及爆裂玉米、糯玉米、优质蛋白玉米、高淀粉玉米、高油玉米、甜玉米等相应的行业标准，形成了针对玉米专用特性的爆花率、膨化倍数、蒸煮品质等相应的质量评价指标和检测方法。

（3）小麦标准 我国小麦是以容重进行定等，并规定了不完善粒、杂质、水分等质量指标。与 GB 1351—1999《小麦》相比，GB 1351—2008《小麦》修改了杂质等定义及不完善粒指标，以硬度指数取代角质率、粉质率作为小麦软、硬的表征指标，开发出具有自主知识产权的硬度指数测试仪，制定了小麦硬度指数的标准测定方法，增加了检验规则及有关标签标识的规定。并制定了小麦硬度指数测定的标准方法，近年采用皮色、粒质（硬度指数）等物理特性来划分小麦类型，引入了蛋白质、面筋含量、稳定时间等内在品质指标。

（4）大豆标准 大豆品质评价主要是依据其外观特性、营养品质特性等指标。与 GB 1350—1986《大豆》相比，GB 1352—2009《大豆》标准调整了普通大豆定等指标，新标准使用完整粒率代替纯粮率进行定等，质量等级仍为 5 级，同时增加等外级以及规定了完整粒、损伤粒、热损伤粒的检验方法。除了普通大豆以外，还增加了高油大豆和高蛋白大豆的质量要求。

（5）油菜籽标准 油菜籽是重要的油料作物，主要采用含油量定等。与 GB/T 11762—1989《油菜籽》相比，GB 11762—2006《油菜籽》中的热损伤粒、生芽粒等限制性指标将原来的“霉变粒”改为“生霉粒”。同时增加了双低油菜籽的质量标准，增加了芥酸、硫苷含量的限制性指标，如果 2 项有 1 项达不到要求，不能作为双低油菜籽。

8. 国内外粮食质量检测技术的研究进展

粮食物理特性和成分检验是粮食质量分级的基础，不断研究开发新技术、新方法，统一规范相应的检测设备，对粮食质量检测技术的发展起着重要作用，国内外学者在这两方面做了大量研究。在粮食物理特性检测技术方面，尤其是基于图像的粮食检测方法已有很多极具实用性的研究成果，部分已应用到实际操作中，使工作效率成倍提高。在粮食成分检测方面，我国已建立了水分、粗蛋白质含量等化学指标相应的近红外检测方法标准，在国家标准的基础上，不断尝试新技术，改善实验方法，改进仪器检测设备。

（1）粮食物理特性指标检测 粮食物理特性指标检测是粮食品质评价的重要组成部分，检测指标一般包括品种分类、不完善粒、霉变粒、整精米率、出糙率以及容重等。

①粮食品种识别与分类：粮食的品种识别是粮食质量检测的关键。由于粮食形态特征对外部生长环境非常敏感，近年来，依据粮食籽粒外观形态和颜色的各种特征，结合神经网络和模式识别等技术来实现粮食的识别与分类一直是研究热点。2011 年，采用非破坏性方法对谷粒品种进行评估，调查了 11 个品种不同质量等级的春小麦和冬小麦。从平板扫描仪接口到个人计算机获取的图像进行分析，对 11 个小麦基于纹理的品种分类识别精度达到 100%，最终分类质量没有受到栽培、水分或品种年份的影响。2015 年，采用一种基于计算机视觉的方法对 7 种油菜籽品种进行分类，研究不同类型的功能集、功能模型和机器学习分类方法，来获得最佳的预测模型，并用验证集合来验证预测模型。许多研究者在粮食籽粒宏观性状与内部微观结构关系的研究上也在不断深入，并且也取得了一定成果。以显微图像为基础的小麦分类识别方法，通过电镜扫描对不同品种的小麦籽粒的微观组织结构进行观察，不同品种小麦具有不同的显微纹理结构，该方法对不同品种小麦综合识别

率达到 90%以上，为小麦品种识别与分类研究提供了新思路。通过扫描电子显微镜对来源不同生境的野生大豆的种皮、种脐、脐冠等微观形态特征进行比较观察，结果表明野生大豆的形态、结构特征受品种所处环境条件的影响。将扫描电子显微镜应用于分析彩色小麦的特性研究上，结果证明，彩色小麦与普通小麦在胚乳形态特征上有很大差异。通过研究小麦微观形态来区分小麦品种具有重要的意义。扫描电镜检测技术目前还只是处于实验室研究阶段，与实际应用还有一定的差距，但是随着扫描电镜和图像处理技术的发展和不断成熟，其应用前景将十分广阔。

②籽粒外部形态特征检测：图像检测法能对粮食进行直接测量，且比较稳定，能够节约大量时间，降低成本，在粮食外部形态特征检测方面具有明显优势，使得图像处理技术在粮食行业得到普遍关注，图像检测法在粮食物理指标评价方面有很大发展。目前，国内外基于图像的粮食检测方法已有不少极具实用性的研究成果，有的已应用到实际操作中，使工作效率成倍提高，并将逐步在粮食质量特性检测方面得以应用。

③不完善籽粒与分级定等检测：我国粮食质量标准中分级定等通常采用粮食容重及不完善粒等指标，因此粮食质量检测包括对粮食容重、不完善粒、杂质、出糙率以及整精米、裂纹米、黄粒米品质指标的测定。采用近红外技术对粮食品质进行检测，国外研究较早，研究重点集中在近红外光成像波段的选择以及图像特征提取方法上。2009 年，采用红外光谱成像检测经昆虫损伤的麦粒，检测了由 4 种不同昆虫引起的明显受损的麦粒。2012 年，近红外光谱技术应用于鉴别单个种子正常与非正常颗粒的可行性，并提出未来用近红外光谱分析检测种子损伤阈值的观点，为近红外发展应用提供支持。

采用可见光技术对粮食品质进行检测与分级也是近年来的研究重点。可见光图像检测技术将计算机视觉、图像处理与模识别技术相结合，能够准确地对粮食不完善粒识别检测。2015 年，通过图像获取与智能相机相结合的方法来识别虫害及霉变的大豆种子，建立了一个神经网络分类模型，平均识别准确度为 97.25%，并对 1000 粒不同受损种子大豆进行识别，正常粒、霉变粒、虫蛀粒、皮表破损粒、断裂粒及部分有缺陷的颗粒平均准确率分别达到了 99.24%、98.2%、96.4%、85.6%、92.4%和 85.2%。此外，2014 年，对小麦不完善粒、杂质、不同容重小麦完整籽粒的识别和检测建立模型，该模型对完善粒、破损粒、病斑粒和虫蚀粒的判别正确率分别为 93%、98%、100%和 90%，整体判别正确率达到 93%，完整籽粒图像的小麦容重整体识别率也在 95%以上。该研究将小麦多种品质指标相结合，为粮食品质分级提供又一个研究方向。2015 年，微 X 射线计算机断层扫描（CT）对应用于生芽和虫害麦粒的籽粒特征分析，进行三维可视化和定量分析，并使用微 X 射线 CT 图像重建和图像处理算法进行处理。结果表明，对于生物体如单个小麦颗粒的无损检测和显微组织结构，X 射线显微 CT 也是一种强大的工具。

④霉变籽粒的识别：粮食霉变不仅降低粮食的营养和商品价值，更重要的是影响粮食及其制品的可食性和安全性，并且有些霉菌还能产生具有毒性的二级代谢产物，严重影响粮食的品质安全。因此，将其作为粮食品质检测中的重要指标。电子鼻技术在粮食霉变识别检测方面得到了广泛的研究。2011 年，建立了电子鼻对霉变玉米和正常样品的识别模型，并对传感器组合进行优化。优化后相关系数法和 DFA 法的判别率都比优化前提高，其中相关系数法达到 90.63%，该模型对霉变样品的判别率远高于正常样品。但是由于电子鼻气敏传感器阵列部分大多数使用的是半导体氧化物，高的工作温度也限制了其在粮食

检测方面的应用。但是随着现代科技的发展，新的技术材料的应用，以及信号处理技术和模式识别方法的改进，电子鼻将会在粮食品质检测中有一个更加广阔的前景。2015 年，开发出了基于高光谱成像（HIS）的快速无损检测方法监测存储糙米腐败真菌的生长。对糙米中接种米曲霉的非致病性菌株，利用可行的菌落数米曲霉对水稻生长进行监测，使用扫描电子显微镜的真菌发育进行观察，并使用 HSI 系统获取图像信息。该研究提供了快速、非破坏性，并且有效的真菌检测系统的米粒科学信息。2015 年，短波红外（SWIR）高光谱成像技术应用与检测黄曲霉毒素污染的玉米粒，对玉米样品接种 4 种不同浓度的黄曲霉毒素 B_1（AFB_1）浓度（10，100，500，1000μg/kg），并对感染和对照样品用短波红外光谱系统进行扫描，观察到接种的样品 AFB_1 浓度增加的频谱的偏差。研究结果表明，短波红外光谱成像是一种快速、准确、非破坏性的检测技术。综上所述，在粮食霉变识别上，图像检测技术可以有效检测识别霉变籽粒，并且可以有效检测粮食籽粒的霉变程度，随着图像检测技术的发展，粮食霉变籽粒的识别会更加智能化。

（2）粮食化学性指标检测　粮食成分检测是粮食分级的主要部分，水分、蛋白质、脂肪等是粮食的重要组成成分，也是人类的重要营养物质。粮食种类不同，化学组成及含量均不同，检测这些化学性指标是粮食质量评价的重要工作。常规检测水分方法主要还是采用恒重法和高温定时烘干法。2010 年我国颁布了小麦、稻谷、玉米的水分近红外标准测定方法，另外微波法、高频测水法也受到研究。基于电阻、电容等快速水分测定方法也得到研究及应用。蛋白质的测定主要采用凯氏定氮法，通过凯氏定氮仪、杜马斯燃烧定氮仪、氨基酸分析仪等已实现了仪器的自动化、半自动化测定。近红外在粮食蛋白质检测中一直是研究热点，主要集中于波段的选择、模型的建立优化等。随着近红外光谱技术的成熟，其在粮食育种及品质检测上可以成为一种有效的工具。

（3）标准体系　美国谷物的国家标准是以公共意见为基础的，而不是由单方面所制定的法规。联邦谷物检验局在建立或修订任何标准或规则前，必须在美国政府法律报纸《联邦注册报》上公布其建议修订的内容。通常在《联邦注册报》上的建议有 60d 的评议期，在此期间，联邦谷物检验局向谷物行业如育种者、生产者、经营者、出口商和进口商等听取及收集各方面的观点和意见。联邦谷物检验局把有关建议转达给世界各地的美国大使馆农业处，并在联邦谷物检验局的网站上发布新闻稿刊登有关建议的内容。在美国现有的国家谷物标准有 12 种，包括：玉米、小麦、大豆、高粱、大麦、燕麦、黑麦、亚麻籽、葵花籽、黑小麦、混合谷物和油菜籽。

（4）检测体系

①检测人员：首先从事粮食质量的检验人员必须经过统一培训持证上岗，并随时准备接受上级政府职能部门的抽查与测试。为了保证检验人员能够按照规定检验方法与操作规程作业，确保检验结果的准确与可靠，联邦检验局在各地的实验室派驻有经过专门培训的资深检验员作为质量监督员。当质量检验发生争议时，最终由联邦谷物检验局的仲裁审查委员会裁决。这个审查委员会的成员大部分是由技术专家组成，这些技术专家同时也监督所有检验员的工作。

②仪器设备：美国各实验室仪器设备的配置是分层次的，一般州立以上的实验室配备有快速水分测定仪、近红外粮食品质分析仪、酶标仪、黄曲霉毒素测定仪、气相色谱仪、液相色谱仪等分析仪器设备；企业内部实验室一般配备容重器、筛选器、分样器、水分测

定仪、黄曲霉毒素测定仪等常规仪器设备，但实验室对感官检验配置的灯光、实验室台等要求很严格。对使用中的仪器设备由堪萨斯谷物研究中心统一组织，强制性地每半年校准一次，以保证仪器设备准确计量，正常工作。

③样品：实验室在粮食样品的管理上，对留存样中抽样和送检样品采用不同颜色的标签以示区别，留样一般采用双层纸袋包装，保存在低温干燥的环境中。样品保存期限为内销粮样品保存 30d，外销粮样品保存 90d。另外，为了客观、准确反映抽样所代表的原始货位情况，联邦谷物检验局为一线的抽检人员配备了摄像机、手机等现代化的办公设备，以保证在第一时间内完成并排除许多质量分析方面的问题，抽检工作客观、公正。

三、现代粮食工程的研究领域

现代粮食工程研究领域，包括粮食科学基础理论研究，粮食加工工艺技术的研究，粮食质量安全研究，粮食储藏、流通和营销研究等内容。

第二节　我国的粮食工业

一、粮食工业的范畴

粮食工业是以粮食产品为核心的集生产资料供应、生产、加工、转化、流通、储备、销售于一体的各相关环节和组织载体所构成的组织体系。

随着粮食流通体制改革和企业改革的不断深化，大力发展粮食工业显得尤为重要。粮食工业兴，粮食事业旺。粮食行业要想在激烈的市场竞争中立于不败之地，就必须大力发展粮食工业。发展粮食工业，既是振兴粮食企业的必由之路，又是推动粮食事业又好又快发展的活力所在。

（一）我国粮油加工业发展的特点

（1）粮油加工业发展趋向平稳　一是全区粮油加工业的专业化水平和集聚程度显著提高，小型加工企业逐渐淘汰，取而代之的是发展了一批大中型粮食加工企业；二是虽然粮油加工企业数量减少，消费市场疲软，粮油加工产品总体产量、销售收入下降，但是，部分大型粮油加工企业通过科技创新，促进产品质量和市场销量，特别是中高端产品产量增加，增加了企业利税。

（2）政策扶持，助推粮油加工企业发展　政府及有关部门重点扶持具有一定基础和规模、技术含量高、市场前景好、竞争力强的粮食龙头加工企业，加大对企业在资金、税收等方面的扶持力度，保证粮食加工企业在产品升级、扩大规模等方面的资金需求。

规模以上粮油加工企业注重新科技、新技术的开发应用，助推粮油产业经济发展。

（3）加工原料实现了区内外互补　以地产原料为基础的加工格局有所打破，加工区外主产区原粮份额逐年增加，原料渠道更加拓宽，产品市场不断扩大，由过去区域性产品逐步进入到国内大市场，有效提升了企业竞争力。

（二）国外粮油加工业的发展特点

1. 企业规模大，产品开发能力强

国外的粮食加工企业不断向大型化方向发展，有些已成为跨国企业。世界食品加工企业 50 强年销售收入一般在 100 亿美元以上，前 200 家食品加工企业的产值占到全球食品工业总产值的 30%以上。

2. 生产过程和产品质量标准化

各类质量标准、检测标准和技术规程等都严格而具体，贯穿生产加工、流通全过程。发达国家粮油加工企业大都有科学的产品标准体系和全程质量控制体系，采用 GMP（良好生产规范）进行厂房、车间设计，对管理人员和操作人员进行 HACCP（危害分析及关键控制点）上岗培训，并在加工生产中实施 GMP、HACCP 及 ISO（国际标准组织）9000 族标准管理规范。国际上对食品的卫生与安全问题越来越重视，世界卫生组织（WHO）、联合国粮农组织（FAO）和各国都为食品的营养、卫生等制定了严格的标准，旨在建立一个现代化的科学食品安全体系，以加强食品的监督、监测和公众教育等。

3. 不断采用新技术，提高资源利用率

稻米加工在美国、日本等发达国家具有很高的技术水平，目前世界发达国家在稻米深加工中越来越多地运用生物技术、膜分离技术、离子交换技术、高效干燥技术、超微技术、自动化工艺控制技术等高新技术，作为提高产品市场竞争力和获得高额利润的关键因素。在小麦制粉生产过程中，应用计算机管理和智能控制技术，实现生产过程的计算机管理，最大限度地利用小麦资源，使生产过程平稳、高效地运行；利用生物技术的研究成果，采用安全、高效的生物添加剂改善面粉食用品质，替代现在使用的化学添加剂；应用现代生物酶技术以及自动化微机控制等技术，使产业进入高科技、高产出的快速发展阶段。在油脂加工业，发达国家把新的提取分离技术、酶技术、发酵技术、膜分离技术用于大豆加工，采用超临界萃取工艺技术制备特种油脂，采用酶技术提高蛋白和油脂提取率；应用生物技术对油脂改性或制备结构脂质；大型的油菜籽脱皮分离、冷榨、挤压膨化、低温浸出新技术应用于双低油菜籽的制油工艺，以提高双低油菜籽的制油效率。

4. 营养、安全、绿色成为加工产品的主流

从全球范围来看，营养、安全、绿色、休闲成为稻米、小麦、玉米和油料加工的主流和方向。美国早在 20 世纪 70 年代就建立了谷物、油料的营养、卫生和安全的标准体系，规定了谷物的各种营养成分和卫生安全的标准。联合国食品卫生法典委员会（CAC）已将 GMP 和 HACCP 作为国际规范推荐给各成员国。为防止出现食品安全危机，世界加速进入绿色食品的时代，许多国家对农产品的化肥、农药使用作了严格限制，生态农业、回归自然、绿色农产品迅速发展，确保稻米、小麦、玉米、油料及其产品安全已成为粮油加工业的共识。

5. 企业自身经营管理水平高

一是企业管理主题的层次较高，已经从传统管理方法转向现代管理，竞争也从低层次的价格战转向了高层次的品牌与企业文化方面的较量；二是市场销售品牌化，企业十分注重品牌经营，在优质生产、精细加工的基础上，通过精心包装、标牌销售将产品优势转化为品牌优势；三是经营组织一体化，各产业链条衔接紧密，从事粮油生产、加工和销售的经营主体组成了风险共担、利益共享的一体化经营，在一体化经营中，加工企业是“龙头”，粮油生产者根据合同向加工企业提供原料，后者则向前者提供相关服务。

二、粮食工业的相关产业

粮食加工工业是农业的下游工业，又是食品工业与其他相关工业的上游工业。粮食产业化工作可以理解为粮食作为产业，使之向理想的状态发生质变的过程。粮食产业涵盖了粮食的生产、收购、加工、销售的全过程。质变即大力培育龙头企业，促使做大做强；向产业链方向发展，实现产业化经营，通过“公司+基地+农户”“订单收购”等形式，带动粮食、油料生产的专业化、集约化、规模化；增强企业的科技自主创新能力，培育知名品牌，实施品牌战略；服务“三农”，带动农民增收致富。发展农业产业化经营，是我国继土地革命和家庭联产承包责任制之后农业发展的第三次飞跃，是农业生产方式又一次新的革命性变革，是农业经营体制的重大创新。粮食从一定意义上讲是特殊商品，粮食产业是安定天下的产业。积极推进产业化经营，对确保国家粮食安全、提高农民收入、创新粮食流通方式、强化粮食企业经营等，都有着积极的现实意义和深远的历史意义。

三、粮食工业的发展历史、现状及趋势

中国是全球粮食生产大国，2014 年中国粮食总产量达到 6.07 亿 t，实现半个世纪以来首次连续 11 年增产，创历史新高，创造了用仅占世界 8.06%的耕地面积，生产了占全球25%粮食的奇迹，为保障世界粮食安全做出了重要贡献。中国也是世界粮食加工大国，粮食加工涵盖的面很广，包括稻谷、小麦、玉米三大主粮及其延伸的米、面食品加工，多品种杂粮及薯类加工也属于粮食加工的范围。粮食的初级加工是农作物加工的基础产业，在食品工业中处于支柱地位。加工技术是粮食加工产业发展的重要科技支撑，近 10 多年来，中国在稻米、小麦加工工艺、生产技术、加工装备等领域取得了数以百计的重大科研成果，成果水平已达到或接近世界先进水平，有力支撑了中国粮食加工产业的迅猛发展。但当前中国粮食加工科技和产业与世界发达国家相比尚有一定差距，主要表现在粮食加工产业规模化生产、集约化经营有待提高；粮食加工产业链建设有待完善、粮食资源高效利用技术有待突破；产能过剩和节能减耗有待解决；科技自主创新能力需加强等。国家粮食主管部门和粮食加工业内已看到中国与发达国家的这些差距，近年来，国家工业信息化部、国家粮食局和农业部在大量调查研究的基础上联合制定了中国粮食加工产业未来 10 年的发展规划，要用近 10 年时间大力提高粮食加工的技术实力，使之达到国际先进水平。因此，中国粮食加工科技及其产业将迎来重要的快速发展机遇。

为了使中国粮食加工科技与产业由世界大国转变为世界强国，中国国家工业信息化部、国家粮食局和农业部在大量调查研究的基础上，联合制订并于 2012 年 2 月 24 日发布了《粮食加工业发展规划 2011—2020 年》。规划中明确了 10 年中国粮食加工科技和产业的发展目标、重点任务、产业布局、发展方向和重点工程等，这为中国粮食加工产业发展指明了道路，也是粮食加工产业发展的趋势。

（一）中国粮食加工业发展目标

至 2020 年，要形成安全营养、优质高效、绿色生态、布局合理、结构优化、协调发展的现代粮食加工产业体系。要合力谋发展，做大做强，形成一批销售收入 100 亿元以上的大型粮食加工企业集团，建成一批粮食加工产业园区，培育一批知名品牌。

（二）中国粮食加工科技与产业发展重点任务

1. 推进产业结构调整与升级

加快推动主食品工业现代化、产业化和健康化。加强对中国传统食品进行全面系统的调查、整理、发掘和工业化改造的研究。重点推广高效节能小麦和稻米加工高端设备。强化物料分级与磨撞均衡出粉技术、小麦剥皮制粉等工艺；推广稻谷低温干燥、产地脱壳、糙米调质、低温升碾米等先进实用技术。

2. 提高科技成果转化率和提升关键装备自主化率水平

粮食加工业技术进步贡献率分别达到 40%和 45%，加工关键设备自主化率达到 60%~80%。加速建设技术创新服务平台，建成若干个国家工程实验室或工程技术研究中心。

3. 加速研究粮食食品现代技术

研究主食食品生物技术、现代高效分离技术、非热杀菌技术、现代食品干燥技术和淀粉物理改性技术等；着力推广副产品高效增值深加工技术；推广稻壳发电及热能利用等技术装备，加强麸皮、米糠加工膳食纤维新技术以及谷物胚芽综合利用新技术研究。

4. 加速提高产品质量安全水平

修订和制定相关标准 1000 项以上，产品质量合格率提高 2%~3%。使制定的标准与国际接轨，要求大米、小麦粉总体合格率分别达 98%和 99. 5%以上，同时要尽快建立产品质量安全追溯监管体系。

5. 加大节能减排力度

当前中国稻米和小麦面粉加工的单位能耗较高，由于过度加工致使每吨米、粉电耗高达 65~70 kW，因此，节能减排成为未来 10 年粮食加工行业的重要任务，到 2020 年单位产值能耗比 2012 年降低 20%以上，单位产值二氧化碳排放比降低至少 20%，逐步实现绿色发展。

要做大、做强中国粮食加工科技和产业，需借鉴国际上总销售额超过 2000 亿美元（世界 500 强）的 A、B、C、D 四大粮食集团公司，即美国 ADM、BUNGE、CARGILL 和法国的 LOUIS DREYTUS 的“科技、人才领先，产、学、研联合，科工贸为一体的发展经验”。值得庆贺的是，中国中粮集团公司 2014 年的销售额已突破 3000 亿人民币，居世界 500 强前 100 位，因此，现在世界粮食巨商应加上中国的中粮集团有限公司（COFCO）。总体来说，粮食科技与产业发展关系国计民生，中国的粮食产业发展之路任重道远。

在我国粮油加工业正处于转变经济增长方式、调整产业结构的重要时期，应进一步贯彻国家《食品安全法》，促进产业转型升级和粮油加工业的持续稳定发展。

（三）我国粮油加工业的发展趋势

为适应我国国民经济发展和人民生活水平不断提高的需要，今后我国粮油加工业的发展趋势如下所述。

1. 粮油产品的需求将呈刚性增长，粮油加工业将进一步发展

随着人们生活方式和习惯的逐步改变，城乡居民直接消费的口粮总量呈下降趋势；食用植物油的年人均消费量已达 22. 5kg，超过了世界人均约 20kg 的水平。但尽管如此，随着我国人口增长（每年全国新增人口 600 万~700 万）、人民生活水平提高、城镇化进程加快、饲料和工业用粮油不断增长，我国对粮食和食用油消费需求在总量上的增长速度虽然不会像以前那样快了，但仍将继续保持刚性增长的趋势。这一发展趋势，预示着粮油加工

业在“十三五”期间仍将保持平稳较快发展态势，规模以上粮油加工企业总产值年均增长10%左右是有可能的。

2. 坚持安全质量第一，继续倡导“营养健康消费”和“适度加工”

粮油产品是人们一日三餐都离不开的最重要的食物，也是食品工业的基础原料，其安全与质量直接关系着人民群众的身体健康和生命安全。为此，粮油加工企业不论在任何时候，任何情况下，都必须把粮油产品的“安全”与“质量”放在第一位，要严格按国家标准组织生产，严把粮油产品质量关，以确保粮油产品及其制品的绝对安全。在粮油产品安全的基础上，粮油加工企业仍要把“优质、营养、健康、方便”作为今后的发展方向；要继续倡导“适度加工”，提高纯度、合理控制精度、提高出口率，最大程度保存粮油原料中的固有营养成分，防止“过度加工”；要加强科普宣传，引导消费者科学消费，健康消费。

3. 利用好两种资源、两个市场，满足我国粮油市场的需求

近些年来，国家及相关部门发布了一系列支持发展粮食和油料生产的规划和措施，取得了举世瞩目的粮食生产“十连增”和油料生产的快速发展，粮食和油料产量双创历史最高纪录。但其增长速度仍然跟不上我国粮油消费快速增长的需求，需要利用国内外两种资源、两个市场来进行调节，才能满足我国粮油市场的需要。据海关总署统计，2013年，我国进口三大粮食合计约1100万t，其中，进口小麦550.7万t、进口大米222.4万t、进口玉米326.5万t；进口大豆6337.5万t、油菜籽366.2万t、其他油料64.1万t；进口棕榈油、大豆油等油脂合计达922.1万t。其中尤其是油料油脂的进口数量之大，致使我国国产食用油的自给率仅38.5%。

为确保国家粮食安全，党中央、国务院在我国粮食连年丰收，市场供应充足、平稳的情况下，在2013年中央经济工作会议和中央农村工作会议上，提出了“确保谷物基本自给、口粮绝对安全”和“以我为主、立足国内、确保产能、适度进口、科技支撑”的国家粮食安全新战略，对此，我们要深刻领会，认真贯彻。为满足我国粮油市场的需求，我们要在进一步坚持立足国内的同时，根据“适度进口”的原则，粮油加工企业要更好地利用好国内外两种资源、两个市场，以确保国家粮油安全。

4. 把节能减排、实行清洁生产作为粮油加工企业发展的永恒主题

根据国家节能减排的总要求，粮油加工业要把节能减排的重点放在节电、节煤、节汽、节水等降耗上，放在减少废水、废汽、废渣、废物等的产生和排放上，并按照循环经济的理念，千方百计采取措施加以利用和处置，变废为宝，实现污染物的零排放。为防止粮油产品在加工过程中的“再度污染”，我们要推行清洁生产，通过对工艺、设备、过程控制、原辅材料等革新，确保粮油产品在加工过程中不受“再度污染”，进一步提高粮油产品质量与安全。

5. 推进结构调整，淘汰落后产能

在今后一段时间里，粮油加工企业仍将会加快组织结构的调整，引导企业通过兼并重组，通过产业园区建设，进一步提高企业集中度，发展拥有知名品牌和核心竞争力的大型企业和企业集团，改造提升中小型企业发展的质量和水平，形成大中小企业分工协作、各具特色、协调发展的格局。要进一步加大对粮油加工企业技术改造的力度，通过采用先进实用、高效低耗、节能环保和安全的技术，开发新产品，实施节能减排，降低成本，提高

工效。与此同时，将充分发挥市场机制，强化卫生、环保、安全、能耗的约束作用，加快淘汰一批工艺落后、设备陈旧、卫生质量安全和环保不达标、能耗物耗高的落后产能。

6. 重视资源的综合利用

粮油加工企业在生产米、面、油产品的同时，还生产出大量的副产物，诸如稻谷加工中生产出的稻壳、米糠、碎米等，小麦加工中生产出的麦麸、小麦胚芽等，油料加工中生产出的饼粕、皮壳、油脚、馏出物等。这些副产物都是宝贵的资源。充分利用这些宝贵资源，为社会创造更多的财富是粮油加工企业义不容辞的责任。

7. 大力推进主食品工业化生产

为适应城乡居民生活节奏不断加快的需要，方便百姓生活，逐步做到家务劳动社会化。国家对发展米、面主食品工业化生产高度重视。为此，粮油加工企业要积极发展以大米、小麦粉和杂粮为主要原料制成的各类食品，如以大米为主要原料生产的方便米饭、方便粥、米粉、米糕和汤圆等；以小麦粉为主要原料生产的馒头、挂面、饺子、馄饨等；以及用杂粮或用杂粮与大米、小麦粉搭配为主要原料生产的上述有关主食品。因为这些可以直接食用，或只要稍加加工即能食用的半方便食品，是最适合中国百姓传统饮食习惯的健康方便粮油食品。

8. 严格控制利用粮油资源生产生物能源

解决中国13多亿人口的吃饭问题是历届政府最大的事。随着我国人民生活水平进一步提高和人口增加带来的粮油需求刚性增长，以及饲料和工业用粮油的强劲增长，在当前，乃至今后相当长的时期内，中国的粮油供应并不宽裕。为确保国家粮食安全，我们要按照确保口粮和饲料用粮的要求，根据“不与粮争地，不与人争粮”的原则，从国家粮食安全和保护环境出发，对利用小麦粉生产谷朊粉出口的项目，以及利用食用油和粮食生产生物能源的项目，应继续予以严格控制。

9. 进一步提高我国粮油机械的研发和制造水平

我国粮油工业的发展促进了粮机工业的发展，反之，粮机工业的发展保证了我国粮油工业的快速健康发展。由此可见，我国粮机工业的发展是我国粮油工业快速发展和实现现代化的根本保证，粮机工业的技术水平是粮油工业技术水平高低的集中体现。为满足和促进粮油加工业的进一步发展的需要，我国的粮机工业在今后的发展中要在“重质量、重研发、强创新、上水平”上进一步下功夫，并着重在以下几个方面做出成效。第一，要重视关键技术装备的基础研究和自主创新；第二，要进一步提高粮机产品的质量；第三，要重视开发节能降耗的设备；第四，研究开发粮机产品，适合粮油加工企业实行清洁生产和“适度加工”的需要；第五，要加快研究开发主食品工业化生产、杂粮加工和木本油料加工等装备；第六，要进一步实施“走出去”战略。

四、粮食工业在国民经济中的重要地位

粮食需求是人们最基本的消费需求。华夏璀璨文明的产生与发展，在很大程度上源自于农耕文化发展较早和长期坚持以农立国。从已经实现现代化的国家来看，不论具体国情如何，都注重发展粮食生产，具有足够的粮食供应能力。对我国这样一个人口近14亿的国家而言，具备将自己饭碗装满的能力，是实现现代化和中华民族振兴的基本条件。确保粮食安全，根本上取决于粮食生产的发展状况。

世界粮食日（World Food Day，WFD），是世界各国政府每年在10月16日围绕发展粮食和农业生产举行纪念活动的日子。世界粮食纪念日，是在1979年11月举行的第20届联合国粮食及农业组织（简称“联合国粮农组织”）大会决定：1981年10月16日为首次世界粮食日纪念日。此后每年的10月16日都要为世界粮食日开展各种纪念活动，旨在提醒人们关注第三世界国家长期存在的粮食短缺问题，敦促各国政府和人民采取行动，增加粮食生产，更合理地进行粮食分配，与饥饿和营养不良作斗争。

中国粮食安全应包括5方面内容：第一，粮食国内自给率。中国粮食白皮书承诺95%左右，建议在90%左右；第二，粮食库存安全系数。联合国粮食及农业组织约定粮食库存安全系数为17%~18%，中国大大高于这一比例，不能认为储粮越多越好；第三，农民收入。在世界贸易组织框架下，要大幅降低粮食生产成本，增加农民收入；第四，生态环境。粮食安全要建立在可持续发展的基础上，不能以牺牲生态环境为代价；第五，食物安全。我们认为，“Food Security”直译为“食物安全或食物保障”，现在约定俗成译为“粮食安全”，实质是食物安全。就一个国家而言，粮食安全是“化解和消除粮食危机各种因素，保证每一个人生活具有足够、富有营养的粮食”，应是粮食生产的安全、粮食流通的安全、粮食消费的安全。

中国历史正反两方面的经验和教训表明，国家粮食安全应坚持立足国内、确保产能、适度进口的原则，做到谷物基本自给。国家粮食安全的主要指标控制在比较安全、合理、经济的范围内，综合考虑各种因素影响，粮食库存要适量，将粮食库存安全系数控制在20%左右，粮食年末结转库存量在1200亿kg左右。提高供人们直接消费的人均粮食供应量（膳食能量供应量）。

粮食产量要稳定增长，避免出现粮食生产大起大落，特别是人为因素影响导致粮食减产。粮食年播种面积需要稳定在1.1亿hm^2以上，粮食常年生产能力应该保证在6亿t以上，年度间的粮食实际生产量根据国内、国际粮食市场需求择机进行调整。粮食进口要适度。2020年前后，谷物外贸依存系数在10%左右，谷物进口量500亿kg左右。切实解决好贫困人口的温饱问题。同时，全社会要树立爱粮节粮的好风尚。中国作为世界粮食生产、粮食消费大国，又是联合国安理会的常任理事国，将继续努力为世界粮食安全做出自己应有的贡献。

我国粮食产业的突出问题是粮食产业大而不强，缺乏核心竞争力；粮食生产仍以小农经济为主，加工企业的集约化程度不高，科技含量较低；粮食现代物流发展滞后；产业链条短，粮食产品以初级产品为主，产品附加值低，综合效益低下。因此，加快粮食产业发展方式转变具有重要的现实意义。

我国是人口大国，也是粮油生产大国、消费大国。粮油加工业一头连着粮食生产者和经营者，一头连着消费者，是粮食再生产过程中的重要环节，是粮食产业链的重要组成部分，是国民经济的重要行业和食品工业的基础行业，对促进粮食生产和流通、沟通产销、服务“三农”、维护国家粮食安全、满足消费需求、丰富市场供应、提高城乡居民生活质量具有重要作用。

第三节　粮食工程专业的人才培养

一、国内高校专业开设情况

近年来，我国粮食行业发展迅猛，规模居世界首位，粮油工业在许多领域已经接近或达到国际先进水平。在这种发展趋势引导下，对于粮食专业化人才的需求必将扩大，由此，粮食工程专业在这种大的背景下应运而生。全国各高校先后开设粮食工程专业，以培养优秀的粮油专业人才，进而推动国家粮油行业的发展。

“民以食为天，国以粮为本”。粮食是人类赖以生存的物质资源之一，粮食加工业的发展直接关系到粮食的产量与质量。随着粮食加工业的迅速发展，粮食行业人才需要逐年增加，现有粮食行业从业人员数量及质量都已无法满足行业需求，《全国粮食行业中长期人才发展规划纲要（2011—2020 年）》明确指出：粮食行业高层次、创新型人才和高技能人才缺乏，人才结构不尽合理，应切实加强粮食行业人才队伍建设，积极实施人才兴粮战略，大力加强粮食专业建设，到 2020 年，粮食行业人才资源总量将从 2011 年的 69 万人增加到 109 万人。

粮食工程是隶属于“食品科学与工程”一级学科的二级学科，是教育部专业目录规定的试办专业，是为社会培养能够从事粮食生产技术管理、粮油产品加工、粮食工程规划管理等工作的高级技术应用型专门人才。该专业具有高等工科专业的显著特点，一方面具有知识面宽的特点，覆盖生物学、化学及粮食科学学科的基本理论和基本设计方法；另一方面具有很强的工程性、技术性、实践性，集成了粮油加工生产技术管理、设备的操作与维护、粮食品质检验、储藏保管等技术。粮食工程专业是粮食加工与研究及其后续产品研究开发的基础和核心，在国家建设发展中占有非常重要的地位，但由于该专业是一个新兴专业，对于各高校乃至整个社会而言是一个新鲜事物，目前在全国各高校开办的较少。

二、粮食工程专业的人才培养目标

粮食工程专业是为了适应新时期粮食行业发展，提高粮食的质量和产量，加强粮油产品在国民经济中的地位，培养优秀的粮食人才，依托国家建设粮食物流基地这一强烈的行业背景组建起的特色专业。随着粮食行业的发展，社会对具有较高综合素质的粮食工程专业人才需求旺盛。现如今，粮食工程专业已朝着多元化发展，不仅对粮油作物的生产、粮油的制取、后续加工等方面加强研究，更对粮油机械、现代化生产投入大量的人力物力。

粮食工程专业旨在培养德、智、体全面发展，知识面宽，基础扎实，动手能力强，综合素质高，具有社会适应能力、创新能力和创业能力，掌握粮食工程和粮食科学学科的基本理论和基本设计方法，具备基本的设计能力和初步的研究开发能力，能在粮食、油脂、粮油深加工、粮油储检、饲料相关领域从事新产品开发、新技术应用、工程设计与实施、产品质量与安全控制、技术管理、产品营销和技术服务等方面工作的粮食科学与工程的应用型、复合型的高级专门人才。充分认识粮食行业的特点，准确定位，培养出具有社会竞争力的毕业生，直接关系到粮食工程专业的发展前景。粮食工程专业具体需要掌握的知识和能力如下：

掌握数学、物理、化学、生命科学、工程学等的基本理论与基本知识；掌握粮食工程及相关学科课程的基本知识和技能；掌握粮食和油脂生产技术管理、粮食和油脂安全控制和检测、粮食和油脂工程设计和科学研究等方面的基本原理和基本技能；熟悉国内外粮食工程发展相关的方针、政策、法律和法规；掌握一门外语和计算机应用知识；具有一定的人文、社会科学等方面的知识。

三、粮食工程专业的人才培养规格

培养不仅掌握本行业现代先进技术，熟悉本行业未来科技发展方向，了解相关进展，还具有较强的理解、消化、利用、推广新技术能力和项目组织及管理能力，能够应用专业知识和技术解决工程实际问题的专业人才。

建立以行业需求为导向、项目为支撑、企业院校共同培养的“理论-实践-理论-实践”、工学交替式人才培养模式。人才特色是：以“粮食安全”为主线，“通专业、懂技术、会管理、善协调、能营销”的“一条龙式”粮油工程应用型专业人才。他们应熟悉粮油生产工艺设备过程技术，掌握产品质量与安全控制，能够进行技术管理和经营管理，善于产品销售和技术服务，具有团结协作精神和劳动精神、分析和解决实际问题能力、组织协调能力、创新能力和自我提升能力。

设立粮食工程专业的学校要更加注重人才的多样化培养。各学校可根据各自学校的办学层次和多年办学形成的特色，设置个性鲜明的、可操作的培养方案和专业方向，例如，对于未独立设置储藏、加工及油脂专业的学校，可按“大粮工”专业进行培养，大专业核心课程体系囊括上述各小方向的核心知识点；也可设置偏重于储藏、谷物加工及油脂工程等不同的粮食工程专业方向。因此，标准在课程设置规定上应有较大的自主性。

参考文献

[1] 肖春阳．中外粮食概念比较［N］．粮油市场报，2013-06-27B02.

[2] 李玥，闵国春，乔丽娜，等．我国粮食标准化工作体系现状及展望［J］．粮油食品科技，2011（2）：38-41.

[3] 吴晓寅，李明奇，谷艳萍，等．浅析粮食食品安全与现代粮油标准的发展关系［J］．现代食品，2015（14）：12-16.

[4] 王文枝，刘彩虹，李立，等．美国粮食质量管理体系与标准概况［J］．标准科学，2014（6）：70-73.

[5] 罗丹，陈洁．中国粮食生产调查［M］．上海：上海远东出版社，2014.

[6] 魏孟辉，袁建．我国粮食质量标准与检测技术研究进展［J］．食品安全质量检测学报，2015（11）：4677-4683.

[7] 孙丽娟，韩国，胡贤巧，等．我国主要粮食产品质量标准问题分析［J］．农产品质量与安全，2016（2）：38-44.

[8] 刘翀，田建珍，郑学玲，等．“粮食工程专业”教学质量国标制定的原则探讨及建议［J］．中国西部科技，2014（8）：110-111.

[9] 孟宪梅，徐文，杨玉民，等．基于行业需求特色的粮食工程专业人才培养方案构建与实施［J］．现代教育科学，2012（7）：92-94.

[10] 陈海华．粮食工程专业建设的调研及改革思路［J］．农产品加工，2015（16）：81-84.

[11] 赵豫新．我国粮食工业技术创新体系发展模式与实现途径研究 [J]．粮食科技与经济，2000 (6)：29-31.

[12] 赵予新．粮食产业发展方式转变的标志与路径选择 [J]．农村经济，2013 (8)：51-54.

[13] 姚惠源．中国粮食加工科技与产业的发展现状与趋势 [J]．中国农业科学，2015 (17)：3541-3546.

[14] 王瑞元，宋丹丕，张建华，等．我国粮油加工业发展战略研究 [J]．现代面粉工业，2009 (1)：1-9.

[15] 王瑞元．我国粮油加工业的发展趋势 [J]．粮食与食品工业，2015 (1)：1-4.

第二章　粮食科学和工程技术基础

[学习指导]

熟悉和掌握粮食的主要化学成分，重点包括粮食中的水分、蛋白质、碳水化合物及脂类在粮食中的含量、分布及功能，粮食主要化学成分分析检测的方法，以及对粮食及其制品质量进行分析的手段。掌握粮食中微生物的构成及对粮食品质的影响。掌握常用的粮食输送设备以及粮食加工厂中的通风除尘系统的构成。了解粮食中活性物质的种类，面团流变学特性所包含的内容，建设项目从计划建设到建成投产的过程及粮食加工厂设计的主要内容。

第一节　粮食的化学基础

粮食是有生命的有机体，每种粮食籽粒都是由各种不同的化学物质按大致一定的比例组成的，主要包括有机物和无机物两大类。主要的有机物有蛋白质、脂类、糖类、酶、维生素、色素等；主要的无机物包括水分和矿物质。粮食中的各种化学成分，不仅是粮食种子本身生命现象所必需的物质，也是人类的营养源泉。了解粮食的化学成分，能帮助我们采用合理的方法储藏、加工和利用粮食。

一、粮食的化学成分及分布

粮食籽粒的各种化学成分，除维生素、色素等微量成分外，其他各类成分皆属于一般化学成分。粮食各化学成分的分类关系如图 2-1 所示。

粮食种类和品种不同，其化学成分含量相差很大。谷类粮食的化学成分以淀粉为主，种子具有发达的胚乳，大部分化学成分储存在胚乳中，常作为人类的主食；豆类含有较多的蛋白质，常作为副食；油料含有大量的脂肪，主要用于制油；豆类和油料一般具有发达的子叶，绝大部分化学成分储存于子叶内；薯类粮食的化学成分也是以淀粉为主，主要用于生产淀粉和发酵产品；大豆中除含有较多的蛋白质外，其脂肪含量也较多，因此，既可以作副食，又可以作油料。

一般来讲，纤维素、矿物质主要分布在粮食的皮壳中，而蛋白质、脂肪和碳水化合物等营养成分则集中在胚和胚乳中。谷类粮食中，淀粉主要分布在胚乳内，脂肪主要分布在胚和糊粉层内，糊粉层内蛋白质的含量也很丰富。油料中，蛋白质、脂肪、淀粉分布在子叶内。

（一）水分和矿物质

1. 粮食中的水分

水分是粮食中重要化学成分之一，它不仅影响粮食籽粒的生理变化，而且影响粮食的

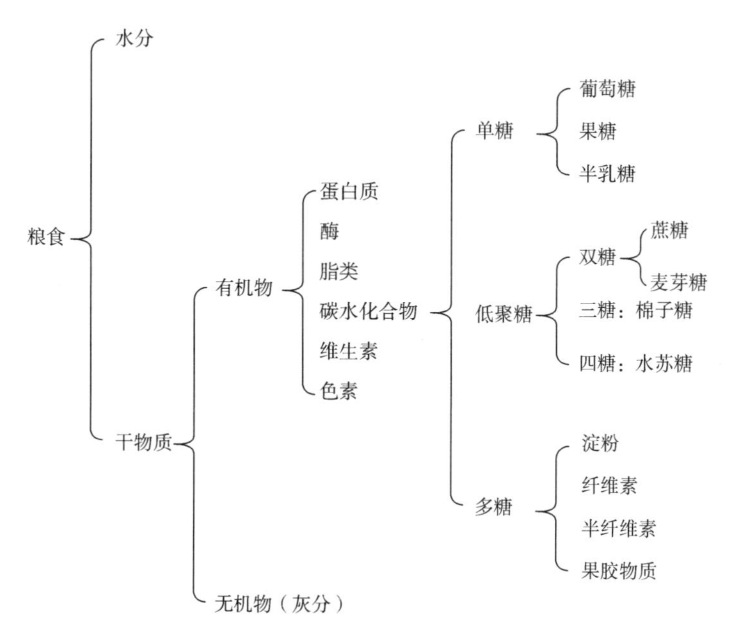

图 2-1　粮食中化学成分组成

加工、储藏及粮食食品的制作。水分过高，粮食不易保存，容易发热霉变，适量的水分可以保证粮食加工及食品制作的顺利进行。正常情况下，谷类粮食含水量为 12.5%～14%，油料仅为 7%～8%。

（1）粮食中水分存在的状态　水分在粮食籽粒中有两种不同的存在状态：一是游离水；二是结合水。

游离水又称自由水，一般谷类粮食达 14%～15%时，开始出现游离水。游离水存在于粮粒的细胞间隙和毛细管中，具有普通水的一般性质，可作为溶剂，0℃时能结冰，是粮食进行生化反应的介质。游离水在粮食籽粒内很不稳定，可在环境温、湿度影响下自由出入，故又称自由水。粮食水分的增减主要是游离水的变化。

结合水又称束缚水，存在于粮食的细胞内，与淀粉、蛋白质等亲水性高分子物质通过氢键作用相结合，因此性质稳定，不易散失，在温度低于-25℃时也不结冰，几乎不能作溶剂，一般不易为生物所利用。粮食中结合水含量的多少，依据其化学成分的不同而有所区别。一般来说，含碳水化合物和蛋白质多的粮食，结合水较多；含脂肪多的粮食，结合水较少。

谷类粮食水分含量在 13.5%以下，可以看作全部是结合水，此时粮食籽粒的生命活动很微弱，而且微生物不能利用这种结合水进行生长发育，粮食不会生霉。随着粮食含水量的增高，生命活动不断增强。高水分的粮食生命活动很旺盛，不仅消耗营养成分，造成干物质减少，而且还放出热量和水分。因此，游离水较多的粮食，容易发热生霉。

（2）粮食含水量与粮食储藏和加工的关系　粮食籽粒都是处于休眠状态的植物种子，在进行后熟和储藏时，其生命活动已减退到最低限度。一般粮食种子的水分，如果降到 11%～22%，则呼吸作用趋近于零，干物质的消耗很少。在一般情况下，粮食的安全水分标准：谷类粮食 12%～14%；豆类 10%～13%；油类 7%～9%。随着含水量的增加，酶活力上升，呼吸作用增强，储藏稳定性随之减弱。当水分增加到一定值时，粮食还会生芽。

根据粮食本身含水量的多少以及环境温、湿度的不同，粮食可以散失本身的水分而变得干燥，或者吸收水分而变得潮湿。已经干燥的粮食，如果存放的地方湿度大、温度高，会吸收空气中的水分而使含水量增高。反之，水分较高的粮食，在温度高、相对湿度小的地方，又会放出水分而使含水量降低。粮食在仓库储藏中，应经常检查测定粮食的水分，观察水分变化情况，以便采取措施，改善环境条件，让粮食长期保持结合水水平，保证储粮安全。

粮食加工时，要求粮食的含水量适宜，过高或过低都会影响粮粒的物理性质和工艺品质，对加工不利。在制米过程中，若水分过高，稻粒硬度低，则容易碾碎，使碎米增多，从而降低出米率，还会造成清理困难，增加动力消耗；如果水分过低，也容易产生碎米，降低出米率。一般稻谷加工的标准水分是13.5%~16.0%，籼稻较粳稻低。在制粉过程中，要使皮不磨碎，而胚乳磨碎成粉，因此要求皮和胚乳有不同的含水量。一般可以通过水分调节、润麦等来解决。如果原麦水分含量低，可以着水，使入磨小麦的水分适度；如果水分过高，胚乳不仅难从麸皮上刮净，还容易堵塞筛眼，这就需要水热调理设备进行烘干，使含水量达到工艺上的要求。因此，小麦水分过高或过低都不宜于制粉。为了使入磨小麦的水分达到制粉工艺的要求，需要对原料小麦的水分调节实行严格控制，从而保证产品品质和得率。

2. 粮食中的矿物质

矿物质又称无机盐或灰分，各类粮食中均含有矿物质。它们大都是人体营养所需的矿物质成分。矿物质元素除了少量参与有机物的组成之外，大多数均以无机盐或电解质的形态存在。

（1）粮油籽粒中矿物质的含量与分布　粮油籽粒内的矿物质根据其含量可分为常量元素和微量元素。我国主要粮食的灰分含量为1.5%~5.5%（表2-1），带壳的谷类粮食（如稻谷、燕麦）、小粒的油料（如油菜籽、芝麻）的灰分含量较高。大粒（如蚕豆）的灰分比小粒（如油菜籽）要低；皮薄（如花生）的灰分比皮厚（如大豆）者低；粒小而壳厚者（如芝麻）其灰分含量较高。在同种粮食中也有类似的情况。

表2-1　粮油籽粒中的灰分含量　单位：%

粮种	灰分	粮种	灰分	粮种	灰分	粮种	灰分
稻谷	5.3	小麦	1.8	大豆	4.7	花生仁	2.3
小米	2.8	元麦	2.1	豌豆	3.0	向日葵	3.2
高粱	1.7	大麦	2.7	蚕豆	2.8	油菜籽	4.5
玉米	1.5	燕麦	3.6	绿豆	2.9	芝麻	5.3

灰分在粮油籽粒各部分的分布情况是很不平衡的。在粮粒中一般以壳、皮及糊粉层所含灰分为最多，胚次之，内胚乳最少，而胚乳中心部分比胚乳外层更少（表2-2）。

（2）粮食中矿物质的种类及功能　粮食中含有30多种矿物质元素，其中含量在0.01%以上的常量元素有钙、镁、钾、钠、铁、磷、硫、硅、氯等，含量在0.01%以下的矿物质为微量元素或痕量元素，如锰、锌、钼、铜、镍、钴、硼等。

表 2-2 粮油籽粒各部分灰分含量 单位：%

籽粒	全粒	壳	皮+糊粉层	胚	内胚乳
稻谷	5.30	17.00	11.00	8.00	0.40
小麦	2.18	—	4.78~13.93	6.32	0.45

粮食中所含的矿物质从理论上讲都是人体的营养成分。人体内的矿质元素共有 20 余种，主要是从食物中摄取，粮食是人体矿质元素的主要来源。矿质元素对人体具有十分重要的生理功能。矿物质的营养功能主要包括：构成身体体质，使身体有固定的形状；保持体内环境；维持原生质的生机状态；参与体内生物化学反应。

（二）蛋白质

蛋白质是一种天然高分子含碳化合物，存在于一切动植物的细胞中。蛋白质是粮食中最重要的营养成分之一。粮食中蛋白质的含量会因品种、土壤、气候等的不同而呈现差异，一般谷类粮食含蛋白质在 15%以下，而豆类和油料蛋白质可达 30%~40%。

1. 粮食中蛋白质的分类

谷类蛋白质的分类方法很多，最常用的分类方法是传统的奥斯本-门德尔分类法，它将谷物蛋白质分为四大类：

（1）清蛋白类 清蛋白分子质量较小，含有二硫键。溶于水，加热凝固，能被强碱、金属盐类或有机溶剂沉淀，并能被饱和硫酸铵盐析。清蛋白大约占谷物全部蛋白质的 20%。

（2）球蛋白类 球蛋白是种子中含量最丰富的储藏蛋白质，尤其是在燕麦和大米胚乳中。不溶于水，溶于中性盐稀溶液，加热凝固，能被有机溶剂沉淀，添加硫酸铵至半饱和状态时，则沉淀析出。

（3）醇溶蛋白类 该类蛋白质仅存在于谷物中，如小麦醇溶蛋白。不溶于水及中性盐溶液，可溶于 70%~90%的乙醇溶液，也可溶于稀酸和稀碱溶液，加热凝固。

醇溶蛋白水解产生大量的谷氨酰胺、脯氨酸、氨及少量的碱性氨基酸。小麦醇溶蛋白是面筋蛋白质主要成分之一。

（4）谷蛋白类 谷类作物，特别是稻谷，含有丰富的谷蛋白，约占胚乳总蛋白质的 80%。该蛋白也仅存在于谷物籽粒中，常常与醇溶蛋白分布在一起。小麦谷蛋白是谷物中分子质量最大的蛋白质，不溶于水、中性盐溶液及乙醇溶液中，但溶于稀酸和稀碱溶液，加热凝固。

2. 粮食中蛋白质的性质

蛋白质复杂而精细的构象在物理因素或化学试剂作用下很容易发生变化。溶液中的蛋白质可转变为胶体或产生沉淀，当蛋白质被加热时，就产生凝固现象。这种过程也可以按相反的方向进行，即将蛋白质沉淀转变成胶体或溶液。

当蛋白质有秩序的分子排列和空间构象被破坏时，蛋白质即发生变性。加热、化学因素作用、过度搅拌及酸、碱试剂等均会引起蛋白质变性。当蛋白质被加热后，就从液态转变成为固态，此时即发生了不可逆变性。

蛋白质溶液还可以形成薄膜，因此搅拌蛋白质可以呈泡沫状，这种薄膜可以包裹空气，但过度搅拌会导致蛋白质变性，使薄膜破裂，泡沫因此而消失。

与碳水化合物类似，蛋白质长链在酸、碱或酶的作用下，长链可被打断，形成各种不同大小及不同性质的中间体。蛋白质降解的产物按分子大小及复杂程度递减的顺序依次排列为：蛋白质、蛋白胨、多肽、短肽、肽、氨基酸、氨及氮元素。

3. 粮食中蛋白质的功能

（1）构成机体和修复组织　人体的全部组织及器官，无不含蛋白质。身体的生长发育，衰老组织的更新，损伤后组织的修复，都离不开蛋白质，每天约有3%的蛋白质参与更新。

（2）构成体内许多具有重要生理作用的物质　人体内许多具有重要生理功能的物质均由蛋白质构成，它们在体内都具有特殊的生理作用。酶的本质是蛋白质，如淀粉酶、胃蛋白酶、转氨酶等，对机体发挥重要的催化作用和调节功能作用；调节生理功能的一些激素也有蛋白质和多肽参加。

（3）增强机体免疫能力　蛋白质是机体免疫防御功能的物质基础，当蛋白质营养不良时，其有关组织器官的结构和功能均受到不同程度的影响。抗体是一类具有机体免疫功能的特殊球状蛋白质，能够识别病毒、细菌以及来自其他有机体的细胞，并与特异物结合。长期缺乏蛋白质可显著影响胸腺及外周淋巴器官的正常结构和功能，降低白细胞及网织内皮细胞的吞噬能力，使机体抗病力下降，易感染疾病。

（4）供给能量　蛋白质在体内经氧化后可释放能量，是三大供能营养素之一。体内蛋白质、多肽分解产生的氨基酸经脱氨基作用生成的α-酮酸可直接或间接参加三羧酸循环氧化分解。每克蛋白质可释放16.7kJ热能。人体每天所需热能的10%~15%来自蛋白质。但提供热能不是蛋白质的主要功能，只有在碳水化合物和脂肪供应不足时，蛋白质才向人体提供热能。

（5）氧的运输　机体新陈代谢过程中所需的氧和生成的二氧化碳，是由血液中血红蛋白运输完成的，而血红蛋白是球蛋白与血红素的复合物。

（6）维护皮肤的弹性　胶原蛋白是人体结缔组织的组成成分，能主动参与细胞的迁移、分化和增殖，具有连接与营养功能，又有支撑、保护作用。在人的皮肤中，如长期缺乏蛋白质会导致皮肤的生理功能减退，使皮肤失去光泽，出现皱纹，弹性降低。

（三）糖类

1. 粮食中的糖类

糖类物质是粮食中最重要的储能物质之一，在粮食发芽时供给胚生长发育所必需的养料和能量。糖类的存在形式因粮食和油料种类而不同，一般根据其结构分为单糖、低聚糖和多聚糖三类。多糖是粮食中最主要的化学成分。

根据糖类物质溶解特点的不同，又可分为可溶性糖和不溶性糖两类。

（1）可溶性糖　可溶性糖包括单糖和双糖，在大多数粮食及油料籽粒中含量不高，一般占干物质的2%~2.5%，其中主要是蔗糖，分布于籽粒的胚部及外围部分（包括果皮、种皮、糊粉层及胚乳外层），在胚乳中的含量很低。

单糖是一类结构最简单的糖，是粮食作物的绿色部分经光合作用而形成的初始产物，单糖运输到粮食籽粒后，则转化成多糖储存于粮粒中。单糖是构成低聚糖和多糖的基本单位。单糖易溶于水，它可不经消化液的作用，直接被人体吸收利用。低聚糖和多糖在人体内必须分解成单糖后，才能被人体吸收利用。

蔗糖为双糖，由葡萄糖和果糖结合而成，蔗糖水解后即生成葡萄糖和果糖的等量混合物——转化糖。粮食中的蔗糖主要集中在胚中，胚乳中的含量很低。小麦胚中含蔗糖16.2%，黑麦胚含22.9%，玉米胚含11.4%。新鲜粮食中蔗糖含量高，陈粮中其含量不断下降。

（2）不溶性糖　粮食籽粒中的不溶性糖种类很多，主要包括淀粉、纤维素、半纤维素和果胶等。

粮食中的淀粉以淀粉粒的形式存在于胚乳细胞里。淀粉是由两种理化性质不同的多糖——直链淀粉和支链淀粉组成。直链淀粉分子卷曲，呈螺旋形，支链淀粉分子呈树枝状。直链淀粉遇碘显蓝色，支链淀粉遇碘显红紫色。一般粮食的淀粉中，直链淀粉占20%~25%，支链淀粉占75%~80%，糯米、糯玉米、糯高粱等糯性粮食，几乎不含直链淀粉。

纤维素和半纤维素是构成细胞壁的基本成分，在细胞壁的机械物理性质方面起着重要的作用。粮食中的纤维素和半纤维素主要存在于皮层中，它们的存在和性质对粮食加工及产品质量有很大的影响。

构成纤维素的最基本单位是葡萄糖。水解纤维素的中间产物是纤维二糖，最终产物是葡萄糖。半纤维素分子比纤维素小，但其组成比纤维素复杂得多，除葡萄糖外，还有果糖、半乳糖和木糖等。半纤维素可以作为植物的后备食物，在种子发芽时，能被半纤维素酶水解供种子吸收利用。

纤维素和半纤维素都不能为人体消化吸收，对人体无直接营养意义。但它们能促进肠胃蠕动，刺激消化腺分泌消化液，帮助消化其他营养成分。纤维素还有预防肠癌和减少冠心病发生的作用。

2. 粮食中糖类物质的主要功能

（1）供给热能　糖类物质是一切生物体维持生命活动所需热能的主要来源，在粮食籽粒中糖类作为储藏养分供胚部发育使用。

（2）构成组织　糖类物质是构成机体的重要物质，特别是植物组织的细胞壁中普遍存在的纤维素、半纤维素。动物中不含纤维素，但组成细胞膜的糖蛋白、结缔组织中的黏蛋白、神经组织中的糖脂，以及普遍存在的遗传物质如核糖核酸和脱氧核糖核酸等无不含有碳水化合物。

（3）转变成脂肪　粮油籽粒中的脂肪都是由糖类物质转变而成的储藏养分，人体和家畜也利用多余的糖类产生脂肪。

（4）参加蛋白质在体内的合成　从工艺的观点来看，糖类也是食品、发酵、纺织、造纸和医药等轻工业的重要原料。

（四）脂类

脂类是粮食中又一类重要的化学成分，包括脂肪、类脂物和一些脂肪伴随物。一般谷类粮食含脂肪较少，油料中含脂肪很多，如芝麻含脂肪50%~53%；花生含38%~51%；油菜籽含30%~45%；棉籽含14%~25%；大豆中脂肪的含量也较丰富，一般为17%~20%。

1. 粮食中脂类的分类

（1）脂肪　脂肪是脂肪酸与甘油的化合物，又称甘油酯。脂肪酸是脂肪分子中的主要成分，组成脂肪的脂肪酸有饱和脂肪酸和不饱和脂肪酸两类，通常植物脂肪中含不饱和脂肪酸多，常温下呈液态。粮食脂肪中主要的不饱和脂肪酸有油酸、亚油酸、亚麻酸等。

粮食中脂肪的含量虽然较低，但在储藏过程中易分解，这不仅会影响粮食安全储藏，而且对粮食食用品质、蒸煮品质、烘焙品质都有很大影响。脂肪在储藏过程中的变化主要有两条途径：一是氧化作用；二是水解作用，温度对其影响较大。一般低水分粮，尤其是成品粮，脂肪的分解以氧化为主，而高水分粮则是以水解为主，中等含水量的粮食两种脂解作用可交互或同时发生。

（2）类脂　磷脂和蜡是粮食中两种最重要的类脂，它们在结构上和溶解特性上都与脂肪相似。

磷脂是细胞原生质的组成成分，主要累积在原生质表面，与原生质的透性有很大关系。磷脂可以限制种子的透水性，并有良好的阻氧化作用，有利于种子活力的保持。粮食中的含磷物质主要是磷脂。大豆中磷脂特别丰富，一般占干重的2.8%。油菜籽中磷脂占干重的1.5%，大麦为0.74%，小麦为0.65%，糙米为0.64%，玉米为0.28%。磷脂一般集中在粮粒的胚中。

粮食果皮和种皮的细胞壁中含有蜡，它可增加皮层的不透水性和稳定性，对粮粒起保护作用。蜡是高级一元醇与高级脂肪酸合成的酯，分子两端都是非极性的长链烃基，不溶于水。蜡和脂肪一样，其性质也可用酸值、皂化价、碘价等来表示。蜡在人体内不能被消化，无营养作用，且能影响人体对食物的消化与吸收。

（3）脂肪伴随物　脂肪伴随物在结构上与脂肪并不相似，但在溶解特性上却与脂肪相似。粮食中的脂肪伴随物主要有色素、植物固醇及某些脂溶性维生素等。

食用植物油呈现各种颜色，主要是由于色素溶于油中所致。主要的脂溶性色素有叶绿素、叶黄素、胡萝卜素、棉酚等。青豆油、亚麻油及从不成熟的种子中制取的油常呈绿色，是因为含有较多的叶绿素；棕榈油呈红色，是因为含有胡萝卜素；毛棉油呈现深棕色或红褐色，是因为含有棉酚。棉酚是一种有毒物质，能引起烧热病，并能损害生殖功能。

（4）粮食中不含胆固醇，但含有植物固醇　粮食中的植物固醇主要有豆固醇、麦角固醇、油菜固醇等，主要存在于粮食的胚中。例如，小麦全粒中含植物固醇0.031%～0.070%，而麦胚中的含量为0.2%～0.5%。含胚量大的玉米粒中，植物固醇的含量达1.0%～1.3%。植物固醇本身不能被人体吸收利用，但它具有抑制人体吸收胆固醇的作用，所以多吃植物油，可以在一定程度上降低人体血液中的胆固醇。其中麦角固醇经紫外线的照射，可转变为维生素D_2，这对人体健康是有利的。

2. 粮食中脂类的功能

（1）供给和储存热能，维持体温　脂肪是人体热能的主要来源，每克脂肪释放的能量约为37.62kJ，比蛋白质和碳水化合物高1倍以上，正常健康人总热量有17%～30%来自脂肪。

（2）构成机体组织细胞的成分　脂肪在人体内占体重的10%～14%，类脂中的磷脂、胆固醇与蛋白质结合成脂蛋白，构成了细胞的各种膜，也是构成脑组织和神经组织的主要成分。胆固醇在体内可转化为胆汁酸盐、维生素D_3、肾上腺皮质激素及性激素等多种有重要生理功能的类固醇化合物。

（3）供给必需脂肪酸　必需脂肪酸是细胞的重要构成物质，在体内具有多种生理功能，它能促进生长发育，维持皮肤和毛细血管的健康，促进胆固醇代谢、防治冠心病、调节生殖功能等。

（4）促进脂溶性维生素的吸收　脂肪是脂溶性维生素的溶媒，维生素 A、维生素 D、维生素 E、维生素 K 均不溶于水，只有与脂肪共存时才能被人体吸收。

（5）保护机体，滋润皮肤　脂肪是器官、关节和神经组织的隔离层，并可作为填充衬垫，避免各组织相互间机械摩擦，对重要器官起保护和固定作用。脂肪在皮下适量储存，可滋润皮肤，增加皮肤的弹性，充盈营养物质，延缓皮肤衰老。

（6）提高膳食的饱腹感　脂类在胃中停留时间较长，一次进食 50g 脂肪，需 4~6h 才能从胃中排空，因而可增加饱腹感。

二、粮食中的生物活性物质

粮油籽粒中某些化学物质，其含量虽然很低，但具有调节籽粒生理状态和生化变化的作用，促使生命活动强度增高或降低，这类物质称为生理活性物质，包括酶、维生素和激素。

（一）酶

酶是一类由活细胞产生的，具有催化活性和高度专一性的特殊蛋白质。因为酶由生物体产生，故称为生物催化剂。酶具有底物专一性和作用专一性，因此粮油籽粒中各种生理生化变化是由多种多样的酶类共同作用所控制的。粮食及油料中的酶主要有以下几种：

1. 淀粉酶

粮食及油料籽粒中淀粉酶有三种：α-淀粉酶、β-淀粉酶及异淀粉酶。α-淀粉酶又称糊精化酶，只能水解淀粉中的 α-1，4 糖苷键，α-淀粉酶对谷物食用品质影响较大。大米陈化时流变学特性的变化与 α-淀粉酶的活力有关，随着大米陈化时间的延长，α-淀粉酶活力降低。高水分粮在储藏过程中淀粉酶活力较高，是高水分粮品质变化的重要因素之一。小麦在发芽后淀粉酶活力显著增加，导致面粉的烘焙品质与蒸煮品质下降。

2. 蛋白酶

蛋白酶在未发芽的粮粒中活力很低。小麦蛋白酶与面筋品质有关，大麦蛋白酶对啤酒的品质影响很大。

小麦籽粒各部分蛋白酶的相对活力，以胚为最强，糊粉层次之。小麦发芽时淀粉酶活力迅速增加，在发芽的第 7 天增加 9 倍以上。至于麸皮和胚乳淀粉细胞中，不论是在休眠或发芽状态，蛋白酶的活力都是很低的。蛋白酶对小麦面筋有弱化作用，发芽、虫蚀或霉变的小麦制成的小麦粉，因含有较高活力的蛋白酶，使面筋蛋白质溶化，所以只能形成少量的面筋或不能形成面筋，因而极大地损坏了小麦粉的工艺和食用品质。此外，花生中含有一种活力很强的蛋白酶，子叶中的浓度比胚中大得多，发芽时蛋白酶的活力也大大增加。

3. 过氧化物酶和过氧化氢酶

过氧化物酶对热不敏感，即使在水中加热到 100℃，冷却后仍可恢复活力。过氧化氢酶主要存在于麦麸中，而过氧化物酶则存在于所有粮油籽粒中，粮油储藏过程中变苦与这两种酶的作用有密切相关。

4. 脂肪水解酶及脂肪氧化酶

脂肪水解酶又称为脂肪酶，该酶对粮油储藏稳定性影响较大，粮油籽粒中脂肪酸含量的增加主要是由脂肪水解酶的作用引起的。

脂肪氧化酶可将脂肪中具有不饱和双键的脂肪酸氧化为具有共轭双键的过氧化物，是造成粮油酸败的必然条件。

（二）维生素

维生素是维持人体和动物正常生理功能所必需的一类天然有机化合物。维生素与蛋白质、碳水化合物及脂肪不同，它既不提供能量，也不是构成各种组织的成分。粮油籽粒中含有多种水溶性维生素（B 族维生素和维生素 C）和脂溶性维生素（维生素 E），不含维生素 A，但却含有维生素 A 的前体胡萝卜素，食用后，在酶的作用下能分解为维生素 A。

1. B 族维生素

禾谷类粮食和大豆中 B 族维生素的含量均很丰富。B 族维生素的种类很多，B 族维生素各成员在化学结构和生理功能上并无关系，但在溶解性质与分布上则大致相同。在禾谷类中的存在部位主要是麸皮、胚和糊粉层，因此碾米及制粉精度越高，B 族维生素的损失也就越严重。

2. 维生素 E

维生素 E 又称生育酚、抗不育维生素，指具有 α-生育酚生物活性的一类化合物，大量存在于油料籽粒中和禾谷类籽粒的胚中，是一种主要的阻氧化剂，对防止油品的氧化有明显作用，因此对保持籽粒活力是有益的。

3. 维生素 C

谷类籽粒中都不含有维生素 C，只在发芽时才有合成。发芽的禾谷籽粒，维生素 C 全部集中在幼芽中，豆类种子则集中于子叶部分。

（三）植物激素

植物激素具有促进种子及果实生长、发育、成熟、储藏物质积累、促进（或抑制）种子萌发等作用。根据激素的生理效应和作用，可将植物激素分为生长素、赤霉素、细胞分裂素和乙烯。它们具有不同的特性及作用。

三、粮食中的其他化学成分

（一）色素

粮食籽粒常常具有不同的颜色。之所以有这些颜色，是由于粮粒的颖壳、果皮、种皮或胚乳中含有不同的色素。粮食中的色素，根据溶解性能的不同，可以分为脂溶性色素和水溶性色素两大类。前者存在于细胞质中，常见的有叶绿素和类胡萝卜素，后者存在于细胞液中，有花黄素和花青素等。粮食籽粒的颜色常常是鉴别品种的重要标志之一。同一种粮食有时也以籽粒颜色作为分类的依据。正常颜色发生改变时，大都意味着粮食的变质或处理的不当。

（二）粮食中的天然有害物质

某些粮食中含有一些特殊的化学成分。这些成分有的是有毒物质，人体食入过量能引起中毒，有的影响人体对食物的消化吸收，有的影响食物的风味和品质，因此是有害成分。例如，棉籽中的棉酚、菜籽中的芥子苷、蓖麻籽中的蓖麻毒蛋白和蓖麻碱、大豆中的胰蛋白酶抑制素、蚕豆中的巢菜碱苷、菜豆中的皂素、马铃薯中的龙葵碱、木薯中的木薯苷以及高粱中的单宁等都是有害成分。

第二节　粮食的微生物学基础

一、粮食中微生物的种类

微生物一般指绝大多数凭肉眼看不见或看不清，必须借助显微镜才能看见或看清，以及少数能直接通过肉眼看见的单细胞、多细胞和无细胞结构的微小生物的总称。微生物包括许多不同的类群，根据现代生物学分类方法可被分为细胞微生物和非细胞微生物两大类。病毒属于非细胞微生物。粮食中微生物的种类及其数量，随粮食的种类、品种、等级、储藏条件和储藏时间的不同而存在差异。粮食上的微生物主要有细菌、霉菌、放线菌和酵母菌。其中霉菌对粮食的危害最为严重。

（一）细菌

细菌是原核微生物的一个大类群，在自然界分布广，种类多，与人类生产和生活的关系也十分密切。粮食中细菌的数量最多，特别是在新收获的粮食上，细菌数量可占整个微生物区系的90%以上，其中以草生欧文菌、荧光假单胞菌最多，其次是黄杆菌和黄单胞杆菌。在中国、加拿大、美国和俄罗斯等广大地区，新收获小麦上最普遍存在的就是草生欧文菌，占新收小麦细菌总数的75%~90%。这类细菌以粮食作物分泌液为营养，对粮食本身无害，所以称为附生微生物。由于附生微生物主要存在于新收获的粮食上，所以其数量的多少可以作为粮食新鲜程度的标志。粮食储藏一段时间后，附生微生物趋于减少，并最终为逐渐增多的芽孢杆菌和微球菌等细菌所代替。

细菌的生长活动需要较高的水分活度，而储藏粮食水分活度低，细菌的生长繁殖会受到一定抑制。只有粮食霉变发热的后期，水分活度才会上升，而此时粮食已变质到不能食用的程度。因此，细菌对储粮的危害性较小，重要性远不及霉菌。

（二）放线菌

放线菌由于菌落呈放射状而得此名，它具有发育良好的菌丝，并形成孢子，靠孢子繁殖，与真菌相似，但在细胞结构和生理特性等方面更与细菌相近。放线菌大多数是腐生，少数是寄生。放线菌在自然界中分布很广，土壤中数量最多。粮食上经常见到放线菌，尤以陈粮及含尘介杂质多的粮食上最常见。某些嗜热放线菌是储粮后期发热的促进者。

（三）酵母菌

1. 酵母菌的基本形态特征

酵母菌的形态主要是球形、椭圆形和卵形，具有典型的细胞结构，一般酵母菌比细菌大。酵母菌菌落和某些细菌菌落相似，但它的菌落往往较大而厚，多数不透明，表面光滑、湿润、黏稠，多数是乳白色，少数是粉红色或红色。

酵母菌繁殖分为无性繁殖和有性繁殖两种，主要以出芽方式进行繁殖。酵母菌的无性繁殖主要是芽殖，形成芽孢子。有性繁殖主要是形成子囊孢子。子囊孢子在适当的营养和温度条件下，则发芽形成营养细胞，然后再进行芽殖。

2. 粮食上酵母的分类

粮食上酵母的种类和数量很多。粮食上经常发现酵母菌和假丝酵母菌。

假丝酵母是一类拟酵母（假酵母），其种类较多，分布也广，在潮湿的粮食上有很多假丝酵母。它们对粮食的直接危害较小，但有些种，如白色假丝酵母等，能引起人、畜“假丝酵母病”，是导致脑膜炎的病原真菌。红酵母也是拟酵母，存在于空气、土壤和水中以及人体皮肤和毛发上。粮食和食品常被该菌污染。

由于酵母菌生长所要求的水分较高，和细菌一样，一般在新鲜粮食中含量较多。储藏粮中当水分含量较低时，酵母活动受到抑制。但密闭缺氧条件下储藏的高水分粮食，常常带有大量汉逊酵母菌、毕赤酵母菌和假丝酵母菌，有时红酵母也有可能大量繁殖。正常情况下，酵母菌对粮食的危害不大。当污染严重时，粮食常带有酒精味，影响食用品质。

（四）真菌

真菌是一类真核生物，种类很多，约25万种，它包括形状和结构简单的低等真菌，以及形态和组织结构复杂、器官分化的高等真菌。真菌在自然界中分布广泛。在土壤、水、空气中以及各种有机物质上都可以找到。由于真菌的种类多，能够分解各种有机物质，在自然界的物质转化中起着不可缺少的作用。在人类的实践活动中很早就认识和利用真菌，利用真菌酿酒、制酱、做馒头和面包等；真菌也有不利的一面，许多真菌是人类及动植物的病原菌，有些还能腐蚀霉坏工业原料及产品，使农产品发霉，给人类带来直接的危害和损失。

1. 真菌的基本形态特征

（1）真菌的营养体　真菌营养体的基本构造是菌丝，少数真菌则是芽生单胞体和变形体。真菌菌丝体无色透明或呈暗褐色至黑色，或鲜艳的颜色，甚至分泌出某种色素使基质染色，或分泌出有机物质而成结晶并附着在菌丝表面。有些真菌的菌丝，可以形成各种组织体，如菌索、菌核和子座等。

（2）真菌的繁殖体　真菌的繁殖体是由营养体转变而来的，真菌的繁殖能力极强，而且繁殖方式多样化。真菌的繁殖方式按其生物学性质可以分为无性繁殖和有性繁殖。无性繁殖是指不经过无性细胞结合而直接由菌丝分化形成的过程，产生的孢子叫无性孢子。有性繁殖是经过不同性别的细胞结合，经过质配、核配、减数分裂的过程，产生的孢子称为有性孢子。

（3）真菌的生活史　真菌的生活史是指真菌的发育过程，即它从孢子开始，经过一定的生长和发育，到重新产生同一种孢子的过程。真菌典型的生活史：首先营养体如菌丝体在适宜条件下产生无性孢子，无性孢子萌发形成新的菌丝体，如此重复进行，这是无性繁殖阶段。有些真菌在进行有性繁殖时，即从营养体上形成配子或配子囊，经过质配和核配，形成双倍体的细胞核，最后经过减数分裂，形成单倍体的孢子，孢子萌发再形成新的菌丝体。

2. 粮食上真菌的分类

粮食上的真菌可以分为两个生态群，分别为田间真菌和储藏真菌。

田间真菌是指在田间生长期感染粮食作物的一类真菌。以寄生或兼性寄生真菌为主，腐生菌只占很小的比例。其中具有代表性的菌属有链格孢霉、蠕孢霉、枝孢霉、镰孢霉、弯孢霉和黑孢霉等，这些真菌能在作物上产生多种毒素。田间真菌主要浸染正处于生长及成熟阶段的粮粒或刚收割而未干燥的粮粒。例如，在小麦籽粒成熟过程中，一些霉菌可浸染种皮并潜伏在皮层以下。田间真菌一般属于湿生性的，要求环境相对湿度在95%以上，粮食水分在22%（湿重）以上。在一般正常储藏条件下，由于粮食水分很低，田间真菌不能继续发展。但如储藏不当使其发生蔓延，则会引起种子变色萎缩、胚部损伤、幼苗枯萎以及根部腐烂等，严重影响粮食品质。

粮食进入储藏期后，储藏真菌以寄生真菌为主，最常见的是曲霉和青霉。一般粮食感染储藏真菌是在储藏的初期，储藏真菌对储粮的危害很大，其中以曲霉最为严重，其次为青霉。常见的主要储藏真菌主要有灰绿曲霉群、白曲霉、黄曲霉、青霉等。灰绿曲霉群为干生性霉菌，具有较强的适应能力，是导致低水分粮食霉变及造成粮食初期霉变的菌种。感染灰绿曲霉的谷物表面常会先出现“点翠”，进一步变成灰绿色，发生霉变结块，胚部也会发生变色死亡。白曲霉为干生性霉菌，能引起低水分量的霉变。白曲霉一旦在粮堆中大量生长繁殖，就会使粮温迅速上升，是造成粮堆发热的主要霉菌之一。黄曲霉属中生性霉菌，在粮食中的生长繁殖可使粮温快速升高、外观出现黄绿色并霉坏，黄曲霉产生的黄曲霉毒素可对粮食的食用安全性造成严重的影响。青霉可使高水分粮在低温储藏时发生霉变结块。粮食中常见的青霉属有产黄青霉、橘青霉、黄绿青霉、岛青霉、纯绿青霉和圆弧青霉等，这些霉菌大多能在储粮上产生毒素。

二、粮食中微生物对粮食品质的影响

粮食微生物对储粮品质的影响，包括有益和有害两个方面。有益方面表现在：一些田间真菌和附生菌在粮食上存留的情况，可在一定程度上反映粮食的新鲜度。就粮食储藏和粮食食品储藏的范围而言，粮食上微生物的作用主要是有害作用。微生物在粮食上生长繁殖，导致粮食霉变。早期霉变或轻微霉变不易察觉。粮食霉变对粮食品质产生的不利影响，表现在许多方面：重量减轻、水分增加、脂肪酸值升高、酸度升高、气味不正、种子发芽率下降、种胚和整个种子变色、工艺品质变劣、不耐储藏等。储藏粮食霉变的实质，就是粮食中有机物质的微生物分解，是微生物进行营养代谢的结果。而微生物进行的旺盛的呼吸代谢，则是导致粮食发热的一个基本原因。粮食发热霉变是粮食储藏中重要的微生物问题。

（一）粮食霉变

微生物在粮食上活动时，不能直接吸收粮食中各种复杂的营养物质，必须将这些物质分解为可溶性的小分子物质，才能吸收利用而同化。所以，粮食霉变的过程，就是微生物分解和利用粮食有机物质的生物化学过程。

粮食霉变，一般分为三个阶段：初期变质阶段；生霉阶段；霉烂阶段。在粮食保管工作中，通常以达到生霉阶段作为霉变发生的标志。在霉变的初期阶段，粮食可能会出现变色、轻微异味、发潮、变软等症状；在霉变的中期阶段，继初期变质之后，如粮堆中的湿热逐步积累，粮温以每天2~3℃或更快的温度上升而出现明显的发热现象。同时，微生物大量繁殖，分解粮食和吸取营养，在粮粒胚部和破损部分形成菌落，一般霉菌菌落多为毛状或绒状。所以，通常所谓粮食的“生毛”“点翠”，就是生霉现象。生霉的粮食已经严重变质，有很重的霉味，具有霉斑，变色明显，营养品质劣变，还有霉菌毒素污染的可能，不宜食用。霉烂阶段是粮食霉变的后期阶段，此时粮食中的有机物质，遭到严重的微生物分解，粮食霉烂、腐败，此时的粮质彻底变化，产生霉、酸、腐臭等难闻气息，粮粒变形，团结成块，以至于完全失去使用价值。

（二）粮食发热

粮食在储藏期间，粮堆温度不正常上升的现象，称为粮食发热。有研究证明，微生物旺盛的呼吸代谢活动是导致和促进粮食发热的主要原因。

粮食在仓库中发热的过程大致如下：储藏时有些粮食水分高，或者经过水分转移使局部水分升高，造成局限曲霉和灰绿曲霉生长的有利条件。局限曲霉生长很缓慢，不能使粮食温度或水分明显增加。如果灰绿曲霉迅速生长，能提高粮食的温度，至少达到35~40℃，并在其生长部位水分有些增加，而紧靠其上的部位，水分增加更多。当水分含量超过15.0%时，白曲霉生长使水分和温度迅速增加。当水分达到18%含量以上，黄曲霉才生长。白曲霉与黄曲霉联合一起使粮温升高到55℃并持续数周。随着这些霉菌活动的代谢水分和蒸发水分在粮堆内散失或积聚，发热可逐渐消失或进一步发展。这时嗜热真菌生长繁殖加快，它们能使粮温上升到60~65℃，随后嗜热细菌生长，使粮温最后达到75℃。此后可发生纯化学反应而使温度达到燃点。

当粮温达到45℃左右，就可以用肉眼观察到霉坏现象，鼻子也可以闻到霉味。此时如果不及时采取措施进行处理，任其发展，粮食就会发生大量霉变结块直至全部霉烂。嗜热细菌和嗜热真菌生长需要游离水的存在，发热后期霉菌活动产生的代谢水分和蒸发水分在粮堆内大量积聚，为其繁殖发展创造了有利条件。

（三）粮食发热霉变对粮食质量的影响

由于微生物种类和粮食霉变程度不同，对粮食品质的影响也不一样。轻者，可使粮食的营养成分稍有降低，重者，则导致粮食变色、变味和带毒，严重地影响粮食品质和食用卫生；有时，甚至使粮食彻底腐解，完全失去使用价值。

1. 粮食商品品质的影响

粮食的色泽、气味、光滑度以及干重等都是商品粮的重要品质指标，同时也是衡量粮食新鲜程度的重要指标。从粮食的色泽和气味可了解霉变的发生及其程度。

（1）导致粮食变色　微生物作用使粮食变色的原因，可分为以下三种：

第一，微生物菌体或群落本身具有颜色，存在于粮食籽粒内外部时，可使粮食呈现不正常颜色。如交链孢霉、芽枝霉、长蠕孢霉等具有暗色菌丝体，当这类霉菌在麦粒皮层中大量寄生时，便可使麦粒和胚部变为黑褐色；镰刀菌在小麦和玉米上生长时，由于其分生孢子团有粉红色，所以浸染的小麦、玉米也呈粉红色。

第二，微生物分泌物具有一定的颜色，也能使寄生的基质变色。如黄青霉、橘青霉能分泌黄色色素，紫青霉分泌暗红色色素，构巢曲霉分泌黄色色素，分别使大米变为黄色、赤红色等。禾谷镰刀菌等分泌紫红色色素，可使小麦呈紫红色。

第三，微生物分解粮食的产物和坏死组织具有颜色。微生物分解蛋白质产生的氨基化合物常呈棕色，含硫氨基酸分解产生的硫醇类化合物多为黄色。微生物分解粮食产生的氨基酸和还原糖，还会通过羰氨反应，发生褐变，生成棕褐色至黑色的类黑色素物质，使粮食发灰、变褐或变黑。

（2）导致粮食变味　微生物引起粮食的变味包括食味和气味两个方面。微生物引起粮食变味的原因有两个。

①微生物本身散发出来的气味，如多种青霉有强烈的霉味，可被粮食吸附。霉变越严重，粮食的霉味越浓，越难以消除。轻微异味可以通过通风、加温和洗涤等方法来减轻；

严重霉变的粮食经过加工过程的各道工序制成成品粮，再经过制成食品，仍会感到有霉味存在。

②微生物分解粮食有机物的代谢过程中，生成各种具有异常气味的产物，积存在粮食中，使粮食变味。

2. 粮食种用品质的影响

粮粒的胚部最易被微生物所浸染，当胚部生霉或受热到一定程度时，发芽力将会降低，最终丧失种用价值。不同的微生物对种子生活力的影响也不一样。许多霉菌，如黄曲霉、白曲霉、灰绿曲霉、局限曲霉和一些青霉等对种胚的伤害力较强。白曲霉的不同菌株在杀死含水量16%～17%的小麦种子的速度上相差极大。镰刀菌、木霉、单端孢霉、灰霉、蠕形菌、轮枝霉等某些种能够形成对粮食种子发芽及幼苗生长有害的毒素。细菌中如马铃薯杆菌、枯草杆菌等类群中，有若干品系能抑制种子发芽。

微生物作用引起粮食种子发芽力降低和丧失的主要原因：①一些微生物可分泌毒素，毒害种子；②微生物直接侵害和破坏种胚组织；③微生物分解种子，形成各种有害产物，造成种子正常生理活动的障碍等。

3. 粮食工艺品质的影响

粮食发热霉变后，粮粒组织松散易碎，容重、千粒重和硬度等指标均有所下降，相应出米率、出粉率也显著降低，稻谷加工时碎米率增高，严重霉坏的稻谷粒能用手指捻碎。

霉变发热的小麦磨成的面粉加工工艺性能也很差，面筋质的含量和质量都明显下降，严重影响了其发酵和烘焙性能。用霉变小麦粉调制的面团发黏且发酵不良，烘烤出的面包体积很小，横切面纹理粗糙，皮色差，而且风味也不好。

油料作物如花生等收获后，如果晒干不及时发生霉变，则脂肪含量减少、游离脂肪酸含量增加，相应出油量减少，色泽变深且带有异味。

4. 粮食卫生品质的影响

粮食发热霉变时，大都变色变味，粮粒上生长的大量真菌可以分泌真菌毒素使粮食带毒，如霉菌毒素等，有些微生物还能分解粮食有机成分而产生有毒物质可导致粮食带毒，如酮类、氨类等，粮食经微生物作用产生的次生物质有毒，如霉变甘薯毒素等。

三、粮食的防霉去毒

在粮食储藏过程中，由于各种不良因素的影响，最终会造成3%～6%的损失，其中虫害造成的损失占2%～3%，霉菌、鼠害等损失占2%左右。由此可见，霉菌造成的损失是相当严重的，因此防止储粮霉变是粮食储藏过程中非常重要的一个方面。

如果粮食已被微生物侵入并污染毒素，那么就必须进行去毒处理，将粮食内含有的毒素除去或破坏掉，从而使毒素含量达到规定的卫生标准。因此在粮食储藏和加工过程中，常常包含储藏过程中的防霉和加工过程中的去毒两个方面。

（一）粮食的防霉

粮食防霉要根据粮食微生物的特性及其区系形成的规律，应用各种有效方法增强粮食抗性；减少霉腐微生物来源，防止其污染与传播；控制储粮的生态条件，抑制微生物的活动和发展，从而达到粮食保鲜和安全储藏的目的。

1. 控制粮食水分及粮堆温度

水分是粮食发生霉变的主要因素。较高的粮堆温度可以加速霉变的发生，因此粮食应储藏在干燥和低温环境中。当仓房湿度和粮食含水量低于微生物生长所要求的最低水分时，环境中的水分对微生物便失去了可给性，致使微生物因无法吸取营养物质而处于被抑制状态，或因形成“生理干燥”而死亡。

对于高水分粮食，可以采用高温干燥和自然干燥或低温干燥相结合的方法来降低水分含量。粮食干燥的具体方法可因地制宜，分别采用晾、晒、烘干、自然通风或机械通风等。在通风干燥中，应注意掌握的是，不论吸风或吹风，通入空气的相对湿度一般必须低于粮堆中的相对湿度，而且还必须了解由于通风温度的变化所造成的粮堆湿度和温度的改变。

在实际储藏过程中，由于太阳光对粮仓墙壁的照射、害虫的活动和气温降低时粮堆表层温度的下降，会造成粮堆不同部位间存在温度差，相应发生水分的转移，在低温部位水分聚集，致使霉菌滋生，发生霉变。因此储粮过程中的水分含量不仅要控制在较低的范围，而且还应均匀分布，才能防止霉变的发生。

粮堆由于堆放紧密，内部水分难以散发出去，也会出现局部温度高、湿度大的情况，导致霉菌的生长。因此应经常注意通风。可采用翻动和倒仓的办法，也可进行自然的或强制的通风措施，降低粮堆内部的温度和湿度，平衡各部分水分。

低温防霉，就是把粮食的储藏温度控制在霉菌生长适宜的温度以下，低温储藏时的温度一般要比常温低至少5℃。低温防霉的具体方法有：自然低温，即在适当时机，合理通风，进行冷风降温；或粮食冷冻，而后隔热密闭，低温保管；或者机械制冷，进行低温和冷冻储藏。低温可以抑制微生物的快速生长和虫害，并利于粮食的保鲜。但要达到防霉要求，必须结合较低的水分含量。在冬季寒冷干燥的气候条件下，通过自然通风或机械通风的办法，可以有效降低粮堆的温度和湿度。

2. 密闭与气调防霉

在密闭储藏技术中，粮堆的氧气可以降至0.2%以下，抑制绝大多数霉菌的活动，基本达到防霉的目的。一般粮食水分含量在16%以下时，密闭储藏的效果比较好。密闭储藏可以作为保管高水分粮的一种应急措施。

气调防霉是通过控制气体成分进行防霉的方法。使粮堆中的二氧化碳保持40%以上或氮气保持在99%时，均可抑制霉菌的活动。试验表明，在充入50%二氧化碳的环境中储藏玉米，一个月后，玉米表面带菌量比对照组减少30%；将大米、玉米和花生保管在95%的氮气环境中，储藏4个月后，表面霉菌明显减少，而对照组的大米、玉米和花生在储藏2个月时已严重霉变。

3. 化学防霉

用于粮食及其制品的防霉化学药剂，一般称为粮食防霉剂，包括一些杀菌剂和制菌剂。目前粮食储藏中应用的防霉剂可分为熏蒸剂和拌合剂两类。前者用于粮食熏蒸，密封储存；后者多拌入粮堆内，混合储存。在熏蒸剂中，溴甲烷、环氧乙烷、氯化苦、二氯乙烷具有灭菌防霉作用，其中氯化苦和二氯乙烷由于卫生问题，近年来已少使用。丙酸、山梨酸、漂白粉、多氧霉素等是常用的拌合剂。在生产实践中应用的防霉剂种类很多，每一种都有其杀菌特性及应用范围。使用时应根据储粮的具体情况选择合适种类的防霉剂。

（二）粮食的去毒

粮食和饲料被真菌毒素污染了，必须经过去毒处理，毒素含量达到卫生标准才能食用。目前在我国粮食和饲料中的真菌毒素，以黄曲霉毒素存在最普遍，且毒性最强；其次是镰刀菌毒素，粮食的去毒主要是针对这两种毒素。去毒方法可归纳为物理法、化学法和生物法三类。

1. 物理法

（1）挑选法　粮食中的不完善粒易被霉菌浸染而带毒，其含毒量远比完善粒高得多，因此挑除霉坏粒和破损粒，可以大大降低毒素含量。霉粒的除去可以通过机械、电子或人工的方法进行。一般霉变粮粒的相对密度较正常粒小，通过风力或旋风分离法可将其除去。

（2）加热处理　黄曲霉毒素对热是稳定的，但在高温下也能部分地被分解。对于含黄曲霉毒素的花生油可采用快速升温法和缓慢升温法处理。当黄曲霉毒素含量在400mg/kg以上时，必须加热到280℃以上，才能将大部分毒素破坏。但这样处理后，油味、油色等已明显变化，因此含毒高的花生油不宜采用加热法去毒。

（3）吸附去毒　应用活性炭、活性白土等吸附剂处理含有黄曲霉毒素的油品，效果很好，其中以活性白土去毒法较为经济实用。活性白土吸附去毒的原理，是由于活性白土超微结构的立体网状多面体，众多的网孔和巨大的内表面，在酸性高温情况下，对带苯环的发色基团具有较强的吸附力。

（4）辐射处理　黄曲霉毒素在紫外光照射下是不稳定的。实验表明，用紫外线处理黄曲霉毒素 B_1 的甲醇溶液，黄曲霉毒素 B_1 转变成黄曲霉毒素 B_2 的甲基化衍生物，溶于氯仿溶液的黄曲霉毒素用高压汞灯紫外线照射，可使毒性减少。但固体物质中的黄曲霉毒素，用紫外照射解毒效果不明显，但对液体中黄曲霉毒素有一定解毒效果。

（5）加工处理　稻谷内的霉菌可穿过稻壳，侵入米粒的胚部、皮层及糊粉层，因此毒素也集中存在于米粒的这些部分。稻谷加工过程中，糙米经过精碾，可使大部分毒素随糠层去掉。在谷物加工过程中，加工成品的霉菌毒素可随加工精度的提高而降低。油料中的毒素在榨油后，大部分毒素存留于饼粕中，少量毒素悬浮于油中。油品过滤后再精炼，便可得到无毒或低毒油品。

（6）水洗和浸泡　含毒粮粒经水洗和浸泡，毒素含量也可显著减少。大米在食用前加水反复搓洗，将附着于表面的糠粉尽量洗掉，可除去90%的黄曲霉毒素；染霉玉米用石灰水、纯碱水或草木灰水整粒浸泡2~3h，可除去60%~90%的毒素；霉病麦用水或50g/L的石灰水浸泡2d，也可除去大部分毒素。

2. 化学法

（1）碱炼法　碱炼是目前常用的净制油的方法之一。它利用油中的脂肪酸遇碱皂化，同时吸附色素、蛋白质和胶质，从而使油净化。由于黄曲霉毒素在碱性条件下极不稳定，因此通过碱炼法可将油体中的黄曲霉毒素破坏。

（2）氢氧化铵法　氢氧化铵可破坏黄曲霉毒素 B_1 分子中的香豆素内酯环，生成无毒性的黄曲霉毒素 D_1 等成分，从而起到去毒的作用。

（3）其他方法　除了以上介绍的化学去毒方法外，氨熏蒸法、臭氧去毒法、氧化剂去毒法也常用于去除毒素，效果较好。

3. 生物法

现已发现自然界中某些微生物转化作用，可以使黄曲霉毒素解毒或转变成毒性低的物质，如匍匐梨头霉、灰蓝毛霉、匐枝根霉、少根根霉、米根霉以及黑曲霉、雷斯青霉等可以使黄曲霉毒素转化成毒性低的物质。

第三节　粮食及其制品的分析检测基础

粮食是大宗食品，它既是人们每日膳食的主要食物，又是食品工业最主要的基础性原料之一。粮食品质分析是通过一系列方法手段，对粮食及其产品的质量进行全面、客观的评价。粮食品质分析检验内容丰富，按照检验内容可分为质量检验和卫生检验；按检验对象可分为原粮检验、成品粮检验、油脂分析、成分分析、卫生检测、添加剂分析等；按检验手段可分为感官检验、理化检验、微生物检验；按检验工作的不同要求可分为常规分析、快速分析和仲裁分析。

一、粮食化学成分的分析检测

粮食的化学成分分析主要包括水、脂肪、蛋白质、碳水化合物、矿物质、维生素等的分析。这些成分是粮食的固有成分，它们赋予了粮食、油料一定的组织结构、风味、口感以及营养价值，这些成分含量的高低往往是确定粮食品质及加工品质的关键指标。

（一）水分的分析检测

水分的多少，直接影响粮食、油料的感官性状，影响胶体状态的形成和稳定。控制粮食、油料中水分的含量，对粮食、油料在储藏、运输、加工等过程都有十分重要的意义。目前国家检验方法中规定有105℃恒重法、定温定时烘干法、隧道式烘箱法和两次烘干法4种方法为粮食水分含量的检测方法，其中以105℃恒重法为仲裁方法。用比水沸点略高的温度［（105±2）℃］使经过粉碎的定量试样中的水分全部汽化蒸发，根据所失去水分的质量来计算水分含量。该方法是水分检测最常用的标准方法之一，是多年来适用于粮食水分含量测定的方法，也是我国粮食质量标准中测定水分含量的标准方法。

近年来，电容法、微波法、高频阻抗法、摩擦阻力法、声学法、核磁共振法、射线法和中子法等陆续地应用到粮食水分的检测中。其中微波加热技术测定大豆等油料作物种子水分含量，标准偏差0.028%~0.040%。色谱柱箱代替烘箱测定粮食与油料中水分的含量，提高检测结果的准确性。利用傅里叶变换红外光谱法测定毛棕榈油的含水量，并用偏最小二乘回归技术建立校准模型，此法可快速、准确检测毛棕榈油样品中的水分含量。

（二）蛋白质和氨基酸的分析检测

蛋白质是粮食的重要化学成分之一，根据粮食中蛋白质的种类和含量情况可了解粮食在储藏过程中的变化情况。蛋白质的测定方法一般可分为两类。利用其物理特性进行测定的，主要有折射率法、紫外吸收法、旋光法；利用其化学特性进行测定的，主要有定氮法、双缩脲反应法、染料结合法和福林-酚试剂反应法。目前常用的有4种古老的经典方法，即凯氏定氮法、双缩脲法（Biuret）、Folin-酚试剂法（Lowry法）和紫外吸收法。另外还有一种普遍使用的测定法，即考马斯亮蓝法（Bradford法）。其中考马斯亮蓝法和Folin-酚试剂法灵敏度最高，比紫外吸收法灵敏10~20倍，比双缩脲法灵敏100倍以上。

凯氏定氮法虽然比较复杂，但较准确，往往以凯氏定氮法测定的蛋白质作为其他方法的标准蛋白质。

1. 凯氏定氮法

凯氏定氮法是蛋白质测定最常用的方法，是测定总有机氮最准确和操作较简便的方法之一。该方法的原理是将含有蛋白质的试样与浓硫酸共热使其分解，其中的氮变成铵盐状态后再与浓碱作用，放出的氨用硼酸吸收，然后用盐酸标准溶液滴定硼酸溶液所吸收的氨，测定样品含氨量，乘以相关的蛋白质换算系数，即为蛋白质含量。

2. 蛋白质快速测定方法

近年来，随着科学技术的进步，出现了许多新的粗蛋白测定方法。例如，将两种亲脂性染料 Li^+、NH_4^+与蛋白质混合，用数字式色泽分析仪模仿其最佳混合比，通过分析 Li^+、NH_4^+与蛋白质聚集的程度计算蛋白质的含量。用分光光度计测定一定量的可溶性蛋白质含量，蛋白质的紫外吸收取决于色氨酸和酪氨酸含量。用近红外反射光谱法测定油菜籽中硫代葡萄糖苷（简称硫苷）、芥酸、蛋白质含量和含油率，与用传统化学方法相比，具有快速、简便、样品用量少、无药品污染、准确度和精密度良好的优点。用近红外光谱分析技术，采用偏最小二乘回归法测定高油玉米籽粒的蛋白质含量。

（三）糖类的分析检测

粮食中糖类的测定，对合理利用粮食资源、发挥粮食最大效益、保证产品质量、提高生产企业经济效益具有重要意义。如粮食中淀粉含量多少，标志着粮食的品质和营养价值的高低，可为合理利用提供依据。把粮食中淀粉含量高的用于淀粉业，可增加淀粉的出品率；将糖分高的用于发酵业，可保证出酒率。粮食中的碳水化合物按其结构可分为单糖、双糖、多糖等。粮食中碳水化合物主要成分为淀粉，其次是可溶性糖和纤维素等。

糖类测定方法种类繁多，根据不同分析手段及原理可分为：物理法，如相对密度法、折光法和旋光法，此种方法只适用于某些特定样品；化学法，是目前应用最广泛的常规分析方法，包括还原糖法、碘量法、缩合反应法等，此法测得的多是糖的总量，不能确定糖的种类和每种糖的含量；色谱法，如气相色谱法和液相色谱法等；酶法；安培滴定法和双波长法，主要用于测定谷物种子和薯类中直链淀粉和支链淀粉的含量。

（四）脂类的分析检测

粮油中的脂肪是一种富含热能的营养素，是组成细胞的一个重要组成成分，也是脂溶性维生素的良好溶剂，有助于脂溶性维生素的吸收。脂肪与蛋白质的结合生成脂蛋白，在调节人体功能、完成生化反应上具有重要作用。因此，各种粮油中脂肪含量是重要的质量指标之一。粮食籽粒中脂类物大体可分为两类：结合态脂类和游离态脂类物。一般谷类粮食含脂肪较少，脂肪主要分布在胚和糊粉层内，油料中的脂肪主要分布在子叶内。粮食在加工或储藏过程中，其化学成分会出现一系列变化，这些变化往往都是劣变，而最快劣变的就是脂肪。

测定粮食中粗脂肪的含量，通常采用的是乙醚为溶剂的索氏抽提法，这种方法至今仍是粮食质量检验方法中测定粗脂肪含量的标准方法。其原理是利用脂肪能溶于有机溶剂的性质，在索氏提取器中将样品用无水乙醚或石油醚等溶剂反复萃取，提取样品中的脂肪后，蒸去溶剂，所得的物质即为脂肪或称粗脂肪。但是此方法操作复杂、费时，测得一个试样需要 10h 以上时间，难以满足收购和加工生产的要求。

随着实验方法和仪器分析方法的发展，粗脂肪含量已经实现仪器化测定。索氏煮沸抽提法，测定结果准确、可靠，而且省时、省力、省能源。Tecator 索氏提取系统、核磁共振法、近红外吸收光谱法等相继应用，将检测一个试样需要 10h 以上时间缩短到只需 2min 左右即可完成，极大地提高了检测速度，较好地满足了加工生产的需求。

（五）维生素的分析检测

粮食籽粒中含有少量的维生素，主要是胡萝卜素、维生素 E 及 B 族维生素的维生素 B_1、维生素 B_2、维生素 B_6、尼克酸、泛酸和生物素等。维生素的分析方法有很多种，如分光光度法、荧光分析法、原子吸收分光光度法、放射性同位素分析法、薄层层析法、气相色谱法、重量法、比色法、紫外分光光度计法等。这些技术各有特点，例如分光光度法比较简便和快速，但测定时的干扰因素较多，最低检出量为几十微克；荧光法具有灵敏度高的特点，对于几种具有特殊荧光反应的维生素则是最佳方法；电化学法快速，干扰因素较少；气相色谱法用于沸点较低、对热稳定性好的维生素测定；高效液相色谱法对维生素有较高的分离效能，是有些维生素测定的首选方法。样品中维生素含量分析的一般程序：①用酸、碱或酶分解样品，使其中的维生素游离出来；②用溶剂进行提取；③分离干扰物质，对样品溶液进行分离提纯；④根据样品中维生素含量及测定方法的灵敏度选择适当的方法进行定量。

（六）灰分及无机元素的分析检测

粮油食品经高温灼烧后所残留的无机物质称为灰分。因此，灰分可视为粮油食品中无机物的总量。灰分测定可以包括以下几方面：总灰分、水溶性灰分、水不溶性灰分、酸溶性灰分以及酸不溶性灰分。水溶性灰分大部分是钾、钠、钙、镁等的氧化物与可溶性盐类；水不溶性灰分除泥沙外，还有铁、铝等的氧化物和碱土金属碱式磷酸盐；酸不溶性灰分大部分为污染掺入的泥沙和原来存在于粮食组织中的二氧化硅。由于影响灰分测定结果的因素较多，灰分测定必须采用规定的标准方法，否则，结果没有可比性。

二、粮食质量的分析检测

（一）色泽、气味、口味鉴定

谷类、豆类、油料及其加工成品，均具有固有的色泽、气味、滋味。色泽、气味、口味的鉴定是借助检验者的感觉器官和实践经验，对粮食、油料及粮食制品的色、香、味、形和口感的优劣进行评定，是一种感官检验方法。通过色、香、味、形和口感的鉴定，可以初步判断粮食、油料的新陈度和有无异常变化。

1. 色泽

粮食色泽的鉴定，不能在太阳光直射下进行，应在散射光线下进行。经过水浸、生霉、生虫和发热的粮食、油料，其固有粒色和色泽则随受害程度的大小而改变。粒色正常的油料籽粒，光泽强的含油高。油脂酸败后，色泽变成深暗。油色用柠檬色、淡黄色、黄色、橙黄色、棕黄色、棕色、棕红色、棕褐色等来描述，对带有青色或经过脱色的油脂则按实际有色加以注明。

2. 气味

粮油气味的鉴定必须在清洁空气条件下进行，取少量试样直接嗅辨气味是否正常。必要时可将试样加温来鉴定气味。粮食或油料加入密闭容器内，在 60～70℃ 热水中加热数分钟，取出后开盖，立即嗅辨气味是否正常。油品则取少许试样，加热至50℃，经搅拌后嗅辨气味。

3. 口味

成品粮可直接用口尝或将其做成熟食来鉴定是否正常，酸败的油脂常常带有酸、苦、辣等滋味。

（二）类型与互混检验

粮食籽粒的类型是指因粮食籽粒的粒色、粒质的不同而独具的形状和特点。互混是指主体粮食中混有异类、异色粮食的现象。各种粮食、油料籽粒都有其外部形态和内部结构特征，类型与互混检验是为了保证粮食、油料的品种纯度，便于合理加工和利用。类型与互混检验方法，现行粮油标准中大多以粒色、粒形、粒质、收获季节等形态特征进行分类。而互混检验也属于分类检验。在类型之间的互混上均有一定限度。

粮食籽粒类型与互混检验检测按照GB/T 5493—2008《粮油检验类型及互混检验》方法执行。

（三）粮食、油料纯粮率

粮食、油料纯粮率是指除去杂质的谷物、豆类籽粒质量占试样质量的百分率。纯粮率反映了粮食、油料的纯净和完整程度，该测定方法快速，简便易行，无需特殊的仪器设备。

（四）容重、千粒重的检测

粮食籽粒在一定容器内的质量称为容重。容重的大小是粮食籽粒大小、形状、整齐度、质量、胚乳质地等质量的综合标志。测定粮食容重，可以判断粮食品质的优劣。以容重的大小来评价谷物、油料品质时，由于谷物富含淀粉，油料富含脂肪，所以前者以容重大的为佳品，后者因含油量高，反以容重低为好。

千粒重是指1000粒谷物籽粒所具有的质量，以克为单位。谷物类型、品种和生长条件的不同，对千粒重有很大的影响。千粒重的大小取决于谷物的粒度、饱满度、成熟度和胚乳结构。稻谷千粒重的变化范围为15~43g，一般为22~30g。在其他条件相同的情况下，稻谷千粒重越大，籽粒中胚乳所占比例就越高，出糙率就越高。我国小麦的千粒重一般为17~47g。千粒重是度量小麦粒度和籽粒饱满程度的直接指标。在相同水分的条件下，千粒重越大，表明小麦籽粒粒度大、饱满、充实、含粉多。其他常见谷物的千粒重：玉米为131~435g，大麦为20~55g，燕麦为15~45g，荞麦为15~40g，高粱为19~31g，粟为1.80~2.85g。

（五）小麦硬度指数的检测

小麦硬度是指小麦籽粒抵抗外力作用下发生变形和破碎的能力。由于小麦胚乳的质地不同，其抗压能力也不同。小麦硬度指数是在规定的条件下粉碎小麦样品，留存在筛网上的样品占试样的质量分数，用*HI*表示。硬度指数越高，表明小麦硬度越高，反之表明小麦硬度较低。

小麦硬度指数检测按照GB/T 21304—2007《硬度指数法》方法执行。

（六）稻谷出糙率的检测

净稻谷脱壳后的糙米质量占试样质量的百分率称为出糙率。出糙率是我国商品稻谷划分等级的重要基础项目之一。一般出糙率高的稻谷，籽粒成熟，饱满，极少受病虫害的影响。该法的测定原理为，实验砻谷机仿胶辊砻谷机原理制成，利用两个胶辊相对差速运动产生摩擦力使稻谷脱壳，脱壳后的糙米与壳密度不同，稻壳被吸风机吸走，糙米自然下落而达到壳糙分离，然后称量计算可得出糙率。稻谷出糙率的测定方法，操作简便、迅速，设备简单。

稻谷出糙率检测按照 GB/T 5495—2008《稻谷出糙率检验》方法执行。

（七）黄粒米和裂纹粒的检测

黄粒米是指与正常米粒相比呈明显黄色的颗粒。在我国，稻谷、大米质量标准中黄粒米限度为 1.0%，优质稻谷质量标准中黄粒米限度为 0.5%。

裂纹粒是指糙米粒面出现裂纹的籽粒，俗称爆腰粒。干燥方法和干燥条件是影响稻谷粒产生裂纹的重要因素，因此裂纹粒率是进行稻谷干燥时的一项重要技术指标，是重要的检验项目。

黄粒米和裂纹粒的检验按照 GB/T 5496—1985《黄粒米及裂纹粒检验法》方法执行。

（八）带壳油料纯仁率的检测

纯仁率为带壳油料脱壳后籽仁质量占试样质量的百分率。该方法是按照规定用量称取试样，剥壳后，称取籽仁总质量，再按规定拣出不完善粒后称重计算。

三、粮食制品的质量分析检测

（一）小麦粉品质分析检测

1. 小麦粉加工品质的分析检测

（1）小麦粉加工精度检验　小麦粉的加工精度是以小麦粉的粉色和麸星来表示的，它是小麦粉定等的基础项目。粉色是指小麦粉的颜色；麸星则指小麦粉中所含麸皮的程度。小麦粉加工精度的检验是一种感官检验方法。将待测样品和国家制定的标准样品经过一定的处理，对比它们的粉色和麸星，判断样品的精度等级。国家标准方法中，小麦粉加工精度的检验方法有五种（GB/T 5504—2011），仲裁时，以湿烫法对比粉色，以干烫法对比麸星，制定标准样品时，除按仲裁法外，也可用蒸馒头法对比粉色和麸星。

（2）小麦粉面筋含量检验　面筋质是检验小麦粉质量的重要项目之一，是确定面粉用途的主要指标。面粉经加水揉成面团后，放入水中静止一段时间，然后在水中反复揉洗，使淀粉和麸皮等物质与面团分离，可溶性物质溶于水中，最后剩下一团具有延伸性和弹性的物质就是湿面筋。湿面筋的含量以湿面筋质量占试样质量的百分率表示。湿面筋的测定方法有手洗法和机洗法两种。将湿面筋加热烘干，即为干面筋，干面筋含量以每百克含水量 14%的小麦粉含有干面筋质量百分率表示，每百克干面筋含有水分的质量（以克计）为面筋持水率。

（3）粉类粗细度检验　粉类粗细度是指粮食加工磨粉后粉类的大小程度，以留存在筛面上的部分占试样的质量分数表示。该法的测定原理是将一定量试样在规定筛绢上筛理，颗粒大小不同的粉通过筛绢或留存在筛绢上，称取筛上物的质量，计算其占试样质量的百分率。我国小麦粉质量标准（GB 1355—2009）中规定，各类小麦粉的粗细度均应全部通过 CB30 号筛，留存在 CB36 号筛的不超过 10%。

（4）粉类含沙量检验　粉类中含有细沙子的质量分数称为含沙量。粉类中含有沙子，既影响食用品质，又危害人身健康，当粉类粮食中含细沙达到 0.03%～0.05%时，就会在食用时有牙碜感觉，不仅降低食用品质，而且也危害身体健康。目前，测定粉类含沙量主要有四氯化碳分离法和灰化法。四氯化碳分离法是利用粉类和沙类的相对密度不同，将沙类分离出来。灰化法是将样品高温灼烧后，使沙子残留分离出来，通过称重测出粉类含沙量。

（5）磁性金属物检验　粉类磁性金属物是指粉类粮食中混入磁性金属物质及细铁粉等。其主要来源于未除尽的原粮杂质和加工设备的磨损混入。我国小麦粉质量标准 GB/T 5509—2008 中规定小麦粉中磁性金属物不得超过 3mg/kg，面粉中更不许有 0.3mm 以上的针刺状金属物。磁性金属物检测使用电磁铁或永磁铁，通过磁场作用将磁性金属物从试样中分离出来，计算磁性金属物的含量。

2. 小麦粉面团流变学性能的分析检测

面团在揉和过程中，以及在面团形成之后所表现出的各种物理特性，与食品加工过程中面团的滚揉、发酵以及机械加工特性直接相关，能够很好地反映小麦粉的食品加工品质。因此，测定小麦粉面团流变学性能（揉混、延伸、发酵等），了解不同小麦和小麦粉的品质特性，对专用小麦粉生产的原料选用、小麦及小麦粉的搭配方案确定以及面粉添加剂的修饰等环节都是至关重要的。常用测定面团流变学性能的仪器有粉质仪、揉混仪、拉伸仪、吹泡示功仪以及发酵仪等。

（1）小麦粉粉质参数的分析检测　小麦粉在粉质仪中加水揉和，随着面团的形成及衰减，其稠度不断变化，用测力计和记录器测量并自动记录面团揉和时相应稠度的阻力变化，绘制出一条特性曲线即粉质曲线，粉质曲线如图 2-2 所示。从加水量及记录下的揉和性能的粉质曲线计算小麦粉吸水量，根据粉质曲线记录下的面团形成时间、稳定时间、弱化度等特性参数来评价面团的强度，进而评价测试小麦粉的品质。粉质仪不但用于研究小麦粉中面筋的发展，比较不同质量小麦粉的面筋特性，还可以了解小麦粉组分以及添加物如盐、糖、氧化剂对面团形成的影响。

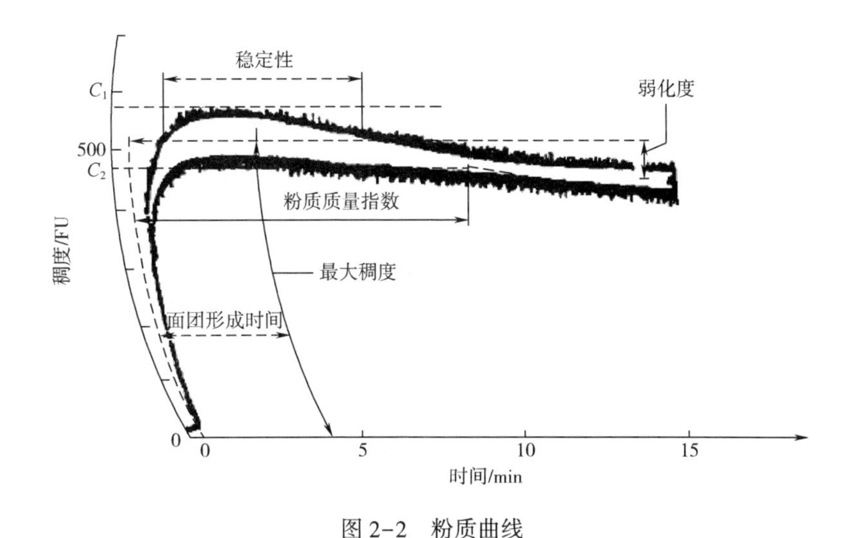

图 2-2　粉质曲线

①吸水率：吸水率是指小麦粉在粉质仪中揉和最大稠度（粉质曲线峰值）为 500FU 的面团时所需的加水量，占 14%湿基小麦粉质量的百分数。FU 为布拉班德粉质仪的阻力

单位。如果曲线峰值偏离了500FU标线，则应校准到500FU时的加水量。

吸水率是反映小麦粉蛋白质和破损淀粉含量的重要参数，是衡量小麦粉品质的重要指标。小麦粉中蛋白质含量、破损淀粉率以及小麦粉中的纤维素、可溶性糖、戊聚糖等都会对小麦粉吸水率产生影响。一般硬麦粉吸水率在60%左右，软麦粉吸水率在56%左右；破损淀粉吸水量比未破损淀粉吸水量高2~2.5倍；正常未破损淀粉吸水量约为本身重量；小麦粉中破损淀粉率越高，其吸水量越大。

②形成时间：形成时间是指开始加水直至面团稠度（阻力）达到最大时所需混揉的时间。此时间也称为峰值时间，有时观察到两个峰，此时，第二个峰用来确定面团的形成时间。

面团的形成时间反映面团的弹性。面筋含量多且筋力强的小麦粉，和面时面团形成时间较长，反之形成时间较短。一般软麦粉面团的弹性差，形成时间短，在1~4min，不适宜做面包。硬麦粉面团弹性强，形成时间>4min。

③稳定时间：稳定时间是指粉质曲线首次达到500FU和离开500FU线所需的时间差值，通常又称为稳定性。

稳定时间是衡量小麦粉“内在”品质的重要指标，反映了小麦粉形成面团时耐受机械搅拌的能力。面团稳定时间长，说明小麦粉筋力强，面筋网络越牢固，搅拌耐力越好，面团操作性能好。但稳定时间过长，会因面筋筋力过强而导致面团弹性及韧性过强，使面团发酵膨胀困难。相反，面粉的稳定时间太短，面筋筋力过弱，持气性差。

④弱化度：弱化度是指曲线峰值中心与峰值过后12min的曲线中心之间的差值，用FU表示。弱化度表明面团在搅拌过程中的破坏速率，也就是对机械搅拌的承受能力。弱化度也表示面筋的强度，弱化度值越大，表明面筋强度越小，面团越易流变，操作性能差。与面团弱化度相关的表示指标还有：机械软化指数，也指公差指数、机械耐力指数，是指峰值过后5min处曲线中心与峰值中心之间的差值。

⑤评价值：面团评价值是由面团形成时间和耐搅拌性来评价小麦粉样品品质的单一数值。评分范围0~100，评价值为0时，说明其质量最差，评价值为100时，说明其质量最好。一般认为，高筋粉评价值>65，中筋粉为50~60，低筋粉则<50。面粉评价值>50时，品质良好。

⑥面粉质量指数：面粉质量指数是指从加水开始到面团稠度经由最大稠度中心点下降到30FU位置的距离，用mm表示。它是评价面粉质量的一种指标。弱力粉弱化迅速，质量指数低；强力粉软化缓慢，质量指数高。国外按照粉质质量指数将小麦分为3类：指数>80的为强力麦，指数在50~80的为中力麦，指数在15~49的为弱力麦。我国在电子型粉质仪得到应用之后才逐渐开始以粉质质量指数代替评价值对面粉筋力强度和烘焙品质进行综合评价。

（2）面团延展特性的分析检测　面团在外力作用下发生变形，外力消除后，面团会部分恢复原状，表现出塑性和弹性。不同品质的面粉形成的面团变形的程度以及抗变形阻力差异很大，这种物理特性称为面团的延展特性。测定面团延展特性的仪器主要有拉伸仪、吹泡示功仪。

①拉伸仪：拉伸仪又称拉力测定仪。拉伸仪的基本原理是将粉质仪制备好的面团揉搓成粗短条，水平夹住短条的两端，用钩挂住短条中部向下拉，自动记录下面团在拉伸至断

裂过程中所受力及延伸长度的变化情况，绘制出拉伸曲线。拉伸曲线反映了面团的流变学特性和小麦粉的内在品质，借此曲线可以评价面团的拉伸阻力和延伸性等性能。拉伸仪广泛用于小麦品质和面团改良剂的研究，并能够通过不同醒发时间的拉伸曲线所表示的面团拉伸性能，选定合适的醒发时间，指导面包生产。

拉伸曲线如图 2-3 所示。从拉伸曲线可测得粉力、面团的延伸性、面团抗延伸性阻力及拉力比数等指标。

a. 面团拉伸阻力：拉伸曲线最大高度 R_m 为面团最大拉伸阻力，以 E. U. 为单位，读数准确到 5E. U. 。面团在不同醒面时间最大拉伸阻力分别为 $R_{m,45'}$、$R_{m,90'}$、$R_{m,135'}$。

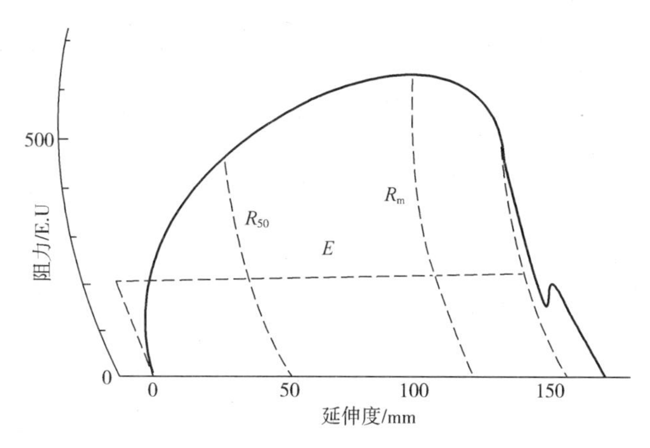

图 2-3 面团拉伸曲线

E—延伸度 R_{50}—50mm 处面团的拉伸阻力 R_m—面团最大拉伸阻力

b. 面团延伸度：从拉面钩接触面团开始至面团被拉断，拉伸曲线横坐标的距离称为面团延伸度 E，单位 mm，准确至 1mm。不同醒面时间的面团延伸度分别为 $E_{45'}$、$E_{90'}$、$E_{135'}$。

拉伸长度表征面团延展特性和可塑性。延伸性好的面团易拉长而不易断裂。它与面团成型、发酵过程中气泡的长大及烘烤炉内面包体积增大等有关。

c. 拉伸曲线面积：拉伸曲线面积也称拉伸能量，指用求积仪测量面团拉伸曲线以内的面积 A，单位 cm^2，不同醒面时间拉伸曲线面积分别为 $A_{45'}$、$A_{90'}$、$A_{135'}$。

拉伸能量表示拉伸面团时所做的功，是面团拉伸过程中阻力与长度的乘积，它代表了面团从开始拉伸到拉断为止所需要的总能量。强筋力的面团拉伸所需要的能量大于弱筋力的面团。拉伸能力数值虽然提供了面团强度的信息和小麦粉烘焙的特性，但不能涵盖不同面团的所有特征。

d. 拉伸比值：拉伸比值也称形状系数，即面团最大拉伸阻力与面团延伸度的比值。拉伸比值表示面团拉伸阻力与拉伸长度的关系，它将面团抗延伸性和延伸性两个指标综合起来判断小麦粉品质。拉伸比值小，意味着阻抗性小，延伸性大，即弹性小，流动性大；比值大，则相反。

e. 根据拉伸曲线综合分析评价小麦品质：四个参数中最重要的是拉伸曲线面积和拉伸比值。一种小麦粉若拉伸曲线面积越大，其面团弹性越强。拉伸比值的大小又与拉伸曲线面积密切相关，拉伸比值越小的面团，越易拉长，反之，则拉得越短。一般拉伸曲线面积大而拉伸比值适中的小麦粉，食用品质较好，拉伸曲线面积小而拉伸比值大的小麦粉食用品质较差。拉伸比值过大，表明面团过于坚实，延伸性小，脆性大；拉伸比值过小，表明延伸性大而拉力小，面团性质弱且易于流变。

通过醒面45，90，135min所测试的曲线图，指示出面团在不同阶段的拉伸特性，以便我们在实际生产中选定合适的醒发时间，以达到最佳拉伸特性。经数次拉伸试验，曲线上显示的面团拉伸阻力没有增大，或增长甚微，表明该小麦粉醒发迟缓，需加快进程，面团拉伸阻力大幅度增长的小麦粉，在发酵、揉团、装听及最后醒发时，均能表现出良好性能。

②吹泡示功仪：吹泡示功仪由法国肖邦公司生产，又称强力仪。其测定原理与拉伸仪类似，但是它以吹泡的方式使面团变形。试验时，首先和面，将面团挤压成面片，再切成圆形，保温静置20min。然后将圆面片置于金属底板上，四周用一个金属环固定。此时从面片下面底板中间的孔中压入空气，面片被吹成一个泡，直至破裂为止。泡中空气的压力是时间的函数，被仪器自动记录下来，绘成吹泡示功仪曲线图。根据曲线可得到面团韧性、延展性、弹性和烘焙能力等信息。它广泛应用于制粉品质控制和小麦品质育种工作中。

由吹泡示功仪曲线可以测定面团的韧性即强度、延展性、弹性和烘焙能力等。通过吹泡仪测定可以快速地评价小麦质量。不同品种的小麦、不同用途的专用小麦粉有不同的延展特性，表现出不同的吹泡示功曲线。吹泡仪可以用于选择添加剂的种类，用以改善不同类型的面粉品质，并确定合理的添加量。

（3）面团发酵特性的分析检测　发酵面制品在制作时一般要经过和面、发酵、烘焙或蒸煮三个主要步骤，其中发酵特性是判断小麦加工品质优劣的重要指标之一。成熟度测定仪是研究面团耐发酵性能的仪器，主要测定发酵过程中面团在周期性外力作用下的表现：发酵膨胀的面团被挤压，再膨胀，再挤压，周而复始。耐发酵的面团可以经受很多周期，膨胀性仍很好，不耐发酵的面团经受的周期少。成熟度测定曲线呈锯齿状，可以测定最后醒发时间、发酵稳定性、面团水平、弹性等参数。

3. 小麦粉食用品质的分析检测

（1）小麦制粉实验　实验制粉是在实验中用少量的谷物进行实验磨粉，对谷物的制粉性能进行评估，或对面粉的食品加工特性的理化指标进行测定。为了有效评价小麦的制粉品质和性能，使实验制粉所得到的结果与工业规模所生产的面粉在出粉率和最终加工用途方面尽可能一致，必须选择国际或国家标准认可的实验磨品牌型号，使实验制粉的结果与工业制粉的结果有可比性。

制粉过程一般包括除去麸皮和磨碎过筛得到所需要的面粉。小麦的面粉产量和质量与实验制粉的过程及工艺流程有关，也与小麦籽粒的结构有关。实验制粉实验过程包括小麦的去杂、润麦、磨粉及出粉率计算。除杂是利用谷物选筛并与手拣结合将正常小麦粒以外的杂质除去，这些杂质包括金属、秸秆、麦壳、碎杂草和石块等。必要时还需进行洗麦。入磨小麦应具有一定的含水量，以保证麦粒有适当的易碎性，而又便于麸皮与胚乳分离。通常，入磨硬质麦的水分含量≤16%，软质麦≤14%，硬质麦和软质麦混合样品不超过15%。磨粉过程中的喂料速度、磨粉机轧距、碾磨时间以及磨辊的温度都会对小麦粉的食用品质产生影响，需根据小麦品种及研磨要求进行调节。

（2）小麦粉烘焙及蒸煮品质的检测　小麦经制粉加工成小麦粉后，可以制成各种食品，如面包、馒头、面条及糕点等，不同的面制品对小麦粉有着不同的要求。烘焙和蒸煮品质的测定检测在面粉利用和研究中有着极其重要的意义：一是可以作为确定小麦种类和用途的参考依据，不管硬麦、软麦还是混合小麦，制粉后通过面包、饼干、面条、水饺和馒头等食品的烘焙或蒸煮试验，可以帮助确定小麦的类别和用途，加快优质专用小麦新品种的选育；二是制定相关的食品标准，通过实验室制作面包、饼干、糕点、面条、馒头和水饺等食品试验，可以为制定各类食品的国家标准或行业标准提供依据，我国研究人员根据我国的国情已经制定出面包、饼干等十几类食品的行业标准；三是直接对专用粉或普通面粉进行加工品质测试和比较，评价其加工品质的优劣。烘焙和蒸煮实验较之面粉化学品质和面团加工品质测试更接近于生产实际，是食品工业中不可缺少的环节，也是确定面粉品质最直观、最具有实际经济价值的方法。

（二）大米品质分析检测

1. 大米加工品质的分析检测

（1）加工精度检验　米类加工精度是指加工后的成品米粒背沟和粒面留皮的程度。加工精度是米类的定等基础，也是衡量米类质量的重要指标。米类的加工精度还与原粮质量和工艺有关，原粮质量好、工艺合理、米质好，出米率高；反之，出米率低。米类加工精度检验，主要以国家制定的精度标准样品对照鉴定。

标准方法有直接比较法和染色法两类。直接比较法：从平均样品中称取试样50g，直接与精度标准样品对照比较，定等；染色法：利用米类各不同组织成分对各种染色基团分子的亲和力不同，经染色处理后，米粒各组织呈现不同的颜色，从而判定大米的加工精度。

（2）杂质检验　米类杂质是指夹杂在米类中的糠粉、矿物质及稻谷粒、稗粒等其他杂质。米粒中杂质对于米类粮食的安全储藏、食用品质均有影响，甚至还危害人体健康。为保证米类纯度，提高食用价值，标准中对米类杂质作了严格的双重限制，即包括杂质总量限制和有关子项目限制。

（3）碎米率检验　碎米是指米类在碾制过程中产生的低于允许长度和规定筛层下的破碎粒。碎米含量与入机原粮品质、水分大小和加工工艺有关，通常是米质坚硬、裂纹粒率低、腹白心白粒少、加工工艺措施适当，则碎米率低；反之，碎米率高。碎米含量过多，不仅影响米类粮食的外观整齐度和食用口味，而且也不利于安全储藏。

2. 大米食用品质的分析检测

大米除了分析其营养成分、物化品质外，还需进行蒸煮品质测试。大米的蒸煮食用品质指大米在蒸煮和食用过程中所表现的各种理化及感官特性，如吸水性、溶解性、延伸性、糊化性、膨胀性以及热饭和冷饭的柔软性、弹性、香、色、味等。由于食味是人们对米饭的物理性食感，通常由其理化特性值和感官检查的结果进行评价。优良食味的大米有以下表现：白色有光泽、咀嚼无声音、咀嚼不变味，有一种油香带甜的感觉，且米饭光滑有弹性，即通过人的五官能感受到米饭的好坏。但由于参评者所在地域的食俗不同，往往可能得出几乎相反的结论。因此，鉴定米饭的蒸煮食用品质需要辅以稻米的一些理化性状、流变学特性的测定，使评定更加科学、合理。评价稻米食用及蒸煮品质的主要理化性状是糊化温度、直链淀粉含量、胶稠度、米粒延伸率、大米食味品质和稻米的蒸煮特性，另外大米蒸煮品质与煮熟大米黏性有关，用质构仪测定此性状指标的大小也能说明大米蒸煮品质的优劣。GB/T 17981—1999 对大米要求的 14 项指标中，直链淀粉含量、食味品质、胶稠度等项目均与蒸煮品质密切相关，其中籼米对直链淀粉含量的要求是：1 级为17. 0%~22. 0%，2 级为 16. 0%~23. 0%，3 级为 15. 0%~24. 0%；对胶稠度的要求是：1 级≥70，2 级≥60，3 级≥50。

（三）植物油脂质量分析检测

食用植物油品质的色泽、气味和滋味、透明度、水分及挥发物、不溶性杂质、酸值、过氧化值、加热试验、含皂量、烟点、冷冻试验和溶剂残留量 12 项质量指标是油脂主要的理化指标，食用植物油的相对密度、折射率、不皂化物含量、脂肪酸组成、固体脂肪指数、磷脂含量等项目是油脂基本特性。在油脂检测项目中通常还包括食用食物油脂种类和检验油脂掺杂的定性试验等。

1. 植物油脂的物理品质的分析检测

（1）透明度、气味、滋味的检验　植物油脂透明度是指以比色管盛装的油脂试样在一定温度下，静置一定时间后，目测观察其透过光线的能力。

品质正常合格的油脂应是澄清、透明的，若油脂中含有过高的水分、磷脂、固体脂肪、蜡质或含皂量过多时，则会出现浑浊，影响其透明度。

通过油脂透明度的检验可初步判断油脂的纯净程度。

气味、滋味检验常以正常、焦味、有异味、酸败（或哈喇）味、苦味、辣味等字样表示测定结果。透明度观测结果常以“澄清、透明”“透明”“微浊”“浑浊”表示。

我国油脂国家标准中对透明度的规定是：调和色拉油、调和高级烹调油均应澄清、透明；花生油、大豆油、菜籽袖、米糠油、玉米油、油茶籽油、棉籽油（一级和二级）均应澄清、透明。一级葵花籽油应澄清、透明，二级葵花籽油应澄清；芝麻油、蓖麻籽油一级透明，二级允许微浊；食用亚麻籽油允许微浊，食用红花籽油须清晰透明。

各种油脂都具有独特固有的气味和滋味，例如大豆油一般带有豆腥味，菜籽油常带有芥酸的辣味，花生油、葵花籽油、芝麻油各具不同的香味，而酸败变质的油脂会产生酸味或哈喇的滋味等。因此，通过油脂气味和滋味的鉴定，可以了解油脂的种类、品质的好次、酸败的程度、能否食用及有无掺杂等。

（2）色泽检验　色泽的深浅是植物油脂重要质量指标之一，特别是对于食用油脂，常要求具有较浅的色泽。植物油脂所以有颜色，是因为油料籽粒中含有的各种天然色素溶于油脂中，油色有淡黄色、橙黄色乃至棕红色，有的油脂呈青绿色。油脂的各种色泽主要取决于油料籽粒粒色和加工精炼程度。

油脂色泽的检验，除用感官检验法外，一般多采用比色法。比色法有罗维朋比色计法、碘表法、重铬酸钾法和光电比色法等。罗维朋比色计法和重铬酸钾法是过去常用的两种检测油脂色泽的方法。罗维朋比色计法的原理为在同一光源下，由透过已知光程的液态油脂样品的光的颜色与透过标准玻璃色片的光的颜色进行匹配，用罗维朋色值表示其测定结果。重铬酸钾法是利用重铬酸钾的浓硫酸溶液与油样进行比色，比至等色时，该溶液100mL 含有重铬酸钾的克数，即是油脂的重铬酸钾法的色值。但重铬酸钾溶液比色法在使用过程中存在不安全因素，随着近年来罗维朋比色计法的普及，重铬酸钾溶液比色法在所有的油脂产品标准中已不再使用。

（3）烟点和冷冻试验　烟点又称发烟点，烟点是由油脂在空气中被加热时对其热稳定性进行衡量的指标之一。它是指油脂试样在避免通风并备有特殊照明的实验装置中进行加热，当发出稀薄连续的蓝烟时的温度。烟点主要取决于油脂本身的组成及含杂情况，也取决于油脂中游离脂肪酸的含量。

烟点的产生是由于存在一些沸点相对较低的物质，如游离脂肪酸、甘一酯、不皂化物等，这些较低分子质量的物质在加热过程中较甘三酯容易挥发，都可使烟点降低。此外，油脂在长时间加热并煎炸食品时，其烟点会逐渐降低，这是由于发生了水解、氧化等反应，产生了一些低分子质量的物质。所以，烟点可用作植物油精炼程度的指标，同时烟点与油炸作业性及产品合格率有关。根据国家标准，我国植物油标准将烟点作为各种压榨成品油、浸出成品油、调和色拉油、调和高级烹调油质量标准的一项指标。一级植物油和调和色拉油的烟点≥215℃，二级植物油和调和高级烹调油的烟点≥205℃。

冷冻试验是衡量油脂耐寒性的试验，用于检验油脂在冬季零度下，5.5h 后观察有无结晶析出和不透明的现象。油脂中含有的脂溶性杂质在精制过程中大部分已除去，如果这些杂质含量超过标准，如含微量蜡质等，均会使油的浊点升高，使油脂的透明度和消化率下降，并使气味、滋味和适口性变差，从而降低了油脂的食用品质、营养价值和工业使用价值。合格的各种一级植物油、调和色拉油在 0℃以下冷藏 5.5h 以上，应澄清透明，没有浑浊出现。

（4）折射率检验　折射率是指光线由空气中进入油脂中，入射角正弦与折射角正弦之比。折射率是油脂的重要物理参数之一，折射率的数值作为油脂纯度的标志，它与油脂的分子结构有密切关系。因此，测定油脂的折射率可以鉴别油脂的种类、纯度以及是否酸败等。各种油脂中掺杂有其他种油脂时，折射率将发生变化，可作为判别油脂的类别、纯度和碘价高低的参考。在制油生产中，折射率的检验可用于快速测定油脂含量、饼粕的残油量和粕中残留溶剂的含量，也有用于检验废水溶剂的含量及皂脚内中性油的含量等。

（5）加热试验　油脂加热试验是将油样加热至 280℃后，观察其析出物的多少和油色变化的情况，从而鉴定植物油脂中磷脂和其他有机杂质含量多少的简便方法。

油脂经加热至 280℃后，如无析出物或只有微量析出物，且油色不变深，则认为油脂中磷脂含量合格（磷脂含量≤0.01%）；如油脂中磷脂含量较高时（磷脂含量>0.01%），经加热后则有多量絮状析出物，油色变黑，若酸败的油脂在加热至 280℃时油色变深并有刺激性气味逸出，据此可判断储藏油脂品质的变化情况。

（6）相对密度检验　油脂在 20℃时的质量与同体积的纯水在 4℃时的质量之比，称为相对密度。以 d_4^{20}或（20/4℃）来表示。油脂的相对密度与其组成有关。通常，组成甘油三酯的脂肪酸相对分子质量越小，不饱和程度越高，羟基酸含量越高，则相对密度就越大。测定油脂相对密度常采用液体相对密度天平法、相对密度瓶法以及相对密度计法。

2. 植物油脂的化学品质的分析检测

（1）水分及挥发物检验　油脂是不溶于水的疏水性物质，在一般情况下，油和水不易混溶。但是在油脂中含有少量的亲水物质——磷脂、固醇及其他杂质时，能吸收水分形成胶体物质而存在于油脂中，因此在制油工艺中虽经脱水处理，仍含有微量的水分。油脂水分含量过多，将有利于解脂酶的活动和微生物的生长，从而加速油脂的水解作用，造成游离脂肪酸的增多，显著降低油脂的品质，严重时油脂酸败变质，从而影响油脂的品质和储藏的稳定性。

测定油脂水分及挥发物含量的方法很多，常用的有真空烘箱法、普通烘箱法、电热板法等。其中以真空烘箱法为基准方法，适用于不干性油、半干性油和干性油；普通烘箱法适用于不干性油；电热板法是快速测定方法。由于上述方法在加热烘干油脂过程中，不仅油脂水分受热蒸发，而且油脂中微量的低沸点的物质也挥发逸出，因此称测定的结果为水分及挥发物的含量。

（2）不溶性杂质检验　油脂不溶性杂质是指油脂中不溶于石油醚等有机溶剂的残留物，主要是饼及粕屑、碱皂、泥土、沙石等。不溶性杂质存在于植物油中，不仅使植物油脂品质降低，而且会加速油脂品质的劣变，影响油脂储藏的稳定性。因此，测定油脂不溶性杂质可以评定油脂品质的好次，检验过滤设备的工艺效能，了解油脂储藏安全性等。

油脂不溶性杂质的检验方法主要有减压过滤法和保温滤斗过滤法。减压过滤法是利用杂质不溶于有机溶剂的性质，用石油醚溶解油样（蓖麻籽油用95%乙醇溶解），用过滤方法使杂质与油脂分离，然后将杂质烘干、称量，即可计算出杂质的含量。保温滤斗过滤法适用于木油、皮油等固体油脂的杂质测定，因木油、皮油熔点较高（45~53℃），改用保温漏斗过滤，操作过程控制在60℃左右的温度下进行，以免油脂凝聚堵塞滤孔。

（3）酸值检验　油脂酸值是检验油脂中游离脂肪酸含量的一项指标。以中和1g油脂中的游离脂肪酸所需氢氧化钾的质量（以毫克计）表示。酸值检测方法有热乙醇法、冷溶剂法、电位计法。其中，热乙醇法为油脂酸值测定的基准方法。用热乙醇溶解油样，然后用氢氧化钠或氢氧化钾溶液滴定，根据油样质量和消耗碱液的量计算出油脂酸值。

油脂酸值的大小与制取油脂的油料种子有关，成熟油料种子较不成熟或正发芽生霉的种子制取油脂的酸值要小，油脂在储藏期间，由于水分、温度、光线、脂肪酶等因素的作用，被分解为游离脂肪酸于油中而使酸值增大，储藏稳定性降低。因此，测定油脂中酸值可以评价油脂品质的好坏，也可以判断储藏期间品质变化情况，还可以指导油脂碱炼工艺，提供需要加碱的量。

（4）含皂量检验　植物油脂经过碱炼后，残留于油脂的脂肪酸钠的量称为含皂量，一般以油酸钠（$C_{17}H_{33}COONa$）的质量计。

植物油脂含皂量过高时，对油脂的质量和透明度有很大的影响。对此种油脂进行氢化时，含皂量过高将使催化剂中毒。在加工色拉油时，碱炼后皂的分离程度直接影响到后面的脱色工艺。因此对含皂量的测定不但是评价油脂品质的重要指标，对油脂加工工艺也有指导作用。

（5）皂化值的检验　皂化值是指1g油脂完全皂化时所需氢氧化钾的质量（以毫克计）。

油脂的皂化就是皂化油脂中的甘油酯和中和油脂中所含的游离脂肪酸。在回流条件下将样品和氢氧化钾-乙醇溶液一起煮沸，然后用标定的盐酸溶液滴定过量的氢氧化钾。因此，皂化值包含酯价与酸值。此外，皂化值也与油脂中的不皂化物含量、游离脂肪酸、一甘油酯、二甘油酯以及其他酯类的存在有关。油脂内含有不皂化物、一甘油酯和二甘油酯，将使油脂皂化值降低；而含有游离脂肪酸将使皂化值增高。由于各种植物油的脂肪酸组成不同，故其皂化值也不相同。因此，测定油脂皂化值结合其他检验项目，可以评定油脂纯度和对制皂工业提供计算加碱量的依据。

（6）不皂化物检验　不皂化物是指油脂皂化时，与碱不起作用的、不溶于水但溶于醚的物质，不皂化物含量以每千克油中含不皂化物的质量（以克计）表示，不皂化物包括：固醇、高分子脂肪醇、碳氢化合物、蜡、色素和维生素等，其中最重要组成部分是固醇。除此以外，任何在103℃的温度下被溶剂提取的不挥发的有机杂质也可能存在。大部分植物油中约含10g/kg的不皂化物。油脂不皂化物测定过程中，提取试剂主要采用乙醚，当气候条件或环境不允许（如环境温度过高）使用乙醚时可用己烷法。

（7）碘值检验　碘值就是在油脂上加成的卤素的百分率（以碘计），即100g油脂所能吸收碘的质量（以克计）。碘值的测定方法很多，其原理多数基本相同：把试样溶入惰性溶剂，加入过量的卤素标准溶液，使卤素起加成反应，但不使卤素取代脂肪酸中的氢原子，再加入碘化钾与未起反应的卤素作用，用硫代硫酸钠滴定放出的碘。卤素加成作用的速度和程度与采用何种卤素及反应条件有很大的关系。氯和溴加成得很快，同时还要发生取代作用，碘的反应进行得非常缓慢，但卤素的化合物，例如，氯化碘（ICl）、溴化碘（IBr）、次碘酸（HIO）等，在一定的反应条件下，能迅速地定量饱和双键，而不发生取代反应。因此，在测定碘值时，常不用游离的卤素而是用这些化合物作为试剂。

在一般油脂的检验工作中，碘值测定常用的方法为氯化碘-乙酸溶液法（韦氏法），该法的优点是：试剂配好后可以立即使用，浓度的改变很小，而且反应速度快，操作所花时间短，结果较为准确，能符合一般的要求。

（8）磷脂含量检验　磷脂是一种含磷的类脂化合物。它是由一个分子的甘油与两个脂肪酸、一个磷酸和一个氨基醇残基所组成的复杂的化合物。在油脂储藏中，由于磷脂具有亲水性，能促使油脂水解，降低储藏稳定性。磷脂在高温（200℃）时，易碳化生成大量黑色沉淀，甚至成凝胶。磷脂具有乳化性，在烹饪加热时会产生大量气泡，因而磷脂的存在也降低了油脂的食用品质。

植物油脂中磷脂含量的测定方法分为定性实验和定量实验，定性实验为加热实验，即将油脂加热至280℃，观察其析出物的多少和油色的变色情况，从而鉴定商品植物油脂中磷脂含量的感官鉴定方法。定量实验有钼蓝比色法和质量法。钼蓝比色法为将植物油灼烧后，加酸溶解，使磷酸根离子和钼酸钠作用生成磷钼酸钠，遇硫酸联氨被还原成蓝色的络合物钼蓝，测定钼蓝吸光度，与标准曲线比较，计算其含量。重量法是根据磷脂具有吸水膨胀，相对密度增大，在油脂中的溶解度降低，使其由絮状悬浮物转变为沉淀物，将试样水化后，使用丙酮将磷脂与油分离，计算其含量。

第四节　粮食工程技术基础

一、粮食输送技术

粮食工业企业通常都是大规模、连续化的生产作业，所处理的原料、中间物料和生产的成品，数量庞大而且笨重，少则每小时几吨，多则每小时上千吨。在生产过程中，这些物料只有在各工序间有序地、不间断地输送，才能保证生产正常、连续地进行，才能实现生产自动化。

（一）粮食输送设备的分类及特点

粮食输送设备通常用于在短距离内沿着一定的路线输送物料或提升物料，按照其结构特点和工作原理，可按图2-4进行分类。

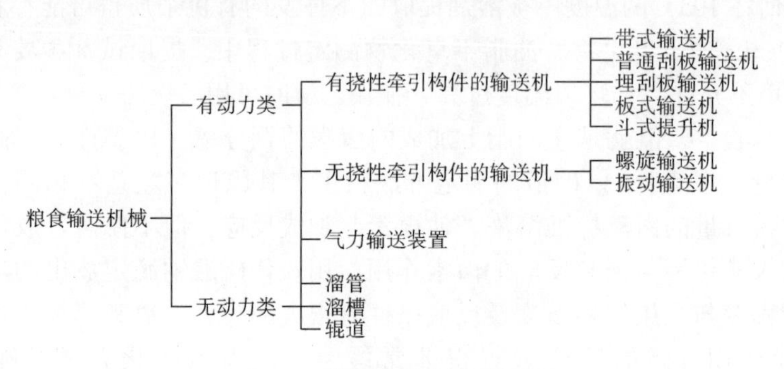

图2-4　常用的粮食输送机械

带式输送机是一种生产技术成熟、使用极为广泛的输送设备。它的输送路线布置灵活，适应性强，可以输送各种粉状、粒状和块状物料，也能输送质量不太大的成件物品。具有运行可靠、连续输送、输送距离长、运量大、易于实现自动化和集中化控制等优点；缺点是输送带易磨损、容易出现输送带跑偏和撒料的问题。

斗式提升机是专门用在竖直或大倾角（一般>70°）方向上输送粉状、粒状或小块状物料的设备；其优点是输送量大、提升高度高、运行平稳可靠、寿命长。缺点是在生产过程中易出现料斗带打滑、跑偏和撕裂，料斗脱落和回料过多等问题。

埋刮板输送机（在工作时刮板链条被埋没在物料中与物料一起向前移动，故称为埋刮板输送机）可在水平、倾斜或垂直方向上输送粉状、粒状及小块状物料；具有结构简单、便于安装、可反向运行、可自行取料输送及防止污染环境等诸多优点。缺点是空载功率消耗较大，不宜长距离输送，易发生掉链、跳链事故，制造成本高。

螺旋输送机主要用于距离不太长的水平输送，或小倾角输送，少数情况也用于大倾角和垂直输送。因其是靠旋转的螺旋叶片将物料推移而实现物料的输送，故俗称绞龙。螺旋输送机适宜输送粉状、颗粒状和小块状物料，不适宜输送长纤维状、坚硬大块状、易黏结成块及易破碎的物料。其特点是结构简单、横截面尺寸小、密封性好、工作可靠、制造成本低，便于中间装料和卸料，可实现反向运行和双向同时运行，在输送过程中还可以对物料进行搅拌、混合、加热和冷却等作业。缺点是物料输送过程中易破碎，螺旋叶片及料槽易磨损。

气力输送装置是利用具有一定压力和一定速度的气流，在管道中输送粉状、粒状物料的输送装置。空气流动形成风，因而气力输送又俗称风运或风送。气力输送的优点是防尘效果好，便于实现机械化和自动化，输送过程中可同时进行多种工艺操作，防止物料受潮、污染或混入杂物等。但不宜输送湿度大、黏性大或易破碎的物料，且动耗大、噪声大、设备和管道磨损较快。

溜管又称自流管，溜槽又称滑梯，是利用物料的重力作用，从高处向低处输送物料的装置，在粮油加工厂、粮库和其他加工和运输行业都广泛使用。溜管用于输送散状物料，溜槽用于输送袋装物料。它们不需要动力驱动，结构简单、制造方便、使用经济。但只能做单向的向下输送，并要求保持一定的坡度。

辊道又称滚柱输送机，是在水平方向或以很小的倾斜度向上或向下运送成件物品的设备，如油桶、集装箱等。它结构简单，安装和使用方便，工作可靠，广泛应用于轻工、食品、机械、商业等许多部门的仓储、装卸运输场所。

（二）粮食工业中被输送物料的分类及特性

粮油工业中被输送的物料可分为成件物品和散装物料两大类。成件物品主要有粮包、油桶和食品箱。散状物料根据其颗粒的尺寸，可分为块状、粒状和粉状物料。

在粮油工业内，经常被大量输送的是粮包和粒状物料、粉状物料。

根据包装材料不同，粮包可分为麻袋类、布袋类和聚丙烯编织袋类三种。麻袋和布袋是传统的包装工具，麻袋用于装颗粒料，布袋用于装粉状料；聚丙烯编织袋是20世纪80年代开始兴起的新品种，由于其经济、卫生的优点，现已大量使用，并逐步取代了传统的布袋包装。根据包装重量，粮包可分为大包装与小包装两类。大包装质量为100，50，25kg三种；小包装为5，2.5，1kg等多种。

粒状物料、粉状物料等散料是由多个颗粒堆积组成的集合物，如小麦、稻谷、面粉、大米等，其力学性质介于固体与液体之间；由于颗粒之间的流动性，仅能在一定的范围内保持形状；具有一定的抗压和抗剪作用；内部有空隙。散料的特性常用粒度、水分、容重、堆积角、摩擦角、磨琢性、黏着性等来表示。

二、粮食粉尘控制技术

在GB/T 50155—2015《供暖通风与空气调节术语标准》中，将粉尘定义为："由自然力或机械力产生的，能够悬浮于空气中的固体小颗粒。国际上将粒径<75μm的固体悬浮物定义为粉尘。在通风除尘技术中，一般将1～200μm乃至更大粒径的固体悬浮物视为粉尘。"

空气中的粉尘主要来源于自然过程和人类活动两个方面。前者主要包括火山爆发、森林火灾、土壤和岩石的风化、沙尘暴等造成的各种尘埃，后者主要包括工农业生产过程向空气中排放的粉尘、燃料燃烧所产生的烟尘、交通运输工具排放的尾气、陆地行走的车辆形成的地面扬尘等。

粉尘飞扬到空气中，使空气中含有一定量的外来物质，从而造成了对空气的污染。污染的空气对人体健康、生产、环境都将产生重要的影响和危害，有些粉尘甚至会发生燃烧和爆炸。

自然过程产生的粉尘一般靠大气的自净作用，而人类活动产生的粉尘则要靠除尘措施来完成。

（一）粮食工业粉尘控制的方法

通过有效组织空气流动的方法来控制工业生产中产生的粉尘、有害气体等污染物是粮食工业粉尘控制的基本方法，也是工业卫生与安全的主要技术措施之一。

空气的流动形成风，有目的地组织空气流动以完成某种功能的技术即通风技术，具体地讲，就是为达到合乎卫生要求的空气质量标准，对车间或居室进行换气的技术。将室内不符合卫生标准要求的污染空气排到室外的通风方法称为排风；将新鲜空气或达到卫生标准要求的空气送到室内的通风方法称为进风。

通风技术常根据不同的生产条件和环境要求分为多种方法。

1. 自然通风和机械通风

从组织空气的流动是否需要动力上，分为自然通风和机械通风。

（1）自然通风　依靠室外风力造成的风压或室内外空气温度差造成的热压使空气流动的方法称为自然通风。风压是指风力在建筑物迎风面与背风面之间产生的气压差；热压是由于室内外空气温度差并导致空气密度变化而引起的气压差。

自然通风是在自然气象条件下形成的，无需人为提供动力，是一种既经济又节能的方法。有些条件下，可充分利用建筑物的某些构件或室内余热进行自然通风。但由于自然风是利用某些气象条件形成的，因而这种通风的稳定性和可靠性较差，在工业生产中不予考虑。

（2）机械通风　依靠通风机等空气机械设备的作用驱使空气流动，造成有限空间通风换气的方法称为机械通风。由于通风机等空气机械设备产生的风量和风压可根据需要来选定，因而这种通风方法能够满足不同场所人们所需要的通风量，并能有效地控制通风所需要的气流方向和流速大小。又由于机械通风不受自然条件限制，可根据需要随时进行通风，因而适用性强，应用广泛。

机械通风有送风式和排风式两种，但不论哪种通风方式都会对室内空气造成影响：室内空气和室外空气进行质量交换和热量交换。尤其热量交换，会造成室内温度的变化，这是在进行机械通风时要考虑的问题。

2. 全面通风和局部通风

从通风作用的范围将通风技术分为全面通风和局部通风。

（1）全面通风　全面通风是对整个车间进行通风换气，也称稀释通风。它一方面用清洁空气稀释室内空气中有害物质浓度，同时还不断地把污染空气排出室外，使室内空气中的有害物浓度不超过卫生标准规定的最高允许浓度。全面通风的效果与通风量的大小和流动空气的组织密切相关。全面通风可以是自然通风，也可以是机械通风。

（2）局部通风　局部通风是针对局部污染源或局部区域进行通风换气的方法。局部通风分为排风和送风两种方式，不等有害物质飞散到工作区域之前就将其从尘源处排走的通风方式称为局部排风；将新鲜空气或者符合卫生要求的空气送到操作区域的通风方式称为局部送风。

在粮食加工行业，粉尘控制多采用机械式的局部排风通风方式，即将废气或含有有害物质的空气抽走并经过净化处理后排到室外。

利用通风的方法排除环境中因粉尘飞扬而产生的污染空气，并同时对污染空气进行净化且达到污染空气排放标准的技术称为通风除尘技术，简称为通风除尘。具体地讲就是为达到合乎卫生要求的空气质量标准，对车间或居室进行空气洁净的技术。

通风除尘是保证粮食加工企业有一个良好的操作环境、良好的生产环境而广泛采用的方法，更是可燃性粉尘防爆技术措施中最有效、最经济的方法，也是环境保护技术中空气污染控制所普遍采用的方法。此外，通风除尘在粮食加工中，还可起到对加工设备或物料的除湿降温、促使物料风选和分级、回收含尘气流中有用物料等多种工艺效果。

（二）粮食工业通风除尘系统的组成

粮食加工行业的通风除尘系统一般由吸尘罩、通风管道、除尘器和风机四部分构成，如图 2-5 所示。

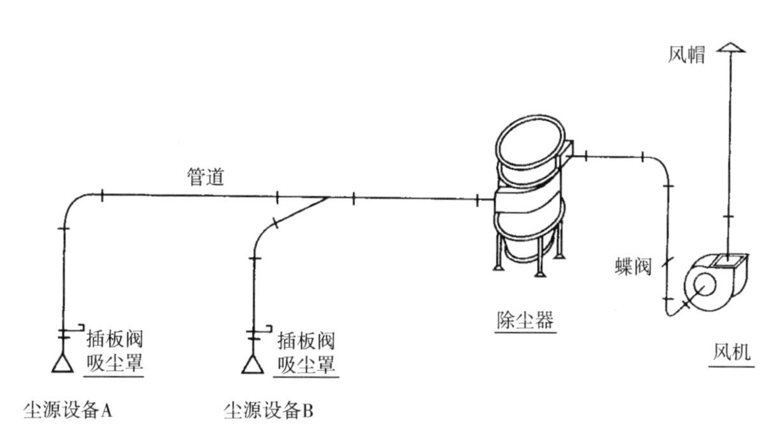

图 2-5　粮食工业通风除尘系统的组成

1. 吸尘罩

吸尘罩是通风除尘系统含尘空气的捕集装置，它靠近尘源安装。

吸尘罩的作用是尽可能地将粉尘或有害气体扩散区域密闭起来，使空气经吸尘罩罩口或污染源设备的缝隙进入吸风罩时，把粉尘或有害气体带入到输送管道中。吸尘罩阻止了粉尘飞扬到污染源周围的空气中，从而使粉尘得到有效控制。性能良好的吸尘罩应该在排风量最小、能耗最低的情况下使污染源处粉尘的飞扬得到最有效的控制。

2. 通风管道

通风管道是通风除尘系统中空气流动的通道，其作用是将吸尘罩收集的污染空气安全地输送到净化设备（如除尘器），并把净化后的符合排放标准的尾气排放到大气中。

通风管道由直长管道和局部构件（弯头、三通、阀门、变形管等）构成，通风管道的形状有圆形管道和矩形管道两种类型。空气的流动速度是通风管道的重要技术参数。

3. 除尘器

除尘器是将通风管道送来的污染空气进行净化的设备，可将含尘空气中的粉尘进行分离和回收，使排放的空气含尘浓度符合环保要求。有时为了满足粉尘回收工艺或者尾气排放标准的环保要求，在一个除尘系统中可以采用两台或多台除尘器串联的形式连续地对含尘气流进行粉尘分离。

4. 风机

风机是组织空气流动的动力源，是除尘系统的重要组成部分。风机属于空气机械，是对气体输送和气体压缩机械的简称。从能量角度看，它把旋转的机械能转变为气体的压力能和动能，从而驱使空气流动。

当风机运行时，污染源处的污染空气经吸尘罩进入通风管道，进入通风管道的含尘空气被输送到净化装置除尘器中进行净化，在净化装置中污染物被分离和收集，而通过净化装置的尾气则被排气管道排放到大气中。

(三) 粉尘控制的标准

1. 含尘浓度

粉尘对人体的危害，不仅取决于粉尘的性质，还取决于粉尘在空气中的含量（即浓度）。

空气中含有粉尘的浓度是评价环境污染状况的主要指标之一。单位体积空气中所含灰尘量称为含尘浓度，其常用的表示方法有三种：

质量浓度——单位体积空气中所含的灰尘质量，单位为 mg/m^3；

计数浓度——单位体积空气中含有各种粒径灰尘的颗粒总数，单位为粒/m^3；

粒径计数浓度——单位体积空气中所含某一粒径范围内（Δds）的灰尘颗粒数，单位为粒/（$\Delta ds \cdot m^3$）。

质量浓度是当前通风除尘技术中普遍采用的含尘浓度表示方法，而计数浓度、粒径计数浓度则主要用于超净车间。粉尘对人体健康的危害取决于其粒径大小，粒径越小危害越大，而质量浓度表示的是空气中粉尘的总量，对人体危害程度最大的微细粉尘的含量却没有表示出来。

在 GB 3095—1996《环境空气质量标准》中，采用了总悬浮微粒（TSP）和可吸入颗粒物（PM10）等指标来评价空气中颗粒物对于人体的危害程度，总悬浮微粒和可吸入颗粒物数值越高，表明空气质量越差，对人体的危害越大。

2012 年，我国重新修订了 GB 3095—2012《环境空气质量标准》，调整了原标准的污染物项目及限值，增设了 PM2. 5 平均浓度限值和臭氧 8h 平均浓度限值，收紧了 PM10 等污染物的浓度限值，收严了监测数据统计的有效性规定，更新了二氧化硫、二氧化氮、臭氧、颗粒物等污染物项目的分析方法，增加了自动监测分析方法。

2. 粉尘控制的卫生标准

为了使工业企业的设计符合环保要求，我国于 1962 年颁布了（GBJ）1—62《工业企业设计卫生标准》，后来又在 1973 年和 2002 年进行了修订。2002 年重新修订后，分为两个标准：《工业企业设计卫生标准》和《工作场所有害因素职业接触限值》。卫生标准规定，车间空气中一般粉尘的最高允许浓度为 $8mg/m^3$。

3. 粉尘控制的排放标准

排放标准是以实现大气质量标准为目标，对污染源规定所允许的排放量或排放浓度，以便直接控制污染源、防止大气污染。

在 GB 16297—1996《大气污染物综合排放标准》中，详细规定了 33 种大气污染物的排放限值，同时规定了标准执行中的各种要求。对于粮食企业，排入大气中的空气含尘浓度不得超过 $150mg/m^3$。

三、粮食企业电气设备基础知识

粮食企业早期采用人工手动的方式控制设备的运行。随着继电设备的发展，开始采用基于继电器的逻辑控制的模式，使得设备之间的运行能够自锁、互锁和连锁，实现了以开停时间先后为条件的顺序控制，以及能对出现的故障进行报警处理的初期的自动控制系统，使粮食行业自动化生产显著提高。随着计算机技术的发展，粮食加工企业的生产控制系统采用了新型的基于 PLC（可编程逻辑控制器）的计算机控制技术，完全摒弃了硬件线路错综复杂的继电器逻辑控制的模式，不仅提升了控制功能，简化了硬件电路，还使控制系统的可靠性大大提高。目前，计算机控制技术已经在国内粮食行业普遍使用。

最初的计算机集中控制系统如图 2-6 所示，它的特点是所有的输入信号和输出控制量都直接与计算机连接，构成一个星型拓扑的结构，这种系统的致命弱点是对主机的高度依赖性，一旦主机出故障，将会导致整个系统的崩溃，其次是需铺设长的信号和控制电缆，不仅提高了经济成本，增加了铺设工作量，还易引入干扰，破坏系统的稳定性。

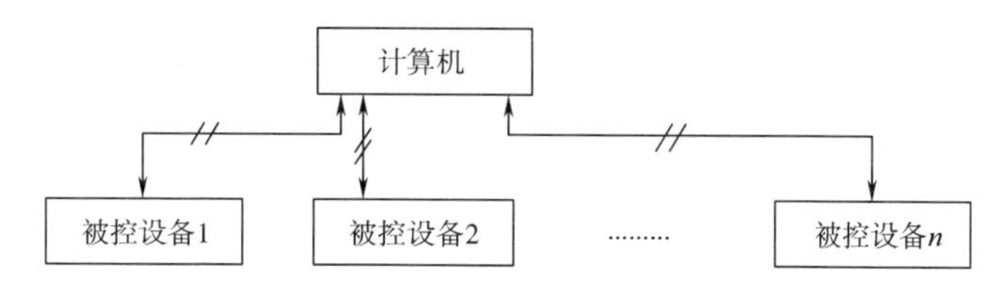

图 2-6　计算机集中控制系统

之后就推出了集散控制系统（DCS）（图 2-7），除了有作为上位机的中央计算机，还增设了以工段划分的下位机，上下位机通过专用的总线构成网络，由上位机实施集中管理，收集状态信息予以显示，并根据不同的加工内容向下位机下达相应的控制命令。而具体的被控设备的信号的处理和控制主要由下位机完成，形成集中管理、分散控制的模式。它的特点很明显，具体的控制由各工段的计算机完成，所以先前计算机集中控制的缺点被有效地克服，不仅可靠性增强，而且信号和控制线可以缩短，因此这种模式在各行各业都得到广泛的应用，粮食行业也不例外。

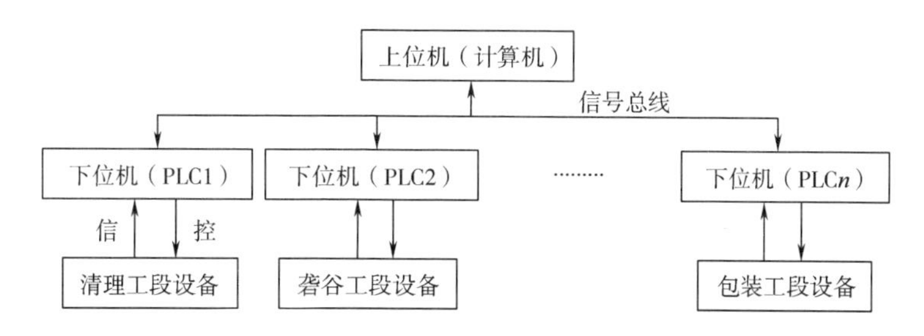

图 2-7　计算机集散控制系统

（一）集散控制系统的构成

集散控制系统是利用计算机技术对生产过程进行集中监测、操作、管理和分散控制的一种新型控制技术，是由计算机技术、信号处理技术、测量控制技术、通信网络技术、图形显示技术及人机接口技术相互渗透发展而产生的。

DCS 是一个分布式的树状结构。如图 2-8 所示，按系统结构进行垂直分解，可分为过程控制级、控制管理级和生产管理级，例如，图中的 PLC 就是过程控制级，操作员站就是控制管理级，工程师站除了监控整个生产系统外，通过交换机与互联网相连，又可以直接介入整个生产厂的生产管理。所以，各级既相互独立又相互联系，每一级又可水平分解成若干子集。纵向分层意味着功能不同的级别，如底层的实时控制和生产过程管理，以及高

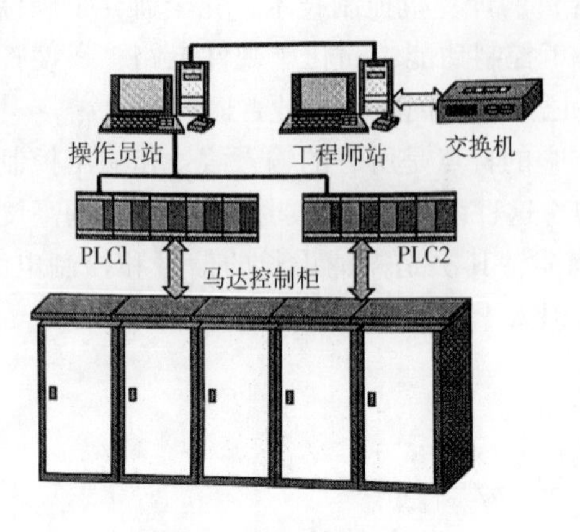

图 2-8 DCS 的电气结构

层的生产管理调度等；横向分层则意味着具有同类功能的同级设备的扩展，如过程控制层的多个 PLC 等。

图 2-9 所示为一个大型米业公司的 DCS 的系统构成图。它主要由集中管理（工程师站、操作员站和上位管理机）、过程控制和网络通信三大部分构成。其中，工程师站负责系统的管理、编制控制程序、生成组态、对控制系统程序的修改和下载；操作员站是人机接口，用于生产工艺操作的控制、生产过程状态的显示以及生产参数的采集、归档、统计分析和打印；上位管理机实现生产调度、经营管理、帮助决策，并通过网络与外界实现通信联络。过程控制主要实现生产现场模拟量、数字量的输入输出和转换；对输入量进行各种控制算法的运算（逻辑运算、PID 运算、自适应控制、模糊控制和人工智能控制运算等），最后将运算的结果作为控制量输出，去分别控制 4 个马达控制中心的电器，实现对整个生产线的所有电机和电器的驱动和控制。网络通信负责各个功能站之间的数据通信和联络，不同的部分采用不同协议的网络，例如，PLC 和各工段多采用点对点的并行接口的通信方式；中间层常采用工业网，如工业以太网、PROFIBUS 等，它们与常规网络的区别，主要是能满足工业控制环境所必需的实时性的要求；最上层的网一般采用互联网，也可以是公司的局域网，通过它与公司的其他部门配合，将生产控制与生产管理结合，构成更高级的企业资源管理系统，实现企业物流、资金流、信息流的统一管理，以求最大限度地利用企业现有资源和实现企业经济效益的最大化。

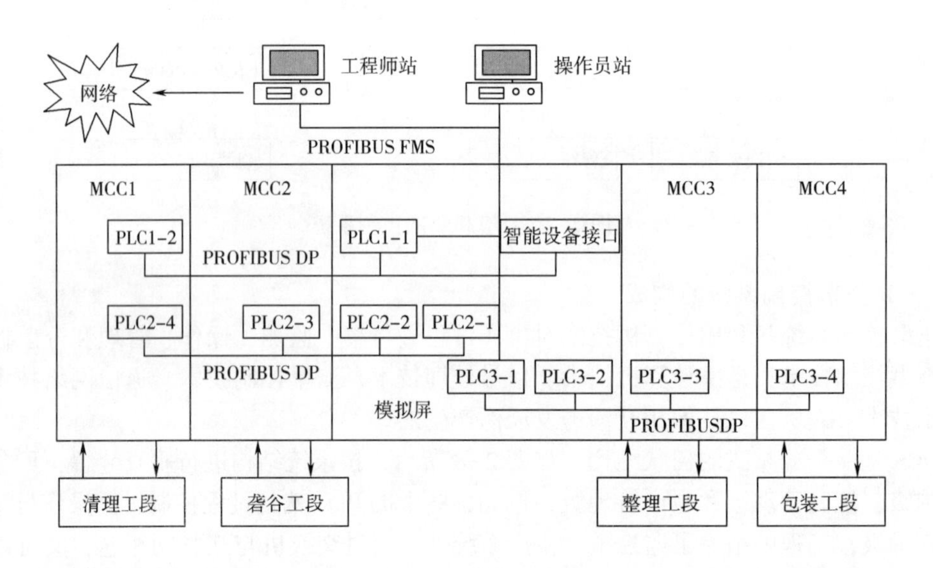

图 2-9 某米厂的 DCS 系统结构

(二) 常用的电气设备和传感器

目前，现代化的粮食企业都采用DCS控制系统，构成DCS控制系统的一些关键的新电气设备有PLC、智能空气断路器、软启动器、变频调速器、新型的传感器等。

1. 智能空气断路器

空气断路器是利用空气作为绝缘介质的开关，所谓智能就是在电器中嵌入了微控制器，它能实时地监测和记录流经此开关的电源的电压、电流、温度、时间等信息，根据人为编程设定的允许参数，加以智能的运算和判断，确保经此空气断路器接入的电源的电压和电流值始终在允许的范围内，不管是超越上限还是下限，只要是超过了事先额定允许的容限，就会在规定的时间内迅速地自动切断电源，保证负载电路的安全。

空气断路器是粮食加工厂必不可少的电器设备，按承受负载（电压和电流）的大小，分成大、中、小三个档次，大型的（负载电流达1000A以上）可以作为低压配电室内的总电源开关，中型的（负载电流达数百安培）主要用于车间或工段的电源开关，小型的（负载电流100A以下）则用于单台电机的电源开关。

专用于电机或设备保护控制的3VU系列空气断路器如图2-10所示。这种断路器配备过电流瞬时脱扣器和反时限延时过载脱扣器，所以只用它和接触器就可以组合成无熔断器型启动装置，可用于电动机的过载保护、短路保护及断相保护。这种断路器有不同的保护等级，例如，5~8A，就可以去调整面板上标示有5~8A的调节旋钮，以适应额定电流5~8A的不同电机的情况。它也可用作不频繁启动和断开电动机的启动器，这种断路器最大可以控制30kW的交流电机，由于它兼有热继电器的功能，所以可以使电机控制回路简化，安装更便利，在粮食行业得到广泛应用。

图2-10　西门子3VU断路器

2. 软启动器

异步电动机以其优良的性能及无需维护的特点，在粮食行业得到广泛的应用。然而，由于其启动电流大（一般为额定电流的5~8倍），同时启动时产生的冲击力也大，易使相关的负载设备受到损害。因此，解决此冲击电流的启动方法和设备应运而生，主要的途径有增大配电容量，或采用限制电机启动电流的启动设备。后者的方法更实际和更经济，过去人们多采用Y/△转换、自耦降压、磁控降压等方式来实现。随着电力电子技术的发展，智能型软启动器崭露头角，它集软启动、软停车、轻载节能和多功能保护于一体，被称为软启动器，不仅能在整个起动过程中无冲击而平滑地启动电机，而且可根据电动机负载特性来调节启动过程中的参数，如限流值、启动时间等。此外，它还具有多重电机保护功能，从根本上解决了传统的降压启动设备的弊端。

粮食加工行业不少设备的电机功率很大，例如，碾米机、抛光机、风机、空压机等，若采用软启动器，不仅电路简化，而且大大降低启动电流对电网的冲击，同时也极大地减轻开停机对设备的机械冲击，延长了设备的使用寿命。

3. 变频调速器

变频器主要用于调速。在粮食加工厂，气力输送和通风除尘网路中的风机，其风量常常需要调整。例如砻谷机稻壳与糙米的分离，以往都是采用人工调节风门开启度的方式来实现。这种调节方式除了难以实现自动控制外，还浪费了大量的能源，因为风机在开启之后，不管风门开启程度如何，始终是以额定的转速在运行，当风门关小时，风阻增加，多余的能量用来克服风阻，白白消耗掉了。采用变频调速器驱动的优点一是风量的调节变得简单，只要按按键或旋动旋钮，改变变频调速器的输出频率，风量立即随之变化；二是节能的效益相当明显，因为风机的输出功率与转速的立方成正比，所以当风量减小时，风机转速下降，风机的功率急剧降低，所消耗的能量随之减小；三是采用变频调速器后，很容易将它与微处理器、风量传感器（一般由风压、风速传感器构成）组合在一起，构成一个以风量恒定为目标的闭环控制系统；四是变频调速器还可以兼作大型风机的启动器，以及风机电机的保护器，因为在启动时，可以对变频器编程，让电机从低频到高频缓缓启动，避免大电机启动时的5~10倍额定电流的冲击，一般可以将启动电流控制在1.5倍额定电流以内。此外，变频器内已经具有完善的过压和过流保护装置，在保护变频器的同时也保护了电机。

4. 常用传感器及仪表

在控制系统中，传感器起着关键的作用，通过各种传感器完成被控对象状态的检测，实现自动控制。例如，在制米行业中，需要有检测电流、电压的互感器，通过电流和电压的检测，显示和监控即时的电压、电流、有功功率和无功功率。此外，还需要对各种物料料位检测的料位传感器；需要对位移程度进行控制的跑偏开关；需要对提升机的速度进行监测的打滑开关；需要将异色米剔除的光电传感器；需要对抛光机着水流量予以控制的浮子流量计等。

在自动化仪表行业，常把传感器称作一次仪表，也就是指信号产生的地方。将显示或者显控（兼有显示和控制双重功能）装置称二次仪表，目前二次仪表很多已经被计算机取代，因此用计算机来完成显示和控制的，又被称作虚拟仪表。

图 2-11　行程开关

（1）行程开关　行程开关又称限位开关、位置开关或接近开关。如图 2-11 所示，当运动部件撞击行程开关上部的滑轮，使行程开关的连杆产生一个向下的动作，让开关的触点发生变化。它是一种根据运动部件的行程位置而切换电路工作状态的控制电器。行程开关的动作原理与控制按钮相似，只是它的触点的通断不是靠人工的按压，而是靠运动机构接近它时对它的作用来达到人工按压的效果。

行程开关分接触式和非接触式两大类。接触式的较常见，例如，冰箱内的照明灯、电梯的自动开关门就是通过行程开关来控制的；在粮食加工厂常用在料门开关到位的控制和显示上。在电动料门的开启和停止的极限位置分别装置两个行程开关，料门开至最大会使行程开关动作，使电机正向驱动停止；料门完全关闭也会使相应的行程开关启动，让电机反向驱动停机。

在实际应用中，要注意调整行程开关的安装位置，使生产机械的运动部件上的模块能在预定的位置准确地撞击行程开关，致使行程开关的触点动作，完成电路的切换控制。

（2）防滑开关　防滑开关也称失速开关，如图 2-12 所示。它可以监视旋转设备的转

图 2-12　防滑开关

速，转速正常时它不动作，一旦转速低于容许的下限值，则立即发出报警信号。通常，它被安装于粮食加工厂提升机的机尾（下部），用来监视提升机从动轴的转速。当提升机发生堵料、皮带松脱等原因导致的皮带打滑，从动轴转速立即下降，皮带与轴之间由滚动变成滑动，持续摩擦产生的高热对充满有机尘埃的密闭环境，是一种很可能会引起粉尘爆炸的十分危险的隐患，同时也导致提升机无法正常工作。但是，提升机机头的电机只是因为打滑负荷轻但还能正常运转，所以无法通过对电机的检测来察觉故障，若加装了防滑开关就能够发现失速，自动停止电机和发出报警信号。

（3）跑偏开关　在粮食企业，常常会有较长距离的带式输送机，这种大型长距离的带式输送机在运行过程中，不可避免地会由于过载、输送带扭曲或其他机械故障，致使输送带偏离机架中心线，从而造成撒料、过负载导致设备损坏或人员伤亡等事故的发生。跑偏开关是一种安全控制装置，专用于检测输送带运行过程中可能发生的上述故障。

跑偏开关的安装如图 2-13 所示。输送带在运行时，如果过载、重心偏移或输送带扭曲等，会造成输送带偏离正常轨道，向左或向右挤压防偏开关的旋转臂，驱动精密凸轮触动微动开关，可能发出两次报警信号，当旋转臂相对垂直位置摆动 10°，输出第一次报警信号；当摆动增大到 20°，则输出停机信号。

（4）转子（浮子）流量计　在小麦水分调节、大米抛光中，需要连续和定量地加入一定的水，因此需要有一个能自动控制被加入液体的流量计。流量计的种类很多，在粮食行业，常选用玻璃转子流量计，它控制的流量不大，但是控制精度较高，安装操作简易。

图 2-14 所示为转子流量计的工作过程，它是由一个锥形管和一个置于锥形管内可以上下自由移动的转子（也称浮子）构成。当流体自下而上流入锥管时，被转子截流，当流量稳定后，转子就平稳地浮在锥管内某一位置上，也就是液体的流速保持在一定的数值上。

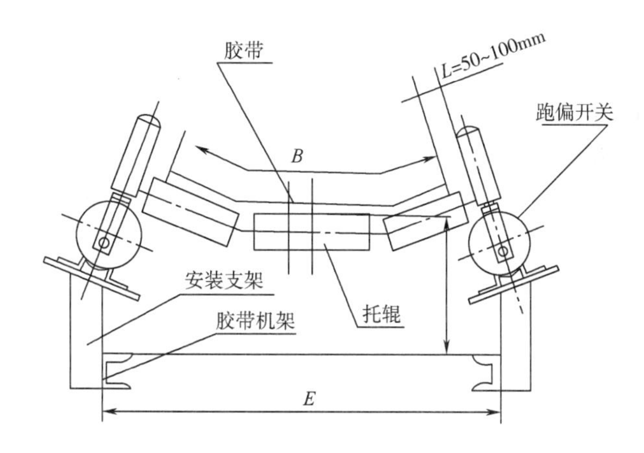

图 2-13　跑偏开关安装图

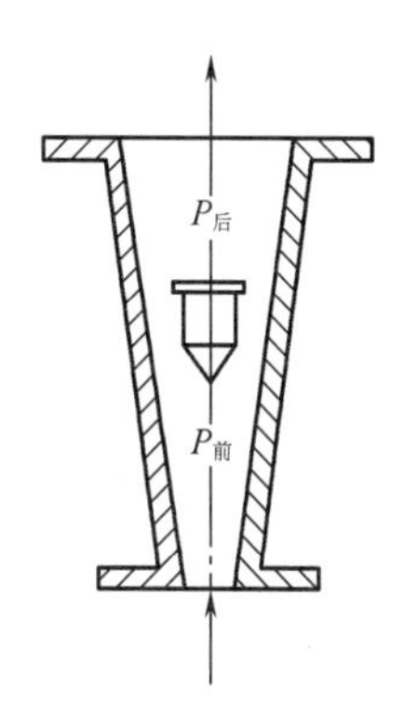

图 2-14　转子流量计的工作原理

注：P 表示流体对转子的动压力

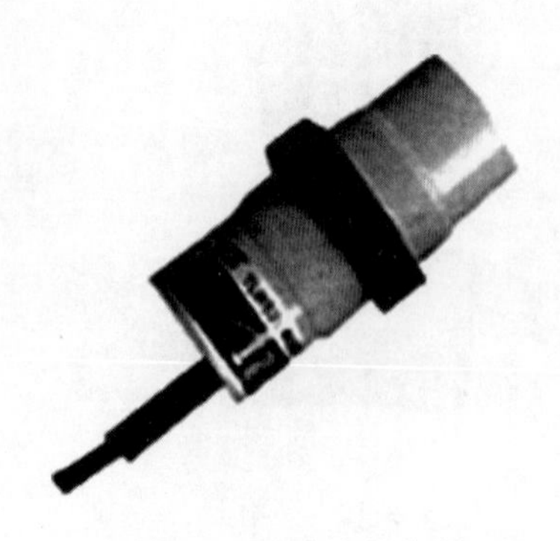

图 2-15　电容式料位器

（5）料位计　粮食企业有各种各样的料仓，为了获取料仓内料位高低的信息，以便完成仓内料位低就自动启动提升机及相关设备及时加料，料位高就自动停止相应的设备，避免物料溢出，就必须要使用料位计。料位计的种类很多，例如堵转式、音叉式、电容式、光电式，以及近几年出现的可连续测量固体料位的超声波式、导波雷达式等。如果不需要连续测量固体物料的料位，根据多年的应用实践，一般都公认以电子逻辑为基础的电容式（图 2-15）或光电式的料位计比较好，它不仅反应灵敏、安装容易、便于直接和 PLC 连接、工作寿命长以及免维护，而且价格也比较合理，因而在粮食行业得到广泛的使用。

第五节　粮食加工厂建设程序和设计工作概述

一、粮食加工厂的基本建设程序

基本建设是指固定资产的建筑、添置和安装。基本建设程序是指基本建设项目在整个建设过程中各项工作的先后顺序。由于基本建设工作从决策、设计、施工到竣工验收，整个过程中涉及面极广，内外协作配合的环节极多，所以必须按步骤有秩序地进行，才能达到预期的效果。

一个建设项目从计划建设到建成投产，一般要经过以下四个阶段：一是根据国民经济和社会发展的长远规划和生产布局的要求，结合行业和区域发展规划的要求，提出项目建议书；二是项目书经有关部门批准后，进行初步的可行性调查研究，同时选择厂址，写出可行性报告；三是可行性报告经评估，获得批准后，编写设计计划任务书；四是根据批准的设计任务书，进行现场勘察、设计、施工、安装、试车、验收，最后交付生产使用。

（一）项目建议书

项目建议书是投资决策前对建设项目的轮廓设想，对建设项目的必要性、重要性进行论述，对项目的可行性进行认证的报告。它的主要内容有：

（1）项目名称、项目的主办单位和负责人。

（2）建设项目提出的必要性和依据。

（3）拟建规模和建设地点的初步设想。

（4）资源情况、设备条件、协作关系的初步分析。

（5）投资估算和资金筹措设想、偿还贷款能力的大体推算。

（6）项目的进度安排。

（7）经济效益和社会效益的初步分析。

（二）可行性研究

可行性研究是对拟建项目在工程技术、经济及社会等方面的可行性和合理性的研究。目的是为投资决策提供技术经济等方面的科学依据，借以提高项目投资决策的水平。

1. 可行性研究的步骤

可行性研究既有工程技术问题，又有经济财务问题，其内容涉及面广，在进行可行性研究时一般要涉及到项目建设单位、主管部门、金融机构、工程咨询公司、工程建设承包单位、设备及材料供应单位以及环保、规划、市政公用工程等部门和单位。参与可行性研究的人员应有工业经济、市场分析、工业管理、工艺、设备、土建及财务等方面的人员，在工作过程中还可根据需要请一些其他专业人员，如地质、土壤等方面的人员短期协助工作。进行可行性研究的步骤一般如下：

（1）筹划组织　在筹划阶段，承担可行性研究的单位要了解项目提出的背景，了解进行可行性研究的主要依据，了解委托者的目的和意图，研究讨论项目的范围、界限，确定参加可行性研究工作的人选，明确可行性研究内容，制定可行性研究工作计划。

（2）调查研究、获取资料　主要进行实地调查和技术经济研究，包括市场调查与资源调查，市场调查是为进行项目产品的市场预测提供依据，通过市场调查可以掌握与项目有关的市场商品供求状况，为确定项目产品方案及生产规模提供依据。资源调查包括项目建设所需的人、财、物、技术、信息、管理等自然资源、经济资源及社会资源的调查，为项目进行可行性研究提供确切的技术经济资料，通过论证分析，用翔实的资料表明项目建设的必要性。

（3）项目方案设计及选择　在这个阶段，要在前两个阶段工作的基础上将项目各个不同方面的内容进行组合，设计出几种可供选择的方案，并结合客观实际进行多方案对比分析，确定选择项目方案设计的原则和标准，比较出项目设计的最佳方案。对选中方案进行完善，为下一步的分析评价奠定基础。

（4）详细可行性研究　这一阶段的工作是对上一阶段研究工作的验证和继续。对选出的项目设计的最佳方案进行更详细的分析研究，复核各项分析材料，明确建设项目的边界、投资的额度、经营的范围及收入等数据，并对建设项目的财务状况和经济状况做出相应评价，并要说明所选中的项目设计方案在设计和施工方面的可取之处，以表明所选项目设计方案在一定条件下是最令人满意的一个方案。为检验建设项目对风险的承受能力，还需进行敏感性分析，可通过成本、价格、销售量、建设工期等不确定因素变化时，对项目单位收益率等指标所产生的影响进行分析。

（5）编写项目可行性研究报告　通过前几个阶段的工作，在对建设项目在技术上的先进性、工艺上的科学性及经济上的合理性进行认真分析评价之后，即可编写详细的建设项目可行性研究报告，推荐一个以上的项目建设可行性方案，并提出可行性研究结论，为项目决策提供科学依据。

（6）资金筹措　拟建项目在可行性研究之前就应对筹措资金的可能性有一个初步的估计，这也是财务分析和经济分析的基本条件。如果资金来源没有落实，建设项目进行可行性研究也就没有任何意义。在项目可行性研究的这一步骤中，应对建设项目资金来源的不同方案进行分析比较，确定科学可行的拟建项目融资方案。

2. 可行性研究报告的内容

由于建设项目的性质、任务、规模及工程复杂程度的差异，可行性研究的内容应随行业不同而有所区别，各有其侧重点，但基本内容是相同的，其要点如下：

（1）总说明。

（2）承办企业的基本情况与条件。

（3）市场预测、生产规模与产品方案。

（4）物料资源及主要协作条件。

（5）厂址选择。

（6）工艺、技术设备。

（7）工程设计方案。

（8）环境保护、劳动卫生与安全。

（9）组织机构、劳动定员和人员培训。

（10）项目实施的综合计划进度。

（11）投资概算和来源。

（12）经济评价。

（13）附件和其他。

3. 可行性研究报告的审批

可行性研究报告编制完成以后，由项目单位上报申请有关部门审批。根据国家有关规定，大中型项目建设的可行性研究报告，由各主管部、省、市、自治区或全国性专业公司负责预审，报国家发展和改革委员会审批，或由国家发展和改革委员会委托有关单位审批。重大项目和特殊项目的可行性研究报告，由国家发展和改革委员会会同有关部门预审，报国务院审批。小型项目的可行性研究报告则按隶属关系由各主管部、省、市、自治区或全国性专业公司审批。

（三）设计计划任务书

设计计划任务书的编写是在调查研究之后，认为建立粮食工厂具有可行性的基础上进行的。设计计划任务书可由项目单位组织人员编写，也可请专业设计部门参与，或者委托设计部门编写。

1. 设计计划任务书的主要内容

（1）建厂理由　可主要从原材料供应、产品生产及市场销售三方面的市场状况进行说明，同时说明建厂后对国民经济的影响作用。

（2）建厂规模　工厂建设是否分期进行，项目产品的年产量、生产范围及发展远景。如果分期建设，则需说明每期投产能力及最终生产能力。

（3）工厂组成　新建厂包括哪些部门，有哪几个生产车间及辅助车间，有多少仓库，用哪些交通运输工具等。还有哪些半成品、辅助材料或包装材料是需要与其他单位协同解决的，以及工厂中经营管理人员和生产工人的配备和来源状况等。

（4）产品和生产方式　说明产品品种、规格标准及各种产品的产量。提出主要产品的生产方式，并且说明这种产品生产方式在技术上的先进性，并对主要设备提出订货计划。

（5）工厂的总占地面积、地形图及总的建筑面积和要求。

（6）公用设施　给排水、电、气、通风、采暖及“三废”治理等要求。

（7）交通运输　说明交通运输条件（是否有公路、码头、专用铁路），全年吞吐量，需要多少厂内外运输设备。

（8）投资估算　包括固定资金和流动资金各方面的总投资。

（9）建厂进度　设计、施工由何单位负责，何时完工、试产，何时正式投产。

（10）估算建成后的经济效益　设计计划任务书的经济效益应着重说明工厂建成后拟达到的各项技术经济指标和投资利润率。

技术经济指标包括产量、原材料消耗、产品质量指标、生产每吨成品的水电气耗量、生产成本和利润等。

投资利润率是指工厂建成投产后每年所获得的利润与投资总额的比值。投资利润率越高，说明投资效果越好。

2. 在编写设计计划任务书时应注意的问题

（1）建设用地要有当地政府同意的意向性协议文件。

（2）工程地质、水文地质的勘探、勘察报告，要按照规定，有主管部门的正式批准文件。

（3）交通运输、给排水、市政公用设施等应有协作单位或主管部门草签的协作意见书或协议文件。

（4）主要原料、材料和燃料、动力需要外部供应的，要有有关部门、有关单位签署的协议草案或意见书。

（5）采用新技术、新工艺时，要有技术部门签署的技术工艺成熟、可用于工程建设的鉴定书。

（6）产品销路、经济效果和社会效益应有技术、经济负责人签署的调查分析和论证计算材料。

（7）环保情况要有环保部门的签订意见。

（8）建设资金来源，如中央预算、地方预算内统筹、自筹、银行贷款、合资联营、利用外资，均需注明。凡金融机构提供项目贷款的，应附有有关金融机构签署的意见。

二、粮食加工厂设计工作概述

粮食加工厂设计方案的合理程度，直接影响到投产后的工厂能否顺利生产并达到预期的经济效益，因此，粮食加工厂的各项设计工作均必须以已批准的可行性研究报告、设计计划任务书及其他有关设计文件为依据。

（一）粮食加工厂设计的要求和依据

1. 设计要求

（1）应尽可能采用先进工艺、技术和设备，使工厂不仅能生产出合格的产品，而且能够取得很好的各项经济技术指标，达到较高的经济效益和社会效益。

（2）设计时要考虑到工厂的发展，因而在设计中要统筹安排、全面规划，使工厂布局合理。

（3）在满足工艺技术要求的前提下，应本着节约的原则进行设计，尽量降低建设成本和生产成本。

（4）设计中要充分考虑到工人的工作环境，加强环保和安全设施，实行劳保项目和建设项目“三同时”（同时设计、同时施工、同时投产）。

（5）工艺设计必须与土建、电气、水暖等设计相互配合，使整个设计成为一个有机整体，避免各部分设计相互脱节，造成缺陷。

2. 设计依据

为了达到上述的设计要求，必须以下列四个方面作为设计的依据：

（1）建设的方针政策　工艺流程设计必须贯彻“在保证质量的前提下，提高出品率、提高产量、减少电耗和物耗、降低成本”的加工方针；土建与车间设计必须以“适用、经济、适当照顾美观”的基本建设方针为准则；同时，要遵守国家、省、自治区域的有关方针政策。

（2）国家的设计标准　建厂规模应符合系列标准，应尽量采用标准化、系列化、通用化的部件和设备；应尽可能采用国家的标准设计。土建设计应尽量适应标准化、模数化、工业化的要求。

（3）设计任务书　设计任务书是上级机关批准的文件。它是设计的直接依据，因此，必须根据设计任务书中规定的建厂规模、投资数额、产品方案进行设计。

（4）客观情况　必须以建厂地区的实际情况作为设计的重要依据，包括原粮来源与品质、产品规格与供销范围、原有工业布局、拆迁建筑、交通运输、电力供应、给水排水、地势、地形、地质、水位、气象、气候、雨量、雪量、风向、风力、水文史、地震史、机器设备、材料、人力等。客观评价外部环境因素，实事求是分析原料供应、采购因素，认真进行成品市场细分及目标市场定位，采取切实有效的市场营销策略，趋利避害，扬长避短。

（二）粮食加工厂设计的内容

粮食加工厂的设计内容一般包括工艺设计、土建设计和水电设计三部分。各方面的设计工作必须协调进行，以保证整个设计的统一性和完整性。

1. 工艺设计

工艺设计是整个工厂设计的基础。工艺设计水平的高低不仅决定整个车间生产技术的先进性和合理程度，还为土建设计和水电设计提供必要的技术要求，例如，车间的建筑结构、各种构件的尺寸、位置及要求等。

粮食加工厂工艺设计包括总平面设计、工艺流程设计、车间设备布置、风网设计、传动系统设计及车间内外的供电电路设计等。

总平面设计一般由工艺设计部门协同土建设计部门一起进行。

工艺流程设计、车间设备布置、风网设计、传动系统设计主要由工艺设计部门完成。在设计的先后顺序上，一般先进行工艺流程设计，再根据确定的工艺流程进行车间设备布置，然后再根据确定的工艺流程设计和车间设备布置进行风网设计，传动系统设计是根据车间设备布置和设计的具体要求进行的。当然，在实际的设计过程中，这几个环节的设计工作也需相互配合、相互协调。

车间内外的供电电路设计可由工艺设计部门协同电力设计部门一起进行。

2. 土建设计

土建设计由专门的建筑设计部门完成，土建设计包括建筑物设计和构筑物设计两部分。土建设计除了按规定完成设计任务外，还应该为工艺设计人员提供合理的厂房建筑形式和建筑结构规定的尺寸要求。

建筑物设计包括主车间与综合利用车间、原粮库、成品库、副产品库、麻袋（面袋）间、工具与材物料间、变配电间、机修间、办公楼、会议室、检（化）验室、医务室、宿舍、锅炉房、食堂、浴室、门卫、车库等。

构筑物设计包括围墙、道路、秤房、标志性建筑、起重、吊运、路灯等。

3. 水电设计

水电设计包括动力和照明电网、供水和排水、暖气和蒸汽管路的设计等。

（三）粮食加工厂设计方式及其主要内容

粮食加工厂设计工作一般是根据项目的大小和重要性分为两阶段和三阶段设计。对于重大的复杂项目或援外项目，采用三阶段设计，即初步设计、技术设计和施工图设计；对于一般性的大、中型项目，采用二阶段设计，即初步设计和施工图设计。

二阶段设计方式的主要内容如下。

1. 初步设计

初步设计是根据已批准的设计任务书而进行的全面的、系统的计算和设计，是上报到相关部门进行审核和修改的设计文件。初步设计的内容包括设计说明书、工艺设计图纸和概算三大部分。

（1）设计说明书　初步设计中的设计说明书主要包括以下内容：

① 设计总论：主要用以说明设计的依据、设计指导思想、工厂建设规模、产品种类与等级标准等。

② 工厂总平面设计说明：包括占地面积、功能区域划分和布置特色等。

③ 工艺流程设计的特点和主要设备的选用（附设备汇总表）。

④ 主要技术经济指标：包括生产量、出品率、产品质量、单位电耗、生产成本和利润等。

⑤各设备功率的配备，采用分组传动的设计和计算。

⑥ 施工安装重点说明和安装材料的估算。

⑦“三废”治理的设计说明。

⑧ 建设工期计划。

⑨ 行政管理和生产人员编制。

⑩ 经济效益的说明。

（2）工艺设计图纸　初步设计中的工艺设计图纸主要包括以下内容：

①工厂总平面设计图。

②工艺流程图。

③主厂房各层楼面设备布置平面图。

④主厂房设备布置纵剖面图。

⑤主厂房设备布置横剖面图。

⑥通风除尘与气力输送风网图。

⑦其他设计要求提供的技术图纸。

（3）概算　编制概算的目的是要确定基本建设项目的总投资，实行基本建设大包干，控制基本建设拨款、贷款，考虑设计的经济性和合理性。编制概算应以初步设计图纸及由国家或主管部门颁发的现行各种概算（费用）定额和概算指标为依据。编制概算的方法可先以单位工程为单位编出单位工程概算，然后汇总编出单项工程的综合概算，最后按建设项目汇总编出设计总概算。概算内容一般包括以下六个部分：

① 建筑工程费：包括各生产车间、原粮和成品仓库、副产品库、各项附属工程、办公楼、宿舍、食堂等所有建筑物和构筑物的土建工程费用，给排水工程费用及电器照明工

程费用等。

② 设备购置费：包括工艺设备、称重设备、输送设备、除尘与气力输送设备、传动设备以及设备的运杂费等。

③ 设备安装费：可根据各种设备的安装工程量和安装工程的概算定额编制安装费用概算。一般机械设备的安装费，可按设备费的4%计算。工艺设备的安装费，如包括进出料溜管，可按设备费的20%计算。

④ 工器具及生产用具购置费：主要指车间、实验室等所需各种工具、器具、仪器及生产用家具的购置费。

⑤ 其他费用：包括上述费用以外的、整个建设工程所需要的一切费用。例如：土地征购费、迁移补偿费、建设单位管理费、勘查设计费、职工培训费等。

⑥不可预见费：指难以预料的工程费用。不可预见费可按上述总费用的3%~5%计算。

确定一个建设项目全部建设费用的总概算，可由总概算表列出。总概算表应按国家发展和改革委员会、中华人民共和国自然资源部关于基本建设概、预算编制办法规定的内容进行编制。

2. 施工图设计

施工图设计是根据已批准的初步设计而进行的系统设计，是对初步设计的修正、补充和完善，是指导施工的重要文件。施工图设计的内容包括设计说明书、工艺设计图纸和预算三大部分。

（1）设计说明书　该阶段的设计说明书是对初步设计编写的设计说明书中存在的问题进行修正和补充，并进一步完善说明书内容。

（2）工艺设计图纸　施工图设计中的工艺设计图纸包括以下内容：

①经修正的工厂总平面设计图。

②经修正的工艺流程图。

③经修正的各车间设备布置平面图和纵、横剖面图。

④经修正的通风除尘与气力输送风网图。

⑤车间各层楼面及屋顶预留洞孔、预埋螺栓图。

⑥传动系统图（当采用分级传动时才绘制）。

⑦自制设备的大样图。

⑧安全防护设施结构图。

⑨车间各层楼面动力与照明管线布置图。

（3）预算　施工图设计的预算是实行建筑和设备安装工程包干，进行工程结算，实行经济核算和考核工程成本的依据。施工图设计预算的内容包括：

① 修正的初步设计概算。

② 预算编制说明。

思考题

1. 粮食中的水分在粮食中以何种状态存在？
2. 粮食中的水分对粮食储藏和加工有何影响？
3. 粮食中蛋白质分为哪几类？

4. 简述粮食中蛋白质、糖类、脂类的功能。
5. 简述粮食籽粒中不溶性糖的分类及特点。
6. 简述粮食籽粒中活性物质的分类。
7. 简述粮食中微生物的构成。
8. 粮食中微生物对粮食品质有何影响？
9. 粮食霉变分哪几个阶段？
10. 粮食防霉的方法有哪些？
11. 小麦粉面团流变学特性分析检测包括哪些方面？
12. 说明小麦粉各个粉质参数的定义。
13. 植物油脂物理品质分析检测包含哪些指标？
14. 植物油脂化学品质分析检测包含哪些指标？
15. 常用的粮食输送设备有哪些？它们有何优缺点？
16. 在粮食加工行业，粉尘控制采用什么方式？
17. 粮食加工厂的通风除尘系统一般由哪几部分构成？
18. 什么是 DCS 系统？
19. 断路器可以做什么保护？软启动器用在什么地方？变频器用来控制什么？
20. 行程开关及料位器的主要用途是什么？
21. 建设项目从计划建设到建成投产一般要经过哪几个阶段？
22. 什么是项目建议书？它的主要内容有哪些？
23. 简述粮食加工厂设计的要求和依据。
24. 简述粮食加工厂设计的主要内容。

参考文献

[1] 刘雄. 食品工艺学 [M]. 北京：中国林业出版社，2017.
[2] 林亲录. 食品工艺学 [M]. 长沙：中南大学出版社，2014.
[3] 纵伟. 食品科学概论 [M]. 北京：中国纺织出版社，2015.
[4] 钟耕. 谷物科学原理 [M]. 郑州：郑州大学出版社，2012.
[5] 张裕中. 食品加工技术装备 [M]. 北京：中国轻工业出版社，2000.
[6] 卞科，郑学玲. 谷物化学 [M]. 北京：科学出版社，2017.
[7] 周显青. 稻谷加工工艺与设备 [M]. 北京：中国轻工业出版社，2011.
[8] 刘英. 稻谷加工技术 [M]. 湖北：科学技术出版社，2010.
[9] 熊万斌. 通风除尘与气力输送 [M]. 北京：化学工业出版社，2008.
[10] 贾奎连. 粮食加工厂设计与安装 [M]. 成都：西南交通大学出版社，2006.
[11] 毛广卿. 粮食输送机械与应用 [M]. 北京：科学出版社，2003.
[12] 于新，胡林子. 谷物加工技术 [M]. 北京：中国纺织出版社，2011.
[13] 国家粮食局人事司. 粮食行业职业技能培训教程 制米工（技师、高级技师）[M]. 北京：中国轻工业出版社，2011.
[14] 刘四麟. 粮食工程设计手册 [M]. 郑州：郑州大学出版社，2002.

第三章　粮食加工前的预处理

[学习指导]

掌握原料中杂质的种类及特点；熟悉和掌握小麦、稻谷、玉米和植物油料的加工前预处理工艺；重点掌握原料的工艺性质和分类；通过学习能将清理的原理应用于不同粮食的清理工艺中。

第一节　粮食中的杂质和除杂原理

一、粮食中杂质的种类及特点

谷物在种植、收割、晾晒、干燥、运输、储藏等过程中难免会混入各种杂质。清理的目的是清除混入谷物中的各种杂质，是粮食加工中的一项重要任务。

谷物中杂质的种类：

按化学成分的不同，谷物中的杂质分为无机杂质与有机杂质两类。

（1）无机杂质　是指混入的各种矿物质和金属物质，如泥土、沙石、砖瓦块、材料碎块碎片、磁性物质及其他无机物质。

（2）有机杂质　是指无食用价值的谷物籽粒、谷物植株的其他组织部分、异种粮粒和野生植物籽粒。

按清理作业特点，谷物中的杂质分为以下几种。

（1）大杂质　一般指留存在直径5mm或更大直径的圆孔筛上的杂质。通过筛选设备的大杂筛面提取筛上物而分离清除。

（2）中杂质　穿过直径5mm圆孔筛，而留存在直径2mm圆孔筛上的杂质。可采用中杂筛面提取（筛上物）来分离清除。

（3）小杂质　穿过直径2mm圆孔筛的杂质。通过小杂筛面提取（筛下物）而分离清除。

（4）轻杂质　相对密度比谷物小的杂质。通常采用风选设备清理。

（5）磁性杂质　具有导磁性的金属杂质。通过磁选设备分离清除。

（6）并肩石　同谷物粒度相近的石子、泥块等无机杂质。“并肩”即是指粒度相近，通过筛选极难清除，可采用比重去石机清除。

（7）表面杂质　指谷物表面，尤其表面沟纹中黏附或嵌入的无机物质。通常采用打击、撞击或擦刷设备分离，也可采用水洗设备清理。

（8）异种植物籽粒　谷物从种植到加工各个环节中混入的其他粮食籽粒、野生植物籽粒和伴生植物籽粒。采用筛选设备和精选设备分离。

二、除杂的目的与要求

（一）粮食清理的目的

（1）确保产品质量　粮食中的杂质如不清除，必然会混入成品，降低产品纯度，影响产品质量，影响食用安全以及再加工性能，降低产品的食用价值和商品价值。

（2）保护后续设备发挥正常及设备安全　在粮食加工中，必然使用各种各样的机械设备（如机械作用力大、运转速度快的设备），粮食中的杂质会影响这些设备的工艺效果、使用性能和工作稳定性，严重时，造成设备破坏和损伤，影响其使用寿命。

（3）保护生产环境，确保工人身心健康　粮食中含有轻杂和灰尘时，如不及时清理，在加工中易造成粉尘飞扬，污染生产车间环境，危害工人身体健康。

（二）粮食清理的要求

粮食中的杂质不可能完全清除干净。粮食清理的最终要求是将粮食清理到达到清理的目的，满足工艺要求和产品质量要求的程度。

通常粮食清理的要求用粮食清理后的工艺指标来描述。清理工艺指标主要包括粮食清理后的各类杂质允许标准限量，以及清理出来的杂质中的允许含粮标准限量。

不同的粮食清理后的含杂允许指标是不同的，不同的加工目的和产品种类，清理后的含杂允许指标同样应该有所区别。主要粮食清理后，一般的工艺指标要求是：

（1）净谷工艺指标　含杂总量不应超过0.6%；其中含沙石不应超过1粒/kg，含稗不应超过130粒/kg。

（2）净麦工艺指标　尘芥杂质不应超过0.3%；其中含沙石不应超过0.02%，其他异种粮谷（荞子）不应超过0.5%。

（3）净玉米工艺指标　尘芥杂质不应超过0.3%；其中含沙石不应超过0.02%。

清理出来的杂质（下脚）含粮允许指标，依照不同的清理设备、不同的粮食以及所得的不同杂质，限量数值有所不同。下脚中所含粮粒，指的是具有加工价值和食用价值的、正常而饱满的粮食籽粒，用（粒数/kg）或质量分数表示。如筛选设备清理小麦时，下脚中含粮不应超过1%；去石机清除的石子中含粮不应超过80粒/kg。而与粮食特性差异较大的杂质，清除后的下脚中不应含有粮粒。

三、除杂的基本原理与方法

（一）筛选

1. 筛选的基本原理

筛选是利用粮食与杂质在粒度和粒形上的差异，通过合适筛孔的筛面使粮食与杂质分离，从而达到清理的目的。混合物中，凡是满足穿孔条件，理论上应该能穿过筛孔而成为筛下物的物料，称之为“应筛下物”，反之称之为“应筛上物”。筛选必须具备三个基本条件。

（1）应筛下物必须与筛面充分接触。

（2）选择合适的筛孔形状和大小。

（3）保证筛选物料与筛面之间具有适宜的相对运动速度。

2. 筛面种类

筛面可以采用多种材料，以不同的方式成孔制成。常用的筛面有栅筛、冲孔筛和编织筛三种。

栅筛：由金属棒或圆钢按一定间隙平行排列而成，筛孔呈现长条形，孔距一般在15mm以上。

冲孔筛：通常在0.5~2.5mm的薄钢板上冲压出具有一定形状、大小和排列形式的筛孔。这种筛面具有强度大、耐磨、不易变形、筛孔形状大小均一等特点。

编织筛：主要由镀锌钢丝或低碳钢丝编织而成，编织方法有平织和交织，如图3-1所示。

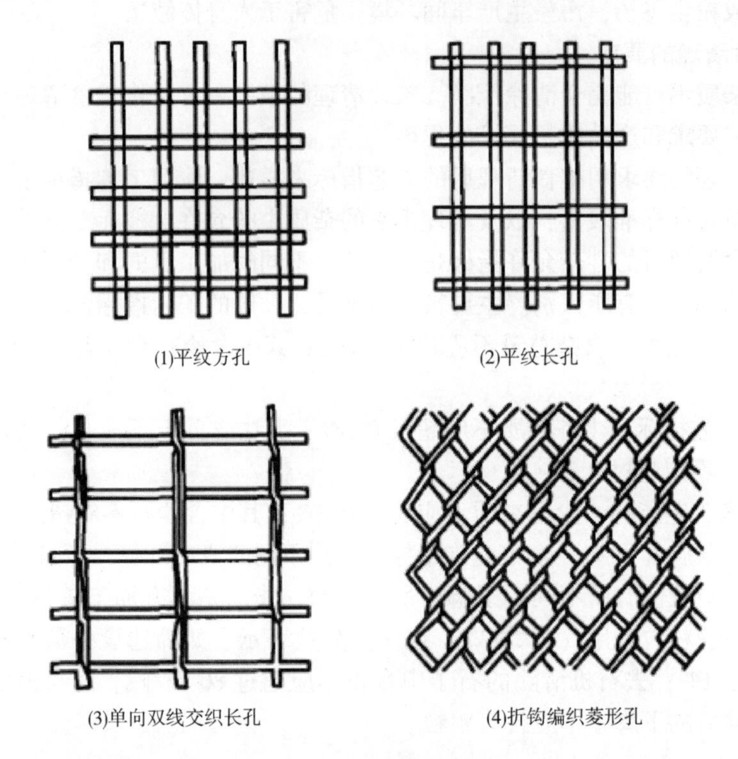

图3-1　编织筛网

（二）风选

风选法利用粮食与杂质之间空气动力学性质的不同，借助气流的作用，使粮食和杂质以不同方向运动或飞向不同区域，使之分离，从而达到除杂的目的。按照气流的方向，风选可分为垂直气流风选、水平气流风选和倾斜气流风选三种。

不同的物料有不同的悬浮速度。利用速度介于两类物料悬浮速度之间的垂直上升气流风选混合物料，可以将轻质物料和重质物料分离，通常用于轻杂清理。

风选设备，除按气流形式分类外，还可按含尘空气的处理方式分为外吸式和循环式；按气体输入方式分为吹式和吸式。一般结构组成包括进料、喂料、风选区、风道、出口、机架及其他组成部分。目前，粮食清理的风选设备以使用垂直气流的吸式风选设备（如垂直吸风道）为主，也有使用垂直气流循环风选设备（如循环风选器）的，其他风选设备较少使用。

（三）相对密度分选

1. 相对密度分选的基本原理

相对密度分选法清理的原理是利用粮食和杂质在相对密度和空气动力学特性上的差异，通过筛面或其他形式的袋孔、凸台或凸孔（鱼鳞孔）工作面，并辅之以气流，首先促使粮食和杂质在运动中分层，再迫使它们往不同方向运动，使之分离，从而达到清理目的。

根据所使用介质的不同，相对密度分选可分为干法和湿法两类。湿法是以水为介质，利用粮粒和沙石等杂质的相对密度以及在水中的沉降速度的不同进行除杂。干法去石是以空气为介质，利用粮粒和沙石等杂质相对密度及悬浮速度的不同进行除杂。

2. 相对密度分选的基本条件

混合物料必须具有良好的运动分层，大相对密度物料位于料层底部并与工作面接触。

工作面必须具有相当的粗糙程度，以保证底层物料在工作面和上层物料的共同作用下，得以在倾斜的工作面上运行。

工作面应有合理的运动参数，使物料与工作面以及物料之间具有适宜的相对运动，从而确保物料良好的运动分层和实现运动分离。

具有适当的辅助手段，如利用气流，提高物料分层和分离的效果。

（四）磁选

磁选清理是利用粮食和杂质在导磁性上的差异，通过永久磁铁或电磁铁构成的磁场构件吸住磁性杂质，而粮食自由通过，使之分离，从而达到清理目的。

磁选设备的核心构件是磁体，真正吸住磁性杂质的工作构件是包容磁体的、导磁性极好的金属构件（磁力构件），其表面平整，表面形状可以是矩形、圆柱体形或圆锥体形等。

（五）精选

精选法清理是利用粮食和杂质在粒形和粒度上的差异，通过开有袋孔的、旋转的圆盘（碟片）或圆筒，由袋孔带走球状或短圆小粒杂质，使之分离，从而达到清理目的。

1. 长度分离的基本原理

长度分离是根据粮食籽粒的长度不同，利用具有一定深度的袋孔的器械将其分离。较短的籽粒可以嵌入袋孔并被带走，较长籽粒则不能，从而使长粒与短粒分开。用于长度分离的、具有一定深度袋孔的器械有碟片与滚筒两种，相对应的设备为碟片精选机和滚筒精选机。

滚筒是利用袋孔按长度不同分级的。其主要工作构件为一内表面具有袋孔的卧式圆筒，滚筒内设有短粒收集槽，如图 3-2 所示。谷物进入滚筒后，随着滚筒的旋转，不断与内表面相接触，使短粒进入袋孔内口，当滚筒转到某一角度后，短粒便靠自身重力脱离袋孔落入收集槽。而长粒靠滚筒内表面摩擦力的带动，上升的位置较低，仅在滚筒底部运动，从而使长短粒分离。

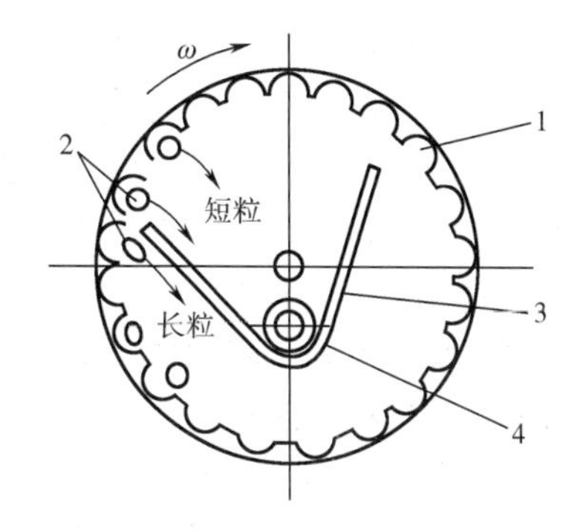

图 3-2 滚筒的工作原理图

1—滚筒 2—袋孔 3—收集槽 4—绞龙

2. 形状分离的基本原理

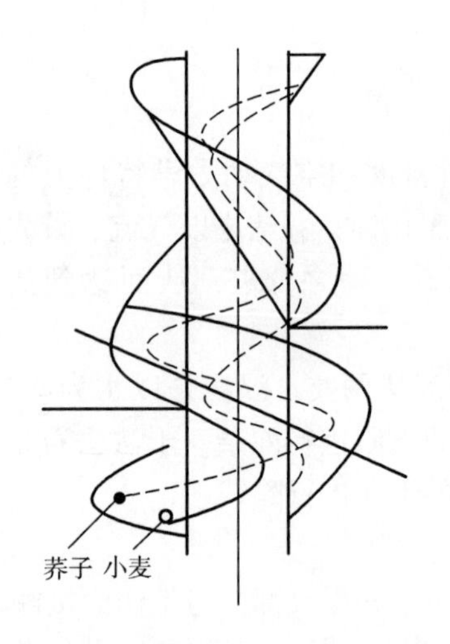

图 3-3 形状分离的工作原理图

小麦和杂质（荞子、豌豆）形状不同，在斜面上运动时，运动形式、所受摩擦阻力也不同（小麦为滑动摩擦，荞子和豌豆为滚动摩擦），因而运动速度和轨迹各异。据此分离的方法称为形状分离（图 3-3）。用于将小麦与杂质分离的工作斜面称为抛道。常用设备为螺旋精选机，也称抛车。

（六）色选

根据物料光学特性的差异，利用光电技术将物料中的异色颗粒自动分拣出来，从而达到提升物料的品质，去除杂质的方法称为色选。

被选物从顶部的料斗进入设备，通过振动器装置的振动，被选物料沿跑道下滑，加速下落进入分选室内的观察区，并从传感器和背景板间穿过。在光源的作用下，根据光的强弱及颜色变化，使系统产生输出信号驱动电磁阀工作，通过气阀吹出异色颗粒吹至废料出口，而成品自留至成品收集装置。

（七）表面清理

表面清理的原理是利用与其表面（包括沟纹）黏附杂质在结构强度上的差异，通过旋转的机械构件施加一定的机械作用力，破坏杂质结构强度以及杂质与粮食的结合结构强度，从而迫使粮食表面杂质脱离，使之分离，达到清理的目的。

粮食表面处理主要用于小麦的表面清理、玉米的脱胚以及大米的表面处理。其用于小麦表面清理时，目的就是清除小麦表面黏附的灰尘、麦毛、微生物、虫卵、嵌在腹沟里的泥沙以及残留的强度低于小麦的并肩泥块和煤渣、虫蚀病害小麦等，还可以打掉通过着水后剥离的麦壳、部分麦皮和麦胚，对于提高面粉色泽，降低面粉灰分、细菌含量和含砂量起着很大作用。表面处理用于大米成品整理时，目的是去除米粒表面残余皮层、清除大米表面黏附的部分糠粉、赋予米粒表面一定光泽。

1. 打击与撞击的基本原理

打击是根据粮食和杂质的强度不同，在具有一定技术特性的工作筛筒内，利用高速旋转的打板对粮食进行打击，使小麦与打板、粮食与筛筒、粮食与粮食之间反复碰撞和摩擦，从而达到使粮食表面杂质与粮食分离的目的。

撞击是利用高速旋转的转子对粮食的撞击、粮食与撞击圈之间的撞击以及粮食与粮食之间反复碰撞和摩擦，从而使粮食表面杂质与粮食分离或使粮食破碎。

2. 擦刷的基本原理

擦刷设备主要是利用刷毛的擦刷作用擦刷粮食表面，即通过刷毛与谷粒的接触及相对运动对谷物籽粒表面进行净化处理。刷掉的灰尘和皮屑借助吸风加以分离。

3. 碾削清理的基本原理

碾削清理就是通过碾削作用对粮食表面进行清理，通过工作构件对粮食进行碾削和摩擦，使表面的灰尘等杂质和部分皮层被碾去；借助吸风系统吸走碾下的杂质，达到碾削清理的目的。

4. 表面清洗

典型的表面清洗设备利用水的溶解和冲洗作用可净化粮食表面。

第二节　小麦加工前的预处理

一、小麦的工艺性质

（一）小麦的分类与结构

小麦是世界粮食作物中的主要粮食作物之一。世界上 30%~40%的人口以小麦为主要粮食。我国小麦种植范围分布很广，生长地域差别很大，不同条件下生长的各种不同品种的小麦，其外表和特性都有着很大的差异。

1. 小麦的分类

（1）按小麦籽粒的皮色划分　麦粒皮色有红白之分，红皮的为红麦，白皮的为白麦。由于品种和受环境影响不同，红皮小麦又有深红色和红褐色之分；白皮小麦又有白色、乳白色或黄白色之分。

（2）按小麦籽粒的粒质划分　小麦以硬度及其用途作为分类的依据，分成两大类，一类为硬质小麦，另一类为软质小麦。

2. 我国商品小麦的分类

按国家标准 GB 1351—2008《小麦》规定，我国小麦分为 5 类。

（1）硬质白小麦　种皮为白色或黄白色的麦粒不低于 90%，硬度指数不低于 60 的小麦。

（2）软质白小麦　种皮为白色或黄白色的麦粒不低于 90%，硬度指数不高于 45 的小麦。

（3）硬质红小麦　种皮为深红色或红褐色的麦粒不低于 90%，硬度指数不低于 60 的小麦。

（4）软质红小麦　种皮为深红色或红褐色的麦粒不低于 90%，硬度指数不高于 45 的小麦。

（5）混合小麦　不符合（1）~（4）规定的小麦。

3. 小麦籽粒的植物学结构

小麦籽粒的外形如图 3-4 所示，因为小麦的穗轴韧而不脆，脱粒时颖果很容易与颖分离，所以收获所得的小麦籽粒是不带颖的裸粒。

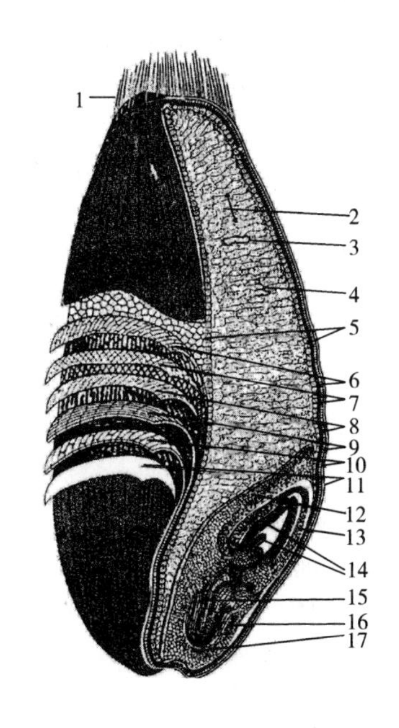

图 3-4　小麦籽粒的形态结构

1—茸毛　2—胚乳　3—淀粉细胞　4—细胞的纤维壁　5—糊粉细胞层　6—珠心层　7—种皮　8—管状细胞　9—横细胞　10—皮下组织　11—表皮层　12—盾片　13—胚芽鞘　14—胚芽　15—初生根　16—胚根鞘　17—根冠

（1）皮层　皮层包括表皮、中果皮、内果皮、种皮、珠心层等，这些皮层组织中主要含纤维素、半纤维素，以及少量的植酸盐，这些物质均不能被人体消化吸收。皮层对面制食品的食用品质也产生负面影响，在小麦制粉过程中应除去。

（2）胚乳　胚乳中主要含有面筋蛋白、淀粉以及少量的矿物质和油脂。从营养的角度考虑，以上物质均应保留。从食用品质的角度考虑，面筋蛋白和淀粉是组成具有特殊面筋网络结构面团的关键物质，正是有了这样特殊结构的面团，小麦粉才能制出品种繁多、造型优美、可口并符合世界各国人民不同习惯的各种面制食品。所以，胚乳部分是小麦制粉要提取的。

（3）胚　小麦胚营养极为丰富，同胚乳面粉相比，它提供3倍的高生物价蛋白质、7倍脂肪、15倍糖及6倍矿物质含量。小麦胚还是已知含维生素E最丰富的植物资源，且富含硫胺素、核黄素及尼克酸。小麦胚所含脂肪主要是人体必需的不饱和脂肪酸，其中1/3是亚油酸。此外，还含有少量的植物固醇、磷脂等。从营养的角度考虑，应将小麦胚保留。但小麦胚中脂肪酶和蛋白酶含量高，活力强，新鲜麦胚1周后酸值会直线上升，以致不能食用。如将胚磨入面粉中，将会大大缩短面粉的储藏期限。同时，胚混入面粉中，对面制食品的食用品质会产生一定的负面影响，所以在制粉过程中应将胚除去。

（二）小麦的理化特性

1. 小麦的物理特性与加工品质

（1）千粒重　千粒重反映籽粒的大小和饱满程度。千粒重适中的小麦籽粒大小均匀度好，出粉率较高；千粒重低的小麦籽粒较为秕瘦，出粉率低；千粒重过高的小麦籽粒整齐度下降，在加工中也有一定缺陷。

（2）容重　容重是指每升小麦的绝对质量。容重与籽粒的形状、大小、饱满度、整齐度、质地、杂质、腹沟深浅、水分等多种因素有关。容重大的小麦出粉率较高。

（3）角质率　角质率是角质胚乳在小麦籽粒中所占的比例，与质地有关，角质率高的籽粒硬度大，蛋白质含量和湿面筋含量高。

（4）籽粒硬度　反映籽粒的软硬程度。角质率高的籽粒质地结构紧密，硬度较大。硬度可反映蛋白质与淀粉结合的紧密程度。硬度大的小麦在制粉时能耗也大。

（5）籽粒形状　小麦籽粒形状有长圆形、卵圆形、椭圆形和短圆形。籽粒形状越接近圆形，磨粉越容易，出粉率越高。

（6）腹沟深浅　腹沟深的小麦籽粒，皮层比例较大，易沾染杂质，加工中难以清理，会降低出粉率和面粉质量。

（7）种皮颜色　白皮小麦一般皮层较薄，出粉率较高。

2. 小麦的化学成分与营养品质

小麦的化学成分与营养品质主要是指小麦籽粒中糖类、蛋白质、脂肪、矿物质和维生素，以及膳食纤维等营养物质的含量及化学组成的相对合理性。一般在籽粒的外果皮和内果皮中含有大量的粗纤维、戊聚糖和纤维素；在麦胚的盾片和胚轴内含有丰富的脂肪；在糊粉层内含有较高的灰分；胚和糊粉层均为蛋白质的密集部位。小麦蛋白质中赖氨酸为第一限制性氨基酸，苏氨酸是第二限制性氨基酸。小麦籽粒中脂质含量很低，但脂肪酸组成好，亚油酸所占比例很高。小麦籽粒中的维生素主要是B族维生素、泛酸及维生素E，维生素A含量很少，几乎不含维生素C和维生素D。小麦籽粒中含有多种矿物质元素，多以无机盐形式存在，其中钙、铁、磷、钾、锌、锰、钼、锶等对人体作用很大。

（三）我国商品小麦的定等指标及质量要求

GB 1351—2008《小麦》规定，各类小麦按体积质量分为 6 个等级。杂质总量≤1.0%、矿物质≤0.5%、水分≤12.5%、色泽气味正常的小麦，不完善粒≤6.0%时，容重≥790g/L，为 1 级，容重每降低 20g/L，则等级降低 1 级。容重（g/L）为定等指标，不完善粒（%）为辅助定等指标。当容重<710g/L 时，小麦为等外品。小麦质量指标见表 3-1。

表 3-1　　小麦质量指标

<table>
<tr><th rowspan="2">等级</th><th rowspan="2">容重/（g/L）</th><th rowspan="2">不完善粒</th><th colspan="2">杂质含量/%</th><th rowspan="2">水分/%</th><th rowspan="2">色泽、气味</th></tr>
<tr><th>总量</th><th>其中：矿物质</th></tr>
<tr><td>1</td><td>≥790</td><td rowspan="2">≤6.0</td><td rowspan="6">≤1.0</td><td rowspan="6">≤0.5</td><td rowspan="6">≤12.5</td><td rowspan="6">正常</td></tr>
<tr><td>2</td><td>≥770</td></tr>
<tr><td>3</td><td>≥750</td><td rowspan="2">≤8.0</td></tr>
<tr><td>4</td><td>≥730</td></tr>
<tr><td>5</td><td>≥710</td><td>≤10.0</td></tr>
<tr><td>等外</td><td><710</td><td>—</td></tr>
</table>

注：—为不要求。

二、小麦的水分调节与搭配

（一）小麦的水分调节

1. 小麦调质

小麦的调质，是对小麦进行着水和润麦处理，即利用水、热作用和一定的润麦时间，使小麦的水分重新调整。

小麦水分的高低对加工工艺影响很大。水分过低时，由于麦皮水分少，韧性变小，因而在研磨时易被磨碎混入小麦粉，从而增加小麦粉的灰分含量和影响粉色；水分过高时，胚乳和麦皮不易分离，筛理时容易堵塞筛孔，从而降低出粉率，增加动力消耗，并影响工厂的生产能力。

小麦调质的首要目的是使麦皮与胚乳易于分离，使麦粒内部的胚乳软化。小麦不经任何水分调节就进行加工，达不到高产量、高出粉率和高面粉质量的要求。

小麦调质是获得最好制粉效果的重要手段之一。通过调质，小麦的皮层韧性增加，脆性降低，增加了其抗机械破坏的能力，在研磨过程中利于保持麸片完整，有利于提高面粉质量；胚乳结构疏松，强度降低，易研磨成粉，有利于降低电耗；麦皮与胚乳容易分离，利于把胚乳从麦皮上剥刮下来，出粉率高；同时保证成品小麦粉水分含量合理。

2. 小麦水分调节

小麦水分调节过程包括加水（着水）、水分分散、静置（润麦）三个环节。“着水”是向小麦中加水，并使水分均匀地分布在麦粒的表面。“润麦”是让着了水的小麦静置一段时间，使水分从外向里渗透、扩散，在麦粒内部建立合理的水分分布。

小麦水分调节分为室温水分调节和加温水分调节。室温水分调节是在室温条件下，加室温水或加温水（<40℃）；加温水分调节分为温水调质（40~46℃）、热水调质（46~52℃）。加温水分调节可以缩短润麦时间，对高水分小麦也可进行水分调节，一定程度上还可以改善面粉的食用品质，但所需设备多、费用高。广泛使用的小麦水分调节方法是室温水分调节。室温水分调节工艺简单，完全能满足制粉工艺的要求。小麦水分调节可以一次完成，也可以二次、三次完成。一般在经过毛麦清理以后进行，也可采用预着水、喷雾着水的方法。

（1）预着水系统　预着水是指为使收购的小麦达到通常小麦加工的适宜水分含量，对毛麦进行的水分调节。

（2）喷雾着水　加工高质量的等级粉时，在入磨前进行喷雾着水，以补充小麦皮层因润麦后再清理时损失的水分，增加皮层的韧性，提高小麦粉的粉色。喷雾着水的着水量为0.2%~0.5%，着水后存放20~30min。

特别寒冷的地方，小麦的温度在零度以下，着水润麦时表面会结薄冰，难以加工。应该先进行暖麦，把小麦的温度升到2~6℃后进行清理。着水前再进行一次暖麦，把小麦的温度升到25℃左右。

3. 加水量与润麦时间

（1）小麦水分调节中的加水量　小麦水分调节中的加水量由以下几点因素决定：

①小麦的原始水分和类型：小麦的类型指是硬麦还是软麦。制粉工艺上对硬麦和软麦的入磨水分有不同的要求。

②小麦粉的水分要求：既要符合小麦粉标准中的水分要求，又要考虑到小麦粉的安全储存。

③加工过程中的水分蒸发：加工出来的小麦粉的水分与入磨小麦的水分是不同的。

④小麦粉的加工精度要求：入磨小麦的水分较低时生产的小麦粉，由于麸屑和麦胚芽的污染比较严重，粉色差而灰分高。而入磨小麦的水分较高时生产的小麦粉，由于麸屑和麦胚芽的污染少，粉色好而灰分低。所以，加工质量较高的等级粉与专用粉时，采用较高的入磨小麦水分；加工质量较低的小麦粉时，可采用较低的入磨小麦水分。

（2）润麦时间　着水后的小麦，麦粒与麦粒之间的含水率是不均匀的。即使在同一粒小麦中，由于各部分的组成成分不同，含水率分布也很不均匀。因此着水后的小麦，必须在一定的时间条件下，进行含水率的重新分配，一方面要使各麦粒之间含水率均匀分布，另一方面，还要求水分渗透到皮层和胚乳中，在麦粒内部进行分布，使麦粒发生物理和化学变化，使之达到制粉工艺的要求。润麦时间主要取决于水分渗入麦粒的速度。

水分的渗透路线。对于结构完好的小麦籽粒来说，水分渗透的主要路线是：水分→胚→胚部→糊粉层→胚乳。次要路线是：水分→麦粒表皮→内果皮→管状细胞层→种皮→

珠心层→糊粉层→胚乳。但在小麦加工工艺上，水分渗透的主要路线是：水分→麦粒表皮→内果皮→管状细胞层→种皮→珠心层→糊粉层→胚乳。

可见，水分在小麦中的迁移方式和速度，与小麦经受的清理过程（麦皮有无破损）有关。

4. 小麦水分调节在工艺流程中的设置

小麦水分调节一般安排在毛麦清理工段之后，即经过筛理、去石、打麦、精选及磁选之后。如果小麦的原始水分特别低，可以连续进行两次水分调节，也可以在毛麦清理之前进行预着水。喷雾着水总是在小麦清理完成以后及入磨之前进行。

（二）小麦的搭配

将多种不同类型的小麦按一定配比混合的方法称为小麦搭配。将不同小麦分别先加工成面粉，再按相应比例搭配混合的方法称为面粉搭配。搭配是小麦制粉生产中的一个重要环节，与生产的稳定、加工成本的高低、产品的质量及质量的稳定，以及经济效益的好坏等密切相关。小麦制粉厂均可进行小麦搭配，而只有具备散装配粉仓的制粉厂方可在后处理工序进行灵活的面粉搭配。

三、小麦的清理流程

小麦清理流程是指从原料接收到第一道研磨之前所有工序的组合。此工段包括小麦搭配、水分调节（调质）和各种清理除杂工序。小麦籽粒在麦路中一般保持完整的颗粒状态（经去皮处理的小麦除外）。小麦入磨前（包括小麦搭配、水分调节）的工艺流程称为小麦清理流程或麦路。

在小麦加工厂实际生产中，不可能用一种设备就能将小麦中的杂质全部清除，而是要将各种设备合理地组合在一起进行清理，并使完整的小麦损失最小。

小麦的清理流程并无一定的模式，不过，通常的流程中应具有以下功能：

（1）清理大于或小于麦粒的尘芥杂质和部分粮谷杂质。

（2）精选出荞子、野草种子、大麦及燕麦。

（3）利用风选清除轻杂质及尘土。

（4）利用打麦和刷麦，清理小麦表面。

（5）利用磁选设备清除金属杂质。

（6）洗麦及水分调节，如不用洗麦机，则单独使用水分调节设备。

（7）根据密度的不同清除石子。

合理地设计清理流程，才能用最少的设备、最有效地发挥设备的清理效果，保证净麦质量。同时，还可以降低工作机件的磨损、延长机器使用寿命、节省生产管理费用。

在选用清理设备和组合工艺流程时，必须以净麦质量标准为依据，并结合原粮的含杂情况、工厂生产能力、成品种类、小麦品质及水分调节方法等因素综合考虑。

在进行流程组合时，必须考虑合理摆放各类设备在流程中的位置。合理的顺序有利于充分发挥设备效率、提高除杂效果、延长机器寿命、降低小麦损耗。

（一）筛选

小麦清理的第一道设备通常是筛选机并配套有风选设备，首先清除大杂质、大部分小杂质和尘土，保证后续设备的正常运转，防止设备和管道堵塞，并尽量减少灰尘对车间的污染。在打麦机后使用筛选机，可以使打麦后产生的碎泥块、碎麦和细杂质及时得到清除。

（二）打麦

打麦工序应设在小麦中的大杂质（石子、砖块）除去之后。一般的小麦清理流程中都设有两道打麦工序，第一道在毛麦清理阶段，第二道在光麦清理阶段。在清理阶段，小麦的水分较低，脆性较大，易产生碎麦，一般使用轻打。重打通常放在光麦清理阶段，因为小麦着水后韧性增加，较强的打击作用可使小麦表面得到较好的清理。

（三）磁选

小麦在清理过程中，要经多次磁选。第一道磁选设备设在清理流程的最前面，最后一道设在入磨之前。此外，在打麦、洗麦前也应设磁选设备清除磁性金属杂质，以免金属在高速旋转的设备内受打击摩擦而发生火花，引起火灾。

（四）风选

在整个清理流程中至少应有三道专门的风选设备。风选设备一般跟在筛选、打麦、刷麦之后，第一道筛选后的风选尤为重要。小麦入磨前也应采用风选进行清理，有利于提高净麦的纯度。对流程中的每一台设备都要予以吸风，既可吸除轻杂质，还可降低机内空气含尘浓度、保持机内负压、避免粉尘外溢。

（五）精选

小麦在进入精选机之前，要求尽可能地清除大量的杂质，如麦穗、玉米、豌豆、沙子和石子等。在着水前使用精选机进行精选，就工艺效果而论是比较好的。因为荞子、小麦没有经过着水而胀大，同时，在经过打麦、洗麦机之后，有些麦粒两端会被打掉，与荞子的差别就减小，很难与荞子分离。而且，打麦与洗麦机会造成碎麦，使精选机选出的物料增多，影响精选效果。精选多设在筛选、去石之后。

（六）洗麦和润麦

在设计清理流程时，必须把大量的大杂质、泥沙、虫蛀麦粒清除后进行洗麦和着水，才能获得良好的工艺效果，并可节省用水量。

小麦加温水分调节有助于缩短润麦时间、改善面筋质量，对于高水分小麦仍能进行水分调节。

（七）去石与分级

面粉厂利用比重去石机、重力分级机和去石洗麦机清除小麦中的并肩石。

小麦内混杂的石子进入打麦机，易使工作构件磨损，并可能发生火花，影响安全生产；进入精选机，会加速袋孔表面的磨损，影响使用寿命。

（八）麦仓的设置

清理车间的麦仓有保证正常生产、稳定流量，以及进行润麦和小麦搭配的作用。毛麦仓多设于头道麦筛之前。毛麦仓的容量根据原料库的供料情况、加工工序的工作时间，以及在毛麦仓是否进行搭配等因素来决定。在条件较好的大、中型厂，其仓容量可供生产40~72h用。

润麦仓的容量随粉间生产能力与润麦时间的长短而定。为适应加工原料的品质变化，润麦时间一般考虑为24h。当加工硬麦时，润麦时间可增加到30~36h。

为了保证粉间流量的均匀和稳定，在1皮磨之前设有净麦仓。净麦仓容量为30~

50min 的生产量。如果小麦入磨前采用喷雾着水，则净麦仓还有润麦的作用。

（九）称重

为稳定生产，随时考核粉厂生产实绩，则需掌握进入清理工序的小麦数量及进入 1 皮磨的小麦数量，以便计算毛麦及净麦出粉率。为此，可在进入头道麦筛之前及进入 1 皮磨之前各设一道自动秤计量。

（十）小麦搭配

小麦搭配可以在毛麦清理或光麦清理即将开始的位置进行。有的流程在上述两个位置均设有配麦装置。

若在光麦清理前搭配，不同批次的小麦可以分别进行毛麦清理和水分调节，在小麦从润麦仓出仓时按比例进行搭配。其优点是可以对不同硬度的小麦施以不同的着水量与润麦时间，使硬度较大的小麦能有较高的入磨水分，从而有更好的研磨性能。其缺点是需要较多的麦仓用于周转，品种更换和润麦时间的掌握比较麻烦。硬度差异较大的小麦宜在光麦清理前进行搭配。

在毛麦清理前进行搭配的优点是工艺简单、操作方便，毛麦清理不需要经常更换品种，润麦时间也容易掌握。

第三节 稻谷加工前的预处理

一、稻谷的工艺性质

（一）稻谷的分类与结构

1. 稻谷的分类

稻谷是禾本科草本植物栽培稻的果实，包括颖和颖果。稻谷品种繁多，据不完全统计，可达数万种。目前，我国商品稻谷是根据国家标准进行分类的：按稻谷的生长期、粒形和粒质将稻谷分为早籼稻谷、晚籼稻谷、粳稻谷、籼糯稻谷、粳糯稻谷五类。

（1）早籼稻谷 早籼稻谷是生长期较短，收获期较早的籼稻谷，一般米粒腹白较大，角质部分较少。

（2）晚籼稻谷 晚籼稻谷是生长期较长，收获期较晚的稻谷，一般米粒腹白较小或无腹白，角质部分较多。

（3）粳稻谷 粳稻谷是粳型非糯性稻谷的果实，糙米一般呈椭圆形，米质黏性较大，胀性较小。

（4）籼糯稻谷 籼糯稻谷是籼型糯性稻的果实，糙米一般呈长椭圆形或细长型，米粒呈乳白色，不透明或半透明状，黏性大。

（5）粳糯稻谷 粳糯稻谷是粳型糯性稻的果实，糙米一般呈椭圆形，米粒呈乳白色，不透明或半透明状，黏性大。

2. 稻谷的结构特征

稻谷籽粒的生物学结构主要由颖（稻壳）和颖果（糙米）两部分组成（图 3-5）。

稻壳约占毛稻重量的 20%，它由花被（外稃和内稃）构成。稻壳中富含纤维素（25%）、木质素（30%）、戊聚糖（15%）和灰分（21%）。灰分中大约 95%是二氧化硅。

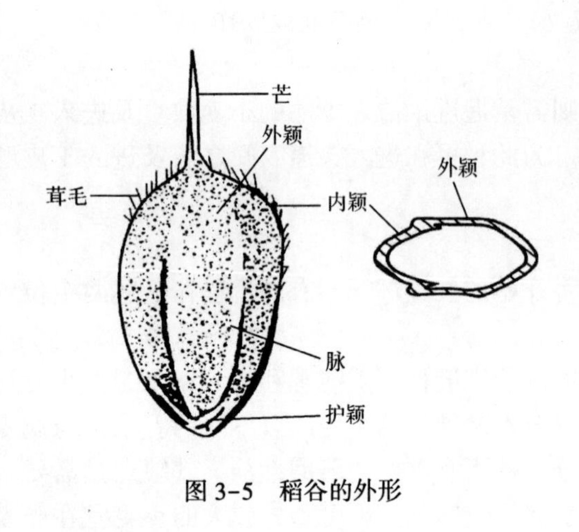

图 3-5　稻谷的外形

大量的木质素和二氧化硅使得稻壳的价值很低。

稻谷去掉外壳后为糙米，糙米与其他谷物具有相同的总体结构，颖果没有腹沟，长5~8mm，粒重约 25mg。糙米中果皮约占 2%，种皮和糊粉层约占 5%，胚芽占 2%~3%，胚乳占 89%~94%。与其他谷物一样，糊粉层是胚乳的最外层，它与果皮和种皮一同被除去而成为米糠。

（二）稻谷的理化特性

1. 物理特性

（1）气味　新收获的稻谷具有特有的香味，无不良气味。如气味不正常，说明谷粒变质或吸附了其他有异味的气体。陈稻谷的气味远比新稻谷差，这是稻谷陈化的结果。

（2）粒型与粒度　稻谷粒形，因其类型、品种和生长条件的不同而有很大差异。稻谷的粒形常用长度、宽度和厚度三个尺寸来表示。谷粒基部到顶端的距离为粒长，腹背之间的距离为粒宽，两侧之间的距离为粒厚。粒度常用粒长、粒宽、粒厚的变化范围或平均值来表示。稻谷粒形按粒长与粒宽的比例分为三类：长宽比>3 的为细长粒形，长宽比在 2~3 的为长粒形，长宽比<2 的为短粒形。

（3）千粒重　稻谷千粒重的大小除受水分的影响以外，还取决于谷粒的大小、饱满程度及籽粒结构等。一般来说，籽粒饱满、结构紧密、粒大而整齐的稻谷，胚乳所占比例较大，稻壳、皮层及胚所占的比例较小，其千粒重较大；反之，千粒重较小。

（4）容重　容重是评定稻谷品质的重要指标。稻谷容重与稻谷品种、类型、成熟程度、水分及含杂质量等有关。一般籽粒饱满、均匀度高、表面光滑无芒、粒形短圆及相对密度大的稻谷，容重较大；反之，则较小。而容重大的稻谷一般品质较好。

2. 化学性质

（1）水分　稻谷籽粒及各部分所含的水分各不相同，皮层（指的是米糠）含水量较高，故韧性较大；胚乳含水虽较低（与米糠水分相比），籽粒强度大；稻壳含水量较低，这有利于稻谷脱壳。

稻米中的水分有两种存在状态，即结合水和游离水。结合水又称为束缚水，它们是存在于稻谷籽粒细胞内，与蛋白质、淀粉等强极性分籽通过吸附作用相结合。结合水不能作为溶剂，不能被稻米籽粒内部酶活动或微生物所利用。

（2）糖类　糖类是粮食中重要的储藏物质之一，为种子发芽及胚的生长提供必需的养料和能量，也是人体热量的主要来源。糖类分为单糖、低聚糖和多聚糖三类，稻米中的单糖主要有葡萄糖和果糖，低聚糖有蔗糖、少量的棉子糖和极少量的麦芽糖，多聚糖主要有淀粉、纤维素和多缩戊糖。

淀粉主要存在于胚乳中，胚和胚乳中主要的糖类是蔗糖和少量的棉子糖、葡萄糖和果糖。游离可溶性糖类集中在糊粉层中。

纤维素是一种结构性多糖，是构成细胞壁的主要成分。纤维素分布在米糠中73%，大米中27%。米糠中纤维素含量高，是与果皮、种皮及糊粉层的细胞壁厚相一致的。纤维素不溶于水，但能吸水膨胀。因人体肠胃缺乏纤维素酶，不能消化纤维素，因此，加工中应去除这一部分。

（3）蛋白质　蛋白质是构成生命有机体的重要成分，是生命的基础。稻米中的蛋白质是仅次于碳水化合物的第二大成分，是粮食中重要的含氮物质。在植物蛋白中，稻米蛋白质的品质，被公认为是谷物蛋白质中最佳的，具有很高的营养价值。

（4）脂类　脂类包括脂肪和类脂。脂肪由甘油与脂肪酸组成，称为甘油酯。脂肪最重要的生理功能是供给热能。而类脂一类物质对新陈代谢的调节起着重要的作用。类脂中主要包括蜡、磷脂和固醇等。稻米脂类含量是影响米饭可口性的主要因素，而且油脂含量越高，米饭光泽越好。

（三）稻谷的质量标准

各类稻谷以出糙率和整精米率为定等指标，早籼稻谷、晚籼稻谷、籼糯稻谷质量标准见表3-2，粳稻谷、粳糯稻谷质量标准见表3-3。

表3-2　早籼稻谷、晚籼稻谷、籼糯稻谷质量指标　单位：%

等级	出糙率	整精米率	杂质	水分	黄粒米	谷外糙米	互混率	色泽气味
1	≥79.0	≥50.0	≤1.0	≤13.5	≤1.0	≤2.0	≤5.0	正常
2	≥77.0	≥47.0						
3	≥75.0	≥44.0						
4	≥73.0	≥41.0						
5	≥71.0	≥38.0						
等外	<71.0	—						

注：—为不要求。

表3-3　粳稻谷、粳糯稻谷质量指标　单位：%

等级	出糙率	整精米率	杂质	水分	黄粒米	谷外糙米	互混率	色泽气味
1	≥81.0	≥61.0	≤1.0	≤14.5	≤1.0	≤2.0	≤5.0	正常
2	≥79.0	≥58.0						
3	≥77.0	≥55.0						
4	≥75.0	≥52.0						
5	≥73.0	≥49.0						
等外	<73.0	—						

注：—为不要求。

二、稻谷的清理流程

清理流程要以合理的工艺流程，清除原粮中各种杂质，以达到砻谷前净谷的要求。为了保证生产时流量的稳定，在清理流程的开始，应设置毛谷仓，将进入车间的原粮先存入毛谷仓内。毛谷仓既可调节物料流量，又可储存一定的物料，为进料工人提供适当的休息时间，这对间歇进料的碾米厂尤为重要。

（一）初清

初清的目的是清除原粮中易于清理的大、小、轻杂，并加强风选以清除大部分灰尘。初清不仅有利于充分发挥以后各道工序的工艺效果，而且有利于改善卫生条件。

（二）计量

计量工序如设置在原粮进入车间清理之前，可以正确地反映原粮的加工数量，有利于经济核算。但是，考虑到原粮中大杂的特点，原粮如未经初清而直接进入称重设备，将会影响计量的准确性，严重时将使称重设备无法正常工作。因此，最好是初清后计重，每次初清出的杂质应集中称重，加以记录，并计算到原粮中，以便能正确地反映原粮的使用量，供计算出米率使用。

（三）除稗

除稗的目的是清除原粮中所含的稗子。如原粮中稗子较少，可在其他清理工序或砻谷工段中加以解决时，可以不必设置除稗工序。

（四）去石

去石的目的是清除原粮中所含的并肩石。去石工序一般设在清理流程的后路，这样可通过前面几个工序将原粮中所含的小杂、稗子及糙碎清除，避免去石工作面的鱼鳞孔堵塞，保证良好的去石效果。

（五）磁选

磁选的目的是清除原粮中的磁性杂质。磁选工序安排在初清之后、摩擦或打击作用较强的设备之前，这样一方面可使比稻谷大的或小的磁性杂质先通过筛选除去，以减轻磁选设备的负担；另一方面，可避免损坏摩擦作用较强的设备；也可避免因打击起火而引起火灾。

第四节　玉米加工前的预处理

一、玉米的工艺性质

（一）玉米的分类与结构

1. 分类

按照 GB 1353—2009《玉米》的规定，玉米分为以下三类：

（1）黄玉米　种皮为黄色，或略带红色的籽粒不低于95%的玉米。

（2）白玉米　种皮为白色，或略带淡黄色或略带粉红色的籽粒不低于95%的玉米。

（3）混合玉米　不符合以上两种要求的玉米。

2. 结构

全世界种植的玉米有多种类型，最常见的是马齿型玉米。马齿型玉米种子大而扁，是普通谷物种子中最大的一种。籽粒分为四个基本部分，即皮层或糠层（果皮和种皮）、胚、胚乳和根帽（图3-6）。

玉米的皮层由果皮、种皮和糊粉层组成。籽粒颜色有多种，白色和黄色是最普通的颜色。玉米的胚乳由角质部分与粉质部分组成。胚乳是玉米籽粒的最大组成部分，是制渣、制粉的主要部位。普通马齿型玉米，胚乳中的角质部分与粉质部分的重量比为2∶1。胚位于籽粒的基部，柔韧而有弹性，根帽是种子与穗轴的连接点，加工时作为渣皮去除。皮层占籽粒的6%～7%，胚占籽粒的8%～12%，根帽占籽粒的0.8%～1.1%，其余部分为胚乳。

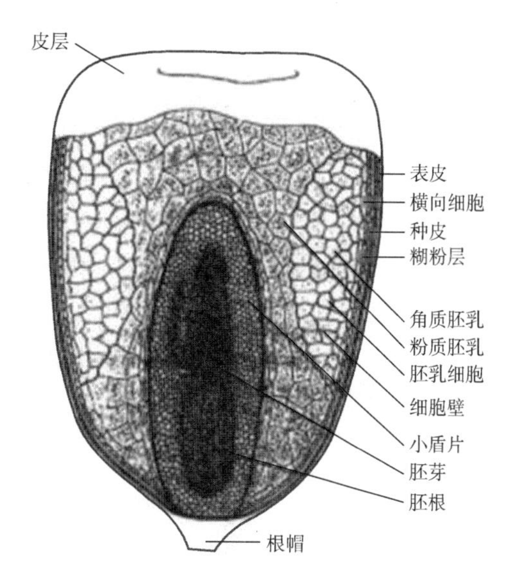

图3-6 玉米的籽粒结构

（二）玉米的理化特性

玉米中所含的淀粉和蛋白质主要集中在胚乳中，所以，胚乳是加工玉米糁、玉米粉的理想原料。玉米胚中所含灰分较多，在加工过程中，剥皮提胚有利于提高玉米糁、玉米粉的质量。玉米含脂肪3.6%～6.5%，而这些脂肪有83.5%集中在胚中，如不采取提胚制粉，则玉米粉易氧化变质，不易保藏；如提胚制油，不仅有利于玉米粉保藏，而且可以广开油源，使玉米得到充分利用。

玉米籽粒的淀粉主要含在胚乳的细胞中，在胚里含量较少。玉米淀粉粒较小，仅比大米淀粉稍大，比大麦、小麦淀粉的颗粒小。胚乳中的淀粉含有0.2%灰分、0.9%五氧化二磷、0.03%脂肪酸。

玉米籽粒含有8%～14%的蛋白质，这些蛋白质，75%在胚乳中，22%在胚芽中。玉米粒中的蛋白质主要是醇溶蛋白和谷蛋白，分别占40%左右，而白蛋白、球蛋白只有8%～9%。因此，从营养角度考虑，玉米蛋白不是人类理想的蛋白质资源。而玉米的胚芽部分，其蛋白质中白蛋白和球蛋白分别含有30%，是一种生物学价值较高的蛋白质。

玉米籽粒中含有以干物质计4.6%左右的脂肪，玉米籽粒的脂肪主要含在胚芽中，一般胚芽含油达35%～40%。

（三）玉米的质量标准

各类玉米质量要求见表3-4。其中容重为定等指标，3等为中等。

表3-4 玉米的质量指标

等级	容重/（g/L）	不完善粒含量/%		杂质含量/%	水分含量/%	色泽、气味
		总量	其中：生霉粒			
1	≥720	≤4.0	≤2.0	≤1.0	≤14.0	正常
2	≥685	≤6.0				
3	≥650	≤8.0				
4	≥620	≤10.0				
5	≥590	≤15.0				
等外	<590	—				

注：—为不要求。

二、玉米的水汽调节

玉米的水汽调节是指玉米加工时，用水或水蒸气湿润玉米籽粒，有利于玉米脱皮，减少玉米胚乳在脱皮过程中的破碎率。

玉米经过水汽调节后，增加了玉米皮和胚的水分，造成皮、胚与胚乳的水分差异，使皮层韧性增加，与胚乳的结合力减小，容易与胚乳分离；胚乳结构疏松，强度降低，胚乳容易被粉碎，也有利于降低电耗；玉米胚在吸水后，体积膨胀，质地变韧，在机械力的作用下，易于脱下，并保持完整。水蒸气能够提高环境温度，加快水分向皮层和胚乳渗透的速度。

（一）着水量与浸润时间

玉米的原始含水率在 14.5%以下时，胚的含水率较玉米含水率少，为 2%~3%。玉米的胚、胚乳、皮结合比较紧密，而且皮脆，不易脱掉，胚的韧性差，容易粉碎。水汽调节可以改善玉米的加工性能。玉米含水率在 16%~18%时，适于脱皮提胚。

玉米含水率调节，可以采用冷水、热水或蒸汽。玉米经水汽调节后，要在仓内存放一定时间，使玉米胚吸水膨胀，增加韧性；使皮与胚、胚乳的含水率有一定差异。玉米加水后，至少需经 1~2h 静置后，才能进行脱皮和脱胚。如果采用蒸汽加湿，可缩短静置时间或直接进入脱胚机。如果玉米脱胚前进行第二次加水，加水量一般为 0.5%~1.5%，静置 10~20min，以增加胚、皮层和根冠的韧性，然后进入脱胚机。

在不同的气温条件下，应采用不同的水汽调节方式。在气温高的夏季、秋季，温度在 20℃以上时，只需加水调节而不用蒸汽调节；气温低的冬天和初春季节，宜采用水和水蒸气同时进行调节。

玉米浸润时间相同，水温高，吸水量大；水温和浸润时间相同时，胚的吸水量大于玉米籽粒的吸水量；水温相同，随浸润时间增加，吸水量增加；水温和浸润时间对玉米籽粒和胚的吸水量影响中，水温是主要的。

玉米水汽调节目的是湿润皮层和胚，仅有少量水分进入胚乳。玉米经水汽调节，一般胚乳含水率应在 13%左右，皮层含水率 19%~20%。如果含水率过高，不仅会使成品含水率过高，也不利于加工。

（二）玉米的水汽调节在工艺流程中的设置

玉米水汽调节一般安排在玉米清理完成之后及玉米脱皮之前进行。

在气温较低的季节或玉米原始含水率较低时，常采用水蒸气调节，以提高水蒸气调节效果。如果玉米原始含水率特别低，气温也很低时，应进行两次水汽调节，以提高玉米脱皮效率，并可避免玉米脱皮、破糁时胚的损伤。

三、玉米的清理流程

玉米的杂质含量一般在 1.0%~1.5%。除并肩杂质外，玉米籽粒与杂质之间存在比较显著的差别，与小麦、稻谷相比，玉米清理相对比较简单和容易。

玉米清理一般采用筛选、去石、磁选、洗涤和风选等方法。

玉米清理一般采用两筛、一去石、一磁选的工艺组合。玉米经头道振动筛进行初步清理，去除大杂质和轻杂质，然后进入毛玉米仓。从毛玉米仓出来，对玉米做进一步的清理，一筛、一去石、一磁选，所含杂质可基本除净，但玉米表面的清理效果比用湿法清理差一些。

用于玉米加工的清理设备，主要有平面回转筛、振动筛、吹式或吸式比重去石机、分级比重去石机等。原粮中玉米棒芯含量高，是新时期出现的新问题，对后续工序，特别是玉米的脱皮、脱胚产生严重影响，导致脱胚机的回流量增多，形成恶性循环。通过对物料的分级，加强风选，是理想的解决办法。借助对物料的打击作用，可有效降低玉米粉中黑点数量。水分含量过低的玉米原料，必须增设一道着水设备。为便于生产管理，可增设计量设备。

第五节　植物油料的预处理

一、植物油料的种类及工艺性质

（一）植物油料的种类与结构

1. 植物油料的种类

油脂工业通常将含油率高于10%的植物性原料称为植物油料。植物油料有植物的种籽、果皮、块茎等，有些粮食加工的副产物也可作为油料，但大多以植物种籽为主。

植物油料分类方法有多种，可按作物种类分为草本油料（如大豆、油菜籽、棉籽）和木本油料（如油棕果、椰子、油橄榄）；按栽培区域分成大宗油料、区域性油料、野生油料与热带油料等。从制油角度考虑，最普遍的是按照含油率的高低分为低油分（8%～25%）与高油分（30%以上）油料两大类。世界性大宗油料有大豆、油菜籽、棉籽、花生仁、油棕果、葵花籽、芝麻、亚麻籽、红花籽、蓖麻籽、巴巴苏籽、椰子干和油橄榄等。我国的大宗油料有大豆、油菜籽、棉籽、花生仁、芝麻、米糠和葵花籽等。我国特有的油料有油桐籽、乌桕籽与油茶籽等。

2. 油料种子的基本结构

油料种子种类繁多，它们的外部形态各具特点，但从植物学形态来看，绝大多数种子的基本结构具有共性，即每粒种子都是由种皮、胚和胚乳等部分组成。

（二）油料种子的理化特性

油料种子的种类繁多，不同油籽的化学成分及含量不尽相同，但各种油籽中都含有油脂、蛋白质、糖类、游离脂肪酸、磷脂、色素、蜡、烃类、醛类、酮类、醇类、油溶性维生素、水分及矿物质等成分。此外，个别油料中还含有少量特殊的物质。

（三）主要油料

1. 大豆

大豆俗称黄豆，原产于我国东北，如今世界各地均有种植。大豆属于优质高蛋白油料，含油15.5%～22.7%，含蛋白质30%～45%（干基50%以上），含种皮7%～10%，胚芽与胚轴2%～2.5%（含油11%，油中亚麻酸比例高达23.7%）。大豆已成为世界上最主要的植物油料，主要生产国有美国、巴西、阿根廷、中国、印度等十国，产量占世界总产量的96.3%以上。大豆是世界植物蛋白（食用和饲用）、食用油的主要来源之一。

2. 油菜籽与卡诺拉籽

油菜籽是唯一能在世界各地栽种的高油分油料，主要生产国有中国、加拿大、印度、巴基斯坦等。我国油菜的主产省为安徽、四川、湖北、湖南、江苏、贵州、河南等。普通品种的油菜籽含油32%~48%，蛋白质20%~30%，含种皮12%~20%。种皮中含30%~34%的粗纤维、大部分的芥子苷（硫代葡萄糖苷）、90%以上的色素、植酸以及单宁等抗营养因子，种皮是影响菜籽饼粕蛋白质饲用和限制开发的主要因素之一。

卡诺拉（Canola）籽是首先由加拿大科学家于20世纪50~70年代培育成功的一种“双低型”油菜籽（即低芥酸、低芥子苷）品种。加拿大油籽榨油家协会（WCOCA）将油中芥酸含量低于1%、粕中芥子苷含量低于20μmol/g的油菜籽注册命名为“Canola”。卡诺拉是一种适应于温带地区的油料作物，可以在较冷和海拔较高地区生长，也适应于水分不受限制的欧洲和亚洲的温带生长。目前，卡诺拉的种植已遍及世界，尤其在加拿大，种植面积已占可耕地的15%以上，产量也迅速上升。我国自20世纪80年代引进该品种以来，经研究推广，目前已突破难关，在青海、新疆、甘肃、内蒙古以及江苏、湖北等许多省（区）实现了大面积种植，产量逐年增加。

3. 花生

花生原产南美洲，目前世界上大多数国家和地区都有种植。我国花生的主产地为山东、河南、河北、江苏、广东、广西等。花生是一种重要的高油分带壳软质油料。花生果含仁65%~75%，仁中含油40%~55%，含蛋白质25%~31%。花生油呈浅黄色并有轻微的香味，油中主要脂肪酸为油酸，一般占50%以上。

4. 棉籽

棉花在世界很多地区都有种植，我国主产区为河南、河北、山东、湖北、安徽、新疆。棉籽是棉花的种子，占皮棉质量的60%~62%，经轧花后的棉籽含短绒5%~14%，壳25%~45%。棉籽含油15%~25%，棉仁含油28%~40%，蛋白质30%~40%。棉籽油中油酸和亚油酸占脂肪酸的65%~70%，棕榈酸占25%~30%。

5. 葵花籽

葵花原产北美洲，我国各地都有栽培，吉林、内蒙古、辽宁三省的栽培面积约占全国总面积的80%。葵花籽按用途分为食用与油葵两种。普通食用葵花籽子粒大，含油29%~30%、含壳30%~45%，仁中含油40%~65%。油葵多为黑色小籽，壳薄、饱满，全籽含油量高达45%~54%，含壳率可低至22%左右，仁中含蛋白质21%~31%，但含有一些绿原酸、咖啡酸等抗营养因子，而且壳中含蜡量多（0.4%~10.7%），占整籽含蜡量的60%~85%。葵花籽油中50%以上的脂肪酸是亚油酸，其次为油酸，还含有一定量的维生素E，因此葵花籽油具有较好的营养和生理功效。

6. 芝麻

芝麻可能是迄今所知被人类用作食品资源的最古老的油料作物，素有“油料皇后”之美称。芝麻原产中东，现盛产于印度、中国、缅甸和苏丹等国家。芝麻在我国的种植很广，以河南、安徽、湖北为最多。芝麻的特点是含油率高（45%~63%）、营养丰富（含蛋白质19%~31%，油中不饱和脂肪酸油酸和亚油酸含量在80%以上，且含维生素E等多种营养物质）、味道适口、化学稳定性好（维生素E及芝麻酚均具有抗氧化性能），而且芝麻油又是一种天然色拉油，它是几乎不需要任何精炼就可直接食用的少数几种凉拌油。

（四）油料的清理、剥壳与脱皮

1. 油料的清理

油料在收获、运输和储藏过程中会混入一些杂质，尽管油料在储藏之前通常要进行初步清理，简称初清，但初清后的油料仍会夹带少量杂质，不能满足油脂生产的要求，因此，油料进入生产车间后还需要进一步清理，将其杂质含量降到工艺要求的范围之内，以保证油脂生产的工艺效果和产品质量。

油料清理的方法主要是根据油籽与杂质在粒度、相对密度、形状、表面状态、硬度、磁性、气体动力学等物理性质上的差异，采用筛选、磁选、风选、相对密度去石等方法和相应设备，将油料中的杂质除去。

油料经过清理，要求尽量除净杂质，油料越纯净越好，且力求清理油料的流程简短、设备简单、除杂效率高。各种油料经过清选后，不得含有石块、铁杂、麻绳、蒿草等大型杂质。

2. 油料剥壳

油料的剥壳是带壳油料在取油之前的一道重要生产工序。对于花生、棉籽、葵花籽等一些带壳油料，必须经过剥壳才能用于制油。油料剥壳可以提高出油率，提高原油和饼粕的质量，减轻对设备的磨损，增加设备的有效生产量，有利于轧坯等后续工序的进行及皮壳的综合利用等。利用粗糙面的碾搓作用使油料皮壳破碎进行剥壳；利用打板的撞击作用使油料皮壳破碎进行剥壳；利用锐利面的剪切作用使油料皮壳破碎进行剥壳；利用轧辊的挤压作用使油料皮壳破碎剥壳。常用的设备有圆盘剥壳机、刀板剥壳机、齿辊剥壳机、离心剥壳机、锤击式剥壳机。剥壳方法和设备的选择应根据各种油料皮壳的不同特性、油料的形状和大小、壳仁之间的附着情况等进行。

3. 油料剥壳后的仁、壳分离

油料经剥壳后成为含有整仁、壳、碎仁、碎壳及未剥壳整籽的混合物，在工艺上要求将这些混合物能有效地分成仁和仁屑、壳和壳屑及整籽三部分。仁和仁屑进入制油工序，壳和壳屑送入壳库打包，整籽返回剥壳设备重新剥壳。仁壳分离是直接关系到出油率高低的重要环节。

对仁、壳分离的要求是通过仁壳分离程度的最佳平衡而达到最高的出油率。若强调过低的仁中含壳率，势必造成壳中含仁增加而导致油的损失。而仁中含壳太多，同样会由于壳的吸油而造成较高的油损失。生产上常根据仁、壳、籽等组分的线性大小以及气体动力学性质方面的差别，采用筛选和风选的方法将其分离。大多数剥壳设备本身就带有筛选和风选系统组成联合设备，以简化工艺，同时完成剥壳和仁壳分离过程。

4. 油料脱皮

油料的脱皮是带皮油料在取油之前的一道重要生产工序。对于大豆、菜籽含皮量较高的油料，当生产蛋白质含量不同的等级饼粕或用饼粕提取蛋白质时，需要预先脱皮再取油。油料脱皮的目的是为了提高饼粕的蛋白质含量和减少纤维素含量，提高饼粕的利用价值；同时也使浸出原油的色泽、含蜡量降低，提高浸出原油的质量。油料脱皮还可以增加制油设备的处理量，降低饼粕的残油量，减少生产过程中的能量消耗。油脂生产企业主要是对大豆进行脱皮，以生产高蛋白质含量的豆粕。大豆脱皮技术目前已经比较成熟，被国内外油脂加工业普遍采用。

在生产中通常是首先调节油料的水分，然后利用搓碾、挤压、剪切和撞击的方法，使油料破碎成若干瓣，籽仁外面的种皮也同时被破碎并从籽仁上脱落，然后用风选或筛选的方法将仁、皮分离。

脱皮时一般要求脱皮率要高，脱皮破碎时油料的粉末度要小，皮、仁能较完善地分离，油分损失尽量小，脱皮及皮仁分离工艺尽量简短，设备投资及脱皮过程的能量消耗尽量小等。

二、油料的破碎、软化与轧坯

（一）油料的破碎

在油料轧坯之前，必须对大颗粒的油料进行破碎。其目的是通过破碎使油料具有一定的粒度，轧坯时碎粒同轧辊的摩擦力比整粒同轧辊的摩擦力大，容易被轧辊啮入；油料破碎后的表面积增大，利于软化时温度和水分的传递，软化效果提高；对于颗粒较大的压榨饼块，也必须将其破碎成为较小的饼块，才更有利于浸出取油。油料破碎后要求粒度应均匀，不出油，不成团，少成粉，粒度符合要求。

油料破碎的方法有挤压、剪切、碾磨及撞击等几种形式。油脂加工厂常用的破碎设备主要是齿辊破碎机，此外也可采用锤式破碎机、圆盘剥壳机等。破碎机在油料加工过程中使用广泛，如大颗粒油料的破碎，带壳油料的剥壳，大豆、油菜籽的脱皮等过程都需要对原料进行破碎。为了避免大豆和油菜籽脱皮时油分和蛋白的损失，脱皮对破碎环节要求较高。

（二）油料的软化

软化就是通过对油料水分和温度的调节，改善油料的弹塑性，使之具备轧坯的最佳条件。软化主要应用于含油量低、含水量低和含壳量高，即可塑性差、质地坚硬的油料。

软化的目的是通过对油料温度和水分的调节，使油料具有适宜的弹塑性，减少轧坯时的粉末度和粘辊现象，保证坯片的质量。软化还可以减轻轧坯时油料对轧辊的磨损和机器的振动，有利于轧坯操作的正常进行。

软化要求是软化后的料粒有适宜的弹塑性且内外均匀一致，能够满足轧坯的工艺要求。为此，软化时应根据油料种类和所含水分的不同制定软化操作条件，确定软化操作是加热去水还是加热润湿。当油料含水量高时，应在加热的同时，适当去除水分。反之，应在加热的同时，适量加入水蒸气进行润湿。油料含水量较高时软化温度要低一些，反之，软化温度应高一些。另外，必须保证有足够的软化时间，同时还应根据轧坯效果调整软化条件。

（三）油料的轧坯

轧坯就是利用机械的作用，将油料由粒状轧成片状的过程。轧坯后得到的坯片常称为生坯。轧坯是油料预处理工艺最关键的步骤之一，它直接关系到取油效率和生产成本，尤其是对大豆生坯直接浸出制油工艺。

轧坯的目的在于破坏油料的细胞组织，增加油料的表面积，缩短油脂流出的路程，有利于油脂的提取，也有利于提高蒸炒效果。轧坯的要求是料坯薄而均匀，粉末度小，不露油。

三、料坯的蒸炒

油料生坯经过润湿、蒸坯、炒坯等处理转变为熟坯的过程称作蒸炒。蒸炒是压榨取油生产中十分重要的工序。

蒸炒的目的在于通过温度和水分的作用，使料坯在微观生态、化学组成以及物理状态等方面发生变化，以提高压榨出油率及改善油脂和饼粕的质量。蒸炒使油料细胞受到彻底破坏、蛋白质变性、油脂聚集、油脂黏度和表面张力降低、料坯的弹性和塑性得到调整、酶类被钝化。

蒸炒的类型可分为干蒸炒和润湿蒸炒两种。

（一）干蒸炒

干蒸炒只对料坯或油料进行加热和干燥，不进行润湿。这种蒸炒方法仅用于特种油料的蒸炒，如制取小磨香油时对芝麻的炒籽，制取浓香花生油时对花生仁的炒籽，可可籽榨油时对可可籽的炒籽等。

（二）润湿蒸炒

润湿蒸炒是指在蒸炒开始时利用添加水分或喷入直接蒸汽的方法使生坯达到最优的蒸炒开始水分，再将润湿过的料坯进行蒸炒，使蒸炒后熟坯中的水分、温度及结构性能最适宜压榨取油的要求。润湿蒸炒是油脂生产企业普遍采用的一种蒸炒方法。

正确的蒸炒方法不仅能提高压榨出油率和产品质量，而且能降低榨油机负荷，减少榨油机磨损及降低动力消耗。蒸炒方法及蒸炒工艺条件应根据油料品种、产品要求、榨机类型以及取油工艺路线的不同而选择。

四、油料的挤压膨化预处理

油料的挤压膨化即是利用挤压膨化设备对经过破碎、轧坯或整粒油料施以高温、高压然后减压，利用物料本身的膨胀特性和其内部水分的瞬时蒸发，使物料的组织结构和理化特性发生变化。

油料经挤压膨化处理后，细胞结构遭到彻底破坏，在浸出时溶剂对料层的渗透性大为改善，浸出速率提高，浸出时间缩短，因此可使浸出器的产量增加；膨化料粒浸出后的湿粕含溶剂量降低，可使湿粕脱溶设备的产量提高及湿粕脱溶剂所需的能量消耗大大降低；膨化料粒浸出时的溶剂比生坯浸出时降低约40%，这使得浸出后的混合油含量达到30%~35%，大大节省了混合油蒸发的能量消耗，提高了混合油蒸发效果及浸出原油的质量。

目前油料挤压膨化主要应用于大豆生坯的膨化浸出工艺，在菜籽生坯、棉籽生坯以及米糠的膨化浸出工艺中也得到了应用，还可对整籽油料如大豆做挤压膨化处理以供压榨取油。

思考题

1. 什么是杂质？杂质是根据什么分类的？
2. 原粮为什么要清理？
3. 原粮清理的原理和方法有哪些？

4. 小麦加工前为什么需要润麦？
5. 稻谷的清理流程包括哪些？
6. 玉米为什么要进行水汽调节？
7. 主要油料有哪些？

参考文献

[1] 路飞．粮油加工学［M］．北京：科学出版社，2018.
[2] 周裔彬．粮油加工实验技术［M］．北京：化学工业出版社，2017.
[3] 郑红．杂粮加工原理及技术［M］．沈阳：辽宁科学技术出版社，2017.
[4] 张雪编．粮油食品工艺学［M］．北京：中国轻工业出版社，2017.
[5] 卞科，郑学玲．谷物化学［M］．北京：科学出版社，2017.
[6] 张玉荣．粮油品质检验与分析［M］．北京：中国轻工业出版社，2016.
[7] 田建珍，温纪平．小麦加工工艺与设备［M］．北京：科学出版社，2016.
[8] 马涛，肖志刚．杂粮食品生产实用技术［M］．北京：化学工业出版社，2016.
[9] 李新华，董海洲．粮油加工学［M］．北京：中国农业大学出版社，2016.
[10] 郭祯祥．粮食加工与综合利用工艺学［M］．郑州：河南科学技术出版社，2016.
[11] 曹龙奎．杂粮改性专用粉制备技术及杂粮食品开发［M］．北京：科学出版社，2016.
[12] 纵伟．食品科学概论［M］．北京：中国纺织出版社，2015.
[13] 朱蓓薇，张敏．食品工艺学［M］．北京：科学出版社，2015.
[14] 周裔彬．粮油加工工艺学［M］．北京：化学工业出版社，2015.
[15] 张海臣．粮油食品加工学［M］．北京：中国商业出版社，2015.
[16] 吴跃．杂粮特性与综合加工利用［M］．北京：科学出版社，2015.
[17] 卢晓黎，陈德长．玉米营养与加工技术［M］．北京：化学工业出版社，2015.
[18] 林亲录．稻谷及副产物加工和利用［M］．北京：科学出版社，2015.
[19] 黄亮，林亲录．稻谷加工机械［M］．北京：科学出版社，2015.
[20] 刘亚伟．淀粉生产及深加工创新技术［M］．郑州：河南科学技术出版社，2014.
[21] 林亲录，秦丹，孙庆杰．食品工艺学［M］．长沙：中南大学出版社，2014.
[22] 王俊国，杨玉民．粮油副产品加工技术［M］．北京：科学出版社，2012.
[23] 刘延奇，李红，王瑞国．粮油加工技术［M］．北京：中国科学技术出版社，2012.
[24] 李新华，张秀玲．粮油副产品综合利用［M］．北京：科学出版社，2012.
[25] 黄社章，杨玉民．粮食加工厂设计与安装［M］．北京：科学出版社，2012.
[26] 周显青．稻谷加工工艺与设备［M］．北京：中国轻工业出版社，2011.
[27] 于新，胡林子．谷物加工技术［M］．北京：中国纺织出版社，2011.
[28] 宋宏光．粮食加工与检测技术［M］．北京：化学工业出版社，2011.
[29] 李新华，刘雄．粮油加工工艺学［M］．郑州：郑州大学出版社，2011.
[30] 刘永乐．稻谷及其制品加工技术［M］．北京：中国轻工业出版社，2010.
[31] 刘英．稻谷加工技术［M］．武汉：湖北科学技术出版社，2010.
[32] 丁文平．粮油副产品开发技术［M］．武汉：湖北科学技术出版社，2010.
[33] 尤新．玉米深加工技术：第2版［M］．北京：中国轻工业出版社，2009.
[34] 席德清．粮食大辞典［M］．北京：中国物资出版社，2009.
[35] 吴建章．李东森．通风除尘与气力输送［M］．北京：中国轻工业出版社，2009.

[36] 王若兰．粮油储藏学［M］．北京：中国轻工业出版社，2009.
[37] 马涛．谷物加工工艺学［M］．北京：科学出版社，2009.
[38] 刘亚伟．粮食加工副产物利用技术［M］．北京：化学工业出版社，2009.
[39] 李新华，董海洲．粮油加工学：第2版［M］．北京：中国农业大学出版社，2009.
[40] 熊万斌．通风除尘与气力输送［M］．北京：化学工业出版社，2008.
[41] 肖志刚，许效群．粮油加工概论［M］．北京：中国轻工业出版社，2008.
[42] 马涛．玉米深加工［M］．北京：化学工业出版社，2008.
[43] 倪培德．油脂加工技术［M］．北京：化学工业出版社，2007.
[44] 张有林．食品科学概论［M］．北京：科学出版社，2006.
[45] 肖旭霖．食品机械与设备［M］．北京：科学出版社，2006.
[46] 贾奎连．粮食加工厂设计与安装［M］．成都：西南交通大学出版社，2006.
[47] 胡永源．粮油加工技术［M］．北京：化学工业出版社，2006.
[48] 刘亚伟．小麦精深加工：分离、重组、转化技术［M］．北京：化学工业出版社，2005.
[49] 马海乐．食品机械与设备［M］．北京：中国农业出版社，2004.
[50] 崔建云．食品加工机械与设备［M］．北京：中国轻工业出版社，2004.
[51] 毛广卿．粮食输送机械与应用［M］．北京：科学出版社，2003.
[52] 朱永义．谷物加工工艺与设备［M］．北京：科学出版社，2002.
[53] 德力格尔桑．食品科学与工程概论［M］．北京：中国农业出版社，2002.
[54] 赵淮．包装机械选用手册［M］．北京：化学工业出版社，2001.
[55] 吴时敏．功能性油脂［M］．北京：中国轻工业出版社，2001.
[56] Y H Hui. 贝雷油脂化学与工艺学［M］．徐生庚等，译．北京：中国轻工业出版社，2001.
[57] R. Paul Singgh. Introduction to Food Engineering［M］. Acadmic Press，2001.
[58] 张裕中．食品加工技术装备［M］．北京：中国轻工业出版社，2000.
[59] 邵泽波．化工机械及设备［M］．北京：化学工业出版社，2000.
[60] 梁熙正．轻工业机械及设备［M］．北京：中国轻工业出版社，2000.
[61] 张根旺．油脂化学［M］．北京：中国科学技术出版社，1999.
[62] 运输机械设计选用手册编辑委员会．运输机械设计选用手册［M］．北京：化学工业出版社，1999.
[63] 陶瑜．油脂加工工艺与设备［M］．北京：中国财政经济出版社，1999.
[64] 胡继强．食品机械与设备［M］．北京：中国轻工业出版社，1999.
[65] 陈敏恒，丛德滋，方图南，等．化工原理［M］．北京：化学工业出版社，1999.
[66] 张安云．机械输送设备［M］．北京：中国财政经济出版社，1998.
[67] 赵奕斌．机械化运输工艺设计手册［M］．北京：化学工业出版社，1998.
[68] 陆守道．食品机械原理与设计［M］．北京：中国轻工业出版社，1995.

第四章　谷物加工

[学习指导]

掌握小麦制粉的基本原理和工艺过程；了解面粉后处理及其质量标准；掌握砻谷及砻下物分离、糙米碾白等工序；了解和掌握玉米联产加工工艺；了解特制米的生产工艺；了解大麦、高粱、燕麦等杂粮的种类、营养价值及其综合利用。

第一节　小麦制粉

一、小麦制粉概述

小麦粉的生产过程包括破碎、在制品整理、分级、同质合并及面粉后处理等过程。所谓在制品就是制粉过程中的中间产品，而同质合并就是将不同系统中质量相同的在制品合并在一起进行处理。图4-1所示为小麦制粉的基本生产过程。

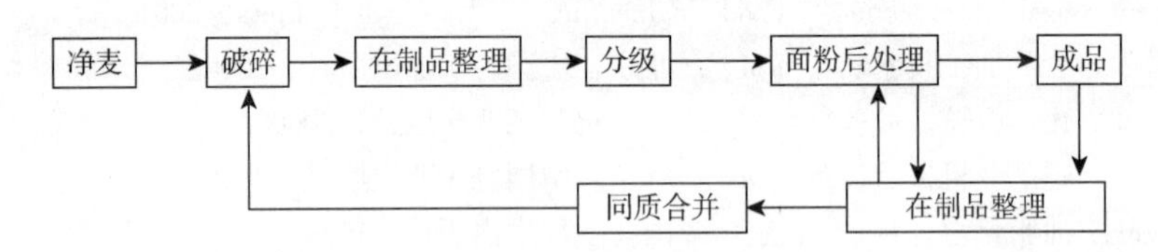

图4-1　小麦制粉基本生产过程

（一）小麦及在制品的研磨

在制品是制粉过程中各研磨系统中间物料的总称。小麦经逐道研磨后的物料，含有大小不同的颗粒（从微米到毫米），这些在制品用筛理设备进行分类，主要通过不同规格的筛网来实现。小麦及在制品的研磨是制粉过程中最重要的环节，研磨效果的好坏将直接影响整个制粉的工艺效果。现代的制粉一般以辊式磨粉机作为主要研磨设备。物料在通过一对以不同速度相向旋转的圆柱形磨辊时，依靠磨辊的相对运动和磨齿的挤压、剥刮和剪切作用，物料被粉碎。

1. 制粉过程中各系统及其作用

按照生产顺序中物料的种类和处理方式，可以将制粉系统分成皮磨系统、渣磨系统、清粉系统、心磨系统和尾磨系统，各系统分别处理不同的物料，并完成各自不同的功能。

皮磨系统的作用是将麦粒剥开，从麸片上刮下麦渣、麦心和粗粉，并保持麸片不过分破碎，以便使胚乳和麦皮最大限度地分离，并提出少量的小麦粉。

渣磨系统的作用是处理皮磨及其他系统分离出的带有麦皮的胚乳颗粒——麦渣，通过渣磨系统，可以使麦皮和胚乳得到第二次分离。麦渣分离出麦皮后生成质量较好的麦心和粗粉，送入心磨系统磨制成粉。

清粉系统的作用是利用清粉机的风筛结合作用，将皮磨和其他系统获得的麦渣、麦心、粗粉、连麸粉粒及麸屑的混合物分开，送往相应的研磨系统处理。

心磨系统的作用是将皮磨、渣磨、清粉系统取得的麦心和粗粉研磨成具有一定细度的面粉。

尾磨系统位于心磨系统的中后段，其作用是专门处理含有麸屑、质量较次的麦心，从中提出面粉。

图 4-2 所示为制粉流程中各系统物料的大致流向。

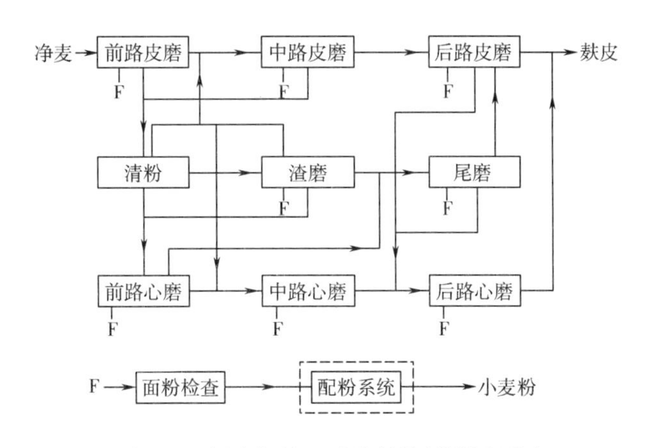

图 4-2　提取粗粒经过清粉的制粉原理图

F 表示小麦粉

2. 研磨的基本方法

研磨的任务是通过磨齿的互相作用将麦粒剥开，从麸片上刮下胚乳，并将胚乳磨成具有一定细度的面粉，同时还应尽量保持皮层的完整，以保证面粉的质量。研磨的基本方法有挤压、剪切、剥刮和撞击四种。

（1）挤压　挤压是通过两个相对的工作面同时对小麦籽粒施加压力，使其破碎的研磨方法。挤压力通过外部的麦皮一直传到位于中心的胚乳，麦皮与胚乳的受力是相等的，但是通过润麦处理，小麦的皮层变韧，胚乳间的结合能力降低，强度下降。因而在受到挤压力之后，胚乳立即破碎而麦皮却仍然保持相对完整，因此挤压研磨的效果比较好。含水率不同的小麦籽粒，麦皮的破碎程度以及挤压所需要的力会有所不同。一般而言，使小麦籽粒破坏的挤压力比剪切力要大得多，所以挤压研磨的能耗较大。

（2）剪切　剪切是通过两个相向运动的磨齿对小麦籽粒施加剪切力，使其断裂的研磨方法。磨辊表面通过拉丝形成一定的齿角，两辊相向运动时齿角和齿角交错形成剪切。比较而言，剪切比挤压更容易使小麦籽粒破碎，所以剪切研磨所消耗的能量较少。在研磨过程中，小麦籽粒最初受到剪切作用的是麦皮，随着麦皮的破裂，胚乳也逐渐暴露出来并受到剪切作用。因此，剪切作用能够同时将麦皮和胚乳破碎，从而使面粉中混入麸皮，降低了面粉的加工精度。

（3）剥刮　剥刮在挤压和剪切的综合作用下产生。小麦进入研磨区后，在两辊的夹持下快速向下运动。由于两辊的速差较大，紧贴小麦一侧的快辊速度较高，使小麦加速，而紧贴小麦另一侧的慢辊则对小麦的加速起阻滞作用，这样在小麦和两个辊之间都产生了相对运动和摩擦力。由于两辊拉丝齿角相互交错，从而使麦皮和胚乳受剥刮分开。剥刮的作用能在最大限度地保持麸皮完整的情况下，尽可能多地刮下胚乳粒。

（4）撞击　通过高速旋转的柱销对物料的打击，或高速运动的物料对壁板的撞击，使物料在物料和柱销、物料和物料之间反复碰撞、摩擦，使物料破碎的研磨方法称为撞击。一般而言，撞击研磨法适用研磨纯度较高的胚乳。同挤压、剪切和剥刮等研磨方式相比较，撞击研磨生产的面粉中破损淀粉含量减少。由于运转速度较高，撞击研磨的能耗较大。

研磨就是运用上述几种研磨方法，使小麦逐步破碎，从皮层将胚乳逐步剥离并磨细成粉。研磨的主要设备为辊式磨粉机和撞击磨。撞击磨研磨时温度较高，物料冷却后容易产生水汽，筛理时易产生糊筛现象，因此，撞击磨的使用逐步减少。目前，辊式磨粉机被绝大多数厂家采用。

3. 研磨设备

目前的辊式磨粉机一般为复式磨粉机，即一台磨粉机有两对以上的磨辊。目前，我国面粉企业所采用的磨粉机基本上为复式磨粉机。复式磨粉机有四辊磨和八辊磨两种。辊式磨粉机主要由磨辊、机身、喂料机构、控制系统、轧距调节机构、传动机构、轧距吸风装置、磨辊清理机构、出料系统等组成。按照控制机构的控制方式，磨粉机一般可分为液压控制（液压磨）和气压控制（气压磨）两种。由于液压磨存在漏油等现象，容易污染生产环境，因此，目前大多数面粉厂使用的是气压磨粉机。图 4-3 所示为气压磨粉机的一般结构示意图。

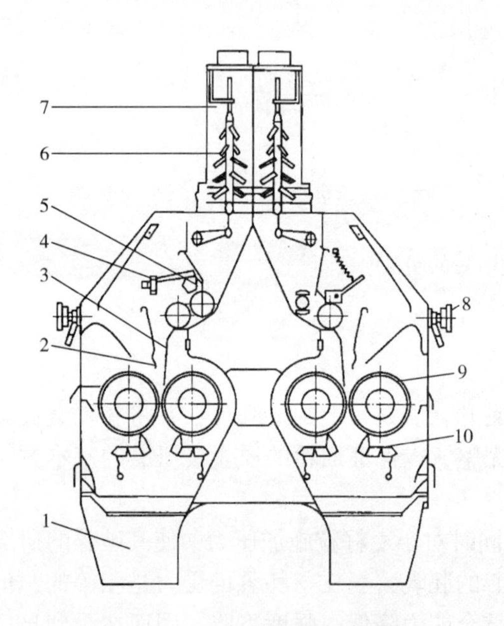

图 4-3　气压磨粉机结构示意图

1—机座　2—导料板　3—喂料板　4—喂料门传感器　5—喂料活门　6—存料传感器　7—存料器　8—磨辊轧距调节手轮　9—磨辊　10—清理磨辊的刷子或刮刀

4. 影响研磨效果的因素

影响研磨效果的因素较多，包括被研磨物料的因素（小麦的工艺品质）、研磨设备的因素（磨辊的表面技术参数、研磨区的长度、磨辊的圆周速度和速比等）以及操作因素（轧距、磨辊的吸风与清理、磨粉机的流量等）。

（1）物料的硬度　由于物料硬度不同，物料在粉碎过程中便呈现出不同的特性（脆性和韧性）。小麦硬度不同，选用的磨齿排列方式也不相同。

（2）物料的水分　小麦在磨粉时应有适宜的水分和润麦时间，这样，在研磨过程中由于表皮韧性增加，麦皮与胚乳间的结合力减弱，使得胚乳与麦皮容易分开，麸片保持完整，以提高小麦粉质量和出粉率。

（3）研磨效果的评定　物料经过磨粉机研磨后，研磨效果可根据剥刮率、取粉率来进行评定。

（4）剥刮率　剥刮率是指物料由某道皮磨系统研磨且经高方平筛筛理后，穿过粗筛的数量占物料总量的百分比。生产中常以穿过粗筛的物料流量与该道皮磨系统的入磨物料流量或一皮磨物料流量的比值来计算剥刮率。

例如，取100g小麦，经一皮磨研磨之后，用20W的筛格筛理，筛出物为40g，则一皮磨的剥刮率为40%。

测定除一皮磨以外其他皮磨的剥刮率时，由于入磨物料中可能已含有可穿过粗筛的物料，所以实际剥刮率应按式（4-1）计算：

$$K = \frac{w_A - w_B}{1 - w_B} \times 100\% \tag{4-1}$$

式中　K——该道皮磨系统的剥刮率，%；

w_A——研磨后粗筛筛下物的物料量，%；

w_B——物料研磨前，已含可穿过粗筛的物料量，%。

测定皮磨系统剥刮率的筛号一般为20W。

剥刮率的高低，主要反映皮磨的操作情况，也将影响粉路的流量平衡状态，若某道皮磨的剥刮率高于指标，下道皮磨的流量就会减少，而后续渣磨、心磨系统的流量则会增加，造成后续设备工作失常。

（5）取粉率　取粉率是指物料经某道系统研磨后，粉筛的筛下物流量占本道系统流量或一皮流量的百分比，其计算方法与剥刮率类似。磨制等级粉时，测定各系统的取粉率的筛号一般为12XX（112μm）。

（二）筛理

在小麦制粉生产过程中，每道磨粉机研磨之后，粉碎物料均为粒度和形状不同的混合物，其中一些细小胚乳已达到小麦粉的细度要求，需将其分离出去，否则，将使后续设备负荷增大、产量降低、动耗增加、研磨效率降低；而粒度较大的物料也需按粒度大小分级，根据粒度大小、品质状况及制粉工艺安排送往下道工序进行连续处理。制粉厂通常采用筛理的方法完成上述分级任务。常用设备为平筛和圆筛。

1. 筛网

筛网是用于物料分级和提取小麦粉的重要材料，筛网的规格、种类及质量对控制各在制品的比例和小麦粉的粗细度有着决定性的影响。筛网按制造材料的不同可分为金属丝筛网和非金属丝筛网。

（1）金属丝筛网　金属丝筛网通常由镀锌低碳钢丝、软低碳钢丝和不锈钢钢丝制成。金属丝筛网具有强度大、耐磨性好、不会被虫蛀等特点，因而经久耐用。但其缺点也很明显：金属丝没有吸湿性，很容易被水汽与粉粒糊住筛孔，并容易生锈。此外，金属丝筛网的筛孔容易变形，同时金属很难拉成很细的丝，所以金属丝筛网一般为筛孔较大的筛网。

金属丝筛网的规格，以一个汉语拼音字母和一组数字来表示具体型号。字母表示金属丝材料，例如，字母Z表示镀锌低碳钢丝筛网、R表示软低碳钢丝筛网。字母后面的数字表示每50mm筛网上的筛孔数。如Z20表示每50mm上有20个孔的镀锌低碳钢丝筛网。

小麦制粉厂习惯用每英寸（1in=0.0254m）筛网长度上的筛孔数表示筛网规格，并以字母 W 表示金属丝筛网，如 20W 是指每英寸筛网长度上有 20 个筛孔。

（2）非金属丝筛网　非金属丝筛网是指由非金属材料制成的筛网，目前小麦面粉厂使用的非金属丝筛网主要有尼龙筛网、化纤筛网、蚕丝筛网和蚕丝与锦纶交织筛网。

非金属丝筛网的筛网编织方法有全绞织（Q）、半绞织（B）和平织（P）三种，前面加上筛网材料的符号。蚕丝用 C 表示，锦纶用 J 表示，锦纶、蚕丝用 JC 表示，后面加上一个数字表示每厘米筛网长度上的筛孔数，如 CB33 表示每厘米筛网长度上有 33 个筛孔的半绞织蚕丝筛网。JCQ25 表示每厘米筛网长度上有 25 个筛孔的全绞织蚕丝锦纶筛网。旧的表示方法为 GG，表示每一维也纳英寸（相当于 1.0375in 或 0.0264m）长度上的筛孔数目，如 30GG 表示每一维也纳英寸上有 30 个孔。XX 表示双料筛网，规格用号数表示，如 10XX 表示 10 号蚕丝双料筛网，每英寸长度上有 109 个筛孔。

2. 在制品的分类

（1）按物料分级要求的分类　使用平筛筛理在制品时，按物料分级的要求，可分为以下几种筛面。

①粗筛：从皮磨磨下的物料中分出麸片的筛面，一般使用金属丝筛网。

②分级筛：将麦渣、麦心按颗粒大小分级的筛面，一般使用细金属丝筛网或非金属丝筛网。

③细筛：指在清粉前分离粗粉的筛面，一般使用细金属丝筛网或非金属丝筛网。

④粉筛：筛出成品小麦粉的筛面，一般采用非金属丝筛网。

（2）按粒度大小的分类　在制品按粒度大小可分为麸片、粗粒（麦渣、麦心）和粗粉（硬粗粉、软粗粉）。

①麸片：连有胚乳的片状皮层，粒度较大，且随着逐道研磨筛分，其胚乳含量将逐道降低。

②麸屑：连有少量胚乳、呈碎屑状的皮层，此类物料常混杂在麦渣、麦心之中。

③麦渣：连有皮层的大胚乳颗粒。

④粗麦心：混有皮层的较大胚乳颗粒。

⑤细麦心：混有少量皮层的较小胚乳颗粒。

⑥粗粉：较纯净的细小胚乳颗粒。

3. 在制品的表示方法

在制粉流程中，物料的粒度常用分式表示，分子表示物料能穿过的筛号，分母表示物料留存的筛号。如 18W/32W，表示该物料能穿过 18W，留存在 32W 筛面上，属麦渣。

在编制制粉流程的流量与质量平衡表时，在制品的数量和质量用分式表示，分子表示物料的数量（占 1 皮的百分比），分母则表示物料的质量（灰分百分比）。例如，1 皮分出的麦渣，在平衡表中记为 17.81/1.67，表示麦渣的质量分数为 17.81%，灰分为 1.67%。

4. 各系统物料的物理特性

（1）皮磨系统　前路皮磨系统筛理物料的物理特性是容重较高，颗粒体积大小悬殊，且形状不同，在皮磨剥刮率不很高的情况下，筛理物料温度较低、麸片上含胚乳多而且较硬、麦渣颗粒较大、含麦皮较少，因而散落性、流动性及自动分级性能良好。在筛理过程中，麸片、粗粒容易上浮，粗粉和小麦粉易下沉与筛面接触，故麸片、粗粒、粗粉和小麦粉易于分离。

在后路皮磨系统，由于麸片经逐道研磨，筛理物料麸多粉少、渣的含量极少。这种物料的物理特性是体积松散、流动滞缓、容重低，而颗粒的大小不如前路系统差别大。同时，混合物料的质量次，麸片上含粉少而软，渣的颗粒小，麸、渣、粉相互粘连性较强。这些特点的存在，就使其散落性降低，自动分级性差。在筛理时，麸、渣上浮和小麦粉下沉都比较困难，因而彼此分离就需要较长的筛理行程。

（2）渣磨系统　采用轻研细刮的制粉方法时，渣磨系统研磨的物料主要是皮磨或清粉系统提取的大粗粒。大粗粒中含有胚乳颗粒、粘连麦皮的胚乳颗粒和少量麦皮，这些物料经过渣磨研磨后，麦皮与胚乳分离、胚乳粒度减小。因此筛理物料中含有较多的中小粗粒、粗粉、一定量的小麦粉和少量麦皮，渣磨采用光辊时还含有一些被压成小片的麦胚。胚片和麦皮粒度较大，其余物料粒度差异不十分显著，散落性中等，筛理时有较好的自动分级性能，粗粒、粗粉和小麦粉较容易分清。

（3）心磨和尾磨系统　心磨系统的作用是将皮磨、渣磨及清粉系统分出的较纯的胚乳颗粒（粗粒、粗粉）磨细成粉。为提高小麦粉质量，心磨多采用光辊，并配以松粉机辅助研磨，所以筛理物料中小麦粉含量较高，尤其前路心磨通过光辊研磨和撞击松粉机的联合作用，筛理物料含粉率在50%以上，同时较大的胚乳粒被磨细成为更细小的粗粒和粗粉。因此心磨筛理物料的特征是：麸屑少、含粉多、颗粒大小差别不显著、散落性较小。要将所含小麦粉基本筛净，需要较长的筛理路线。

尾磨系统用于处理心磨物料中筛分出的混有少量胚乳粒的麸屑及少量麦胚。经光辊研磨后，胚乳粒被磨碎，麦胚被碾压成较大的薄片，因此筛理物料中相应含有一些品质较差的粗粉、小麦粉，以及较多的麸屑和少量的胚片。若单独提取麦胚，需采用较稀的筛孔将麦胚先筛分出来。

（4）打麸粉（刷麸粉）和吸风粉　用打麸机（刷麸机）处理麸片上残留的胚乳，所获得的筛出物称为打麸粉（刷麸粉），气力输送风网中卸料之后的含粉尘气体、制粉间低压除尘风网（含清粉机风网）的含粉尘气体经除尘器过滤后的细小粉粒称为吸风粉。这些物料的特点是粉粒细小而黏性大，吸附性强，容重低而散落性差，流动性能差，筛理时不易自动分级，粉粒易黏附筛面，堵塞筛孔。

5. 筛理设备

主要设备有平筛和圆筛。平筛是小麦粉厂最主要的筛理设备，具有以下优点：能充分利用厂房空间安装设备；在同样的负荷下，筛理效率较高；对研磨在制品的分级数目多，单位产量的动力消耗少；由于入筛物料能充分自动分级，可提高筛出物质量。圆筛多用于处理刷麸机（打麸机）刷下的麸粉和吸风粉，有时，也可用于流量小的末道心磨系统筛尽小麦粉。图 4-4 所示为 FSFG 型高方平筛的结构示意图。

（三）清粉

1. 清粉的目的及工作原理

（1）清粉的目的　高方平筛是按粒度对物料进行筛理分级的，所提取的粗粒、粗粉中通常还含有少量相同粒度的皮或连皮胚乳，这样的物料若送往心磨研磨，对小麦粉质量将有不利影响，而清粉则利用风筛结合的共同作用，对平筛筛出的各种粒度的粗粒、粗粉，按质量和粒度给以提纯和分级，以得到纯度更高的粗粒、粗粉。所用设备为清粉机。

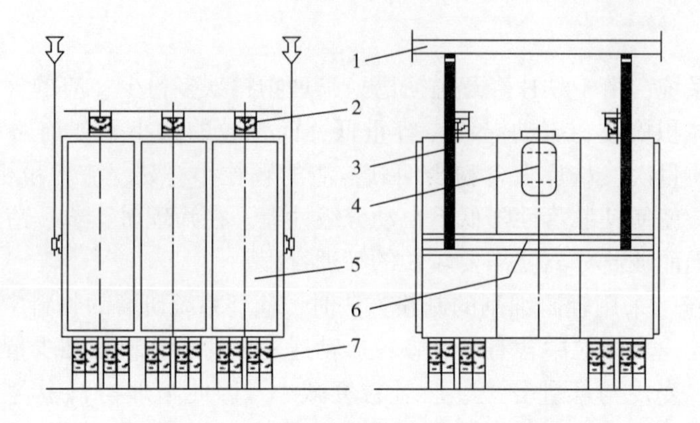

图 4-4　FSFG 型高方平筛结构示意图

1—槽钢　2—进料装置　3—吊杆　4—电动机　5—筛箱　6—横梁　7—出料筒

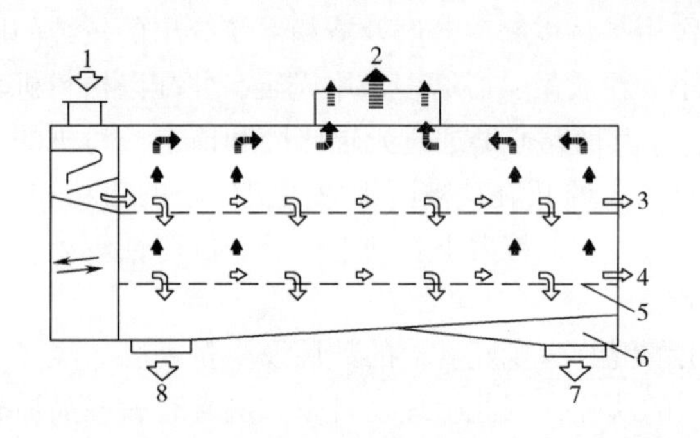

图 4-5　清粉机的工作原理图

1—进料　2—吸风　3—上层筛上物　4—下层筛上物

5—筛面　6—筛下物收集槽　7—后段筛下物　8—前段筛下物

（2）清粉机的工作原理　清粉机是利用筛分、振动抛掷和风选的联合作用，将粗粒、粗粉混合物分级的。清粉机工作机构是一组小倾角振动面，倾角一般为 1°~2°，筛面为 2 或 3 层，每层分为 4 段，从进口到出口筛网逐段放稀。筛面上方设有吸风道，气流自下而上穿过筛面及筛上物料。清粉机筛面在振动电机的作用下做往复抛掷运动，物料落入筛面后，筛面的倾斜振动使物料被抛掷向前，呈松散的状态并向出口方向流动，而由于上升气流的作用，物料在向前运动的过程中自下而上的按以下顺序自动分层：小的纯胚乳颗粒、大的纯胚乳颗粒、较小的混合颗粒、大的混合颗粒、较大的麸皮颗粒及较轻的麦皮。各层间无明显的界线，尤其大的纯胚乳颗粒与较小的混合颗粒之间区别更小。选择合适的气流速度，配备合适的筛孔，让物料在多层筛面上逐层分级，逐层逐段分选，使得下层筛面筛上物的平均品质较上层好，而同层筛面前段的物料较后段好。图 4-5 所示为清粉机的工作原理。

2. 影响清粉机效率的因素

（1）物料粒度的均匀度　清粉机进机物料颗粒的均匀度与清粉效果直接相关，若粒度差别大，大粒的麦皮与小粒的胚乳悬浮速度接近，很难分清。因此，为提高粗粒、粗粉的清粉效果，必须在清粉前将物料预先分级，缩小其粒度范围，并在筛理时设置合适的筛理长度筛净细粉。否则，所含细粉将被吸走成为低等级面粉，而且这些细粉容易在风道中沉积，造成风道堵塞而影响清粉效果。

（2）物料的品质　硬麦胚乳硬、麦皮薄易碎，研磨后提取的大、中粗粒较多，粗粒中的胚乳颗粒含量较高，流动性好、易于穿孔，因而筛出率相对较高。软麦皮厚，胚乳结构疏松，研磨后提取的大粗粒数量较少且粒形不规则，所含的连皮胚乳颗粒和麦皮较多，因而筛上物数量较多，筛出率较低，所以在配备清粉机筛孔时，应选择较稀的筛网。

（3）物料的水分　进机物料的水分越少，散落性越好，自动分级效果较好，清粉效果越好。

（4）设备方面的因素　清粉机的工作参数、筛网配置、流量、风量都对清粉效果有影响。

（四）制粉工艺流程

1. 概述

制粉流程是将各制粉工序组合起来，对净麦按规定的产品等级标准进行加工的生产工艺流程。制粉流程简称粉路，包括研磨、筛理、清粉、打（刷）麸、松粉等工序。粉路的合理与否，是影响制粉工艺效果的最关键因素。

常用的制粉方法有以下 3 种。

（1）前路出粉法　顾名思义是在系统的前路（一皮磨、二皮磨和一心磨）大量出粉（70%左右），整个粉路由 3~4 道皮磨、3~5 道心磨系统组成。采用前路出粉法流程比较简单，使用设备较少，生产操作简便，生产效率较高，但面粉质量差。前路出粉法在磨制标准粉时使用较广泛，目前已较少采用。

（2）中路出粉法　在整个系统的中路（1~3 道心磨）大量出粉（35%~40%），而前路皮磨的任务不是大量出粉，而是给心磨和渣磨系统提供麦心和麦渣。整个粉路由 4~5 道皮磨、7~8 道心磨、1~2 道尾磨、2~3 道渣磨和 3~4 道清粉等系统组成。中路出粉法的主要特点是轻研细分，粉路长，物料分级较多，单位产量较低，电耗较高，但最大的优点是面粉质量好。目前，大多数制粉厂采用的制粉方法为中路出粉法。

（3）剥皮制粉法　在小麦制粉前，采用剥皮机剥取 5%~8%的麦皮，再进行制粉的方法。剥皮制粉法的主要特点是粉路简单，操作简便，单位产量较高，面粉粉色较白，但麸皮较碎，电耗较高，剥皮后的物料在调质仓中易结拱。目前，有部分制粉厂采用剥皮制粉法进行生产。

2. 皮磨系统

（1）皮磨系统的作用　前路皮磨的作用是剥开麦粒，将胚乳颗粒剥刮下来，用平筛进行分级，将不同粒度的麦渣、连麸麦渣和麦心送往清粉系统，以提取尽可能多的纯净麦渣和麦心。后路皮磨则主要是刮净麸片上残留的胚乳，在完成以上任务的同时出一部分成品面粉。

（2）皮磨系统的流程　每道皮磨研磨后的物料，经平筛筛理，从上层的粗筛筛分出带有胚乳的麸片，进入下道皮磨或打麸机处理。一皮磨、二皮磨（前路皮磨）经分级筛分出的大粗粒送入 1P（清粉机）或一渣磨处理，经分级筛分出的中粗粒送入 2P 精选，经 DIV（复筛）的细筛分出的小粗粒（或硬粗粉）送入 3P 精选，分出的软粗粉送入前路心磨研磨。三皮磨经分级筛分出的物料品质较差，单独送入 4P 精选，分出的软粗粉送入二心磨或三心磨研磨。四皮磨经分级筛分出的粗物料一般送入尾磨处理，分出的细物料或粗粉送入中后路心磨研磨。

3. 渣磨系统

（1）渣磨系统的作用　渣磨的作用是处理从皮磨提出的大粗粒或从清粉系统提出的带有麦皮的胚乳粒，经磨辊轻微剥刮，使麦皮与胚乳分开，再经过筛理，提出含麸少的麦心和粗粉，送入心磨系统制取优质面粉。同时，渣磨系统还提取一部分面粉。

（2）渣磨系统的流程　加工硬麦时，通常采用“先清粉，后入渣”的渣磨系统。该流程的主要优点：清粉范围较宽，一等品质的粗粒提取率较高，入渣磨的物料质量较均匀一致，研磨周转率低，适合加工硬度大的小麦。缺点：清粉设备使用较多，渣磨物料未精选，渣磨的作用没有充分发挥。

加工软麦时，通常采用“先入渣，后清粉”的渣磨。该流程的主要优点是：充分发挥了渣磨系统的作用，清粉范围稍窄，清粉机使用数量较少，适合加工硬度低的小麦。其缺点是渣磨物料的质量不均匀，研磨周转率高，一等品质的粗粒提取率稍低。

4. 清粉系统

（1）清粉系统的作用　清粉系统的作用是将皮磨、渣磨提出的麦渣、麦心和硬粗粉进行精选，按质量分成麦皮、连有麦皮的胚乳和纯胚乳粒。将分出的纯净的麦心送往心磨系统，麦渣送往渣磨系统，小麸片送往尾磨系统或细皮磨系统分别处理，这样就可避免麸星混入面粉，提高好粉出率。进入清粉机的物料，必须先经分级并尽可能筛净面粉。入机物料均匀一致，便于清粉机选用合适的筛网，配备适量的空气气流，保证清粉效果；否则，清粉物料中掺有面粉或粒度悬殊，将不能保证物料在筛面上均匀散布，物料推进缓慢，并有细粒随麸屑一起被空气流吸走，使清粉效果大大降低。

（2）清粉系统的流程　清粉机前段的筛下物（纯净的胚乳颗粒）被送往前路心磨；后段的筛下物（连麸胚乳）根据质量的好坏送往一渣磨或二渣磨；筛上物物料颗粒较大者送往来料后的细皮磨，粒度较小者则送往尾磨处理，清粉机最下一层筛上物根据质量的好坏可以送往尾磨或渣磨系统进行处理。

5. 心磨及尾磨系统

（1）心磨系统和尾磨系统的作用　心磨系统的作用是将皮磨、渣磨及清粉系统获得的比较纯净的胚乳颗粒磨细成粉，同时尽可能减少麦皮和麦胚的破碎。通过筛理，将小麸片分出送入尾磨系统，将没有成粉的麦心送入下道心磨继续研磨，符合要求的面粉及时筛出。按顺序或麦心质量，心磨系统可分为前、中、后三部分。前路心磨研磨质量好的麦心，一般灰分小于1.2%；中路心磨研磨中等品质的麦心，灰分在1.2%~2.5%；后路心磨研磨质量较次的麦心，除将胚乳磨细成粉外，还将细麸皮提出。

通常在心磨系统的中后路设置有尾磨。尾磨系统的作用是专门处理心磨、渣磨、皮磨或清粉系统的细小麸片及部分粒度较小的连麸粉粒，经过尾磨的轻微研磨，通过筛理分出不同质量的麦心送入中、后路心磨研磨。

（2）心磨及尾磨系统的流程　心磨系统的流程比较简单。在前路心磨，物料经研磨后采用撞击松粉机松粉后筛理，提出一等品质的面粉，分出为麦心（粗粉）和小麸片。麦心进入下道心磨研磨，小麸片为含麸屑较多的胚乳，集中进入一尾磨处理。中路心磨研磨的是二等品质的麦心（粗粉），物料研磨后经打板松粉机松粉后再筛理，提出二等品质的面粉，分出的麦心进入下道心磨处理，小麸片集中进入二尾磨处理。后路心磨研磨的是三等品质的麦心，物料研磨后经打板松粉机再筛理，最后一道心磨的筛上物作为副产品麸粉。在心磨系统流程中，如果麦心质量较差，本着同质合并的原则，可以送入下道心磨系统研磨。

尾磨的物料经过研磨后，采用打板松粉机松粉后进行筛理，提出的小麸片送入后路细皮磨；分出的细小麸片送入二尾磨处理，麦心送入中路心磨处理。需要提胚时，一尾磨后的打板松粉机可以去掉，以免将压成片状的麦胚打碎，同时增加粗筛提胚。二尾磨的物料研磨后采用打板松粉机松粉，然后进行筛理，筛出的小麸片作为细麸皮直接打包，筛下物再进行一次分级，分别送入后路心磨处理。

二、面粉的后处理

小麦粉的后处理是小麦粉加工的最后环节，这个环节包括小麦粉的收集、杀虫与配制、小麦粉的修饰与营养强化、小麦粉的称量与包装。小麦粉后处理主要是以小麦粉的品质指标作为重点分析对象，根据各种基础小麦粉的品质特性，按照一定比例进行合理搭配，然后针对基础小麦粉与专用小麦粉存在的品质差异，通过合理使用小麦粉品质改良剂进行改良，以烘焙或蒸煮实验的结果作为最终的评定标准，保证产品质量符合食品加工所需食品专用小麦粉的要求。在现代化的小麦粉加工厂，小麦粉的后处理是必不可少的环节。

（一）面粉的收集与配制

1. 面粉的收集

在粉路中，对各道平筛筛出的小麦粉进行收集、组合与检查的工艺环节称为小麦粉的收集。

粉路中各道平筛都配有粉筛，因此粉路中一般有数十个出粉口，须设置相应的设备收集各出粉口排出的小麦粉；由于小麦粉来自粉路中不同的部位，品质不相同，这就应该根据产品要求及小麦粉的品质，对各出粉口提取的小麦粉进行分配、组合，以形成符合要求的产品。

面粉的收集是将从高方筛下面筛出的面粉，按质量分别送入几条螺旋输送机中，然后经过检查筛、杀虫机、称重，送入配粉车间，成为基本面粉。

2. 面粉的配制

优质的原粮小麦是生产专用小麦粉的基础，先进的制粉工艺是生产专用小麦粉的关键，而配粉则是生产专用小麦粉的重要手段。如果没有完善的配粉系统，就不可能生产出高精度、多品质的专用小麦粉。配粉是将几种单一品种的小麦分别加工，生产出不同精度、不同品种的基础粉，然后按照专用小麦粉的品质要求，特别是面团流变特性的要求，经过适当比例的配合，制成符合专用小麦粉质量要求的制粉过程。

不同的研磨系统所制得的小麦粉的品质不同，如前路生产的小麦粉面筋质含量较低，而面筋质量最佳；后路生产的小麦粉因受皮层物料的影响，灰分逐道增加，越往后，粉色越差，灰分含量越高。小麦粉生产中质量变化的一般规律是，灰分含量：前路心磨粉低于渣磨粉，渣磨粉低于后路心磨粉，心磨粉低于皮磨粉，前路粉低于后路粉；面筋含量：皮磨粉高于渣磨粉，渣磨粉高于心磨粉，后路粉高于前路粉；面筋质量：皮磨粉延伸性好、弹性差，心磨粉延伸性差、弹性好，渣磨粉延伸性、弹性适中，重筛粉与皮磨粉品质相似；烘焙质量：渣磨粉和前路心磨粉高于后路皮磨粉和后路心磨粉，前路皮磨粉适中。经过对各个粉流的品质化验，特别是面团流变特性和烘焙性能的实验，掌握各粉流的吸水率、形成时间、延伸性、烘焙性能等特点，然后根据专用小麦粉的要求，优选粉流进行混配，就可以获得高质量的专用小麦粉。

基本面粉经检查筛检查后，入杀虫机杀虫，再由螺旋输送机送入定量秤，经正压输送送入相应的散存仓。散存仓内的几种基本面粉，根据其品质的不同按比例混合搭配，或根据需要加入品质改良剂、营养强化剂等，成为不同用途、不同等级的各种面粉。面粉的搭配比例，可通过各面粉散存仓出口的螺旋喂料器与批量称来控制。微量元素的添加通过有精确喂料装置的微量元素添加机实现，最后通过混合机制成各种等级的面粉。配粉车间制成的成品面粉，可通过气力输送送往打包间的打包仓内打包或送入发送仓，用汽车、火车散装发运。

（二）面粉的修饰

面粉的修饰是指根据面粉的用途，通过一定的物理或化学方法对面粉进行处理，以弥补面粉在某些方面的缺陷或不足。各种添加剂对改良小麦粉品质有很强的针对性和使用范围，应本着“合理、安全、有效”的原则，选择的产品必须符合国家相关质量指标和规定标准，在使用范围内添加确保对人体无害。面粉修饰的方法有很多种，最常用的方法是氧化、氯化等。

1. 氧化（增筋）

小麦的面粉蛋白中含有很多巯基，这些巯基在受到氧化作用后会形成二硫键，二硫键数量的多少对面粉的筋力起着决定性的作用，因此对面粉的氧化处理可以增加面粉的筋力，改善面筋的结构性能。此外，氧化剂还具有抑制蛋白酶的活力和增白的作用。常用的氧化剂有快速、中速和慢速三种类型。快速型氧化剂有碘酸钾、碘酸钙等，中速型氧化剂有L-抗坏血酸，慢性氧化剂有溴酸钾、溴酸钙等。对面包专用粉宜采用中、慢速氧化剂，因为它们在发酵、醒发及焙烤初期对面粉的筋力要求较高。面粉中常用的氧化剂为溴酸钾和L-抗坏血酸，二者混合使用效果更佳。对筋力较强的面粉氧化作用的效果较为显著，而对筋力较弱的面粉，氧化剂的作用不是很明显，因此应根据面粉的具体特点选择合适的氧化剂。

2. 还原（减筋）

大多数糕点、饼干不需要面筋筋力太强，因而需要弱化面筋。常用的减筋方法为还原法。也可通过添加淀粉和熟小麦粉来相对降低面筋筋力。

还原剂是指能降低面团筋力，使面团具有良好可塑性和延伸性的一类化学物质。它的作用机理是破坏蛋白质分子中的二硫键成硫氢键，使其由大分子变为小分子，降低面团筋力和弹性、韧性。常用的还原剂有L-半胱氨酸（使用量<0. 06g/kg）和亚硫酸氢钠（使用量<0. 05g/kg）。其中亚硫酸氢钠广泛用于韧性饼干生产中，目的是降低面团弹性、韧性，有利于压片和成型。

3. 酶处理

面粉中的淀粉酶对发酵食品如面包、馒头等有一定的作用，一定数量的淀粉酶可以将面粉中的淀粉分解成可发酵糖，为酵母提供充足的营养，保证其发酵能力。当面粉中的淀粉酶活力不足时，可以添加富含淀粉酶的物质如大麦芽、发芽小麦粉等以增加其淀粉酶的活力。对于饼干用面粉，有时为了降低面筋的筋力，需要加入一定的蛋白酶水解部分的蛋白质，以满足饼干生产的需要。

（三）面粉的营养强化

21世纪，健康和营养将是人们饮食的主导思想，小麦粉是人们经常食用的主食之一，但随着小麦粉加工精度的不断提高，小麦粉中维生素和矿物质的含量越来越低，且小麦粉中赖氨酸含量低，影响人体对蛋白质的吸收。因此，对小麦粉的强化，有利于提高我国居民营养状况。

面粉的营养强化可分为氨基酸强化、维生素强化和矿物质强化。

1. 氨基酸强化

人体对蛋白质的吸收程度取决于蛋白质中的必需氨基酸的比例和平衡，小麦面粉中的赖氨酸和色氨酸最为缺乏，属第一和第二限制性氨基酸。

面粉中的氨基酸强化主要是强化赖氨酸，强化的方法是在面粉中直接添加赖氨酸，也可以在面粉中添加富含赖氨酸的大豆粉或大豆蛋白。研究表明，在面粉中添加 1g 赖氨酸，可以增加 10g 可利用蛋白。赖氨酸的添加量一般为 1~2g/kg。

2. 维生素强化

维生素是人体内不能合成的一种有机物质，人体对维生素的需求量很小，但维生素的作用却非常重要，因为它是调节和维持人体正常新陈代谢的重要物质。某种维生素的缺乏就会导致相应的疾病。由于饮食习惯及其他原因，维生素缺乏症在我国比较常见，在面粉中添加维生素是一种有效的途径。

人体需求量比较大的维生素是 B 族维生素和维生素 C。我国规定，面粉中的维生素 B_1、维生素 B_2的添加量为 4~5mg/kg。在面粉中添加维生素时，应该考虑维生素的稳定性，有些维生素如维生素 C 性质十分不稳定，添加时应进行一定的稳定化处理。

3. 矿物质强化

矿物质是构成人体骨骼、体液以及调节人体化学反应的酶的重要成分，它还能维持人体体液的酸碱平衡。我国有相当多的儿童和老年人缺乏钙质元素，据调查，我国有 60%的儿童在主食中获得锌的量低于正常值（110mg/kg），因此补钙和补锌是当前营养食品的主流功能之一。以面粉作为钙和锌的添加载体，其添加量比较容易掌握，在英国、美国、法国等国家，向面粉中添加锌强化剂已有法律规定。

钙的强化剂有骨粉、蛋壳粉和钙化合物（主要是弱酸钙）；常见的锌强化剂有葡萄糖酸锌、乳酸锌和柠檬酸锌，其中最常用的是柠檬酸锌。除了钙和锌以外，铁也是人体需要较多的矿物质元素之一，铁的缺乏会导致缺铁性贫血，铁的强化主要是添加葡萄糖酸亚铁、硫酸铁等。

三、面粉的质量与标准

小麦粉的品质是指小麦粉的理化指标、面团特性、食用品质特性的总和，它是衡量小麦粉的加工质量、卫生指标、食品制作性能的综合指标。

（一）通用粉质量标准

在我国国家标准中，通用粉的等级主要以加工精度来区分。通用粉分强筋小麦粉、中筋小麦粉和弱筋小麦粉。中筋小麦粉又分强中筋小麦粉和弱中筋小麦粉，每个品种分为一级粉、二级粉、三级粉和四级粉四个等级。强筋小麦粉、弱筋小麦粉分为一级粉、二级粉、三级粉三个等级。

（二）专用粉质量标准

所谓专用粉，就其字面意思而言就是专门用于加工某种食品的小麦粉。这是面粉加工的发展方向，也是人们日益提高的生活水平的要求。

面粉根据面筋含量可分为高筋面粉、中筋面粉和低筋面粉。高筋面粉的湿面筋含量一般在35%以上，中筋面粉的湿面筋含量在28%～34%，低筋面粉的湿面筋含量在28%以下。一般而言，高筋面粉适合制作面包；中筋面粉适合制作馒头、面条等中式食品；低筋面粉适合制作饼干和糕点。

按照专用粉的用途，可分为以下几种：面包粉、饼干粉、蛋糕粉、面条粉、馒头粉、饺子粉和自发粉等。对于专用粉而言，加工精度不是其分等的唯一指标，灰分含量、湿面筋含量、面筋筋力稳定时间以及降落值等面团流变特性指标在分等中占有重要地位。专用粉的储藏性能指标以及含砂量、磁性金属物指标与通用粉相应的质量指标相同，灰分指标则至少要达到二级粉以上水平，品质指标比通用粉要求严格。

第二节　稻谷碾米

一、稻谷碾米概述

目前，常规的稻谷加工主要包括清理、砻谷及砻下物分离、糙米碾白、成品处理及副产品整理等工序。

（一）砻谷与砻下物分离

清理后的稻谷脱除稻谷颖壳的工序称为脱壳，也称为砻谷，脱去稻谷颖壳的机械称为砻谷机。由于砻谷机本身机械性能及稻谷籽粒强度的限制，稻谷经砻谷机一次脱壳不能全部成为糙米，因此，砻下物含有未脱壳的稻谷、糙米、谷壳等。砻下物分离就是将稻谷、糙米、稻壳等进行分离，糙米送往碾米机械碾白。未脱壳的稻谷返回到砻谷机再次脱壳，而稻壳则作为副产品加以利用。

砻下物分离是稻谷加工过程中的一个极为重要的环节，其工艺效果的好坏，不仅影响后续工序的工艺效果，而且还影响成品大米质量、出率、产量和成本。

1. 砻谷

（1）稻谷的工艺特性　充分了解稻谷的工艺特性，则有助于提高砻谷机的脱壳率，减少脱壳时的糙碎和糙米表面的损伤，降低能耗。

①粳稻的稻壳比籼稻的稻壳薄而松。

②稻壳为两片呈钩会状包裹在糙米的四周。

③稻壳与糙米间没有结合力。

④稻谷上部稻壳与糙米间存在空隙。

（2）砻谷的基本方法

①挤压搓撕脱壳：挤压搓撕脱壳是指稻谷两侧受两个具有不同运动速度的工作面的挤压、搓撕作用而脱去颖壳的方法。

如图4-6所示，谷粒两侧分别与甲乙两物体紧密接触，并受到两物体的挤压力F_{j1}、F_{j2}。假设甲物体以一定速度向下运动，乙物体静止不动，甲物体则对谷粒产生一向下的摩擦力F_1，使谷粒向下运动，而乙物体对谷粒产生一向上的摩擦力F_2，阻碍谷粒随甲物体一起向下运动。这样，在谷粒两侧就产生了一对方向相反的摩擦力。在挤压力和摩擦力的作用下，谷壳产生拉伸、剪切、扭转等变形，这些变形统称为搓撕效应。当搓撕效应大于谷壳的结合强度时，谷壳就被撕裂而脱离糙米，从而达到脱壳的目的。挤压搓撕脱壳设备主要有辊式砻谷机和辊带式砻谷机。

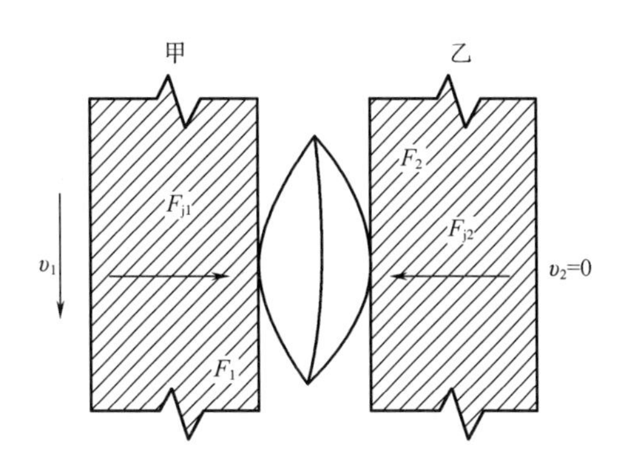

图 4-6　挤压搓撕脱壳示意图

②端压搓撕脱壳：端压搓撕脱壳是指谷粒两顶端受两个不等速运动工作面的挤压、搓撕作用而脱去颖壳的方法。如图 4-7 所示，谷粒横卧在甲、乙两物体之间，且只有一个侧面与其中一个物体（甲物体）接触。假设甲物体做高速运动，而乙物体静止，此时谷粒受到两个力的作用：一是甲物体对谷粒产生的摩擦力；另一个是谷粒运动所产生的惯性力，形成一对力偶，从而使谷粒斜立。当斜立后的谷粒顶端与乙物体接触时，谷粒的两端部同时受到甲、乙两物体对其施加的压力，同时产生一对方向相反的摩擦力。在压力和摩擦力的共同作用下，稻壳被脱去。

③撞击脱壳：撞击脱壳是指高速运动的谷粒与固定工作面撞击而脱壳的方法。如图4-8 所示，在撞击的一瞬间，谷粒的一端受到较大的撞击力和摩擦力，当这一作用力超过稻谷颖壳的结合强度时，颖壳就被破坏而脱去。

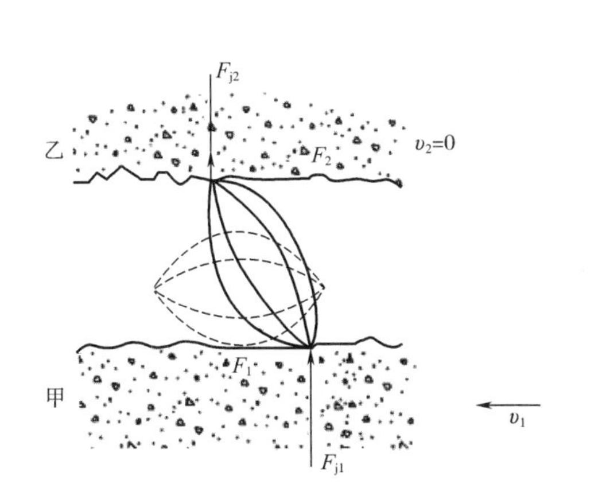

图 4-7　端压搓撕脱壳

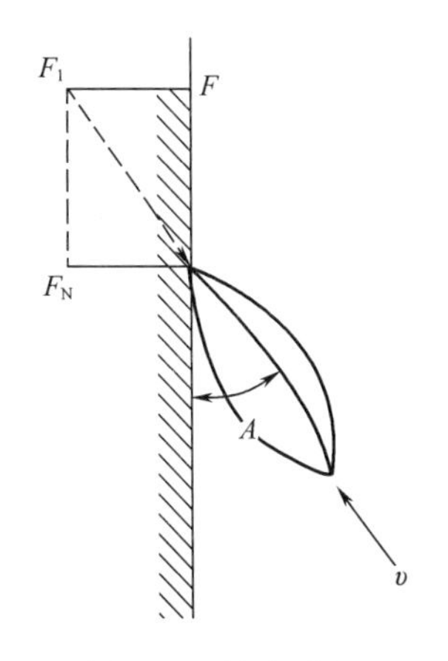

图 4-8　撞击脱壳

2. 谷糙分离

（1）谷糙混合物的工艺特性　谷糙分离是稻谷加工工艺中一个非常重要的环节，也是实际生产过程中出现问题较多的部位，所以充分了解各方面的因素是确保良好谷糙分离效果的必要条件，而谷糙混合物的工艺特性是其中之一。

①从宏观来说，稻谷与糙米在粒度上存在差异，稻谷的粒度大于糙米。

②糙米的表面粗糙度小于稻谷。

③稻谷的弹性大于糙米。

④稻谷的悬浮速度小于糙米。

(2) 谷糙分离的基本原理　稻谷和糙米的粒度、密度、容重、摩擦因数、悬浮速度等物理性质有较大的差异，谷糙分离的基本原理就是利用了这些物理性质的差异，借助谷糙混合物在运动过程中产生的自动分级，即稻谷上浮糙米下沉，采用适宜的机械运动形式和装置将稻谷和糙米进行分离和分选。

目前，常用的谷糙分离方法主要有筛选法、密度分离法和弹性分离法三种。

①筛选法：筛选法是利用稻谷和糙米间粒度的差异及其自动分级特性，配备以合适的筛孔，借助筛面的运动进行谷糙分离的方法。

谷糙分离平转筛利用稻谷和糙米在粒度、密度、容重以及表面摩擦因数等物理特性的差异，使谷糙混合物在做平面回转运动的筛面上产生自动分级。糙米与筛面接触并穿过筛孔，成为筛下物；稻谷被糙米层所阻隔而无法与筛面接触，不易穿过筛孔，成为筛上物，从而实现谷糙分离。

②密度分离法：密度分离法是利用稻谷和糙米在密度、表面摩擦因数等物理性质的不同及其自动分级特性，在做往复振动的粗糙工作面板上进行谷糙分离的方法。

重力谷糙分离机利用稻谷与糙米在密度、表面摩擦因数等物理特性的差异，借助双向倾斜并做往复振动的粗糙工作面的作用，使谷糙混合物产生自动分级，稻谷“上浮”，糙米“下沉”。糙米在粗糙工作面凸台的阻挡作用下向上斜移，从工作面的斜上部排出。稻谷则在自身重力和进料推力的作用下向下方斜移，由下出口排出，从而实现谷糙的分离。

③弹性分离法：弹性分离法是利用稻谷和糙米弹性的差异及其自动分级特性而进行谷糙分离的方法。常用的设备是撞击谷糙分离机。谷糙混合物进入分离槽后，在工作面的往复振动作用下，产生自动分级，稻谷浮在上层，糙米沉在下层。由于稻谷的弹性大又浮在上层，因此与分离槽的侧壁发生连续碰撞，产生较大的撞击力使稻谷向分离室上方移动。糙米弹性较小，且沉在底部，不能与分离槽的侧壁发生连续碰撞，在自身重力和进料推力的作用下，顺着分离槽向下方滑动，从而实现稻谷、糙米的分离。

(二) 糙米精选与调质

1. 糙米精选

稻谷经砻谷后，不可避免地会产生碎糙米，即糙碎。糙碎的化学成分接近于糙米，但结构力学性质相差较大。在同一碾白条件下，糙碎与整糙米混合碾制，将使糙碎碾得更碎，甚至碾成粉状，这不仅影响出米率和电耗，而且导致副产品——米糠出油率降低。此外，糙米中往往还含有少量杂质（如未脱壳稻谷、稗子、石子、稻壳等)。因此，需对糙米进行精选。

(1) 糙米精选的优点

①提高大米质量：糙米中的细杂、灰尘在碾米机内碾削易污染米粒，影响大米的色泽及其洁净度。

②提高碎米纯度：糙米精选除杂可以显著减少碎米中的杂质，否则糙米中杂质有相当一部分将通过白米分级和整理进入碎米中，增加碎米综合利用的难度，降低碎米的价值。

③提高米糠出油率：米糠量随大米加工精度和品种而异，一般占糙米的6%~10%，其含油率为14%~22%，是重要的油料资源。米糠制油是提高企业经济效益的重要途径。

(2) 米糠榨油特点

①米糠含有较多的淀粉质，易形成粉末糊化而堵塞油路，不利于油脂榨出。

②米糠往往含有部分稻壳、碎米、米粞等杂物，这些杂物不仅不含油脂，而且在榨油时还要吸附部分油脂，从而影响出油率。

因而减少米糠中的淀粉质和稻壳、碎米、米粞等杂质，可明显提高出油率。

糙米精选设备包括谷糙分离精选组合筛、重力糙米精选机和厚度分级机。

2. 糙米调质

在电子显微镜下可以观察到，大米胚乳表面有许多微型小孔，因此大米易吸湿和返潮。当外界环境的湿度高于大米的含水量时，水分就会由环境向大米中转移，即吸湿；当外界环境的湿度低于大米的含水量时，水分就会由大米向环境中转移，即解湿。通过对糙米进行均匀加湿使得糙米的糠层组织吸水膨胀软化，形成外大内小的水分梯度和外小内大的强度梯度，糠层与胚乳间产生相对位移，皮层与糊粉层组织结构强度减弱，而籽粒胚乳结构强度相对增强，糙米外表面的摩擦因数增大。

糙米经着水调湿和润糙后，会发生以下变化：

（1）由于糙米皮层与胚乳中化学成分及组织结构不同，其吸水速度、吸水能力、吸水膨胀程度等有差异，在界面上产生一定程度的位移，使皮层与胚乳的结合力下降，皮层易碾除。

（2）皮层润湿后，糙米表面的摩擦因数增大，在相同的碾白压力下擦离作用增加，易于碾白。

（3）保证大米的水分含量合乎国家标准的要求，对大米的食用品质有一定改善作用。

糙米调质的关键是精确控制着水量及润糙时间。

着水量的确定必须以糙米的原始水分和入碾最佳水分为依据。所谓最佳入碾水分是指在此水分下，糙米碾白时的糙出白率最高、出碎率最低、电耗最低、产品质量最好。如果糙米的水分已接近最佳入碾水分，只需加 0.5%左右的水，目的是使皮层湿润，并补充在碾白过程中的水分损失。

为确保着水均匀，调质用水必须雾化成为微小的漂浮雾状水滴。因此，可采用喷雾着水机。若采用热水调质，可用热水器加热调节水温。润糙可在净糙仓中进行，净糙仓有调质和储存功能。为防止润糙不均匀，仓的出口应设计成多出口。

（三）碾米与成品整理

碾米是应用物理（机械）化学的方法，将糙米表面的皮层部分或全部剥除的工序。碾米基本要求为：在保证成品米符合规定质量标准的前提下，提高纯度，提高出米率，提高产量，降低成本和保证安全生产。

1. 糙米的工艺特性

碾米是整个稻谷加工工艺中非常重要的一个工序，它对成品质量、出米率都有着很大的影响。因此充分了解糙米的工艺特性，则有助于提高碾米的工艺效果。

（1）糙米的皮层强度小于胚乳的结构强度。

（2）糙米中皮层与胚乳间的结合力小于胚乳的结构强度。

（3）胚与胚乳间的结合力较小，所以碾米时胚易脱落。

（4）糙米皮层颜色越深，其皮层结构强度越大，与胚乳的结合越紧。

2. 碾米的基本方法和原理

（1）碾米的基本方法　碾米的基本方法可分为物理方法和化学方法两种。目前，世界各国普遍采用物理方法碾米，也称机械碾米。

（2）碾米的基本原理　物理方法碾米具有悠久的历史，其碾米四要素为碰撞、碾白压力、翻滚和轴向输送。

①碰撞：碰撞运动是米粒在碾白室内的基本运动之一，有米粒与碾辊的碰撞、米粒与米粒的碰撞、米粒与米筛的碰撞。

②碾白压力：碰撞运动在碾白室内建立起的压力，称为碾白压力。碰撞剧烈，压力就大；反之就小。不同的碾白形式，碾白压力的形成方式也不尽相同。

③翻滚：米粒在碾白室内碰撞时，本身有翻转，也有滚动，此即为米粒的翻滚。米粒在碾白室内的翻滚运动，是米粒进行均匀碾白的条件，米粒翻滚不够时，会使米粒局部碾得过多（称为“过碾”），造成出米率降低。因此，需对米粒的翻滚程度加以控制。

④轴向输送：轴向输送是保证米粒碾白运动连续不断的必要条件。米粒在碾白室内的轴向输送速度，从总体来看能稳定在某一数值，但在碾白室的各个部位，轴向输送速度是不相同的，速度快的部位碾白程度小，速度慢的部位碾白程度大。

在研究设计碾白室时，要对以上四个因素加以综合考虑，才能得到最佳的碾白效果。

3. 影响碾米机工艺效果的因素

影响碾米工艺效果的因素很多，如糙米的工艺品质，碾米机碾白室的结构、机械性能和工作参数以及操作管理等。只有根据糙米的工艺品质，合理选择碾米机类型、结构和参数，按照加工成品的精度要求，合理确定碾米机的技术参数，并进行合理有效的操作管理，才能取得良好的工艺效果。

（1）糙米的工艺品质

①品种：粳糙米籽粒结实，粒形椭圆，抗压强度和抗剪、抗折强度较强，在碾米过程中能承受较大的碾白压力，因此，碾米时产生的碎米少，出米率较高。籼糙米籽粒较疏松，粒形细长，抗压强度和抗剪、抗折强度较差，只能承受较小的碾白压力，在碾米过程中容易产生碎米。同时，粳糙米皮层较柔软，采用摩擦擦离型碾米机碾白时，得到的成品米色泽较好，碎米率也不高；而籼糙米皮层较干硬，故不适宜采用摩擦擦离型碾米机。

②含水率：含水率高的糙米皮层比较松软，皮层与胚乳的砂辊碾米机示意结合强度较小，去皮较容易。但米粒结构较疏松，碾白时容易产生碎米且碾下的米糠容易和米粒粘在一起结成糠块，从而增加碾米机的负荷和动力消耗。含水率低的糙米结构强度较大，碾米时产生的碎米较少。但糙米皮层与胚乳的结合强度也较大，碾米时需要较大的碾白作用力和较长的碾白时间。含水率过低的糙米（13%以下），其皮层过于干硬，去皮困难，碾米时需较大的碾白压力，且糙米籽粒结构变脆，因此碾米时也容易产生较多的碎米。糙米的适宜入机含水率为14.0%~15.0%。

③爆腰率与皮层厚度：糙米爆腰率的高低，直接影响碾米过程中产生碎米的多少。一般来说，裂纹多而深、爆腰程度比较严重的糙米碾米时容易破碎，因此不宜碾制高精度的大米。

糙米的皮层厚度也与碾米工艺效果有直接关系。糙米皮层厚，去皮困难，碾米时需较高的碾白压力，碾米机耗用能量多，碎米率也较高。

④含稻壳量和含谷量：含稻壳量和含谷量主要影响碾米时碾米压力的控制。碾米时为

保证成品的纯度，过高的含稻壳量和含谷量，操作中必须增加碾米压力以去除稻壳和谷，这样就使碎米增加，出米率降低。同时，粉碎后的稻壳和谷具有较强的黏附力，使出机白米的外观色泽差。

（2）碾米机的工作参数　碾米机的主要工作参数有碾白压力、碾辊转速、加速度系数等，它们是影响和控制碾米工艺效果的重要参数。

①碾白压力：碾米工艺效果与米粒在碾白室内的受压大小密切相关。不同的碾白形式，具有不同的碾白压力，而且碾白压力的形成方式也不尽相同。摩擦擦离碾白压力主要由米粒与米粒以及米粒与碾白室构件之间的互相挤压而形成，并随米粒流体在碾白室内密度大小和挤压松紧程度的不同而变化。碾削碾白压力主要由米粒与米粒以及米粒与碾白室构件之间的相互碰撞而形成，并随米粒流体在碾白室内密度大小和米粒运动速度的不同而变化，尤以米粒的运动速度影响最为显著。碾白压力的大小决定了摩擦擦离作用的强弱和碾削作用的深浅，因此，碾白室内必须具有一定的碾白压力，才能达到米粒碾白的目的。而当碾白压力超过了米粒的抗压及抗剪、抗折强度时，米粒就会破碎，产生较多的碎米，反而使碾米工艺效果下降。

②碾辊转速：碾辊转速的快慢，对米粒在碾白室内的运动速度和受压大小有密切的关系。在其他条件不变的情况下，加快转速，则米粒运动速度增加，通过碾白室的时间缩短，碾米机流量提高。对于摩擦擦离型碾米机而言，由于米粒运动速度增加，碾白室内的米粒流体密度减小，使碾白压力下降，摩擦擦离作用减弱，碾白效果变差。特别在加工高水分糙米时会导致大米精度不稳定，米色发花。对于碾削型碾米机，适当加快碾辊转速，可以充分发挥碾辊的碾削作用，并能增强米粒的翻滚和推进，提高碾米机的产量，碾白效果比较好。但如果碾辊转速过快，会使米粒的冲击力加剧，造成碎米增加，碾米效果反而下降。若转速过低，米粒在碾白室内受到的轴向推进作用减弱，米粒运动速度减小，使碾米机产量下降，电耗增加。同时，米粒还会因翻滚性能不好而造成碾白不匀，精度下降。

③向心加速度：长期的理论研究和生产实践证明，碾米机碾辊具有一定的向心加速度，它是米粒均匀碾白的重要条件。同类型碾米机碾制同品种同精度大米，在辊径不同、线速度相差较大时，只有当其向心加速度相接近，才能达到相同的碾白效果。

二、特制米的生产

（一）蒸谷米

清理后的稻谷经过水热处理后，再进行砻谷、碾米所得到的成品米称为蒸谷米，也称作半煮米。全世界有1/5数量的稻谷，经水热处理后制成蒸谷米。印度稻谷总产量的一半以上被加工成蒸谷米。目前，不仅亚洲一些国家，西欧、中美、南美等地区一些国家也进行蒸谷米加工。我国生产蒸谷米已有2000多年历史，大规模的现代化生产始于20世纪60年代，生产的蒸谷米主要出口至海湾地区和阿拉伯国家。

1. 蒸谷米的特点

蒸谷米具有下列优点：

（1）改善了籽粒的结构力学性质　通过蒸煮处理使稻谷的颖壳松脆，碾制时容易脱除，可提高砻谷机的台时产量约40%，胶耗降低50%，节约电耗20%。同时，籽粒的结构变得紧密，更加坚实，加工后米粒透明，光泽变好，碎米率大为下降，出米率可提高

1%~4%。

（2）蒸谷米的营养价值比普通白米高　稻谷在水热处理过程中，胚芽、皮层内含有的大量B族维生素和无机盐等水溶性物质大部分随水分渗到胚乳内部，增加了蒸谷米的营养价值，经常食用蒸谷米的居民健康状况较优。

蒸谷米除了硫胺素和尼克酸含量提高了1倍多，钙、磷、铁的含量比同精度普通白米也有不同程度的提高。此外，根据人体消化吸收试验，蒸谷米的营养成分容易被人体吸收。蒸谷米蛋白质的人体消化吸收率高于普通白米的4.5%左右。

（3）蒸谷米的米糠出油率高　因稻谷经水热处理后，破坏了籽粒内部酶的活力，减少了油的分解和酸败作用；同时蒸谷米糠中淀粉含量较少，故含油率较高。蒸谷米糠一般含油率25%~30%，普通米糠含油率为15%~20%，由于蒸谷米糠在榨油前多经一次热处理，糠层中的蛋白质变性更为完全，使糠油容易析出，所以蒸谷米糠出油率高于普通白米的米糠。

（4）蒸谷米胀性好，出饭率高　稻谷经蒸煮后，改善了米粒在烧饭时的蒸煮特性，增加了出饭率，一般比普通大米出饭率提高37%~76%，且饭粒松散，同时具有蒸谷米的特殊风味。

（5）储藏中少受虫害，延长了储藏期　由于稻谷在水热处理过程中，杀死了微生物和害虫，同时也使米粒丧失了发芽能力，所以储藏时，可防止稻谷发芽、霉变，易于保存。然而，蒸谷米生产也存在一定的缺点，如稻谷水热处理后制得的蒸谷米的米色较深，常常有一种异味，初食者很不习惯；蒸谷米饭黏性较差，不适宜煮稀饭；水热处理过的稻谷胚芽已被杀死，在储藏过程中，一经微生物和害虫感染就不易保管。此外，与普通米生产相比，蒸谷米无疑增加了加工工序，所以加工成本也较高。

应当指出，蒸谷米的这些优缺点与水热处理的条件密切联系，当条件改变时，这些优缺点也会发生变化。因此，了解和研究稻谷水热处理的方法，探讨它的生产机理，在不同的情况下，掌握最佳的操作条件进行生产，这是获得优质蒸谷米的关键。

2. 蒸谷米生产对稻谷品种和除杂的要求

（1）原粮品种的要求　由于稻谷经水热处理后，种仁的结构变得细密坚硬，因此，制作蒸谷米的稻谷最好选择组织较松、质地较脆、出米率较低、粒形细长的稻谷，尤以籼稻为宜。

（2）原粮除杂的要求　根据蒸谷米生产的特点，稻谷清理除应做好去石除稗等除杂工作外，清除稻谷中的不完善粒、未成熟粒、虫蚀、病斑等颗粒尤为重要。因为这些伤及胚或胚乳的颗粒经过水热处理后，得到蒸谷米的米色变深，有的成为黑粒，使成品质量下降。

3. 蒸谷米的生产工艺

生产蒸谷米，除稻谷清理后经水热处理（浸泡、汽蒸、干燥与冷却）以外，其他工序与生产普通大米相同。蒸谷米生产工艺流程为：

稻谷→清理→浸泡→汽蒸→干燥与冷却→砻谷及谷糙分离→碾米→成品整理→蒸谷米。

（1）清理　原粮稻谷中杂质的种类很多，浸泡时杂质分解发酵，污染水质，谷粒吸收污水会变味、变色，严重时甚至无法食用。虫蚀粒、病斑粒、损伤粒等不完善粒，汽蒸时将变黑，使蒸谷米质量下降。因此，在做好除杂、除稗、去石的同时，应尽量清除原粮中的不完善粒，可采用洗谷机进行湿法清理。稻谷表面上的茸毛所引起的小气泡，将使稻谷浮于水面。为此，水洗时把稻谷放入水中后使水旋转，消除气泡，以保证清理效果。

（2）浸泡

①浸泡目的：浸泡是使稻谷内部淀粉吸水达到在蒸谷过程中能全部糊化的水分。浸泡后稻谷的含水率应不低于30%。

②浸泡方法：稻谷着水的方法很多，除用浸泡法外，还可利用浇水、喷水以及浴谷和润谷等，水可用常温和高温热水。国内外蒸谷米生产多常用浸泡法和喷水法，以使稻谷充分吸收水分。

③浸泡工艺及其对产品质量的影响：稻谷在浸泡过程中受到水、热和时间三个因素的影响，如果采用真空或加压浸泡，还受到压力的影响。

（3）蒸煮　稻谷经过浸泡以后，其胚乳内部吸收相当数量的水分，通过加热蒸煮，使稻谷进行强烈的水热处理。

在蒸煮过程中，稻谷进一步受到水、热和时间三个因素的影响，继续吸收水分，可溶性营养成分继续向种仁内部渗透，微生物和害虫被杀死，稻谷本身的生命活力也被破坏。在蒸煮过程中会发生淀粉的糊化、爆腰率降低、米色加深。

（4）干燥与冷却　稻谷经过浸泡和蒸煮以后，不仅含水率很高，一般在34%~36%，而且粮温也很高。这种高含水率和高温度的稻谷，既不利于储藏，也不能进行加工。所以，必须经过干燥，除去水分，然后进行冷却，降低粮温，便于加工和储藏。

（二）免淘洗米

免淘洗米是一种蒸煮前不需淘洗、符合卫生要求的大米，这种大米不仅可以避免淘洗过程中干物资和营养成分的大量流失，而且可以简化做饭的工序，减少做饭的时间，同时还可以节省淘米用水和防止淘米水污染环境。目前世界一些发达国家多数生产和食用免淘洗米，并在此基础上进一步对大米进行氨基酸和维生素的营养强化，以提高大米的营养价值。

1. 免淘洗米的社会效益和经济价值

（1）大米在淘洗中干物质的损失　根据研究测定，目前我国市销大米在淘洗过程中干物质的损失中，粳米为2.80%左右，籼米为3.40%左右，比世界上发达国家高2.5倍左右，这主要由于我国现行大米质量标准中允许所含的碎米、不完善粒和糠粉的数量较多，尤其是允许含有超过2.0mm圆孔的小碎米的量为1.5%~2.5%，这些细米小屑在淘米过程中极易流失，从而造成粮食的大量浪费。

按我国年加工商品大米1500万t计算，每年由于大米淘洗所损失的粮食达46.5万t，相当于2000万人口城市居民一年的口粮。由此可见，生产和食用免淘洗米，可节约大量粮食，对以粮食为原料的各种工业，还可提供充足的粮源。因此免淘洗米生产的社会效益是十分巨大的。

（2）大米淘洗中的营养损失　免淘洗米不仅可以避免目前市销大米在淘洗过程中的大量浪费，而且可以保留大米中维生素和矿物质等营养成分。从研究和测定资料表明，标一粳米和籼米在淘洗中，维生素 B_1 的损失相当于淘洗前维生素 B_1 含量的1/4和2/5。

（3）免淘洗米的卫生状况　生产和食用免淘洗米，还可以大大减少大米的带菌量，提高大米的储藏性能和卫生标准。刚出米机的白米基本上不带细菌和霉菌，免淘洗米达到刚出米机的白米卫生标准，基本上可以达到无菌。虽然目前市售大米中的细菌和霉菌在淘洗和蒸煮过程中会被洗去和杀死，但它们在大米成品作为商品而进行储藏和运输的过程中，则会形成大米发热霉变，它们的分泌物对人体造成潜在危害。可见生产和食用带菌甚少或无菌的免淘洗米，对改善大米的卫生状况，增进人们的健康无疑是有利的，应该说这是最大的社会效益。

（4）免淘洗米生产对碾米工业的推动作用　免淘洗米不应含有杂质，要求达到断稗、断谷、断石、断糠的“四断”要求，保证成品清洁卫生，才能使大米不经淘洗可直接蒸煮食用。

2. 免淘洗米的生产工艺

从免淘洗米的质量和卫生标准可知，其成品必须无杂质，无毒，无霉。因此，免淘洗米的生产工艺比加工一般大米的生产工艺要复杂。其加工工艺除了一般大米加工中的稻谷清理除杂、砻谷与谷糙分离和碾米等必要的加工工序以外，还需增加糙米精选分级去杂，多机碾白分层碾磨，白米除糠上光，成品分级，色选和小包装等系列新工艺与新技术。现分别对免淘洗米生产中的增加部分进行介绍。

（1）糙米精选去杂　根据我国和世界各国大米加工的实践经验证明，要在稻谷清理过程中完全除去各种杂质是困难的。因为稻谷在加工成白米的各道工序中，会不断产生新的杂质，如稻壳、稻灰、糠片等。为此必须在良好的稻谷清理去杂的基础上，进一步增设糙米除杂的新工艺，包括除石、除稗、除灰等，使进入碾米机的糙米保证纯洁干净，这是保证免淘洗米质量的重要环节。此外，还必须将糙米中的不完善粒、未熟粒和糙碎进一步除去，以提高免淘洗米的成品质量和商品价值。糙米精选除杂以后，还可以进行大小粒分级，提高籽粒的整齐度，提高碾米的工艺效果，最终提高免淘洗米成品的质量。

（2）多机轻碾和分层碾磨　免淘洗米的精度相当于我国现行特等米的精度标准，即糙米的皮层要基本去净。糙米的皮层（即糠层）含有很多的营养物质，其中含有蛋白质（干基）11.5%~17.2%，脂肪12.8%~22.6%，无氮溶提物33.5%~53.5%。还含有不宜食用的聚戊糖、木质素、半纤维及纤维素6.2%~19.9%，灰分8.0%~17.7%。糙米中的二氧化硅（SiO_2）含量大于白米的17~19倍，其中还含有大量植酸，它能阻碍人体对钙元素和镁元素的有效吸收。糙米中所含脂酶存在于种皮中，而所含的油脂主要存在于糊粉层、亚糊粉层与胚内，未经碾磨的糙米，其脂酶与油脂呈隔离状，一经碾磨过程的破坏作用，使脂酶水解油脂成为可能，即易使米发生酸败。鉴于上述原因，要生产具有良好食用品质和储藏性能的免淘洗米，应将米粒的皮层全部碾磨干净。但是，这在当前普遍采用一机碾白或二机碾白的情况下，由于去皮作用较为强烈，不可避免地会使米粒某些部位的胚乳受到损失，首先是亚糊粉层的损失。而亚糊粉层中的蛋白质是米粒中含量最高的部位，此外还含有大量的脂肪、维生素和矿物质。为了既能制备高质量耐储藏与可口的免淘洗米，又能回收皮层中不同营养成分的碾下物，就必须进行多机轻碾与分层碾磨。

多机碾白与分层碾磨，不仅能提高成品的碾磨质量，而且可为碾下物的充分利用提供条件，从而大大提高生产免淘洗米的经济效益。

（3）白米上光和成品分级　白米上光是生产免淘洗米的关键工段，它能使米粒晶莹透明，在米粒表面形成一层极薄的凝胶膜，产生珍珠光泽，外观晶莹如玉，煮食爽口细腻，由于大米表面上光后有一层蜡质保护层，不仅可防止大米在生产、储存、运输、销售各环节中米糠的黏附或米粉脱落，保证大米清洁卫生，食用前不用淘洗，而且可以提高大米储藏性能，保持大米口味新鲜度，提高大米的食用品质。成品整理主要是将上光后的大米进行筛选分级，除去上光米中的少量碎米和上光粉料，按成品等级要求分出全整米和一般的免淘洗米。

上光米洁白漂亮，营养丰富，不仅可延长储藏时间，而且可以提高大米的食用品质和商品价值。加工方法一般是：将大米与具有一定温度的上光溶剂均匀搅拌，然后在上光机内翻滚摩擦，使米粒表面光洁发亮，再经上光米筛筛选分级，便得到上光大米。

目前，所使用的上光剂有糖类、蛋白类、脂类三种。

糖类上光剂用得较多的是葡萄糖、砂糖、麦芽糖和糊精等。这种上光剂与温水配成一定浓度的水溶液，用导管滴加到抛光机的抛光室内，增加米粒与抛光辊之间的摩擦阻力，除尽米粒表面的糠粉，同时使部分上光液涂在米粒表面，加快表面淀粉糊化形成保护层，增加米粒光泽度。

蛋白类上光剂一般采用可溶性蛋白质，如大豆蛋白、明胶等，使用方法同糖类上光。蛋白类上光剂的独特之处在于具有较好的涂膜性，使米粒表面形成保护层，呈现蜡状或珍珠状光泽。此外，这种保护层保持时间长，耐摩擦及温湿度变化，储存一年以上米粒依然晶莹发亮。

油脂上光剂采用的是不易酸败的高级植物油，它能使大米表面产生油亮光泽，并能推迟米粒陈化时间及水分蒸发速度，且有一定的防虫作用，可长期保持大米的滋味和新鲜状态。

近年来，大米上光技术迅速发展，国外许多公司的大米抛光机在我国许多米厂得到应用。我国自行研创的大米抛光机，由于价格便宜，所以在米厂中使用更广。大米抛光机是生产免淘洗米的必备设备。

（4）白米色选　白米色选是清除白米中的黄粒米和其他如石子、玻璃碎渣等杂粒，保证免淘洗米的纯度。白米色选是通过色选机实现的，色选机是集光、电、机、气为一体的光电设备，价格昂贵，但是它是生产高质量免淘洗米的必要设备。

（三）营养强化米

稻谷籽粒中的营养成分分布很不均衡，维生素、脂肪等大都分布在皮层和胚芽中。在碾米过程中，随着皮层与胚芽的碾脱，其营养成分也随之一起流失。大米精度越高，营养成分损失越多，所以高精度米虽然食味好、利于消化，但其营养价值要比一般低精度米要差。此外，大米在蒸煮过程中也将损失一定的营养成分。

强化米是在普通大米中添加某些缺少的营养素或特需的营养素而制成的成品米。目前，用于大米强化的强化剂有维生素、氨基酸及矿物盐。食用强化米时，有的产品按1∶200或1∶100的比例与普通大米混合煮食，有的产品与普通大米一样直接煮食。

生产强化米方法很多，归纳起来可分为内持法和外加法。内持法是借助保存大米自身某一部分营养素达到强化目的的。蒸谷米就是以内持法生产的一种营养强化米。外加法是将各种营养强化剂配成溶液后，由米粒吸收或涂覆在米粒表面，具体又有浸吸法、涂膜法、强烈型强化法。

1. 浸吸法

浸吸法是国外采用较多的强化米生产工艺，强化范围较广，可添加一种强化剂，也可添加多种强化剂。

2. 涂膜法

涂膜法是在米粒表面涂上数层黏稠物质以生产强化米的方法，

3. 强烈型强化法

强烈型强化法是国内研制的一种大米强化工艺，比浸吸法和涂膜法工艺简单，所需设备少，投资小，便于大多数碾米厂推广使用。生产时，免淘洗米进入强化机后，先以赖氨酸、维生素 B_1、维生素 B_2进行第一次强化，然后入缓苏仓静置适当时间，使营养素向米粒内部渗透并使水分挥发。第二次强化钙、磷、铁，并在米粒表面喷涂一层食用胶，形成抗水保护膜，起防腐、防虫、防止营养损失的作用。第二次缓苏后经过筛理，去除碎米，小包装后即为强化米产品。

（四）留胚米

留胚米又称胚芽米，是指留胚率在 80%以上，且每 100g 大米胚芽质量在 2%以上的大米。

留胚米与普通大米相比较，含有丰富的维生素 B_1、维生素 B_2、维生素 E 以及膳食纤维，这些都是现代饮食生活中不可缺少的营养素。因此，可以毫不夸张地说，每粒留胚米都带有维生素“胶囊”，这也正是留胚米的最大特点。长期食用留胚米，可以促进人体发育，维持皮肤营养，促进人体内胆固醇皂化，调节肝脏积蓄的脂肪。

留胚率的检测方法有粒数法与质量法两种。粒数法是以胚芽完好率为测定依据。图4-9（1）所示为全胚米，米胚保持原有的状态。图 4-9（2）所示为平胚米，保留的米胚平行米嘴的切线。图 4-9（3）所示为半胚米，保留的米胚低于米嘴的切线。图 4-9（4）所示为残胚米，米胚仅残留很小一部分。图 4-9（5）所示为无胚米，米胚全部脱落。留胚率为在高精度白米或成品米试样中留有全部或部分米胚的米粒占试样的粒数百分率。质量法是测定糙米试样的胚质量和留胚米试样的胚质量，以两者百分比表示留胚率。虽然质量法比粒数法准确，但费工费时，分离胚芽时必须做到不损伤胚乳。

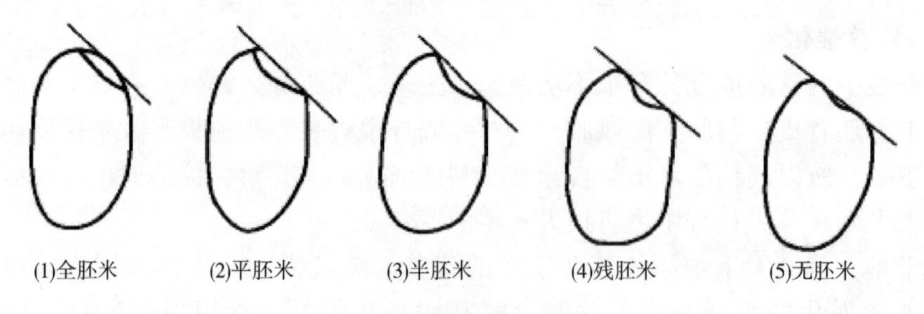

图 4-9　大米留胚类型

留胚米生产方法与普通米基本相同，经过清理、砻谷、碾米三个工序。为了使留胚率在 80%以上，碾米时必须采用多机轻碾，即碾白道数要多，碾米机内压力要低。使用的碾米机应为砂辊碾米机。金刚砂辊筒的砂粒应较细，碾白时米粒两端不易被碾掉，胚芽容易保留。砂辊碾米机转速不易过高，否则胚芽容易脱落。应根据碾白的不同阶段，使转速由高向低变化。

留胚米因保留胚芽较多，在温度、含水率适宜的条件下，微生物容易繁殖。因此，留胚米常采用真空包装或充气（二氧化碳）包装，防止留胚米品质降低。蒸煮食用留胚米时，加水量为普通大米加水量的 1.2 倍，且预先浸泡 1h（也可用温水浸泡 30min）。蒸煮时间长一些，做出的米饭食味良好。

（五）配制米

将品种、食用品质、营养品质各异的大米按一定比例混合而成的成品米即为配制米。生产配制米有两种方法：一种是先将稻谷或糙米进行搭配，然后进行加工。此方法的优点是不需要一定数量的配米仓与混合设备，投资较少。不足之处是粒度、含水率差异较大的原料混合在一起加工时对工艺效果有不良影响。另一种方法是将普通大米按一定配方搭配、混合而成，目前国内多采用此法。此法简便易行，但需配置 4 个左右的储存原料米的散装仓，投资略大。配米的关键设备是流量控制器（配米器）和混合设备。

配米工艺中的混合设备，需具备混合均匀又不能产生碎米的功能。目前，国内常采用胶带输送机边输送边混合。有的工厂采用饲料厂常用的混合机，如卧式混合机或螺带式混合机。

第三节 玉米加工

一、玉米联产加工

玉米联产是指在玉米加工过程中，同时提取玉米糁、玉米胚和多种玉米粉的玉米加工工艺。玉米联产有利于充分利用玉米资源，生产多种产品，出品率比单独制糁高 15%左右，而且纯度也较高。

玉米联产工艺流程：

玉米→清理→水汽调节→脱皮→破糁与脱胚→提糁与提胚→研磨、筛分与清粉

（一）脱皮

玉米皮层口感、味感较差，且含有大量的纤维素等不易消化的物质。玉米脱皮，可以提升玉米制品的食用品性。另外，玉米皮中含有的纤维素、矿物质和脂肪等物质，会对玉米制品深加工过程（如发酵过程）带来明显的负面影响，因此玉米脱皮可以提高工业用途的玉米制品的品质。玉米脱皮后，皮层对玉米胚和玉米胚乳的包裹、固化作用被破坏，有利于玉米脱胚，可提高玉米脱胚效率。

玉米脱皮过程类同于糙米去皮，即稻谷加工中的碾米过程。但是玉米籽粒较大，呈扁平状，不利于脱皮，而玉米胚乳易破碎。因此，玉米脱皮宜采用压力较缓和、切削作用较强的碾削方法，即类似于碾削碾白原理：利用高速旋转的金刚砂刃对玉米皮层进行连续切削和摩擦，破坏玉米皮与胚乳和胚的结合强度，使玉米皮层逐步被碾削擦离，从而达到脱皮目的。遵循“多级轻碾”原则，玉米脱皮工艺通常采用 2~3 道串联脱皮路线。

适宜的含水量可以使玉米皮层有较好的韧性，而适度的皮层含水率与内部结构含水率的差异可以降低玉米皮层结构强度及其与内部结构的结合强度，可以大大降低玉米脱皮难

度并获得更好的脱皮效率。因此，除非玉米原始含水率很高（一般指18%以上），玉米脱皮之前应进行玉米调质处理，采用湿法脱皮的加工方法。

1. 脱皮设备

玉米脱皮设备是在横式砂辊碾米机和立式砂辊碾米机的基础上改进而来的，其主体结构、工作原理、工作过程以及操作管理要点与相对应的碾米机类同，但在部分结构和技术参数配备以及操作指标上，针对玉米籽粒结构和力学特征进行了相应的调整与改进。

2. 脱皮流程

脱皮机出机物是两类混合物，即过筛物料（集料斗出口物）和脱皮室主流出口物料。过筛物料主要是玉米籽粒各结构组织部分的破碎物料，比较混杂、量少，一般不加整理分离而作饲用，俗称“下脚”。主流出机物中主要含有玉米皮、玉米粒（包括脱皮玉米粒和未脱皮玉米粒）和少量破碎物等物料，应及时分离处理，并合理安排各种物料的去向，否则，会影响后道设备的工艺效果，并影响副产品和在制品的工艺特性。玉米皮与玉米粒和其他碎料明显的特性差异是悬浮速度的差异，因此常用风选设备分离提取玉米皮。碎料粒度明显小于玉米粒，故用筛选设备加以分离提取，作为在制品进一步分级后遵循同质合并的原则并入后续工艺。

用于脱皮后物料分选的风选设备有吸风分离器、垂直吸风道等。采用风选设备提取玉米皮至玉米基本脱皮干净后，主流物料进入下一工序——破糁与脱胚。

（二）破糁与脱胚

通过施加一定的机械作用力，将脱皮后玉米的胚和胚乳之间的连接结构破坏，使胚芽脱离的过程称为玉米脱胚。将玉米胚乳结构破坏，使之破碎成一定粒度的碎粒的过程称为破糁。玉米胚的结构强度大于玉米胚乳结构强度以及胚乳与胚的结合强度，只要施加的机械作用力形式和大小控制得当，就能同时完成脱胚和破糁的任务，并保证玉米胚具有相当的完整程度。因此，脱胚和破糁可在同一工序中采用同一设备同时完成。

玉米脱胚与破糁设备：按工作构件结构形式和工作方式，玉米脱胚与破糁设备主要有锤片式、打板式和碾辊式等几种类型。锤片式脱胚破糁设备，工作原理类同于锤片式粉碎机。打板式脱胚破糁设备，工作原理类同于打麦机。碾辊式脱胚破糁设备，工作原理类同于铁辊碾米机。就机械性能、工艺效果而言，它们各有所长。

（三）提胚提糁与在制品分级

脱胚破糁设备的出机物料即在制品，是多种粒形、粒度和粒质不同的物料的混合物。其中有大中小以胚乳结构为主的破碎物（大、中、小糁）、胚、粒度更小的碎屑粗粉、玉米粉，甚至少量的玉米整粒等。这种混合物料，必须采用合理的工艺与设备，将其分离和分级。一方面及时提取达到质量要求的胚和糁等产品；另一方面将其他在制品分级，分别根据它们的品质和工艺特性配置后续的加工工艺和设备，以获得最佳的工艺效果和保证最终产品的质量。否则，如果混合物一并进入同一工艺和同类设备，势必造成资源浪费，增加动力消耗和生产成本，降低加工产品质量和加工综合效益，同时玉米脱胚破糁环节也失去了工艺意义。因此，玉米脱胚破糁和提胚提糁是一个联系密切的整体工艺环节。

1. 提胚提糁与在制品分级的方法

糁（玉米胚乳破碎粒）、胚、皮三者之间形状差异比较明显，且具有明显的物理特性差异，主要体现在悬浮速度、密度和破碎强度等方面。而破碎物大小不同就是它们粒度不同。因此，通常采用筛选法将在制品分级，采用风选法分离玉米皮，采用密度分选法或风选法将糁胚分离即提胚提糁。

由于玉米胚的破碎强度是玉米糁的两倍左右（玉米调质处理可扩大这一差别），所以可以采用“压胚工艺”，即将玉米胚挤压或碾压成片状而不使其破碎，同时使玉米糁破碎成更小粒度的糁粒，从而加大两者在粒度等物理特性上的差异，为分离提纯创造有利条件。压胚工艺也称胚磨系统，既可用于胚糁分离，也可用于玉米胚的进一步纯化，还可用于玉米制粉过程中的提胚。压胚设备是由模式碾米机或磨粉机结构改进和参数调整而来。

玉米干法加工企业应强化玉米的脱胚破糁和提胚提糁，选用高效的在制品分级和提胚提糁设备。在玉米制粉前尽量多提取纯度较高的玉米胚和玉米糁，并将在制品细致地分级，使其分别进入特定的后续工艺进一步加工处理，即进入不同的粉路系统。还可设置专门的压胚工艺或胚磨系统以及精粉系统，强化物料在粒度等物理特性上的差异，不仅可实现胚、糁、粗粉和玉米粉的有效分离，而且有利于粉路和设备配置及其操作管理。这种工艺可以提高玉米胚、糁的提取率和纯度，增加玉米产品品种，并显著改善产品品质，有利于进一步拓展玉米加工产品的应用领域。

2. 在制品分级

玉米经脱皮、脱胚和破糁后所得产物称在制品，在后续工艺中磨粉机研磨后所得产物也称在制品。在制品是多种产物的混合物，通常通过筛选设备或精粉设备，将它们分选分离，分成物理特性相近的物料，分别进入不同的系统或工艺再行加工，即“分级”。在制品分级主要用筛选方法分成如下几类。

大碎粒：留存在4.5~5W筛上的物料。

大渣：穿过5W筛，留存在7W筛上的物料。

中渣：穿过7W筛，留存在10W筛上的物料。

小渣：穿过10W筛，留存在14W筛上的物料。

粗粒：穿过14W筛，留存在20W筛上的物料。

粗粉：穿过20W筛，留存在玉米粉质量要求细度所需筛上的物料。

玉米粉：穿过玉米粉质量要求细度所需筛网的物料。

其中，粗粉和玉米粉品质较差者，与次粉、尾粉等合并，以饲用为主。符合质量要求的玉米粉并入成品。大碎粒（包括整粒）需回流再次脱胚破糁，甚至回到脱皮工序。“渣”指粒度相近的糁、胚混合物，通常小渣中含胚较少（不足总胚量10%），而大渣、中渣中含胚较多（可达总胚量的90%甚至更高，大渣中含胚量最高，可达65%以上），因此，玉米胚主要从大渣和中渣中提取。渣经提胚后，即为糁。大糁、中糁可进一步压胚破糁，或根据需要作为成品，也可全部或部分进入制粉工序。小渣和粗粒、粗粉一般均进入相应的研磨系统制粉或进入清粉系统。

3. 常用设备

(1) 风选设备　常用各种吸式风选器、蜗壳风选器等。

用于风选玉米皮时，吸口风速控制在5~6m/s，在尽量吸净玉米皮的同时，要防止吸走玉米胚和轻质玉米糁料。用于风选玉米胚时，吸口风速一般为9~13m/s，即大于玉米胚的悬浮速度，而小于糁料的悬浮速度。

（2）筛选设备　常用3~5种筛面的平筛、方筛等。筛面为金属编织筛网，分级筛面按功能可分为粗筛、分级筛、粉筛三大类。粗筛用来提取筛上物——大碎粒；分级筛用来提取不同粒度玉米渣；粉筛用来提取筛上物——粗粒和粗粉，并提取筛下物——玉米粉。

常用各种吸式去石机、种子精选机和重力分级机等密度分选设备，完成提胚和在粒度分级的基础上将在制品按密度分级的任务。吸式去石机和种子精选机用于玉米在制品提胚、提糁和分级时，应做相应的结构改进和参数调整。

4. 提胚、提糁及在制品分级工艺流程

提胚、提糁及在制品分级的工艺确定原则有以下几项。

（1）先用风选设备分离提取玉米皮及少量其他物料碎屑，在提取副产品的同时，减少其对分级工作的影响，如在前路设有专门的脱皮及分离工艺或脱胚破糁设备自带吸风装置时，可省略。

（2）采用平筛对在制品进行粒度分级，并分别确定各类物料的合理去向。

（3）对分级后大渣、中渣（有的还包括小渣）采用密度分级机进行提胚提糁以及按物料密度对混合物料再次分级。

（4）采用风选设备分离糁中含皮和碎屑，提高糁的质量。采用两道以上的压胚提胚工艺对含胚物料进行提胚及纯化，同时确定其他物料的合理去向。

常用的基本流程如图4-10所示。

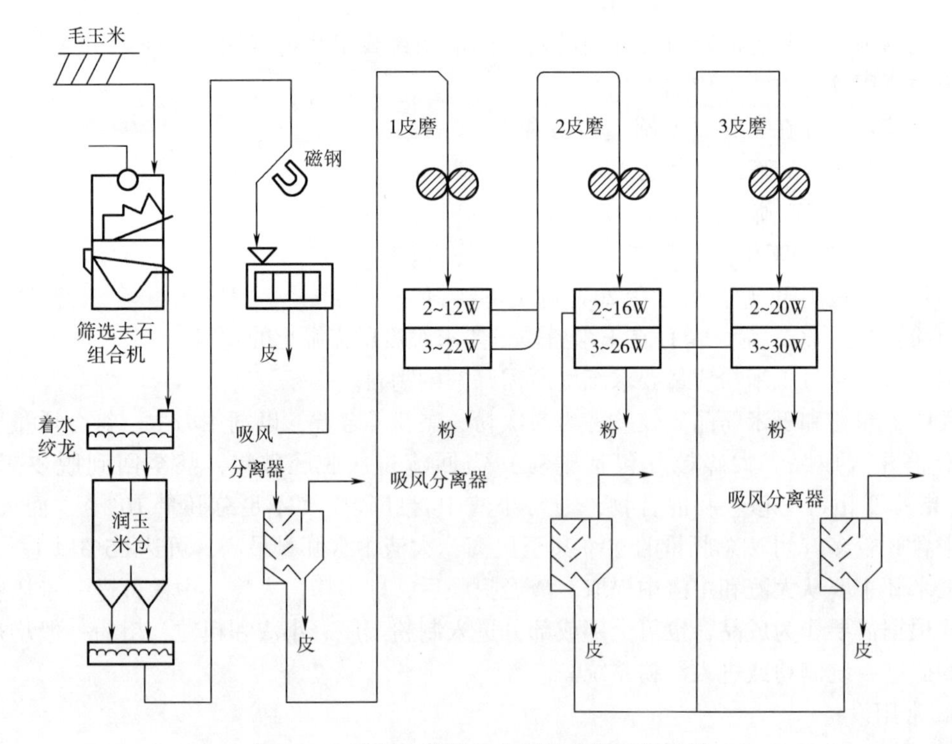

图4-10　提胚、提糁及在制品分级工艺流程

（四）研磨、筛分与清粉

玉米破碎后，经过提皮、提胚和提糁，剩下的大量物料进入制粉工艺，即在粉路中进

一步加工。这种物料上仍是多种粒度（粗细度）不等、品质不同、组织结构互混的混合物，其中包括大量的胚乳碎粒与粗粉、一定量的玉米胚及其破碎物、少量的玉米皮及其破碎物，以及相当多的皮、胚和胚乳相互连带的破碎物。玉米制粉环节最重要的工艺目的就是：主要通过多种研磨与筛分，逐步剥刮、分离和研磨，制取含皮胚组织尽量少的玉米粉，同时进一步除皮、提胚和提糁。

必须指出，现代新型的玉米加工粉路发展方向应是尽量分离提净玉米胚和玉米皮，创造有利条件，以加工多种用途的专用玉米粉、专用玉米糁等产品，尤其是低灰分含量的低脂玉米制品。至于玉米胚，可再行处理，以提高其纯度。

由于物料加工特性、在制品特性及其分级要求、主要产品加工精度和质量要求等方面与小麦制粉工艺有着明显不同，玉米制粉的粉路比小麦制粉粉路要简单、短小得多。但是，制粉理论、工艺配置原则、常用设备的类型与工作原理等，两者是相同或相近的。特别是近年来，随着小麦制粉技术的不断进步和市场对玉米制品品种与质量的要求越来越高，很多小麦制粉的工艺原则（如既强调同质合并，又注重物料分级与分流处理等）、系统配置（如清粉系统等）、关键设备（如新型磨粉机、精粉机和蜗轮风选器等），都被引入玉米制粉工艺中，对玉米制粉技术的进步和完善产生了极大的推动作用。

1. 研磨

玉米制粉也遵循逐道研磨、逐道筛分的工艺原则。早期玉米制粉工艺中，研磨系统设置比较单一，通常仅配有 3～5 道皮磨系统，由于设有专门的压胚工艺和其他系统，提胚出粉兼顾，也称“压胚磨粉系统”。新型的联产加工工艺中，研磨系统已被细分和完备，设置有 2~3 道胚磨系统（压胚工艺）、4~5 道皮磨系统、2~3 道心磨系统，还可配置次磨或尾磨。

由于玉米胚中含有大量的脂肪、纤维素以及较多的矿物质（灰分），若混入玉米粉和糁中，势必影响产品品质。同时，玉米胚弹性大、韧性好、结构强度较大，而玉米胚乳呈脆性，结构强度小，因此混合物料经研磨后，玉米胚或带胚物料粒度较大，所以磨下物，特别是粉路前路磨下物应及时提胚。

胚磨系统用来处理高含胚物料，通过研磨挤压，扩大胚、糁粒度差异，使胚、糁能够有效分离，有利于提胚及胚的纯化，同时剥离胚粒上的连带胚乳。胚磨系统所得玉米粉和其他制品，含脂肪和灰分较高，应与其他系统区别对待。

皮磨系统用来处理玉米渣料，通过研磨挤压造成胚、糁粒度差异，以提取高含胚物料和较好品质的小糁，剥刮胚粒上的胚乳和剥离前路工艺中未擦离的玉米皮，同时大量出粉。心磨系统用来处理粗粒和粗粉，主要功能是磨细出粉，少量提胚，甚至不提胚。

研磨设备是辊式磨粉机。由于玉米加工的在制品粒度较大，流动性较差，参数和转速、快慢辊转速及速比、吸料管管径及风速等应相应调整。

2. 筛分

筛分的主要目的是提胚、在制品分级和筛粉。筛分设备采用高方平筛、挑担平筛、面粉检查筛等。玉米在制品颗粒大，呈多棱状不规则形体结构，玉米粉易粘连，因而设备的进料装置、筛面张紧和筛面清理装置应做相应调整。玉米粉路中，筛分设备所需筛理长度较短，为减少设备台数，提高筛理效率，节省占地面积和布置空间，可选用 12 层或 16 层的高方平筛。

各系统各道磨下物筛路的筛网配备可参照前述在制品分类的粒度特征合理配用，中后路筛网逐渐加密，即筛号逐渐放大。玉米粉路各系统各道所得产品质量是有区别的，应根据产品质量要求，遵循同质合并的原则，分别汇集混合均匀后入仓、计量、包装、分类出品。新型玉米联产加工工艺，已能同时生产小糁、食用玉米粉、数种专用粉、饲用玉米粉，以及玉米皮、玉米胚等产品。

3. 精分与风选

对于筛分分级后的中小渣粒和粗粉等混合物料，应用精粉机进一步精选分级，然后再分别进入相应系统处理，可以大大提高玉米糁的出率与品质，提高低脂玉米制品的产量。分级后的在制品入磨前，采用蜗轮风选器等风选设备，对物料中夹杂的皮、胚和轻质碎屑进行风选分离，也是提高玉米制品纯度的有效手段。

二、玉米淀粉的生产

玉米淀粉的生产属于湿法加工，在主要生产淀粉产品的同时，生产胚、玉米浆、蛋白粉和饲料等副产品。

玉米湿法（淀粉）加工工艺流程如图 4-11 所示。

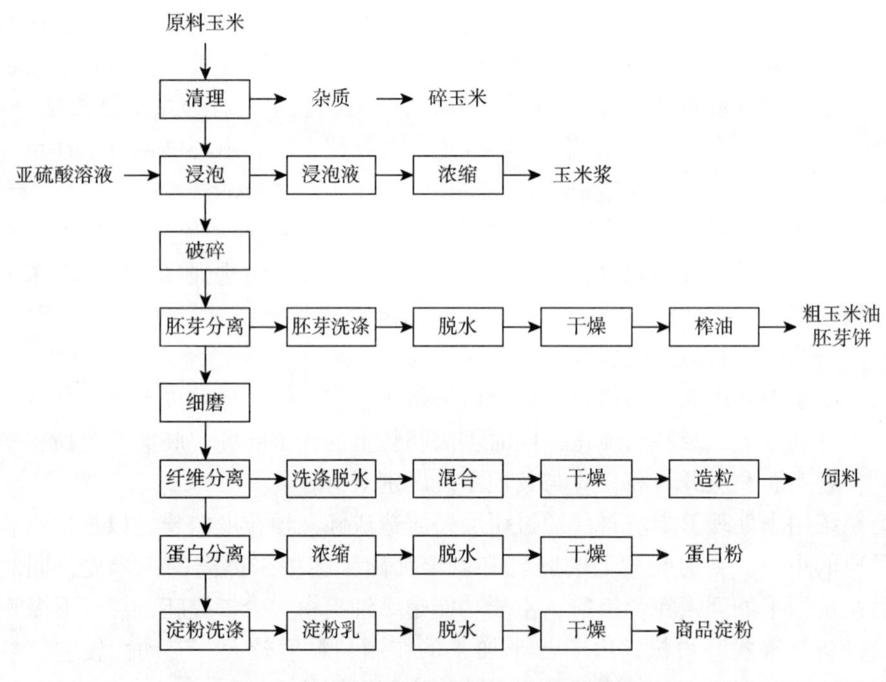

图 4-11　玉米湿法（淀粉）加工工艺流程

（一）玉米浸泡

将清理后的玉米进行浸泡。玉米浸泡的主要目的是使玉米籽粒吸水膨胀，降低其结构强度，削弱胚乳中淀粉颗粒间的连接键力，使玉米皮层、胚乳及胚易于分离；同时浸提出玉米中的部分可溶性物质。

玉米按逆流浸泡原理用亚硫酸水溶液在罐组（由数个至十几个浸泡罐组成）中进行。

一般采用半连续流程。浸泡后的玉米含水 40%~46%，含可溶物不大于 1.8%，用手能挤裂，胚芽能完整挤出。要求浸泡后的浸泡液即稀玉米浆含干物质 7%~9%，pH3.9~4.1，送到蒸发工序浓缩成含干物质 40%以上的玉米浆。

（二）玉米破碎与胚芽分离

浸渍后的玉米籽粒须先进行破碎，使胚和胚乳分离开来，并将胚乳破碎至一定程度，同时释放出一定数量的淀粉。

为了避免破碎胚乳的过程中将胚破碎，工艺上一般采用二次破碎。第一次破碎可将玉米破成 4~6 瓣，经第一次胚芽分离后，再进一步破碎成 8~12 瓣，将其中的胚芽再次分离。

胚芽的分离主要是利用胚芽和胚乳之间的密度差进行。目前，普遍使用旋液分离器来分离胚芽。在胚芽分离过程中，任何造成胚芽细胞破裂或切碎的现象都会损失胚芽油，这些油被麸质吸收而不能回收。所以，在破碎及分离过程中应尽可能减少胚芽的破碎。

自一级胚芽旋流器顶部溢流出的胚芽，经洗涤后（含水率在 75%以上），进入胚芽挤压脱水机，经脱水后的湿胚芽含水率约为 55%，送入管束干燥机干燥。

干胚芽（含水率≤5%，含油率>48%，淀粉≤10%）送入玉米油生产车间。

（三）细磨

经过破碎和分离胚芽之后，由淀粉粒、麸质、皮层和含有大量淀粉的胚乳碎粒等组成破碎浆料。在浆料中，大部分淀粉与蛋白质、纤维等仍是结合状态，要经过离心式冲击磨进行精细磨碎。这步操作的主要工艺任务是最大限度地释放出与蛋白质和纤维素相结合的淀粉，为以后这些组分的分离创造良好的条件。

（四）纤维的分离、洗涤、干燥

细磨后的浆料进入纤维洗涤槽，纤维洗涤槽由 5 级或 6 级压力曲筛组成。筛下分离出粗淀粉乳，筛上物再逐级经压力曲筛逆流洗涤，洗涤工艺水从最后一级筛前加入，与洗涤下来的游离淀粉一起逐级向前移动，直到第一级筛前洗涤槽中，与细磨后的浆料合并，共同进入第一级压力曲筛，分出粗淀粉乳。它与细磨前筛分出的粗淀粉乳汇合，进入淀粉分离工序。筛面上的纤维、皮渣与洗涤水逆流而行，从第一筛向以后各筛移动，经几次洗涤筛分后，从最后一级曲筛筛面排出，然后经螺旋挤压机脱水送入纤维饲料生产工序。

（五）蛋白质分离与干燥

通过曲筛逆流筛洗流程的第一道曲筛的乳液中，干物质是淀粉、蛋白质和少量可溶性成分的混合物，干物质中有 5%~6%的蛋白质。经过浸泡过程中二氧化硫的作用，蛋白质与淀粉已基本游离开来，利用离心机可以使淀粉与蛋白质分离。离心机分离的原理是蛋白质的相对密度小于淀粉，在离心力的作用下将清液与淀粉分离，麸质水和淀粉乳分别从离心机的溢流和底流喷嘴中排出。一次分离不彻底，还可将第一次分离的底流再经另一台离心机分离。分离出来的麸质（蛋白质）浆液，经浓缩干燥制成蛋白粉。

（六）淀粉的清洗

分离出蛋白质的淀粉悬浮液含干物质为 33%~35%，其中还含有 0.2%~0.3%的可溶性物质。这部分可溶性物质的存在，对淀粉质量有影响。特别是对于加工糖浆或葡萄糖来说，可溶性物质含量高，对工艺过程不利，严重影响糖浆和葡萄糖的产品质量。为了排除可溶性物质，降低淀粉悬浮液的酸度和提高悬浮液的浓度，可利用真空过滤器或螺旋离心机进行洗涤，也可采用多级旋流分离器进行逆流清洗。

（七）淀粉的脱水干燥

机械脱水对于含水量在60%以上的悬浮液来说，是比较经济和实用的方法，脱水效率是加热干燥的3倍。因此，要尽可能地用机械方法从淀粉乳中排除更多的水分。玉米淀粉乳的机械脱水一般选用离心式过滤机。自动的卧式离心过滤机是间歇操作的机械，在完成间歇操作时没有停顿，装料、离心分离及卸除淀粉可以连续进行。过滤筛网一般选用120目金属网，筛网借助金属板条和环固定在转子里。淀粉的机械脱水也可采用真空过滤机进行。淀粉的机械脱水虽然效率高，但达不到淀粉干燥的最终目的。离心过滤机只能使淀粉含水量达到37%左右，真空过滤机脱水只能达到40%~42%的含水量，而商品淀粉要达到12%~14%的含水量，必须在机械脱水的基础上，再进一步采用加热干燥法。

淀粉在经过机械脱水后，还含有36%~38%的水分，这些水分均匀地分布在淀粉各部分之中。为了蒸发出淀粉中的水分，必须供给用于提高淀粉颗粒内水分的温度所需要的热量。要迅速干燥淀粉，同时又要保证淀粉在加热时保持其天然淀粉的性质不变，主要采用气流干燥法。气流干燥法是松散的湿淀粉与经过清洁的热空气混合，在运动的过程中，使淀粉迅速脱水。经过净化的空气一般被加热至120~140℃作为热量的载体，这时利用了空气从被干燥的淀粉中吸收水分的能力。在淀粉干燥的过程中，热空气与被干燥介质之间进行热交换，即淀粉及所含的水分被加热，热空气被冷却；淀粉粒表面的水分由于从空气中得到热量而蒸发，这时淀粉的含水率下降；水分由淀粉粒中心向表面转移，空气温度降低，淀粉被加热，淀粉中的水分蒸发出来。采用气流干燥法，由于湿淀粉粒在热空气中呈悬浮状态，受热时间短，仅3~5s，而且120~140℃的热空气温度为淀粉中的水分汽化所降低，所以淀粉既能迅速脱水，同时又可保证天然性质不变。

第四节　杂粮加工

一、高粱加工

（一）高粱的基本特性

1. 高粱的分类

高粱的种类、品种很多，其分类方法也有多种，通常采用以下几种分类法：

（1）按壳的颜色分类　一般可分为红壳高粱、白壳高粱、黄壳高粱和黑壳高粱四种。

（2）按粒质分类　一般可分为粳性高粱和糯性高粱两种。

（3）按用途分类　可分为食用高粱和其他高粱两种。

2. 高粱籽粒形态特征及籽粒结构

高粱籽粒为带颖的颖果，其形态结构如图4-12所示。

高粱籽粒的基部有两片护颖，故高粱籽粒是一种假果。护颖厚而隆起，因品种不同，常有红、黄、黑、白等多种颜色。颖果有一部分露在护颖的外面，颖果的形状一般为椭圆形、卵圆形、梨形和长圆形，因品种不同而异。由于种皮中含有花青素及单宁等，颖果呈粉红、淡黄、暗褐和白色，有时在黄、白色籽粒上带有红、紫色斑点。

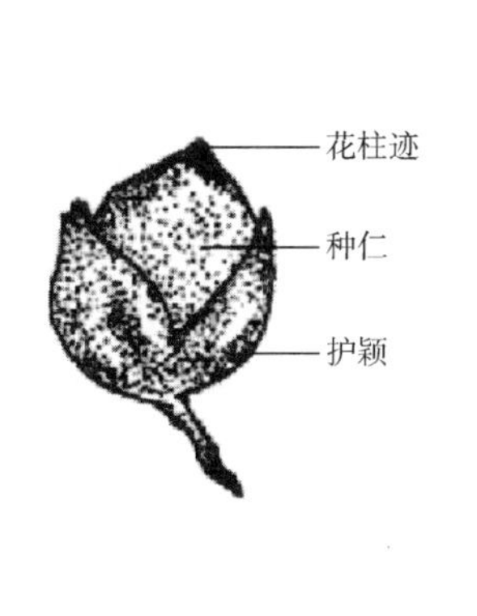

(1)高粱籽粒外形

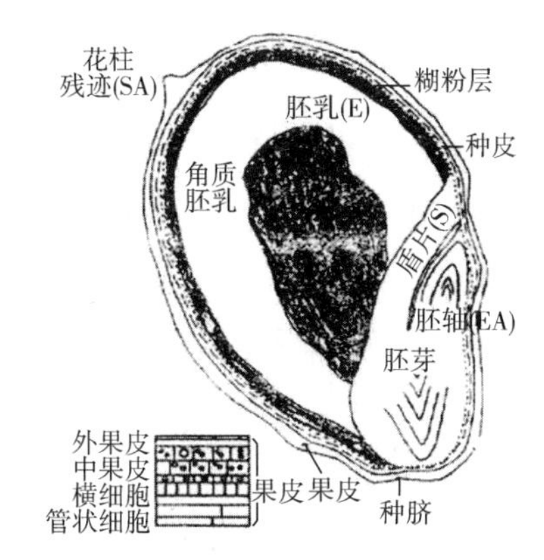

(2)高粱籽粒解剖图

图 4-12　高粱籽粒形态及结构

3. 高粱的化学成分

高粱的化学成分与玉米相似，其蛋白质含量常常更高，而籽粒胚芽油分的含量比玉米低，淀粉含量高些。高粱的组成因品种和产地不同而异，主要成分为淀粉、蛋白质、脂肪、糖分、纤维素、矿物质、水分等。各种高粱的化学成分如表 4-1 所示。

表 4-1　　**各种高粱的化学成分**　　单位：%

品种	水分	蛋白质	脂肪	粗纤维	淀粉、糖分	矿物质
白高粱	11.76	10.43	4.37	1.53	69.99	1.92
黄高粱	13.15	9.88	4.02	1，74	69.20	1.92
红高粱	14.30	9.75	3.45	1.34	69.21	1.85
赤褐高粱	13.07	9.87	4.20	1.67	69.25	2.03
一般高粱	10.90	10.20	3.00	3.40	70.80	1.70

（二）高粱的营养价值

高粱籽粒所含养分以淀粉为主，占籽粒重量的 65.9%～77.4%。与其他禾谷类作物相比，高粱的营养价值较低，主要表现在其蛋白质含量较低，且又以难溶的醇溶蛋白和谷蛋白为主。但高粱中含有脂肪及铁较大米多。高粱籽粒含有约 0.3%的蜡质，这些蜡质含有一些高价值的组分，主要包括植物固醇类与高级烷醇。高粱皮膜中含有单宁，加工过粗，则饭呈红色，味涩，不利于蛋白质及矿物质的消化吸收。

（三）高粱的加工与综合利用

1. 高粱制粉

按高粱研磨前调质处理方法的不同，高粱制粉方法可分为干法制粉和湿法制粉两种。

（1）高粱干法制粉　干法制粉可分为高粱全籽粒制粉和高粱米制粉两种。高粱米制粉是将高粱籽粒先加工成高粱米，之后再将高粱米加工成高粱米面。高粱米面的质量好，但出粉率低，在 85%以下。用高粱全籽粒制粉的方法基本上与小麦制粉的方法相同，这样加工的高粱面出粉率较高，可达90%左右，但食味较差，且不易消化，因为高粱果皮里含有的单宁没有去净造成的。

（2）高粱湿法制粉　湿法制粉与干法制粉相比，清理、制粉两部分基本相同。但湿法制粉工艺中高粱的调质处理采用水热处理方法。用湿法制出的高粱面粉，质地既白又细，单宁含量很少，且易保管。

湿法制粉的工艺流程：

高粱籽粒→除杂组合筛→脱壳机→吸风分离器→清杂筛→洗粒机→热绞龙→圆筒仓→溜筛→净粒→制粉→烘干

2. 高粱制米

高粱制米普通加工法的工艺流程：

净粮→吸铁装置→第一道米机→风箱→第二道米机→风箱→第三道米机→风箱→擦糠机→检斤秤→成品打包

影响碾米工艺效果的主要因素是籽粒的工艺品质、碾米设备、工艺和操作技术。所以普通加工要根据籽粒的不同工艺品质适当调整米机的转数，米质越差，越要适当降低转数，减轻内外压力，放大米机间隙，采取多道、慢转、轻碾的加工方法。

对粉质高粱、含水量高的高粱应采取不同的加工方法。粉质高粱籽粒胚乳结构松，抗压强度低，加工时，要轻碾细磨。为了适应加工粉质高粱的需要，可采取头道米机两台并联使用的加工方法，目的是减少头道米机的流量，有利于脱糠和提高产量，改善质量，减少损失，提高出米率。

3. 其他高粱制品

在很长一段时间里，我国高粱在东北、黄河流域等地区曾为主食，随着人们对营养、健康的重新认识，杂粮主食化又重新兴起。高粱的其他制品主要有以下几种：

（1）高粱制糖　甜高粱秆中含蔗糖10%~14%、还原糖3%~5%、淀粉0.5%~0.7%。用甜高粱茎秆熬成糖稀，用糖稀可进一步生产结晶糖。此外，以高粱淀粉制成的高粱饴久负盛名。

（2）高粱制酒　高粱籽粒是中国制酒的主要原料，驰名中外的多种名酒多是用高粱为主料或佐料酿制而成。此外，高粱还可以用来酿制啤酒，高粱啤酒是一种略带酸味的浑浊液体，是非洲人的传统饮料。

（3）风味食品　中国传统高粱食品种类很多，用高粱米和高粱粉可以做干饭、粥、蒸制食品以及膨化食品等。

二、小米加工

（一）小米的基本特性

1. 小米的分类

小米，又名粟、谷子、狗尾粟。其种类和品种很多，分类方法也很多，按谷壳颜色分为白色粟、黄色粟、赤褐粟和黑色粟，按米粒性质分为粳粟和糯粟，粮食加工企业有时也按其外壳与籽粒的结合松紧程度分为松皮粟和紧皮粟。

一般来说，谷壳色浅者皮薄，出米率高，米质好，而谷壳色深者皮厚，出米率低，米质差。小米粒小，色淡黄或深黄，质地较硬，制成品有甜香味。

2. 小米籽粒形态特征及结构

小米的籽粒形态和结构如图 4-13 所示，为带颖的颖果。颖果的颜色分为黄色、浅黄色、蜡色或白色，一般没有光泽。颖果（即糙小米）的形状大都为卵圆形，有的呈球形或椭圆形。其背面隆起，有沟，胚位于背面的沟内，长度为颖果的 1/2~2/3；腹面扁平，基部有褐色凹点，即为脐。粟米的胚乳也有角质和粉质两种结构。

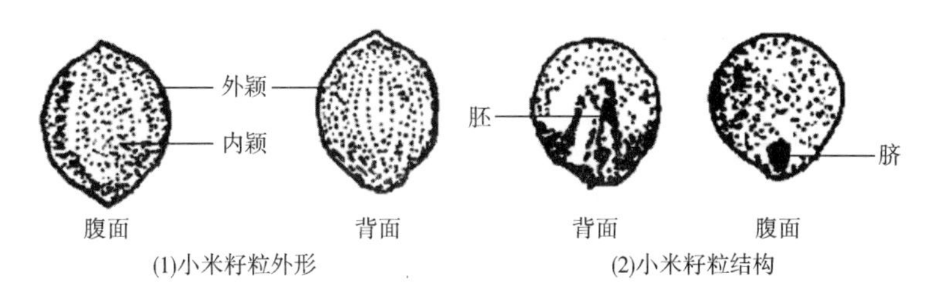

图 4-13　小米籽粒形态及结构

3. 小米的化学成分

小米的化学成分如表 4-2 所示。小米是一种营养价值较高的粮食。小米除含表 4-2 所列成分外，还含维生素 B_1（0.66mg/100g）、维生素 B_2（0.09mg/100g）。

表 4-2　　小米的化学成分　　单位：%

项目	水分	蛋白质	脂肪	无氮浸出物	粗纤维	灰分
糙小米	9.40	11.56	3.29	62.99	10.00	2.88
小米	10.50	9.70	1.10	76.60	0.10	1.40
粗粟糠	10.27	6.68	2.33	19.50	52.50	8.72
细粟糠	8.33	18.06	18.48	35.02	11.09	8.44

（二）小米的营养价值

小米粗蛋白平均含量为 11.4%，高于稻米、小麦粉和玉米。小米中人体必需的氨基酸的含量较为合理，除赖氨酸较低外，小米的必需的氨基酸指数分别比稻米、小麦粉、玉米高 41%、65%和 51.5%，并远高于其他粮食。小米的粗脂肪平均含量为 4.28%，高于稻米、小麦粉，与玉米近似。而且含有丰富的 B 族维生素、人体必需的微量元素和膳食纤维。小米易于消化吸收，具有较高的营养价值。

（三）小米的加工与综合利用

1. 食用

谷子籽粒产量的 85%左右用作人类食粮，且主要以原粮形式消费。主要用于做饭、煮粥或加工成面粉后做成混合面馒头、混合面饼等；其中，最常见的食用方法是熬粥，除单独煮熟外，也可添加大枣、红豆、红薯、莲子、百合等，熬成风味各异的营养粥。小米还是酿酒、制糖的主要原料。小米在食品加工方面还比较薄弱，只有 5%左右用于食品加工。

目前，以小米为主料研制成功的产品有小米酥卷、小米营养粉、米豆冰淇淋、小米方便粥、小米锅巴等。

2. 饲用

谷子籽粒10%左右用作饲料，谷子是粮草兼用作物，粮、草比为1：（1~3）。据中国农业科学院育牧研究所分析，谷草含粗蛋白质3.16%、粗脂肪1.35%、钙0.32%、磷0.14%，其饲料价值接近豆科牧草。谷糠是畜禽的精饲料。

三、燕麦加工

（一）燕麦的基本特性

1. 燕麦的分类

燕麦一般分为有颖燕麦和裸燕麦两类。我国种植的燕麦以裸燕麦为主，裸燕麦又称莜麦、玉麦、铃铛麦，其籽实几乎可以全部食用。

我国燕麦的品种资源主要有9个，主要栽培品种有2个，即普通栽培燕麦和裸燕麦，年种植面积为100万 hm^2，其中春性裸燕麦占90%以上，主要分布在内蒙古、山西、河北三省区的高寒地带，占全国燕麦栽培面积的70%以上。

2. 燕麦籽粒形态特征及籽粒结构

燕麦籽粒形态与结构见图4-14。燕麦的果实为颖果，颖果与内、外颖分离，瘦长有腹沟，籽粒表面有绒毛（基刺），尤其顶部最多。燕麦的果实由皮层、胚乳和胚组成。

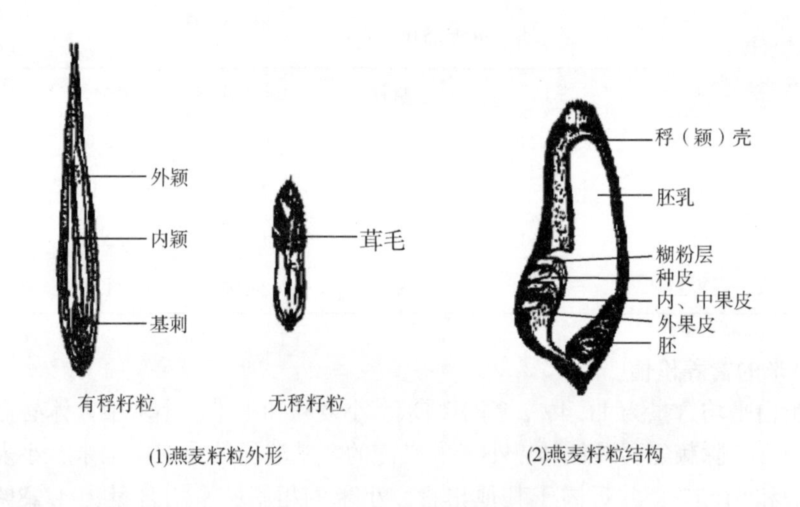

图4-14　燕麦籽粒形态及结构

燕麦粒形分筒形、卵圆形和纺锤形。粒色分为白、黄、浅黄。籽粒大小因品种和环境条件不同而有较大差异，一般千粒重在14~25g，高于30g以上为大粒。籽粒一般长0.8~1.1cm，宽0.16~0.32cm。

3. 燕麦的化学成分

燕麦的化学成分见表4-3，与其他谷类作物相比，燕麦是谷类中最好的全价营养食品之一。

表 4-3　　燕麦各部分化学成分　　单位:%

成分	燕麦果实	颖壳	燕麦籽粒	裸燕麦粉
水分	13.40	6.77	13.40	—
蛋白质	9.46	2.45	12.34	15.00
脂肪	5.33	1.27	2.23	8.50
碳水化合物	60.23	52.20	63.47	—
粗纤维	8.96	33.45	1.33	—
灰分	2.62	3.86	1.83	—

（二）燕麦的营养价值

燕麦籽粒营养成分极为丰富，籽粒蛋白质含量一般为13%~22%，高于其他谷类作物。蛋白质的搭配含量均衡，组成比较全面，不随蛋白质含量而发生明显变化。根据中国医学科学院营养与食品卫生研究所对食物成分的分析结果：裸燕麦在谷物中其蛋白质和脂肪的含量均居首位，尤其是评价蛋白质高低的、人体必需的8种氨基酸的含量基本均居首位。特别值得提出的是，具有增智与健骨功能的赖氨酸含量是大米和小麦粉的2倍以上，防止贫血和毛发脱落的色氨酸也高于大米和小麦粉。燕麦籽粒中脂肪含量占4%~16%，而且不饱和脂肪酸比例大。裸燕麦油脂中的亚油酸含量占脂肪含量的38.1%~52.0%，油酸占不饱和脂肪酸的30%~40%，释放的热量和钙的含量也高于其他粮食。

此外，燕麦籽粒中含有较丰富的维生素 B_1、维生素 B_2、维生素 E、磷、铁、核黄素以及禾谷类作物中独有的皂苷。

（三）燕麦的加工与综合利用

燕麦常见的主要商业产品有燕麦片和燕麦粉等。燕麦片作为煮食的燕麦粥已成为欧美各国主要的即食早餐食品。作为具有保健疗效作用的食品燕麦片正越来越广泛地进入人们的日常生活中。

1. 生产燕麦片、燕麦米

燕麦脱壳后获得燕麦米可以直接作为食品。生产燕麦片时，籽粒切割是为了使籽粒大小达到原来的1/4，并改变了组织结构，容易加工，同时也提高了最终产品的外观。压片可以使燕麦淀粉糊化，提高产品的消化能力。

燕麦片生产工艺流程：

原料燕麦→[清理]→[分级]→[脱壳]→[分级颖壳和籽粒]→[水热处理]→[碾麦、分离]→[切割籽粒]→[筛分]→[汽蒸调湿]→[压片]→[冷却]→[筛选]→产品

2. 生产膳食燕麦粉

膳食燕麦粉可以用燕麦片或预煮燕麦来生产，两者的生产工艺大体相同，以燕麦片生产燕麦粉的工艺流程：

原料燕麦→[称重]→[清理]→[脱壳]→净燕麦仁→[水热处理]→[碾麦、分离]→[切割]→[筛分]→[汽蒸调湿]→[压片]→[粉碎]→膳食燕麦粉

3. 其他燕麦制品

（1）燕麦麸皮　燕麦麸皮是从脱壳后的燕麦籽粒上剥离下来的，可溶性膳食纤维含量高。生产燕麦麸皮的原料为燕麦片和脱壳燕麦粒。两者一般都已经过热处理，使脂肪酶失活。以燕麦片作为原料时，用冲击磨完成研细工作，如经过一道研磨已达到最终细度，这时燕麦麸皮得率为35%~50%。多数情况采用脱壳燕麦籽粒作为原料，用辊式磨粉机经过1~4道研磨，按研磨道数得到或多或少的燕麦麸皮，一般道数多时燕麦麸皮得率低，其总膳食纤维含量较高。

（2）改性燕麦纤维粉　以燕麦麸皮为原料或者以燕麦麸皮为90%~95%，至少添加5%~10%的荞麦麸皮、豆面麸皮、小麦麸皮为原料，经24目筛预选粒度，使截留率不低于25%；然后采用边喷水边搅拌的方法使原料含水量达12%~14%，静置12h以上充分浸润后，将其放入双螺杆挤压机中，控制工作温度140~160℃时进行挤压膨化；最后再用超微粉碎机粉碎，过80目筛，即制得改性燕麦纤维粉。

此外，燕麦还被用来制作饼干、蛋糕以及燕麦酒等食品。

四、大麦加工

（一）大麦的基本特性

在世界各类作物中，大麦的总面积和总产量仅次于小麦、水稻、玉米，居第四位，平均亩产低于水稻、玉米，居第三位。在我国，大麦面积和产量在水稻、小麦、玉米和高粱之后，位居第五。

1. 大麦的分类

栽培大麦根据其麦穗的形状可分为六棱大麦、四棱大麦和二棱大麦三种；根据其播种季节可分为冬大麦和春大麦两种；根据其脱粒后的籽粒有无颖又可分为皮大麦和裸大麦两种；国家标准局按大麦的用途将其分为饲用大麦、啤酒大麦和裸大麦。

2. 大麦籽粒结构

大麦有带壳大麦（又称皮大麦）和裸粒大麦之分。大麦果实大致是一个两端尖、呈锥形的纺锤体，形态及结构见图4-15。

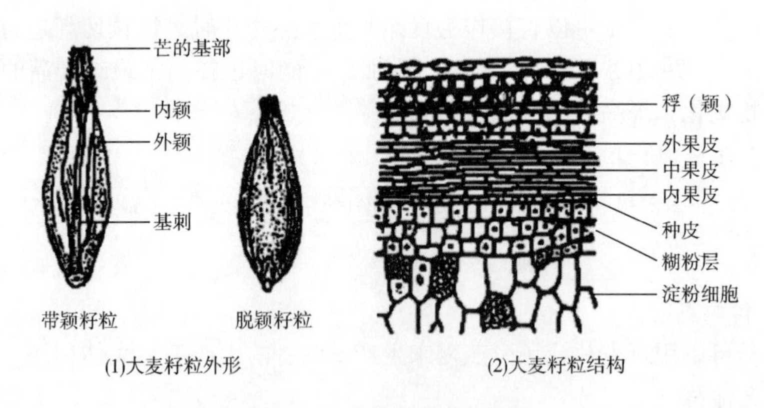

图4-15　大麦籽粒形态结构

大麦籽粒的颖壳由外表皮、皮下纤维组织、海绵状薄壁组织和内表皮组成。颖果由皮层、胚乳和胚三部分组成。皮层包括果皮、种皮和外胚乳，胚乳则包括糊粉层和淀粉细胞。大麦胚乳有两种结构，角质胚乳和粉质胚乳。粉质胚乳含淀粉多，含蛋白质少，适于作啤酒原料；角质胚乳含蛋白质较多，适合食用或作饲料用。

3. 大麦的化学成分

大麦果实的大小千差万别，每粒的干重范围 5~80mg，其化学成分略有不同，主要成分为碳水化合物、蛋白质、脂肪、纤维素、水分、矿物质等。各化学成分的含量如表 4-4 所示。

表 4-4　　大麦的化学组成　　单位:%

项目	水分	碳水化合物	蛋白质	脂肪	粗纤维	矿物质
大麦米	13	66.3	10.5	2.2	6.5	0.5

（二）大麦的营养价值

大麦的营养丰富，从大麦与小麦、玉米的营养成分比较（表 4-5）可以看出，大麦中蛋白质含量较高，还有丰富的膳食纤维、维生素及矿物质元素，其营养成分综合指标符合现代人们对营养的要求。

表 4-5　　几种粮食平均营养成分比较（每 100g 中的含量）

种类	碳水化合物含量/g	蛋白质含量/g	脂肪含量/g	粗纤维含量/g	维生素 B_1 含量/mg	维生素 B_2 含量/mg	尼克酸含量/mg	Ca 含量/mg	P 含量/mg	Fe 含量/mg
大麦仁	66.3	10.5	2.2	6.5	0.36	0.1	4.8	43.0	400	4.1
小麦粉	72.9	9.4	1.9	0.6	–	0.1	4.0	43.0	330	5.9
玉米	72.2	8.5	4.3	1.5	0.34	0.1	2.3	22.0	210	1.6

大麦籽粒中的蛋白含量为 6.4%~24.4%，与小麦相似，但均高于其他主要作物。籽粒中脂肪含量为 1.7%~4.6%，亚油酸含量占脂肪酸含量的 54.3%，油酸含量占 32.8%，亚麻酸的含量很低。此外，大麦籽粒中还含有维生素 A、维生素 C、维生素 E、维生素 K 和叶酸、胆碱及铜、钾、钙、硒、锌等 20 多种微量元素以及多种酶。

大麦的总膳食纤维（TDF）含量根据其遗传类型而变化。蜡质无壳大麦的 TDF 较高，主要是由于 β-葡聚糖含量较高；带壳大麦壳中含有高浓度的不溶性纤维。可溶性纤维有利于抑制膳食胆固醇和脂肪及其他一些营养物质的吸收，同时对心血管病和糖尿病等有预防作用。

（三）大麦的加工与综合利用

1. 大麦制米

大麦制米前，先要经过清理阶段。清理原粮大麦的工艺与设备，基本上和加工小麦相同。主要工序有：筛选、风选、磁选、表面处理等，相应设备为振动筛、垂直吸风道、永磁筒、打麦机等。需要指出的是，设备工作参数应根据大麦的物理特性而定。

大麦碾制成米的主要过程包括：①清理；②水分调节；③漂白；④脱壳；⑤谷壳分离；⑥筛理分级；⑦脱壳大麦经切断，碾制珠形大麦米；⑧脱壳大麦精碾成整大麦米；

⑨风选、分级、筛理；⑩磨光。

2. 大麦制粉

大麦制粉有不同的加工方式，皮大麦一般经脱壳制成大麦米后再制成粉，裸大麦可用来直接制粉，也可制成大麦米后再制成粉。

(1) 大麦粉（片）加工工艺

大麦原料→清理→脱壳、颖果分离→碾皮→研磨筛理→碎麦→加水→蒸烘→压片→烘干→调味→包装→成品（大麦片）

(2) 大麦膨化粉加工工艺

大麦米　大麦粉
↑　↑
主料（大麦或大麦粉或加其他谷物的米或粉）→拌和混合→进机膨化→膨化颗粒→粉碎→膨化粉→配料→混匀筛粉→干燥杀菌→无菌冷却→计量包装→抽样检验→成品

3. 其他大麦制品

除大麦米、大麦粉产品等，大麦还可用于制作啤酒、麦芽，以及大麦茶、大麦咖啡、大麦糖浆、大麦复合饮料等，或者面筋蛋白需要不高的焙烤制品，如饼干、酥饼等；也可用作膨化食品、挂面等原料。

五、薏米加工

(一) 薏米的基本特性

薏米又称薏苡仁、六谷米、回回米、裕米等，为禾本科植物薏苡的干燥成熟种仁。

薏米营养丰富，除了含有丰富的糖类、蛋白质、脂肪等常规营养元素外，还含有维生素 B_1、维生素 B_2、尼克酸、维生素 E，以及多种微量元素，且不含有重金属等物质，是一种十分具有开发前景的功能性谷类作物。

1. 薏米籽粒形态特征及结构

薏米是薏苡的颖果，粒形多为卵圆形或扁球形，粒色为褐色、灰蓝色和蓝白色。

薏米呈宽卵形或长椭圆形，长 4~8mm，宽 3~6mm。表面乳白色，光滑，偶有残存的黄褐色种皮。米仁表面有薄皮层，紧连是糊粉层，内部是胚乳，含量占米仁的 80%以上。

薏米与高粱米外形较为相似，但薏米粒径较大而高粱米较小；薏米腹面沟深而长，呈直沟形，不似高粱米浅而短，而呈三角形。

2. 薏米的化学成分

据测定，薏米仁的蛋白质、脂肪、维生素 B_1 及主要微量元素均比大米高；5 种微量元素含量平均是大米的 1.5 倍；8 种人体必需氨基酸含量是大米的 2.3 倍。

(二) 薏米的营养价值

薏米内含蛋白质 16.2%，脂肪 4.65%，糖类 79.1%，另含氨基酸、薏苡素、薏苡脂、三萜化合物及淀粉等，具有很高的营养价值。这些成分的含量均大大超过稻米，所含蛋白质远比大米、小麦粉高，而且还含有人体所需的亮氨酸、精氨酸、赖氨酸、酪氨酸等必需氨基酸及矿物质。薏米的不饱和脂肪酸含量也较高，它具有缓解血液中过量的胆固醇、增强细胞膜透性、阻止心肌组织和动脉硬化等功能。

（三）薏米的加工与综合利用

近年来，由于薏米是很好的药食两用的食品原料，人们利用薏米开发出许多保健食品。我国目前用薏米为原料的研究加工产品主要包括饮料和发酵制品，有薏米酒、薏米饮料和薏米乳酸饮料以及薏米膨化食品、薏米饼干、薏米面条等。例如：大麦、玉米、大豆等混合，制成营养丰富的薏米大麦粉、薏米饼干；或是将利用薏米和大米为主要原料，经过糖化、酒精发酵，可制成具有保健作用的薏米酒；再或是将薏米长时间浸泡后，再进行煮沸，将煮熟的薏米捞出，得到滤液，用滤得的滤液添加制剂，做成薏米饮料；或是将薏仁米进行炒制，做成薏米营养粉。

思考题

1. 小麦研磨的工艺过程是什么？
2. 什么是筛理？在制品有哪些分类？
3. 什么是清粉？目的和意义何在？
4. 稻谷加工的工艺有哪些组成部分？
5. 为什么要砻谷？是否可以不经砻谷直接碾米，为什么？
6. 为什么要进行面粉后处理？
7. 砻下物有哪些？为什么要进行分离？
8. 为什么要进行糙米精选与调质？
9. 为什么要对稻米进行营养强化？
10. 特制米有哪些？
11. 玉米加工有哪些产品？
12. 玉米淀粉生产有哪些副产品？
13. 常见的杂粮有哪几种？
14. 高粱、小米、燕麦、大麦等籽粒形态有何特点？
15. 举例说明杂粮的综合利用，适合做哪些食品。

参考文献

[1] 路飞．粮油加工学［M］．北京：科学出版社，2018.
[2] 郑红．杂粮加工原理及技术［M］．沈阳：辽宁科学技术出版社，2017.
[3] 张雪．粮油食品工艺学［M］．北京：中国轻工业出版社，2017.
[4] 卞科，郑学玲．谷物化学［M］．北京：科学出版社，2017.
[5] 田建珍，温纪．小麦加工工艺与设备［M］．北京：科学出版社，2016.
[6] 马涛，肖志刚．杂粮食品生产实用技术［M］．北京：化学工业出版社，2016.
[7] 李新华，董海洲．粮油加工学［M］．北京：中国农业大学出版社，2016.
[8] 郭祯祥．粮食加工与综合利用工艺学［M］．郑州：河南科学技术出版社，2016.
[9] 曹龙奎．杂粮改性专用粉制备技术及杂粮食品开发［M］．北京：科学出版社，2016.
[10] 周裔彬．粮油加工工艺学［M］．北京：化学工业出版社，2015.

[11] 张海臣. 粮油食品加工学 [M]. 北京：中国商业出版社，2015.
[12] 吴跃. 杂粮特性与综合加工利用 [M]. 北京：科学出版社，2015.
[13] 林亲录. 稻谷及副产物加工和利用 [M]. 北京：科学出版社，2015.
[14] 黄亮，林亲录. 稻谷加工机械 [M]. 北京：科学出版社，2015.
[15] 林亲录，秦丹，孙庆杰. 食品工艺学 [M]. 长沙：中南大学出版社，2014.

第五章　油脂制取与加工

[学习指导]

本章主要讲授植物油制取与精炼技术基本知识，要求学生掌握油料压榨过程原理及主要设备；油脂浸出过程原理及常用设备；油脂精炼过程的“五脱”内容。了解油脂主要产品，如人造奶油、起酥油、蛋黄酱等。

第一节　植物油脂提取

植物油脂提取是采用科学合理的工艺技术和设备，从油料中最大限度地提取油脂并保证产品质量的过程。目前大型油脂企业常用的提取方法包括压榨法提取油脂、浸出法提取油脂。

一、压榨法提取

压榨法取油是指借助机械外力的作用，将油脂从油料中挤压出来的取油方法。按压榨时榨料所受压力的大小以及压榨取油的深度，压榨法取油可分为一次压榨和预榨。近年来又出现了膨化压榨法取油和冷榨法取油。

压榨法取油与其他取油方法相比，具有工艺简单、配套设备少、对油料品种适应性强、生产灵活、油品质量好、色泽浅、风味纯正等优点，但压榨后的饼残油量高，压榨过程的动力消耗大，榨条等零部件易磨损。

（一）压榨法取油的基本原理

压榨取油过程即借助机械外力的作用将油脂从榨料中挤压出来的过程。在压榨取油过程中，主要发生的是物理变化，如物料变形、油脂分离、摩擦发热、水分蒸发等，但由于温度、水分、微生物等的影响，同时也会产生某些生物化学方面的变化，如蛋白质变性、酶的钝化和破坏、某些物质的结合等。因此压榨取油的过程，实际上是一系列过程的综合。压榨时榨料粒子在压力作用下内外表面相互挤紧，致使其液体部分和凝胶部分分别产生两个不同过程，即油脂从榨料空隙中被挤压出来及榨料粒子变形形成坚硬的油饼。油脂的榨出过程如图 5-1 所示。

（二）压榨法取油的常用设备

1. 螺旋榨油机取油

动力螺旋榨油机的工作过程，概括地说，是由于旋转着的螺旋轴在榨膛内的推进作用，使榨料连续地向前推进，同时由于螺旋轴上榨螺螺距的缩短和根圆直径的增大，以及榨膛内径的减小，使榨膛空间体积不断缩小而对榨料产生压榨作用。榨料受压缩后，油脂从榨笼缝隙中挤压流出，同时榨料被压成饼块从榨膛末端排出，其过程如图 5-2 所示。

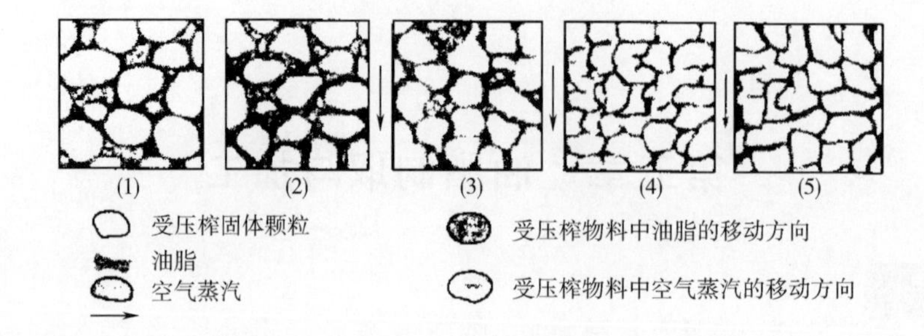

图 5-1　榨料在受压下的油脂压榨过程简图

（1）原始物料　（2）压榨的开始阶段——粒子开始变形，在个别接触处结合，粒子间空隙缩小，空气（蒸汽）放出，油脂开始从空隙中压出　（3）压榨主要阶段——粒子进一步变形结合，空隙更加缩小，油脂大量被榨出，油路尚未封闭　（4）压榨结束阶段——粒子结合完成，通道横截面突然缩小，油路显著封闭，油脂已很少榨出　（5）解除压力后的油饼——由于弹性变形而膨胀生成细孔，有时有粗的裂缝，未排走的油反被吸入

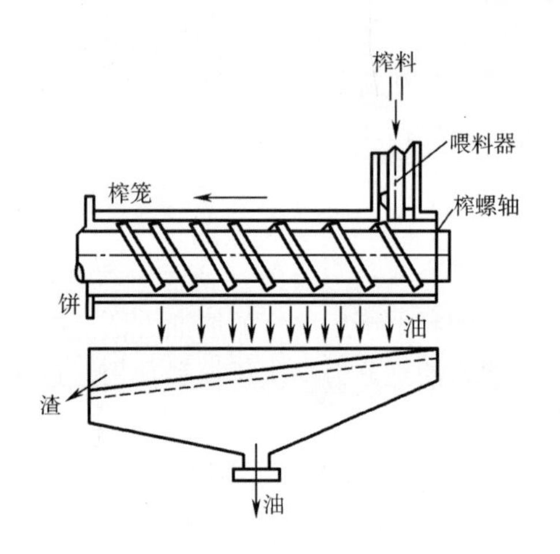

图 5-2　螺旋榨油机的压榨过程示意图

2. 螺旋榨油机的种类和结构

螺旋榨油机的类型很多，但所有螺旋榨油机都有类似的结构和工作原理，其区别仅在于主要组成部件的型式。螺旋榨油机的主要工作部件是螺旋轴、榨笼、喂料装置、调饼装置及传动变速装置等。我国螺旋榨油机的规格型号是按榨膛内径命名的，在榨膛内径前冠以 ZX 为压榨机，在榨膛内径前冠以 ZY 为预榨机。

（1）螺旋轴　螺旋轴是螺旋榨油机最重要的工作部件。工作时螺旋轴不断地把榨料推向前进并对其进行压榨。由于螺旋轴对榨料的强烈挤压摩擦，所以很容易磨损。螺旋轴的结构型式有整体式、套装式、变速螺旋轴三种。

（2）榨笼　榨笼是螺旋榨油机另一个重要的部件，它通常由装笼板、榨条、凸形榨条、压板、刮刀、垫片、横梁、螺栓等部件组成。将榨条按一定的顺序装砌在装笼板的内圆面上，形成两个结构和尺寸完全相同的半圆筒，再将两个半圆筒装合起来，外面用四根横梁和若干根螺栓将其锁紧，即形成榨笼。

（3）喂料装置　除极少数的小型螺旋榨油机采用自然进料外，绝大多数机型都采用强制进料结构。其优点是喂料均匀，可防止“搭桥”，有利于进料段榨膛内榨料的预压，同时也有利于压榨生产量的提高。

（4）调饼装置　调饼装置是用来调节出饼厚度，并能随之改变榨膛压力的部件。不同机型有不同的调饼机构，但其基本结构和工作原理是一样的，即通过调整锥形出饼圈和锥形校饼头所形成的环形缝隙的大小，实现对饼厚度的调节。

（5）传动装置　传动装置常见的型式是螺旋轴、榨机炒锅搅拌轴、喂料轴等部分，其转动由电机通过一系列的皮带和齿轮的传动及变速来实现。为了使传动美观紧凑，有些榨油机也采用螺旋轴、喂料轴及蒸炒锅搅拌轴分别由电机单机传动。在大型榨油机上，也逐渐采用了变速电机和高效减速机，以利于榨油机进料量的调整及生产能力的调整。

（三）压榨原油的除渣

压榨所得原油中含有许多粗的或细的饼渣或称“油渣”。压榨原油中饼渣的含量随入榨料坯性质、压榨条件、榨机结构的不同而变化很大，一般为2%～15%。一般要求压榨过程的排渣量须控制在10%以下。压榨原油中饼渣的存在，对原油输送、暂存及油脂精炼都产生不良影响。因此，必须在压榨取油操作之后及时将压榨原油中的饼渣分离除去，并将分离出来的含油饼渣用输送设备送回榨机炒锅，随料坯一起进行复榨。

1. 沉降法分离

沉降法分离按悬浮粒子在流体中所受作用力的不同分为重力沉降和离心沉降两种。

（1）重力沉降分离设备　重力沉降分离是利用悬浮杂质与油脂的相对密度不同，在自然静置状态下，使悬浮杂质从油中沉降下来而与油脂分离。重力沉降分离设备有沉降池、暂存罐、澄油箱等。

澄油箱是最常用的一种原油粗沉降分离设备，如图5-3所示。澄油箱为一长方体，箱内有一回转的刮板输送器，油箱上面有一组特制的长形筛网板。含渣原油由螺旋输送机送入澄油箱内，经过静置沉淀，原油通过几道隔板从溢流管流入净油池，然后由泵打入滤油机进一步分离其中所含的细渣。刮板输送器以很低的速度连续移动，输送机上的刮板将沉入箱底的油渣刮运上来，在通过上面的筛板时，油渣中所含的油通过筛孔漏入箱内，而饼渣则随着刮板移到箱的另一端，落入一条横穿澄油箱的螺旋输送机内，被送往榨油机复榨。

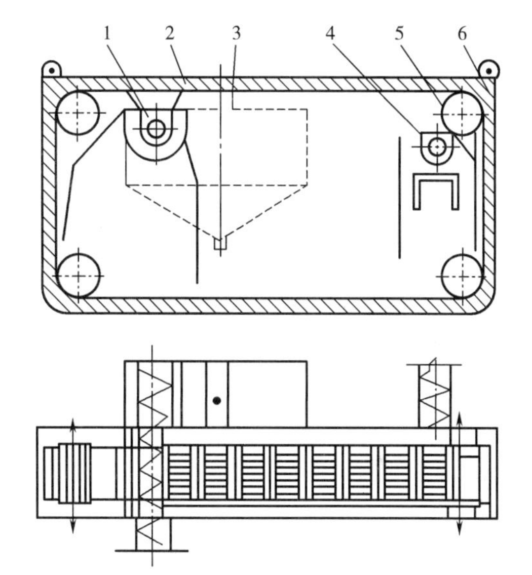

图5-3　澄油箱

1—螺旋输送机　2—筛网板　3—净油池　4—原油和渣螺旋输送机　5—刮板输送器　6—油箱

澄油箱的特点是对原油中粗大饼渣的沉降效果好，机械化捞渣和回渣。但其缺点是沉降时间长，分离后的油中含渣量及渣中含油量均较高。此外，澄油箱中热的原油较长时间与空气接触，对原油品质会产生不利影响，特别是毛棉油不宜采用此装置。

（2）离心沉降分离设备　离心沉降分离是借助于分离设备中高速旋转部件产生的离心力，将油脂与固体杂质分离。离心沉降分离对于悬浮物粒度细小、固液相密度差小的悬浮液分离更显示出其优越性。

油脂生产常用的离心沉降分离设备有螺旋型离心机、管式离心机、碟式离心机等。螺旋型离心机常用于压榨原油中油渣的分离，而管式离心机和碟式离心机主要用于油脂精炼过程中工艺悬浮体系（胶粒和皂粒）的分离。

2. 过滤法分离

过滤法分离是在重力或机械外力作用下，使悬浮液通过过滤介质，悬浮杂质被截留在过滤介质上形成滤饼，从而达到固液分离的目的。这种方法可以用于压榨原油中油渣的分离，也可以用于油脂精炼过程中工艺性悬浮体（如脱色白土、蜡质）的分离。

过滤法分离设备有板框式压滤机、叶片过滤机和圆盘过滤机。

二、浸出法提取

浸出法提取植物油脂是目前广泛采用的一种油脂提取方法，提取率高。浸出法制油是根据固-液萃取的原理，采用能够溶解油脂的溶剂，对经过处理的料坯进行喷淋和浸泡，油脂溶解在溶剂中形成的液体称为混合油，浸出后的固体称为湿粕。混合油经过蒸发、汽提，使油脂与溶剂分离得到浸出原油；湿粕经脱溶、干燥，生产出成品粕；蒸发、汽提、脱溶出的溶剂蒸气进行溶剂回收，回收的溶剂循环使用。

浸出法制油主要优点是出油率高，粕残油率低，一般仅1%左右；浸出法所得粕的蛋白质含量高、质量好；浸出法制油可实现大规模、自动化控制生产，生产成本低、生产环境好。

（一）溶剂

1. 油脂浸出对溶剂的要求

植物油料浸出所用的溶剂作为一种工业助剂存在整个油脂浸出工艺中，溶剂的成分和性质对浸出法提取油脂的生产指标和产品质量都有不同程度的影响，溶剂应该在技术和工艺上满足浸出工艺的各项要求。

一般来说，对所选溶剂应在浸出过程中获得最高的出油率，浸出后获得高质量的油脂和成品粕，尽量避免溶剂对人身体产生的伤害，保证生产安全。其具体要求如下：

（1）对油脂的溶解度好　选用的溶剂对油脂能充分、快速地溶解，且对油脂的溶解不受比例的影响，对脂溶性物质不溶解或少溶解，对其他非油组分不溶解。

（2）化学性质稳定　溶剂的化学纯度越高越好（除混合溶剂外）；在储藏和运输、浸出生产的各工序中，溶剂本身不发生分解、氧化或聚合等造成化学成分和性质改变的化学变化，且不与油料中的任何化学组分发生化学反应；无论是纯溶剂、溶剂的水溶液或者是溶剂气体与水蒸气的混合气体，对设备都不应有明显的腐蚀作用。

（3）易与油脂、粕分离　溶剂能够在较低温度下从油脂和粕中充分挥发，它应具有稳定的和较低的沸点，热容低，蒸发潜热小，且易被回收；与水不溶解，且与水不产生具有固定沸点的共沸混合物。

（4）安全性能好　无论是溶剂的液体、溶剂气体或者是含有溶剂气体的水蒸气混合气体，对操作人员的健康是无害的；在和油料接触后不会使溶剂夹带不良的气味和味道，不会产生对人体有危害的物质；采用的溶剂应该是不易燃烧和不易爆炸的。

（5）溶剂来源广　浸出溶剂在较大工业规模生产中的需求量应得到满足，溶剂的价格要便宜，来源要充足。

完全满足上述要求的溶剂可以称作理想溶剂。但在目前油脂工业中所采用的溶剂并不能满足理想溶剂的全部要求，所以，在选择油脂浸出所用的溶剂时，应把它的性质与理想溶剂的性质进行比较，力求其偏离的程度最小。

2. 常用浸出溶剂

（1）6号植物油抽提溶剂　我国目前大规模浸出生产主要采用6号植物油抽提溶剂，2008年我国对原标准进行了重新修订，制定了新的国家标准（GB 16629—2008），并于2010年开始实施，其主要技术要求：

①无色透明、具有刺鼻气味；②馏程范围61～76℃；③苯含量（质量分数）小于0.1%，密度（20℃）655～680kg/m^3；④不挥发物（mg/100mL）小于1%，机械杂质及水分：无；硫含量（质量分数）小于0.0005%。

6号植物油抽提溶剂的主要缺点是它的易燃性和与空气混合形成爆炸的性能，6号植物油抽提溶剂对人体神经系统有一定影响，溶剂气体连续吸入会引起头昏、头痛，甚至失去知觉。

（2）工业已烷　食品工业抽提用正已烷（Q/SH3170 045—2009）馏程范围小（66～70℃），密度（20℃）655～680kg/m^3。正已烷含量（质量分数）80.0%，其余同6号植物油抽提溶剂。正已烷溶剂，由于馏程短，因此能在较低温度下进行回收，对于生产低温豆粕、降低溶剂消耗、生产特种油脂是较理想的。

（3）丙酮　丙酮是既亲油又亲水的溶剂，用于制取棉籽油有很多优点，可在浸出棉籽油的同时提取棉酚，得到脱除棉酚的粕，而且丙酮不能溶解磷脂和胶质，对棉籽油的精炼也颇为有利。

3. 浸出法取油的基本原理

在油脂浸出生产工艺中，油料的浸出是非常重要的工序，对于生坯直接浸出、预榨浸出、膨化浸出或特殊要求的物料浸出，浸出的机理都是一致的。由于其前处理工艺不同，油脂在料坯中的存在状态以及料坯的性状都不同，在选择浸出工艺条件和浸出设备时就有所差别。

油脂浸出是固-液萃取过程，在浸出过程中，利用油料中的油脂能够溶解在选定的溶剂中，而使油脂从固相转移到液相的传质过程。用溶剂从固体油料中萃取出植物油脂，属于典型的质量传递过程，其动力主要是油脂在溶剂中的浓度差。油脂在从固相到液相的质量传递过程是借助分子扩散和对流扩散两种方式完成。在浸出过程中，料坯的结构和性质、浸出过程的温度、浸出时间、浓度差和溶剂比对油脂浸出的速度和深度都会产生一定的影响。

4. 油脂浸出工艺

在油脂浸出工业中，油脂的浸出可以根据生产操作方式分为间歇式浸出和连续式浸出。

（1）间歇式浸出　间歇式浸出法是在浸出设备内用溶剂对油料进行浸泡，浸泡一定时间后，一部分油脂从料坯中转移到溶剂中形成混合油，经溶剂多次浸泡，最终将油料中几乎所有的油脂提取出来为止。第一次浸泡得到的混合油浓度最高，之后混合油的浓度依次递减。因此，间歇式浸出法所用的溶剂量多，混合油浓度稀且混合油的量大，对后续的加工生产是十分不利的。这种浸出方法和浸出设备目前已很少采用。

（2）连续式浸出　连续式浸出法是在浸出设备内用浓度渐稀的混合油对连续进入的料坯逐次进行萃取，最后用新鲜溶剂对残油很低的料坯浸出，最终将油料中几乎所有的油脂提取出来。连续式浸出法可以减少溶剂用量，获得浓度高的混合油，缩短浸出时间，适合大规模的油脂浸出生产，是目前广泛采用的浸出形式。

5. 油脂浸出设备

连续式浸出是在连续工作的浸出设备内进行的，根据溶剂与料坯的接触方式可将浸出设备分为浸泡式浸出器、喷淋式浸出器、喷淋浸泡混合式浸出器。

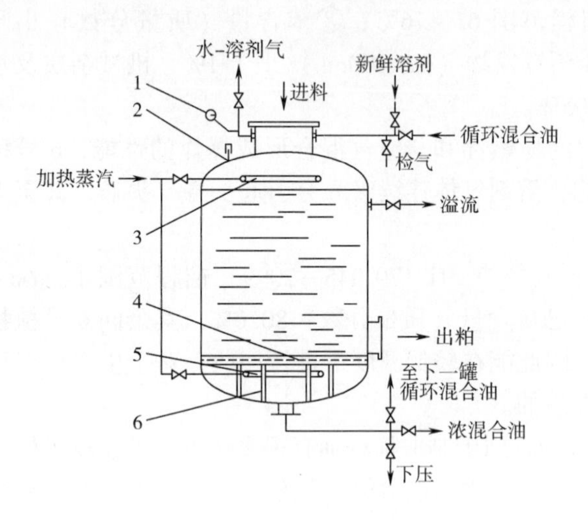

图 5-4　简易浸出罐的结构图
1—压力表　2—安全阀　3—下压蒸汽管
4—假底　5—上蒸蒸汽管　6—铁架

（1）浸泡式浸出器　典型的浸泡式浸出器是罐组式浸出器。图 5-4 所示为国内小型浸出油厂普遍采用的一种简易浸出罐。这种浸出罐外表像一个圆柱形的容器，靠近圆柱形的底部有假底，它由两层筛孔直径为 8mm 左右的筛板，中间夹以麻袋或棕皮纤维等组成。假底装紧在格状的下部铁架 6 上，使假底能承受一罐料坯和浸出溶剂的质量，以及“下压”操作时的蒸汽压力（一般在 98kPa 左右），而不至于使其变形或折断。假底装好后，要求只能通过混合油和溶剂等液体，而料粕等固体粒子不能通过。

罐组式浸出器的特点是：设备简单，投资少，制造容易，电耗、溶耗低，适应性强，适用于小型的浸出油厂。

（2）喷淋式浸出器　喷淋式浸出主要包括履带式浸出器和履带框式浸出器。

履带式浸出器如图 5-5 所示，首先由比利时迪斯美公司生产。它的主要工作机构是水平网状的输送履带。浸出器外壳的上部有进料塔，塔上装置了料位器。料位器能使进料塔内料层自动保持一定高度，阻止溶剂蒸气从进料口逸出进入前处理车间。入浸物料从料塔中落在缓慢移动的履带上并随其一起运行，在随履带移动的过程中，油料依次受到不同浓度混合油及新鲜溶剂的喷淋浸出。

料层上方有耙松器，它有两个作用：在料层上面形成沟槽，减轻不同浓度混合油的互混现象；恢复物料较好的渗透性。在卸料斗之前物料被新鲜溶剂所喷淋，溶剂通过喷淋器送入，然后通过约 2m 长的沥干段，经滴干后的粕再由旋转拨料辊进行疏松，从履带上被拨至卸料斗，从那里被刮板输送器送出。

冲洗履带后的混合油，经过过滤器的过滤及料层的自身过滤，混合油浓度进一步提高，汇集到油斗，最后浓混合油由浸出器排出，经过滤器、混合油罐，再用混合油泵送去蒸发。而其中的一部分混合油打回浸出器，经喷管冲洗履带。

履带浸出器具有动力消耗小、工艺效果好、操作简单、运行可靠的特点，尤其是出粕自动连续、流量均匀，但只有上部履带作为浸出使用，有效工作体积约 25%。此外，在料层中混合油循环的阶段区分不明显，而且设备结构复杂。

联邦德国鲁奇公司生产的履带-框式浸出器类似履带式浸出器，如图 5-6 所示，该浸出器中的主要部件是框式传送带，在此传送带上固定有 62 个三面框架，每个框的容积为

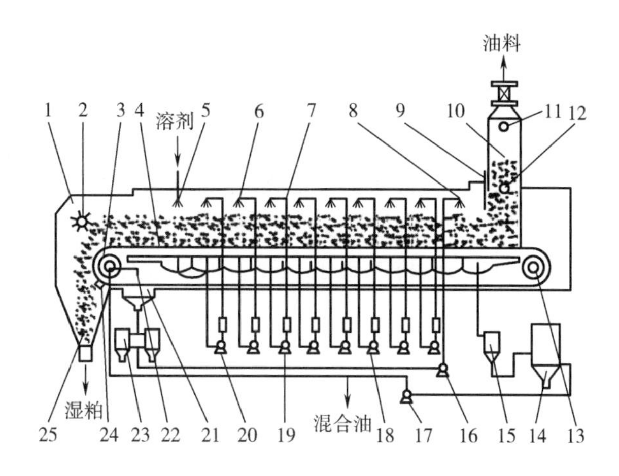

图 5-5　履带式浸出器

1—浸出器外壳　2—拨料辊　3—主动轮　4—履带输送机　5、6—喷液器　7—耙松器　8—翻斗　9—闸板　10—料塔　11、12—料位器　13—从动轮　14—混合油罐　15、23—过滤器　16、17—混合油泵　18、20—联泵　19—混合油加热器　21—油斗　22—喷管　24—毛刷辊　25—卸料斗

$0.4m^3$。还有两条作为框架假底的履带输送机。框式传送带和履带输送机同步运动，当框架处于上部或者下部履带输送机的范围内时，履带起到假底的作用，并保持物料存放在框架内。

履带-框式浸出器较履带浸出器的优点是在框架的料层中有利于混合油浓度梯度的形成，浸出器工作的有效利用率高，但设备结构更加复杂。

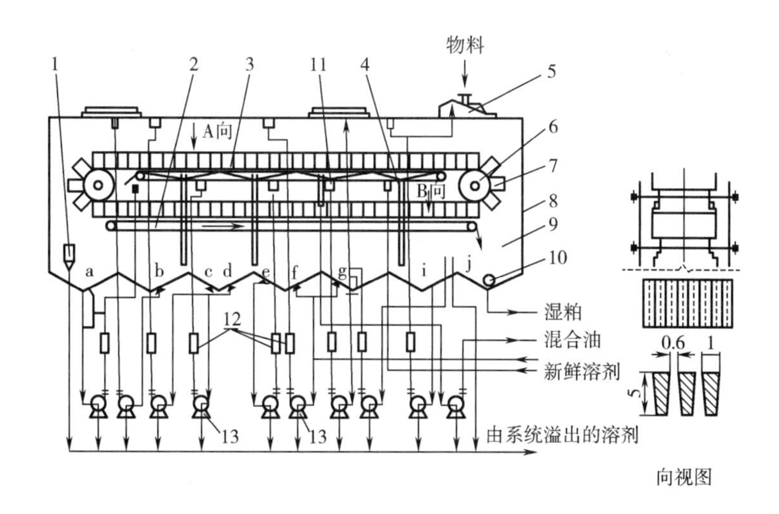

图 5-6　履带-框式浸出器

1—下层混合油斗　2—履带输送机　3—上层混合油斗　4—溢流管　5—进料箱　6—框式传送带　7—框架　8—外壳　9—卸料斗　10—螺旋输送机　11—喷液器　12—加热器　13—泵

（3）喷淋浸泡混合式浸出器　喷淋浸泡混合式浸出器包括平转浸出器、环形浸出器等。

①平转浸出器：平转浸出器有很多种形式，目前应用广泛的是固定栅板平转式浸出器，其结构如图5-7所示。它主要由外壳、转子、固定栅板、混合油斗、进料卸料装置、传动装置等组成。圆柱状的外壳内，上部是浸出器的转子，转子是由外圈和内圈组成的环形空间。转子下部有一个缺角的环形固定栅板，栅板由许多根不锈钢栅板条组成的同心圆。栅板条的截面为上大下小的梯形，所形成缝隙的截面是向下扩大的梯形。由于栅板缝隙和转子转动的方向平行，且缝隙呈向下扩大的梯形截面，因此浸出格内的油料被隔板推着在栅板上顺着缝隙的方向前进，油料像刷子一样，前进过程中不断清理栅板及缝隙，防止了油料粒子堵塞栅板缝隙的可能性。

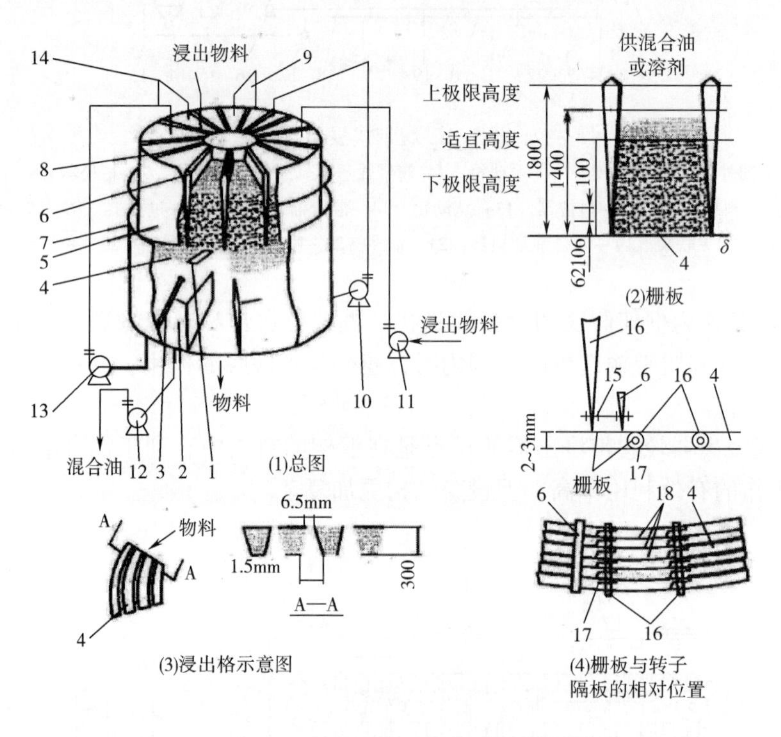

图5-7　固定栅板平转式浸出器

1—底板　2—混合油斗　3—油斗隔板　4—栅板　5—转子外圈　6—浸出格隔板
7—外壳　8—内圈　9、10、13、14—循环泵、循环管　11—溶剂泵　12—混合油泵
15—薄板　16—固定杆　17—金属丝　18—栅板缝隙

浸出器的进料装置由存料斗和螺旋输送机组成。在浸出器转子隔板上部的预定位置开有孔，可自动调节料层上面混合油的液面高度。在浸出器中完成喷淋浸泡和自然沥干后的湿粕在栅板开有扇形缺口的位置排入出料口，在栅板扇形缺口的后面，有一段没有缝隙的底板，卸粕后的浸出格转过这一段后，在进料斗处重新装料。浸出器转子的下面是被垂直的径向隔板分隔成的混合油斗和出粕斗。最后的浓混合油由混合油泵抽出去蒸发工序。

固定栅板平转式浸出器具有结构简单、运行可靠、动力消耗低、占地面积小、混合油浓度高、混合油中含杂少，以及浸出效果好等优点，所以在国内外得到了广泛的应用。

②环形浸出器：环形浸出器也是目前国内外油脂工业应用最多的浸出器型式之一，结构如图 5-8 所示。它呈环状外形，整个壳体由进料段、下弯曲段、下水平段、上弯曲段、上水平段五部分组成。主要工作部件是输送浸出油料的框式拖链输送带。这个输送带的结构类似于刮板输送机，浸出器采用带有减速器的电动机通过拖链传动进行运转。

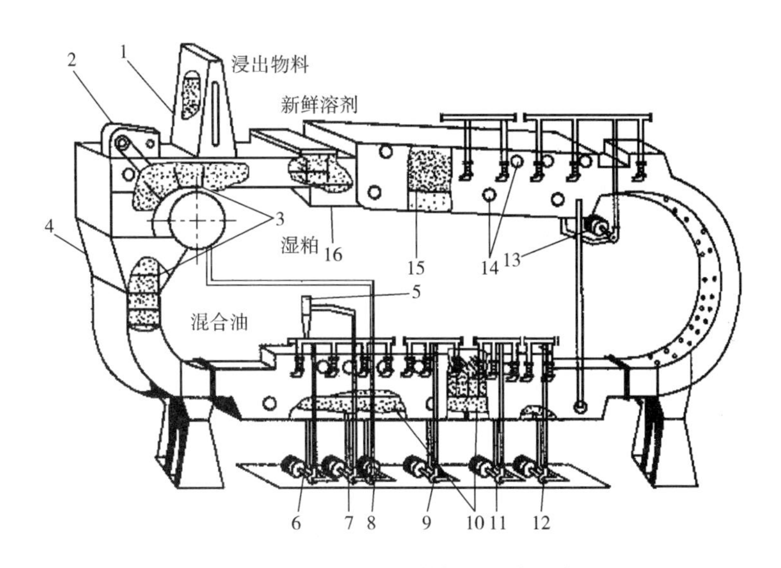

图 5-8 环形浸出器的结构和工作示意图

1—进料斗 2—减速器 3—拖链输送带 4—外壳 5—旋液分离器 6、8、9、11、12、13—循环泵 7—混合油 10—混合油油斗 14—视镜 15—固定栅板 16—卸粕口

连续流动的油料经由安装有料位控制器的进料斗进入浸出器内，落入拖链框架之间的区域随着拖链向下弯曲段移动。在这个过程中受到较浓混合油的预先喷淋和浸泡。移动至下水平段时，油料顺此继续向前移动，而在直立段所获得的混合油送去喷淋油料（再循环）。浓混合油用泵抽出至旋液分离器去除杂质后再送去蒸发。

在沿着浸出器下面的水平段和右边的直立段继续移动时，油料分别受到越来越稀的混合油的多次喷淋，最后到达上水平段时被新鲜溶剂喷淋，然后经过自然沥干溶剂后，湿粕经卸粕口排出送往湿粕蒸脱机。

环形浸出器有利于油料和溶剂的充分接触，浸出时间短，湿粕含溶少，残油低；可分段运输，现场安装，便于专业厂家的生产；浸出器进料、落粕稳定，有利于系统的压力稳定。但是浸出器本身比较庞大，耗用的法兰较多，需要良好的密封措施；拖链在壳内摩擦前进，动力消耗大。

随着油脂工业的不断发展，生产规模的不断扩大，环形浸出器的结构也在不断改进和革新。目前，新式的环形浸出器，改为下行段卸料，在卸料处拖油料的链条使扩张的浸出后的湿粕很容易卸料，不需要在卸粕处安装振料器。

（二）混合油的处理

混合油是在油料浸出过程中得到的混合物，它由溶剂、油脂和脂类伴随物组成，同时含有少量的固体粕末。混合油处理是去除混合油中的固体粕末，分离出溶剂，进而得到较纯净的浸出原油的生产过程。

1. 混合油预处理

混合油中往往含有少量的固体粕末。固体粕末悬浮在混合油中会对混合油的蒸发、汽提工艺产生不利影响。固体粕末易在蒸发过程中产生泡沫而使蒸发过程难以正常进行，造成粕中残油增高；粕末还易在蒸发器、汽提塔加热表面结垢、碳化，影响传热效果，加深毛油色泽，降低蒸发、汽提效果。因此，在蒸发、汽提之前须对混合油进行预处理，将其中的固体粕末除去。常用的预处理方法主要有过滤、沉降和离心分离三种。

（1）过滤　国内浸出油厂使用较多的是图 5-9 所示的一种连续式过滤器，它安装在浸出器顶盖上，以便使过滤出的粕末能够直接落入浸出器内的料层上。过滤器壳体内部有一个滤筒，滤筒由筛板和筛网制成。混合油自进口管以切线方向进入滤筒和外筒体组成的环形空间，混合油中的粕末受离心力的作用而被抛向过滤器的内壁，并沉降到圆锥形底部。混合油通过滤网从中央出口管排出，截留在滤网上的粕末受混合油流的冲刷作用沉降到圆锥底部，定期从排渣管排入浸出器。

（2）重力沉降　混合油重力沉降一般在混合油暂存罐中进行。混合油中粕末的密度与混合油的密度相差小，重力沉降的速度较慢，为了加快沉降速度，可在混合油暂存罐中先加入浓度为 50g/L 左右的氯化钠盐水，粕末吸收盐水后相对密度增大，能较快地在混合油中沉降下来与混合油分离，盐水需要定期更换。

（3）离心分离　图 5-10 所示为浸出油厂常用的旋液分离器。工作时，用泵将混合油沿切线方向打入旋液分离器，形成螺旋向下的液体旋流，粕末受离心力作用被甩向器壁并沉降至锥底，与一部分混合油形成浓稠混合油底流从出口排入浸出器。分离后的澄清或含有细小微粒的混合油则沿内螺旋上升，由中心溢流管排出。旋液分离器的分离效果与其结构尺寸、混合油中含粕末量、混合油进出口压力、回流比等因素有关。为了增加混合油处理量，大多都采用多个并联使用。

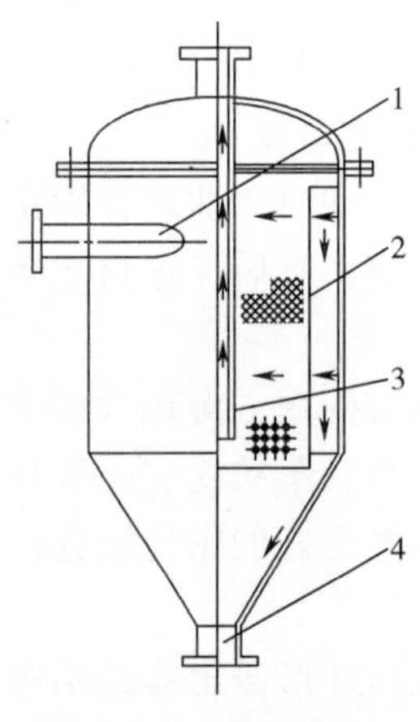

图 5-9　混合油过滤器

1—进口管　2—滤筒

3—出口管　4—排渣管

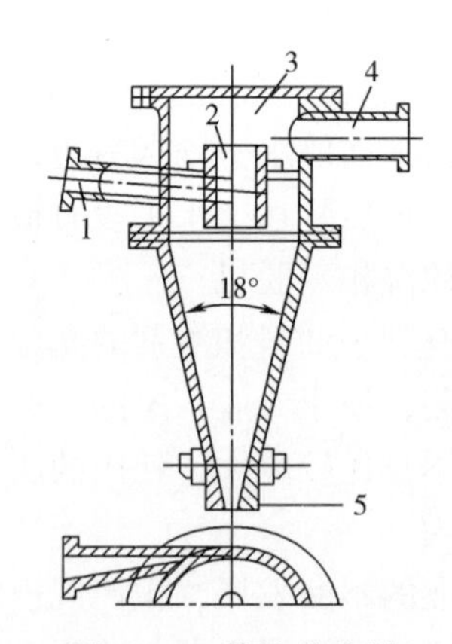

图 5-10　旋液分离器

1—混合油进口管　2—溢流管

3—接收室　4—出口管　5—排渣管

2. 混合油蒸发

（1）混合油蒸发原理　混合油蒸发是利用间接蒸汽加热混合油，使混合油维持在沸腾状态，由于油脂和溶剂挥发性不同，使大部分溶剂汽化并移除，混合油得到浓缩的过程。在蒸发过程中，混合油的沸点随着操作压力的降低而降低，随着混合油浓度的增加而增大。

混合油蒸发可以在常压下进行，称之为常压蒸发，也可以在负压条件下进行，称之为负压蒸发。常压蒸发一般采用饱和水蒸气作为热源进行间接加热；负压蒸发由于其操作温度较低，除可采用饱和水蒸气作热源外，也可采用本车间生产中产生的二次蒸汽作为热源，以降低生产成本。此外，负压蒸发还有利于提高油品质量，是一种较为先进的混合油处理工艺。目前油厂混合油蒸发一般采用二次蒸发工艺，使混合油浓度分段提高。

（2）混合油蒸发设备　国内外目前使用的混合油蒸发设备主要是液膜蒸发器，液膜蒸发器可分为升膜式和降膜式两种，国内几乎都采用升膜式蒸发器。由于升膜式蒸发器加热管较长，故通常称为长管蒸发器。

长管蒸发器的结构型式如图 5-11 所示，工作时，将稀混合油加热至泡点后由长管蒸发器的下部进入蒸发器列管内，长管蒸发器壳程通有加热蒸汽。由于管外加热蒸汽作用，稀混合油在此受热升温并沸腾，混合油中的溶剂迅速汽化后体积膨胀，密度急剧变小，在管内形成高速上升的溶剂蒸气流。未汽化的混合油被上升的溶剂蒸汽挤推到管壁四周，并在其带动下呈薄膜状上升，混合油在膜状上升时受热极快，且汽化出更多的溶剂蒸气，从而进一步加快汽液混合物的上升速度，直到蒸发器出口、汽液混合物进入分离器后，由于空间突然增大，气体体积迅速膨胀，将混合油喷成雾状，混合油中的溶剂进一步得到蒸发。因在溶剂体积膨胀时，分离器内压力也有所下降，更利于溶剂蒸发，在分离器内分离出来的溶剂蒸汽从其上部通向冷凝系统，而浓混合油则从分离器下部流出。

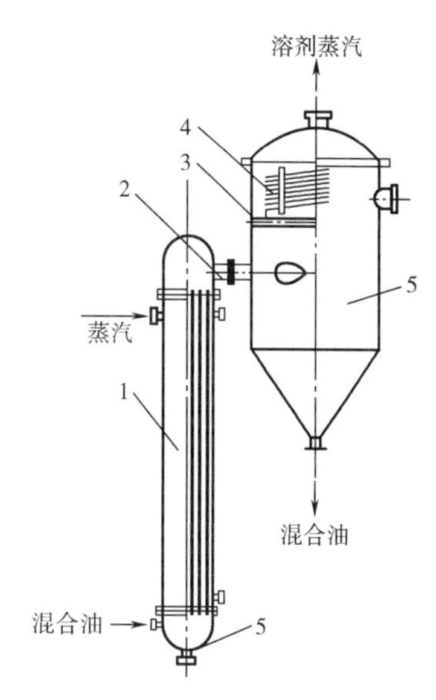

图 5-11　长管蒸发器

1—混合油进口管　2—蒸发器

3—溶剂蒸气和混合油出口管

4—回油管　5—挡板

混合油经过第一长管蒸发器的蒸发和分离后，浓度提高到 70%～80%，在经过第二长管蒸发器蒸发和分离后，浓度提高到 90%～95%。

在蒸发过程中，混合油在加热条件下，油脂易发生氧化和水解，油脂的酸值略有增加；在加热过程中，磷脂氧化或部分分解、糖类焦化、色素受到破坏，都会使油脂的色泽加深。

3. 混合油汽提

（1）汽提原理　经过蒸发后的混合油浓度为 90%～95%，常压下的沸点已高达 130℃左右，而且其沸点随浓度的增加将迅速升高，即使是在高真空条件下，混合油的沸点也还是相当高的。此时，如再用蒸发的方法来分离混合油中的残留溶剂，已十分困难。再者，因操作温度的升高，油脂的质量也会受到很大的影响。所以混合油中残留溶剂的去除，则需改用汽提的方法来进行。

汽提即水蒸气蒸馏，其基本原理是道尔顿和拉乌尔定律。混合油是二元溶液，当采用水蒸气蒸馏时，物系包括三个组分（溶剂、油、水蒸气），溶剂和水蒸气是两种互不相溶的组分，混合油液面上蒸汽总压力 $p=p_{溶}+p_{水}+p_{油}$，式中 $p_{溶}$、$p_{水}$、$p_{油}$ 分别为溶剂、水蒸气、油在气相中的分压。在一定条件下，油的蒸汽压极小，可以忽略不计，$p=p_{溶}+p_{水}$，混合油液面实际为两种组分，当混合油液面上部空间的水蒸气分压和溶剂蒸汽分压之和等于外界压力时，混合油就会沸腾，直接蒸汽降低混合油上方空间的蒸汽浓度，也就降低了溶剂蒸汽分压，从而使混合油沸点大大降低，这样溶剂分子即可在较低的温度下，以沸腾状态从混合油中扩散（分离）出来，达到汽提的工艺要求。倘若混合油汽提能在真空条件下进行，则混合油的沸点还会进一步降低，汽提效果会更佳。

(2) 汽提设备　混合油汽提设备的种类较多，目前普遍采用的是层碟式汽提塔。层碟式汽提塔有单段和双段之分，现介绍一种常用的双段层碟式汽提塔，它主要由顶盖、上塔体、中塔体、下塔体及底部等零部件组成，其结构如图 5-12 所示。

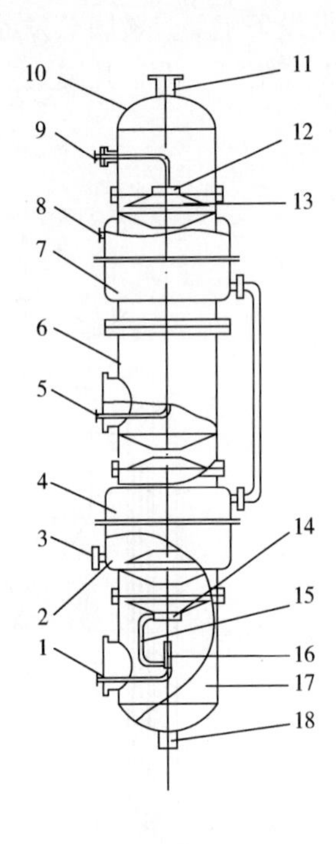

图 5-12　层碟式汽提塔

1、5—蒸汽进口　2—蒸汽夹层　3—冷凝水出口　4—下塔体　6—中塔体　7—上塔体　8—间接蒸汽进口　9—混合油进口　10—封头　11—混合气体出口　12—溢流盘　13—锥形分配盘　14—集油盘　15—导流管　16—中心管　17—底部　18—出油口

在层碟式汽提塔的上塔体和下塔体的内部各装有 6~9 组碟盘，每组碟盘由溢流盘、锥形分配盘和环形承接盘组成。塔体外围有间接蒸汽加热夹套，上、下塔体夹套用联通管接通。中塔体和底部还设有集油盘，它通过导流管与中心管接通，而中心管下部又与直接蒸汽管相接，并装有喷嘴。此外，塔体顶盖有混合气体出口，上塔体有混合油进口管，塔体底部有原油排出口。

层碟式汽提塔工作时，浓混合油从上塔体进口管进入，首先充满第一组碟盘的溢流盘，自溢流盘流出的浓混合油在锥形碟的表面上形成很薄的液膜向下流动，由环形盘承接后流至第二组碟盘的溢流盘；再溢流分布成薄膜状向下流动，混合油就是这样自上而下淋成液幕。同时，直接蒸汽与溶剂组成的混合气体自下而上穿行，与层层液幕逆向接触，从而将混合油中的溶剂汽提出来。

层叠式汽提塔的特点是：结构简单，制造容易，操作方便，性能可靠，汽提效果好，但其碟盘上的结垢较难清洗（清洗时需将碟盘组从塔内拉出）。

（三）湿粕的处理

从浸出器出来的经自然沥干的粕，一般都含有 25%~35% 的溶剂。需对湿粕进行脱溶、干燥、冷却处理，得到合格的成品粕。用于湿粕脱溶的设备，由于其兼有溶剂蒸脱和水分烘干的双重作用，故一般称为蒸脱机。湿粕脱溶工艺根据成品粕用途的不同而异。通常供饲料用的粕，往往采用在湿热条件下的脱溶工艺，即常规脱溶工艺；而作为提取食用蛋白制品原料的粕，为防止其中蛋白质的变性，则可采用较低温度下的脱溶工艺，即低温脱溶工艺。

1. 湿粕脱溶

（1）高温脱溶　脱除湿粕中溶剂常用的方法是借助于加热，使湿粕中的溶剂获得热能而汽化，从而与粕分离。脱溶开始，溶剂首先从粕粒表面蒸发，然后蒸发表面向粒子内部转移，并出现浓度梯度，在浓度梯度的影响下，溶剂从粒子内部向它的外表面转移，为了保证溶剂充分蒸脱，必须提高过程的温度，但高温将导致蛋白质变性，降低粕中有效蛋白质的数量，使粕的饲用和食用价值降低。

为了强化粕中溶剂的脱溶过程，降低脱溶温度，脱溶过程通常采用直接蒸汽、真空和搅拌。直接蒸汽起到了高效热载体的作用，它能保证物料迅速加热到所需要的温度，蒸汽的应用降低了物料表面上的溶剂蒸汽分压，加速了蒸发过程。蒸脱设备内真空的作用可使物料表面上溶剂蒸汽分压降低，强化了蒸发过程。搅拌可以使物料加热均匀、快速，同样可加速蒸发过程。

湿粕蒸脱设备的型式很多，对于预榨浸出粕的脱溶多采用结构较简单的高料层蒸脱机，对于大豆饲用粕的脱溶宜采用多层式的蒸脱机。

国内新型的大豆直接浸出湿粕 DTDC（Desolventazationer Toaster Drier Cooler，脱溶、烤粕、冷却）蒸脱机如图 5-13 所示。

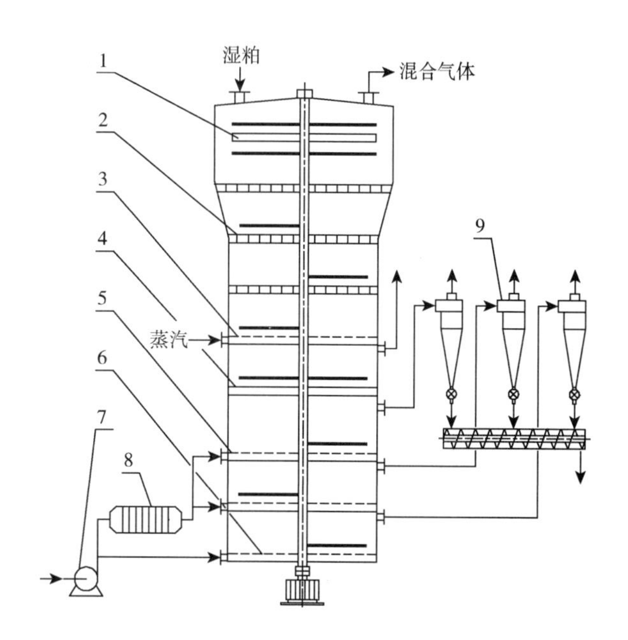

图 5-13　DTDC 蒸脱机结构图

1—预热层　2—透汽层　3—直接汽层　4—烘烤层　5—热风层　6—冷风层　7—风机　8—加热器　9—旋风分离器

浸出后的大豆湿粕由进料口落入预热层，预脱层的作用是对湿粕预加热并脱除少量溶剂，以防止在下面各层中高温直接蒸汽或混合蒸汽与低温的湿粕接触时发生过多水蒸气凝结于粕中，造成湿粕的凝聚结团现象。

经预热后的粕落入透气层，在透气层中湿粕与下层蒸出的溶剂气体和水蒸气的混合气体直接接触，利用混合蒸汽的热量对湿粕进行加热，同时也利用透汽层底夹层中的间接蒸汽进行加热。为了充分发挥这种自蒸效果，透汽层设置三层，混合气体通过在自蒸层与粕换热后温度降低，而粕温则升高，粕含溶降低 30%左右。这一过程实质是利用混合蒸汽的余热对湿粕的预脱溶，据测定这种自蒸作用使湿粕脱溶的蒸汽消耗降低约 10%。经预热脱溶后的湿粕进入脱溶层，在该层的底夹层上有大量的小孔，直接蒸汽通过这些小孔喷入粕中脱除溶剂。为防止蒸脱出的混合气体从出料口逸至下层，同时也防止下层的热风进入本层，这层的下料口采用封闭阀或封闭螺旋进行料封。经过这层后粕中的溶剂被脱除干净，但水分也增加很多。

脱溶后的粕进入烘烤层，设置该层的目的是防止湿粕脱溶不彻底而进一步脱溶，还可以对粕进行升温以利于下层的热风干燥，同时对改善粕的色泽和风味也有利。热风层是通过底部的夹层，将热风吹入料层中。热风是经过风机将空气吹进加热器中，用饱和加热蒸汽加热空气，在热风层中将粕的水分脱除，如果生产量大，热风层可考虑设计两层。在脱除粕水分的同时降低粕温，干燥后的粕再进入冷风层，在这层中由风机吹入的室温空气通过料层，将粕温降至35~40℃的安全储藏温度。

该设备集脱溶、干燥、冷却为一体，具有生产方便、工艺指标容易控制、节能效果显著、产品质量可靠等优点，广泛应用于大豆浸出制油工业。

（2）低温脱溶　低温脱溶的原理，类似于化工中的气流干燥原理，即利用过热的溶剂蒸汽作为湿粕脱溶的加热介质，在风机风力的推动下，使湿粕悬浮在加热介质中而脱除其中的溶剂。

由于该过程进行得极快，加热介质与粕粒接触的时间很短，仅有几秒钟，粕本身升温的幅度较小，一般不超过80℃，这样，蛋白质的变性程度则大为减少，因而可得到可溶性蛋白质含量较高的粕。不过这种方法不能保证将溶剂从粕中彻底脱除（残留溶剂量为粕量的0.20%~0.75%），因而在最后阶段还需用过热水蒸气或在真空条件下进一步脱除溶剂。

低温脱溶装置由闪蒸式蒸发器和罐式蒸脱器两部分组成（图5-14）。图中左部为闪蒸式蒸发器。它由以下几部分组成：蒸发管、带封闭阀分离器、湿粕进入的封闭阀喂料器、喂料器入口管处为用过热溶剂蒸汽喷射粕的文丘里喷嘴、风机、自动调节阀和蒸汽过热器等。图中右部为罐式蒸脱器部分。

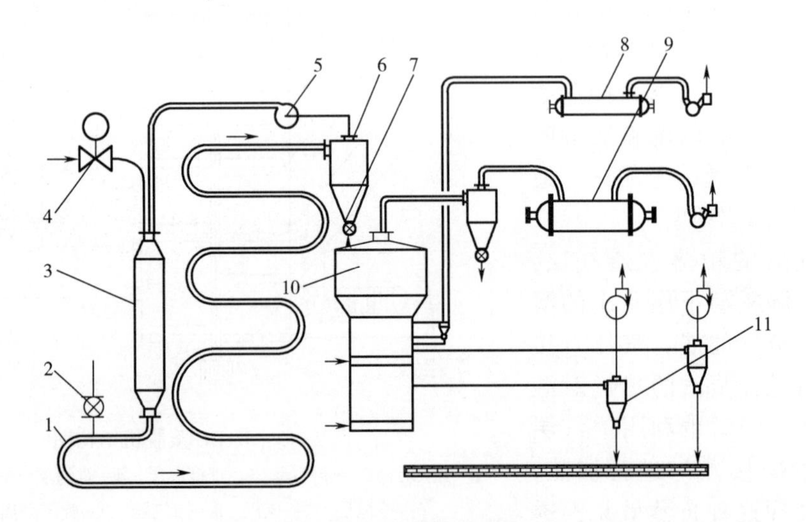

图5-14　低温脱溶装置

1—封闭阀　2—气流管道　3—过热蒸汽加热器　4—自动调节阀　5、12、13—风机　6、14、15—旋风分离器　7—封闭阀　8、9—冷凝器　10—蒸脱器　11—分离器

从浸出器卸出的湿粕通过封闭阀喂料器进入闪蒸式蒸发器的气流管道中，在此湿粕被风机送来的温度为140~160℃的溶剂过热蒸汽通过文丘里喷嘴喷射，使其高度分散在气流

中，溶剂蒸气与粕一起以极快的速度沿蒸发管运动。由于高度分散在气流中的湿粕具有极大的蒸发表面积，使湿粕与热载体产生强烈的热交换和物质传递，从而使溶剂从高度分散的湿粕中迅速脱除。

当粕与溶剂蒸气进入分离器时，由于空间增大，流体的速度急剧下降，于是粕下落至分离器的锥体中，然后通过封闭阀进入罐式蒸脱器。从分离器分离出来的溶剂蒸汽按一定比例被风机分别送往蒸汽过热器和冷凝器，其中大部分溶剂蒸气导入冷凝，小部分溶剂蒸气经过加热后作为热载体循环使用，两者的比例由自动调节阀控制。

进入罐式蒸脱器的粕，在抽真空的条件下，利用直接蒸汽和间接蒸汽进一步脱除其残留溶剂。真空装置为安装于冷凝器后面的真空泵。从蒸脱器中排出的溶剂和水的混合蒸汽经冷凝器冷凝。从蒸脱器中部排出的热的和冷的气流（空气和水蒸气）经旋风分离器分离出粕屑后放空。从蒸脱器底部卸出的成品粕以及由旋风分离器分离出来的粕经螺旋输送机汇集送走。

2. 混合气体净化

从蒸脱机排出来的溶剂蒸气和水蒸气的混合气体往往带有相当数量的粕粉；混合气体中粕粉的存在，是影响冷凝器冷凝效果的原因之一；由于粕粉在冷凝器冷凝表面沉积，使冷凝器的传热系数减小，而影响冷凝效果。除此之外，粕粉在冷凝液中能够导致水和溶剂乳化形成乳浊液，从而使溶剂与水在分水器中很难分层。当乳化液进入溶剂层时，易引起溶剂带水，当含水溶剂进入浸出工艺之中，使浸出生产运行困难，一则增加了粕残油，二则造成湿粕下落困难。为了避免上述现象的发生，必须对蒸脱机排出来的溶剂蒸汽和水蒸气的混合气体进行净化，除去混合气中的粕粉，保证后续操作的正常进行。

（1）干式捕集法　干式捕集粕粉工艺是普遍采用的一种工艺，工艺流程短，设备简单。混合气体中的粕粉一般颗粒直径在 0.1mm 以内，用旋风分离和沉降的方法可将绝大部分的粕粉分离出去。

在干式捕集器中，粕粉主要在离心力和本身质量的作用下使得混合气体得到粗净化。粕粉在干式捕集器中，充分沉降的程度取决于粕末的质量和颗粒的大小，在这样的粕粉捕集器中，只有大于 100μm 的粗粒才得到沉降，在干式捕粕器中混合气体的净化效率为 30%~40%。

在干式旋风粕粉捕集器中沉降下来的粕粒，有的工厂采用自流或者利用螺旋输送机再回蒸脱机内，有的采用直接放出倒入蒸煮罐，经蒸煮回收溶剂后再将废渣排出。

（2）湿式捕集法　由于干式捕集方法使混合气体的净化率较低，在大多数油厂，特别是大吨位的浸出油厂往往采用湿式捕集粕粉方法，这种捕集方法的混合气体净化率较高；在实际生产过程中湿式方法又分为冷水捕集法、热水捕集法和溶剂捕集法。

冷水捕集法是将冷水喷入湿式粕粉捕集器中，该捕集器除捕集混合蒸汽中的粕末外，同时还可看成混合冷凝器。在这种情况下，有相当数量的溶剂蒸汽和水蒸气被冷凝下来，因此夹带有粕粉的溶剂和水应该单独进入专用的分水器，以回收被冷凝的溶剂。该方法因在捕集器内混合蒸汽被冷凝，产生了一定的负压，从而对蒸脱机脱溶产生良好的效果，增大了蒸脱机的脱溶能力。但是因进入的冷水量多，分水器则较大，否则将影响分水效果。另外排出的水中多少总要夹带少量溶剂，因而使车间溶剂消耗有所增加。

热水捕集法的净化效率比较高。在一些捕集器的结构中，粕粉的捕集采用了 90~95℃

的热水。捕集器中粕粉的沉降是通过尽量扩大混合气体和液体相互接触的面积，以及应用离心力和惯性力来达到的。热水湿式粕粉捕集器的形式较多，有隔板式、旋风式，还有直接安装在卧式烘干和高料层蒸脱机蒸汽出口管上的，工厂中习惯称为“帽子头”的湿式粕末捕集器。

无论是冷水或热水捕集都带来废水处理问题，且增加了溶剂消耗，采用溶剂捕集法可以避免产生含溶剂的废水并能简化捕集粕粉的流程。这种方法在国外（美国、德国）的某些浸出装置中，也采用了使用溶剂的湿式粕粉捕集器。在用溶剂喷淋蒸汽流时可以避免乳浊液的形成和简化净化流程。这种净化混合气体粕粉的方法，在各种粕粉捕集工艺中被认为是最先进的。

（3）成品粕的干燥和冷却　湿粕经过脱溶后，需要调节温度和水分，有时还需要对其进行粉碎和筛分。某些型式的蒸脱机不具有对脱溶粕干燥和冷却的作用，其温度为100~105℃，水分7%~14%，水分和温度都达不到成品粕的要求，在这种情况下，生产中应根据商业需要对粕的温度、水分和残留的溶剂量进行调节。

（四）溶剂回收

在油脂浸出生产中，所用的溶剂是循环使用的。因此，必须对生产过程中的溶剂进行有效的回收。油脂浸出生产中的溶剂回收主要包括溶剂气体的冷凝和冷却、溶剂和水的分离、自由气体中溶剂的回收等三方面。此外，还包括排放尾气中溶剂的回收、排放废水中溶剂的回收等。溶剂回收是浸出生产中的一个重要工序，它直接关系到生产的成本和经济效益、浸出原油和粕的质量、生产的安全、废气和废水对环境的污染以及车间的工作条件等。因此，应予以高度重视。

1. 溶剂蒸气的冷凝和冷却

油脂浸出工艺中回收的主要溶剂是指混合油蒸发和湿粕蒸脱的溶剂，这些溶剂在回收前是以饱和的溶剂蒸气或以溶剂和水蒸气的饱和气体存在的，主要来源于混合油蒸发时蒸发的溶剂的饱和气体、湿粕的蒸脱工序产生的溶剂和水蒸气的饱和混合气体，还有少部分来自于蒸煮工序和尾气吸收工艺中的石蜡稀释过程的溶剂和水蒸气的饱和混合气体。

饱和溶剂蒸气和混合蒸汽的回收可以采用较常规的冷凝冷却方法，常用的设备有列管式冷凝器、喷淋式冷凝器、板式冷凝器等。

2. 溶剂与水的分离

在浸出工艺中，由于混合油的汽提、湿粕的蒸脱、尾气回收时的富油解析都采用了直接蒸汽。另外，含溶剂废水、残渣的蒸煮等操作也都采用了直接蒸汽。这些蒸汽在经过冷凝器后，溶剂蒸气和水蒸气一起被冷凝下来形成混合液，这种混合液必须进行分水处理才能使溶剂循环使用。

溶剂与水的分离方法是利用溶剂与水互不相溶，且溶剂和水的相对密度不同，在分水设备中，让溶剂和水的混合液自然静置，溶剂与水就自然分层，上层溶剂排入溶剂周转库，下层废水排入蒸煮罐经过蒸煮进一步回收其中溶剂，或排入水封池。常用设备是分水器。

3. 自由气体中溶剂的回收

自由气体是指浸出系统中存在的空气与低沸点的溶剂蒸气的混合气体，主要包括：浸出器内料坯中带入的空气；混合油汽提、湿粕蒸脱过程中直接蒸汽中带入的空气；在负压条件下，设备和管道密封不严而进入的空气。

自由气体中的溶剂是在回收装置中进行回收的。目前国内外大致有三种方法：采用冷冻剂冷冻回收方法、利用液体吸收剂吸收回收方法、利用固体吸附剂吸附回收方法。目前，国内外浸出生产中多采用液体吸收剂吸收回收方法。

4. 油脂浸出生产中的溶剂损耗

在油脂浸出工艺中，溶剂是循环使用的，由于多种原因造成在溶剂循环中有部分溶剂损耗，根据溶剂损耗的特征，可将其分为两大类，即不可避免的溶剂损耗和可避免的溶剂损耗。

不可避免的溶剂损耗主要包括：浸出原油中残留的溶剂；成品粕中残留的溶剂；排空的废水、废气中残留的溶剂等。即使在浸出生产中各个工序都达到所要求的工艺条件和技术指标的情况下，浸出原油、成品粕、废水、废气中都会残留微量的溶剂，因此，造成了浸出生产中不可避免的溶剂损耗。这部分溶剂损耗主要取决于工厂所选定的工艺流程、设备本身的性能、浸出物料的种类和性质、所采用的溶剂、生产规模等多种因素。

除此之外，由于设备制造不良、操作维修不当等原因所造成的跑冒滴漏，将是造成浸出车间溶剂损耗高的主要原因之一。而这部分溶剂损耗在生产中是可以控制的，因此这部分被称作可避免的溶剂损耗。

三、水代法提取

水代法是“以水代油法”的简称。该法根据油料中非油物质对油和水的亲和力不同，以及油水之间的密度不同而将油分离出来。它是我国特有的制油方法，适用于制取具有特色香味的食用油脂。长期以来，这种方法仅限于小批量生产小磨麻油（又称小磨香油）。

水代法取油的基本原理是将油料炒至一定熟度后，其细胞内的蛋白质凝固变性，使分散的微小油滴聚集。当这种油料被磨细成为酱状后，即转变为固体粒子悬浮于油中的较为稳定的粗分散体系，油与固体粒子很难自行分离。由于固体粒子主要是蛋白质、碳水化合物以及蛋白质与其他物质的结合体，它们均含有亲油基和亲水基，因此，它能同时被油和水所浸润，但固体粒子对水的亲和能力远比对油的亲和能力大，故而向料中加水，水分可被固体粒子吸收，固体粒子吸水后体积增大，表面能降低，使得原来被油占据的固体粒子表面被水部分取代。随着固体粒子吸水量的增加，被水占据的表面也逐渐增大，此时，固体粒子表面便失去了对油的亲和能力，使油与固体粒子得以分离。

水代法的制油设备简单，操作容易，适合于小型油厂采用。水代法的缺点是生产效率低，劳动强度大，渣粕残油高达9%~12.5%（干基），耗水量高达65%左右，生产成本也高于压榨法。水代法虽然还存在诸多弊端，但它却具有独特的取油机理和优点，有待于进一步从理论和实践上进行研究提高。

第二节　植物油脂的精炼

油脂精炼工艺是根据油脂及其伴随物的物理、化学性质的差异，采取一定的工艺措施，将油脂与杂质分离，以提高油脂的食用安全性和储藏稳定性。油脂精炼过程的特性和次序，一方面由油品性质和质量决定，另一方面由加工深度决定。在精炼过程中，要注意各个精炼阶段的条件选择，最大限度地防止油脂与水、氧气、热和化学试剂的不良作用，最大限度地从油中分离出有价值的伴随物。

一、原油中的杂质

经压榨法、浸出法或其他方法等得到的未经精炼的植物油脂，称为粗脂肪，一般称之为原油。原油的主要成分为甘三酯的混合物，俗称中性油脂。除了中性油脂外，由于油料生长、储存和加工等条件的影响，原油中还混有数量不等的各类非甘三酯成分，统称为油脂的杂质。杂质的种类和含量随油料品种、产地、制油方法和储存条件而异。油脂中的杂质根据其在油脂中的存在状态大致可归纳为悬浮杂质、水分、胶溶性杂质及脂溶性杂质等几类。

（一）悬浮杂质

原油中的悬浮杂质是能以悬浮状态存在于油脂中的杂质，包括在制油或储运过程中混入原油中的一些泥沙、料坯粉末、饼渣、纤维、草屑及其他固体杂质（即乙醚或石油醚不溶物）。由于悬浮杂质不溶于油脂，故可应用沉降、过滤等方法来分离。

（二）水分

原油中的水分，一般是生产或储运过程中直接带入或伴随磷脂、蛋白质等亲水物质混入的。水在油脂中的溶解度很小，但随着油中游离脂肪酸、磷脂等杂质含量的增加以及温度的升高，水在油中的溶解度也随之增大。

水与油脂常形成油包水乳化体系，影响油脂的透明度，是解脂酶活化分解油脂的条件，不利于油脂的安全储存，故需脱除。工业上常采用常压或减压干燥的方法脱除水分，常压干燥脱水易导致油脂过氧化值的增高，减压干燥脱水的油脂稳定性好。

（三）胶溶性杂质

能与油脂形成胶溶性物质的杂质，称为胶溶性杂质。胶溶性杂质以微小的粒子分散在油中呈溶胶状态，油脂为连续相，胶溶性杂质为分散相。胶溶性杂质包括磷脂、蛋白质、糖类及黏液质等。

1. 磷脂

磷脂是磷酸甘油酯的简称，也称为甘油磷脂。磷脂是一类结构和理化性质与油脂相似的类脂物。油料种籽中呈游离态的磷脂较少，大部分与碳水化合物、蛋白质等组成复合物，呈胶体状态存在于植物油料籽内，在取油过程中伴随油脂而溶出。

磷脂是一类极富营养、对油脂具有抗氧化增效作用的物质，但混入油中，使油色深暗、浑浊，遇热（280℃）会焦化发苦，不利食用，影响油品质量和油脂深度加工，故工业上均采用水化、酸炼或碱炼等方法使它与油脂分离。

2. 蛋白质、糖类、黏液质

原油中的蛋白质、糖类、黏液质含量虽不多，但因其亲水，易促使油脂水解酸败，并且具有较高的灰分，会影响油脂的品质和储存稳定性。这类物质亲水，对酸、碱不稳定，故可应用水化、碱炼、酸炼等方法将其从油中分离出来。必须指出的是，蛋白质、糖类的一些分解物的结合物（如胺基糖）而产生的棕黑色色素，一般的吸附剂对其脱色无效，因而须在油脂制取过程中加以注意。

（四）脂溶性杂质

脂溶性杂质是指呈真溶液状态完全溶于油脂中的一类杂质，主要包括：游离脂肪酸、甾醇、生育酚、色素、烃类、脂肪醇和蜡、特殊杂质以及一些油溶性杂质。

1. 游离脂肪酸

原油中的游离脂肪酸来源于油脂，以及甘三酯在制油过程中受热或受解脂酶的作用分解游离产生。一般原油中含有 0.5%~5%，受解脂酶分解过的米糠、棕榈油中，游离脂肪酸可高达 20%以上。

油脂中游离脂肪酸含量过高，会使油脂带有刺激性气味而影响风味和食用价值，还会促进油脂的进一步水解；不饱和酸对热和氧的稳定性差，易促使油脂氧化酸败，妨碍油脂氢化的顺利进行，并腐蚀设备，因此，必须设法将它除去。

游离脂肪酸能与碱中和生成皂，并絮凝成易与油脂分离的皂脚，皂脚可通过沉降或离心的方式与油脂分离。也可以利用水蒸气蒸馏的方法，使游离脂肪酸随水蒸气逸出，从而与油脂分离。

2. 甾醇

甾醇又称类固醇，是环戊氢化菲的烃基、羟基衍生物，根据结构中的 R 基的不同，甾醇分有许多种。动物油脂中的甾醇主要为胆固醇，植物油中的甾醇是多种甾醇的混合物，统称为植物甾醇。甾醇为无色晶体，具有旋光性，不溶于乙醇、氯仿等溶剂中，在油脂精炼中可以采用水蒸气蒸馏方法除去。

3. 生育酚

维生素 E 就是这些生育酚的混合物。一般植物油含量较少，玉米胚油、麦胚油、豆油、棉籽油和米糠油中含量较多，在 0.1%~0.4%。生育酚无色无味，无氧时很耐热，温度高至 200℃也不会被破坏，具有抗氧化能力，是一种具有生理学价值的营养物质。生育酚在加工中损失不大，可富集于脱臭馏出物中，一般食用油脂要尽可能保留它。

4. 色素

油脂中的色素可分为天然色素和加工色素。天然色素包括类胡萝卜素和叶绿素两类。油脂的加工色素是指原料储运、加工不善，蛋白质、糖类的分解产物重新结合而产生的色素或油脂及其他类脂物（如磷脂）氧化产生的新色素。色素不仅影响油脂的外观，而且会加速油脂的氧化酸败，在加工过程中常用吸附剂从油脂中脱除色素。

5. 烃类

大多数油脂含有少量的（0.1%~1%）饱和烃和不饱和烃。一般认为油脂的气味和滋味与烃类的存在有关，故要设法脱除。烃类在一定温度和压力下，其饱和蒸汽压较油脂的高，故应用减压水蒸气蒸馏将其脱除。

6. 脂肪醇和蜡

动植物蜡主要成分是高级脂肪酸和高级脂肪醇形成的酯，通常称为蜡酯。脂肪醇是蜡的主要成分，主要以酯的形态存在于蜡中。它们的存在，使油脂冷却时呈浑浊现象，影响油品的外观及质量，故应设法除去。脂肪醇不皂化，蜡难皂化，一般的精炼方法较难除尽，需采用低温结晶或液-液萃取法方能除尽。

7. 特殊杂质

某些油料的原油中含有特殊杂质，如原棉油中含有棉酚，原芝麻油中含有芝麻素、芝麻酚林及芝麻酚，油菜籽中含有硫代葡萄糖苷，蓖麻油中含有蓖麻碱等。

8. 其他油溶性杂质

混入原油中的杂质，还有油脂在制取、储运过程中产生的氧化分解产物——甘油一酯、甘油二酯、甘油、醛、酮、树脂等。这些杂质的存在，影响油脂品质和稳定性，因此必须在精炼中加以脱除。

（五）多环芳烃、黄曲霉毒素及农药

多环芳烃、黄曲霉毒素及农药均具有致癌性，必须在精炼中加以脱除。油脂中的多环芳烃化合物一般采用活性炭进行吸附，或用特殊蒸馏方法脱除。黄曲霉毒素能被活性白土、活性炭等吸附剂吸附，工业上常用碱炼-水洗和吸附法脱除。农药可在精炼中脱除。

二、脱胶

原油属于胶体体系，其中的磷脂、蛋白质、黏液质和糖基甘油二酯等，因与甘油三酯组成溶胶体系而得名为油脂的胶溶性杂质（胶杂）。油脂胶溶性杂质不仅影响油脂的稳定性，而且影响油脂精炼和深度加工的工艺效果。例如油脂在碱炼过程中，会促使乳化，增加操作困难，增大炼耗和辅助剂的耗用量，并使皂脚的质量降低；在脱色工艺过程中，会增大吸附剂的耗用量，降低脱色效果；未脱胶的油脂无法进行物理精炼和脱臭操作，也无法进行深加工。因此，原油精炼必须首先脱除胶溶性杂质。

应用物理、物理化学或化学方法将原油中的胶溶性杂质脱除的工艺过程称为脱胶。脱胶的具体方法分水化脱胶、酸炼脱胶、吸附脱胶、热凝聚脱胶及化学试剂脱胶、酶法脱胶等。油脂工业上应用最为普遍的是水化和酸炼脱胶。水化脱胶多用于食用油脂的精制，而强酸酸炼脱胶则很少用于食用油的精制。

（一）水化脱胶

水化脱胶是利用磷脂等胶溶性杂质的亲水性，将一定量的热水或稀碱、食盐、磷酸等电解质水溶液，在搅拌下加入热的原油中，使其中的胶溶性杂质吸水凝聚沉降分离的一种脱胶法。在水化脱胶过程中，能被凝聚沉降的物质以磷脂为主，还有与磷脂结合在一起的蛋白质、糖基甘油二酯、黏液质和微量金属离子等。

（二）水化脱胶工艺

1. 间歇式水化脱胶工艺

间歇式水化脱胶的方法较多，但其工艺程序基本相似，都包括加水（或加直接蒸汽）水化、沉降分离、水化油干燥和油脚处理等内容。其通用工艺流程如图 5-15 所示。

间歇式水化脱胶，按操作温度和加水方式分有高温、中温、低温及直接蒸汽水化方法。

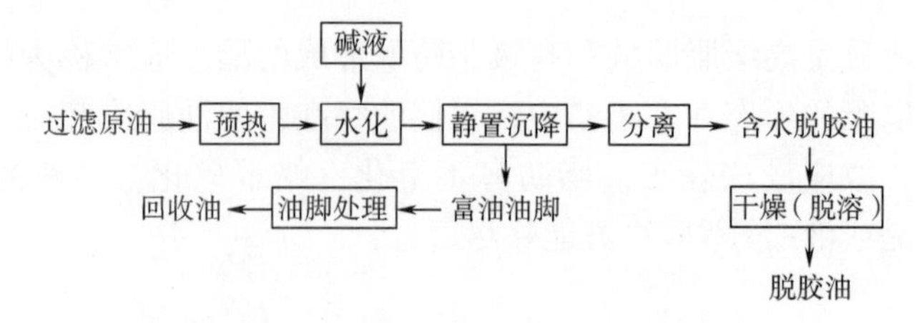

图 5-15　间歇式水化脱胶工艺流程

（1）高温水化法　高温水化法是将原油加热到较高的操作温度，用沸水进行水化，终温 90℃左右，加水量为原油胶质含量的 3~3.5 倍。其特点是：在高温高水量下，中性油黏度小，胶质吸水膨胀排挤力大，从而降低了絮凝胶团中性油含量，提高了精炼率。

（2）中温水化法　中温水化法为一般中小型油厂应用较普遍的一种水化方法。水化温度通常为 60~65℃，加水量一般为原油胶质含量的 2~3 倍。操作条件控制得适宜，也能获得较为满意的效果。

（3）低温水化法　低温水化法也称简易水化法。其特点是在较低温度下，只需添加少量的水，就可以达到完全水化的目的。低温水化操作温度一般控制在 20~30℃，加水量为原油胶质含量的 0.5 倍。静置沉降时间不小于 10h。该工艺操作周期长，油脚含油量高，处理麻烦，只适用于生产规模小的企业。

2. 连续式水化脱胶工艺

连续式水化是一种先进的脱胶工艺，如图 5-16 所示。

该工艺包括预热、油水混合、油脚分离及油的干燥，均为连续操作。含杂质小于 0.2%的过滤原油，经计量后由泵送到板式加热器，加热油温到 80~85℃后，与一定量的热水（90℃）一起连续进入混合器进行充分混合。再进入连续水化反应器反应 40min 完成水化作用，然后泵入碟式离心机进行油和胶质的分离。脱胶后的油中含有 0.2%~0.5%的水分，油经加热器升温至 95℃左右，进入真空干燥器连续脱水后，由泵送入冷却器冷却到 40℃后，转入脱胶油储罐。真空干燥器内操作绝对压力为 4kPa。

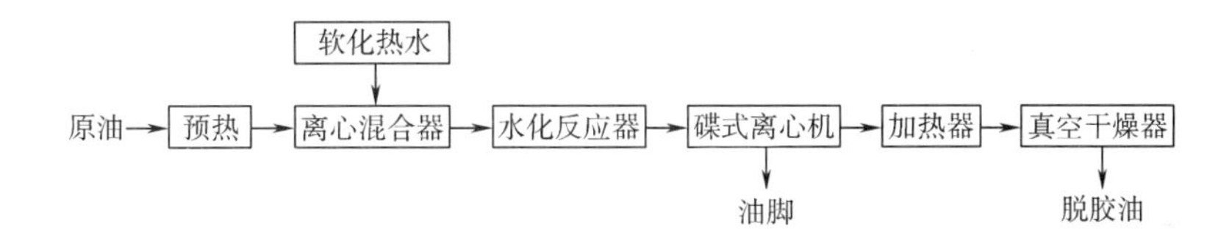

图 5-16　连续式水化脱胶工艺流程

连续水化脱胶工艺在处理胶质含量高的原油时，需扩大水化反应器的容量或增设凝聚罐，以确保胶粒的良好凝聚，获得好的脱胶效果。

（三）其他脱胶方法

1. 特殊水化脱胶

伴随着物理精炼法（蒸馏脱酸法）的发展，人们在降低损耗、改善油品品质、拓展应用范围的研究和实践中，已确认原料油脂在蒸馏脱酸、脱臭前的预处理质量是影响成品油外观、风味、稳定性和使用价值的关键因素。由于常规水化工艺得到的脱胶油磷含量为 $1\times10^{-4}\sim2\times10^{-4}$，脱胶油的金属离子含量也较高，给脱色工序增加了难度和负荷，使后续的油脂脱臭/脱酸过程有可能无法进行。因此，国内外从事油脂研发的企业和公司相继开发一些特殊水化脱胶工艺，以最大限度地对油中非水化磷脂进行脱除。这些特殊水化脱胶工艺包括：特殊水化脱胶工艺、特殊湿法脱胶（联合脱胶）工艺、全脱胶工艺、酶法脱胶工艺。

2. 酸炼脱胶

原油中加入一定量的无机酸，使胶溶性杂质变性分离的一种脱胶方法称为酸炼脱胶。

酸炼脱胶主要用于工业用油的加工，分浓硫酸法和稀硫酸法两种工艺。由于硫酸对磷脂、蛋白质及黏液质等能产生强烈的作用，因此，酸炼法常常被用来精炼含有大量蛋白质、黏液质的原油或处理裂解用油，例如，精炼米糠油、蚕蛹油及劣质鱼油等。

三、脱酸

未经精炼的各种原油中，均含有一定数量的游离脂肪酸，脱除游离脂肪酸的过程称为脱酸。脱酸的方法有碱炼、蒸馏、溶剂萃取及酯化等，其中应用最广泛的为碱炼和蒸馏法。

（一）碱炼脱酸基本理论

碱炼法是用碱中和油脂中的游离脂肪酸，所生成的皂吸附部分其他杂质，而从油中沉降分离的精炼方法。用于中和游离脂肪酸的碱有氢氧化钠（烧碱、火碱）、纯碱和氢氧化钙等。油脂工业生产上普遍采用的是烧碱、纯碱，或者是先用纯碱后用烧碱，尤其是烧碱，在国内外应用最为广泛。烧碱碱炼分间歇式和连续式。碱炼脱酸过程的主要作用可归纳为以下几点：

（1）烧碱能中和原油中绝大部分的游离脂肪酸，生成的脂肪酸钠盐（钠皂）在油中不易溶解，成为絮凝状物而沉降。

（2）中和生成的钠皂为表面活性物质，吸附和吸收能力都较强，因此，可将相当数量的其他杂质（如蛋白质、黏液质、色素、磷脂及带有羟基或酚基的物质）也带入沉降物内，甚至悬浮固体杂质也可被絮状皂团夹带下来。因此，碱炼本身具有脱酸、脱胶、脱固体杂质和脱色等综合作用。

（3）烧碱和少量甘油三酯的皂化反应引起炼耗的增加。因此，必须选择最佳工艺操作条件，以获得成品的最高得率。

（二）碱炼脱酸工艺

1. 间歇式碱炼脱酸工艺

间歇式碱炼是指原油中和脱酸、皂脚分离、碱炼油洗涤和干燥等工艺环节，在工艺设备内是分批间歇进行作业的，其工艺流程如图 5-17 所示。间歇式碱炼脱酸按操作温度和用碱浓度分有高温淡碱、低温浓碱等。

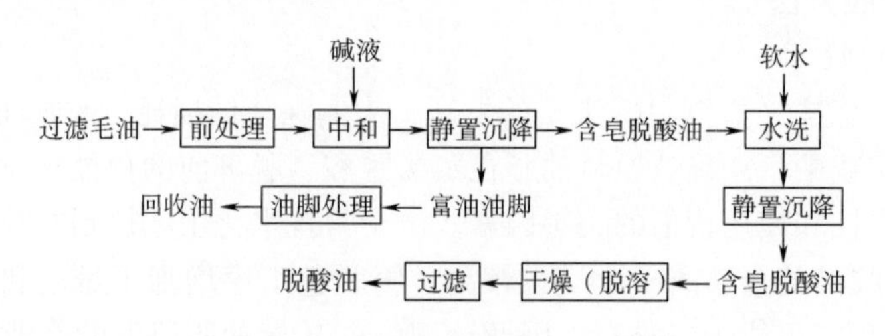

图 5-17　间歇式碱炼脱酸工艺流程

2. 连续式碱炼脱酸工艺

连续式碱炼是一种先进的碱炼工艺，该工艺的全部生产过程是连续进行的。工艺流程中的某些设备能够自动调节，操作简便，具有处理量大、精炼效率高、精炼费用低、环境卫生好、精炼油质量稳定、经济效益显著等优点，是目前国内外大中型企业普遍采用的先进工艺。

（1）长混碱炼工艺　“长混”技术是油脂与碱液在低温下长时间接触而开发出来的，如图5-18所示。在美国，将长混碱炼过程称为标准过程，常用于加工品质高、游离脂肪酸含量低的油品，如新鲜大豆制备的原油。另外，在碱炼过程中油与碱液混合前，需加入一定量的磷酸进行调质，以便除去油中的非水化磷脂。

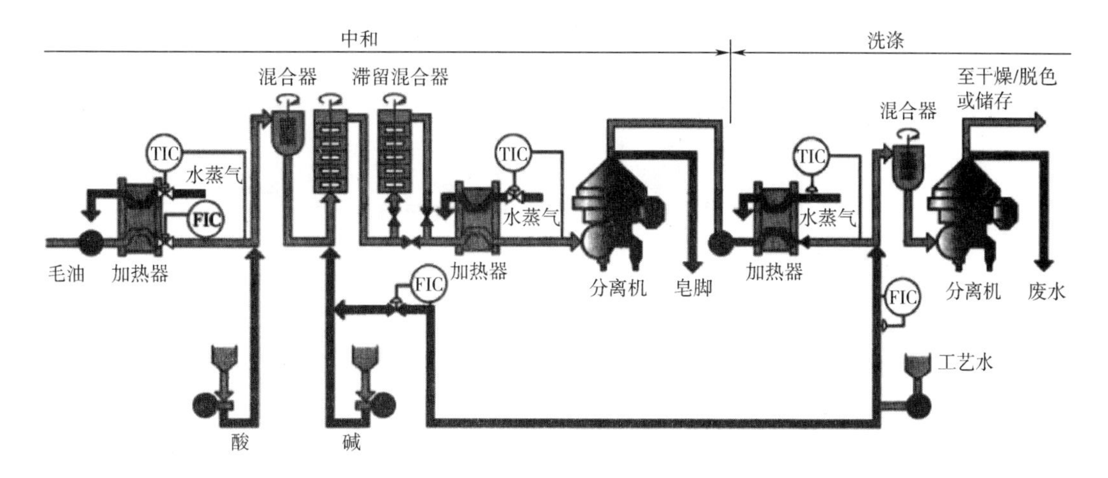

图5-18　连续长混碱炼工艺流程图

连续长混碱炼的典型工艺流程是由泵将含固体杂质小于0.2%的过滤粗油泵入板式热交换器预热到30~40℃后，与由比例泵定量的浓度为85%的磷酸（占油质量的0.05%~0.2%）一起进入混合器进行充分混合。经过酸处理的混合物到达滞留混合器，与经油碱比配系统定量送入的、经过预热的碱液进行中和反应，反应时间10min左右。完成中和反应的油-碱混合物，进入板式热交换器迅速加热至75℃左右，通过脱皂离心机进行油-皂分离。分离出的含皂脱酸油经板式热交换器加热至85~90℃后，进入混合机，与由热水泵送入的热水进行充分洗涤后，进入脱水离心机分离洗涤废水，分离出的脱酸油去真空干燥器连续干燥后，进入脱色工段或储存。

（2）短混碱炼工艺　高温下油脂与碱液短时间（1~15s）的混合反应，可避免因油碱长时间接触，而造成中性油脂的过多皂化，这对于游离脂肪酸含量高的油脂的碱炼脱酸非常适用，如图5-19所示。短混碱炼工艺也适宜易乳化油脂的脱酸。另外，对非水化磷脂含量较高的油脂脱磷也有较好的效果。

短混二次碱炼工艺流程是过滤后的原油经泵进入板式加热器加热至85℃左右。预热后的原油与由酸定量泵打入的一定量的磷酸一起进入混合器混合并反应。然后进入碱混合器，与经碱定量泵计量后，根据所需碱液浓度再加入一定量的热水使之达到合适浓度的碱液进行混合反应。完成中和反应后，油-皂混合物进入第一台碟式分离机进行脱皂，分离出的皂脚收集后进行利用。分离后的油经泵进入复炼混合器，与碱定量泵计量并送来的少量浓碱（由热水泵加水后稀释成所需的稀碱液）进行混合，进一步完成中和反应。反应后的油-皂混合物进入第二台离心分离机分离出油和皂脚。分离出的油经泵进入水洗混合器，与一定量的热水混合并洗涤，然后一起进入离心分离机分离油和废水。分离后的油经干燥

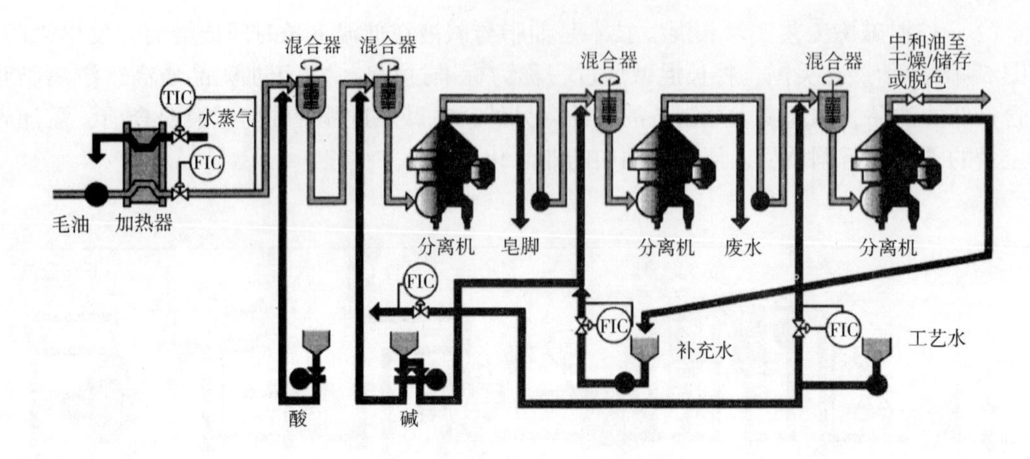

图 5-19　短混二次碱炼工艺流程图

送到脱色工段。复炼过程对改善油的品质和色泽，降低残皂量以及提高成品油脂的风味，具有明显效果。

四、脱色

纯净的甘油三酯在液态时呈无色，固态时呈白色。但常见的各种油脂都带有不同的颜色，这是因为油脂中含有数量和品种各不相同的色素。有些是天然色素，有些是油料在储藏、制油过程中新生成的色素。油脂脱色的方法很多，工业生产中应用最广泛的是吸附脱色法，此外还有加热脱色、氧化脱色、化学试剂脱色法等。

评定油脂色泽或测试脱色工艺效果的标准，目前国际上通用的有两种方法。对于浅色原油、脱酸油或全精制油及其制品，多以罗维朋色度计标准油槽测得的黄色和红色色度来表示；对于深色油脂，由于罗维朋色度计不能满足比色的要求，则多以分光光度计在波长400~700nm 测得的油脂透光曲线或在固定波长下测得的油脂透光率来表示。

油脂脱色的目的，并非理论性地脱尽所有色素，而在于获得油脂色泽的改善和为油脂脱臭提供合格的原料油品。因此，脱色油脂色度标准的制定，需根据油脂及其制品的质量要求，以及力求在最低的损耗下获得油色在最大程度上的改善为度。

（一）吸附脱色

油脂的吸附脱色，就是利用某些对色素具有较强选择性吸附作用的物质（如漂土、活性白土、活性炭等），在一定条件下吸附油脂中的色素及其他杂质，从而达到脱色目的的方法。经过吸附剂处理的油脂，不仅达到了改善油色、脱除胶质的目的，而且还有效地脱除了油脂中的一些微量金属离子和一些能引起氢化催化剂中毒的物质，从而为油脂的进一步精炼和加工提供良好的条件。

吸附脱色工艺分间歇式和连续式。一定数量油脂分批地与定量吸附剂混合脱色，这种操作工艺称间歇式脱色；油脂不断地与脱色剂混合脱色，达到吸附平衡后又连续过滤分离，这种操作工艺称连续式脱色。

1. 间歇脱色工艺

单罐间歇脱色工艺流程如图 5-20 所示。储槽中的待脱色油被吸入脱色罐中，脱色罐中加热装置对油脂进行加热。同时，油脂在真空和搅拌状态下均匀受热脱水，油温为 85~90℃，残压 2.6~6.7kPa，脱水时间 30min 左右。干燥后，油中挥发物控制在 0.15%以下。

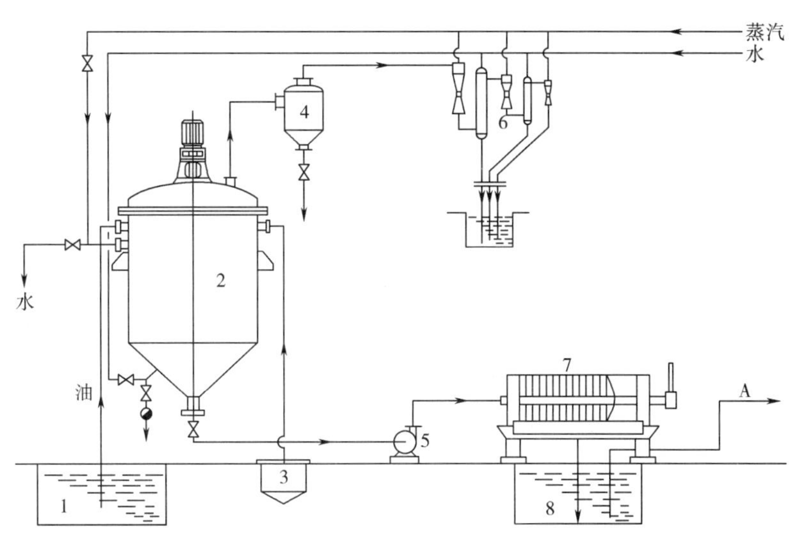

图 5-20　单罐间歇脱色工艺流程图

1—储油池　2—脱色罐　3—吸附剂罐　4—捕集器　5—油泵　6—真空泵　7—板框过滤机　8—脱色油池

干燥后加入吸附剂（活性白土），吸附剂加入量根据油色和小试确定，一般为油质量的 1%~5%。加白土时，最好使白土与少量油脂预先混合成浆状后，再吸入待脱色油中。活性白土被吸入罐内，维持绝对压力 2.6~4kPa，油温 80~90℃，脱色时间 20min 左右。吸附达到动态平衡后，将油通过冷却水，间歇冷却到 70℃以下进行过滤。过滤加压由小到大，等滤饼形成后压力方可逐渐加大，一般板框过滤机的过滤终压在 0.3MPa 左右。过滤结束后通入水蒸气，吹滤饼 3~5min，使其中含油量达到最低限度。最后用压缩惰性气体挤压 5min 卸滤饼，进一步处理滤饼以回收残油。

2. 常规连续脱色工艺

油脂常规连续脱色工艺是通过脱胶或碱炼油经板式换热器，与脱色过滤后的油脂进行换热，之后进入加热器，通过水蒸气加热至 110℃左右进入脱色器。活性白土及其他吸附剂由容积式定量器加入脱色器中，活性白土与待脱色油在脱色器中充分混合，在脱色器内搅拌反应 20~30min，真空度 96~98.7kPa，温度维持在 105~110℃，脱色真空度由蒸汽喷射泵产生。达到吸附平衡的混合物由泵抽出，交替泵入立式叶片过滤机进行过滤，之后油打入精滤器进一步净化。从精滤器过滤后的脱色油与待脱色油在板式换热器完成换热，再在冷却器冷却到 50℃左右进入下工段或中间储罐。其脱色工艺流程图如图 5-21 所示。

立式叶片过滤机中废白土由蒸汽吹干排出，吹出气体由捕集器捕集后放空，捕集液进入废液箱分水。

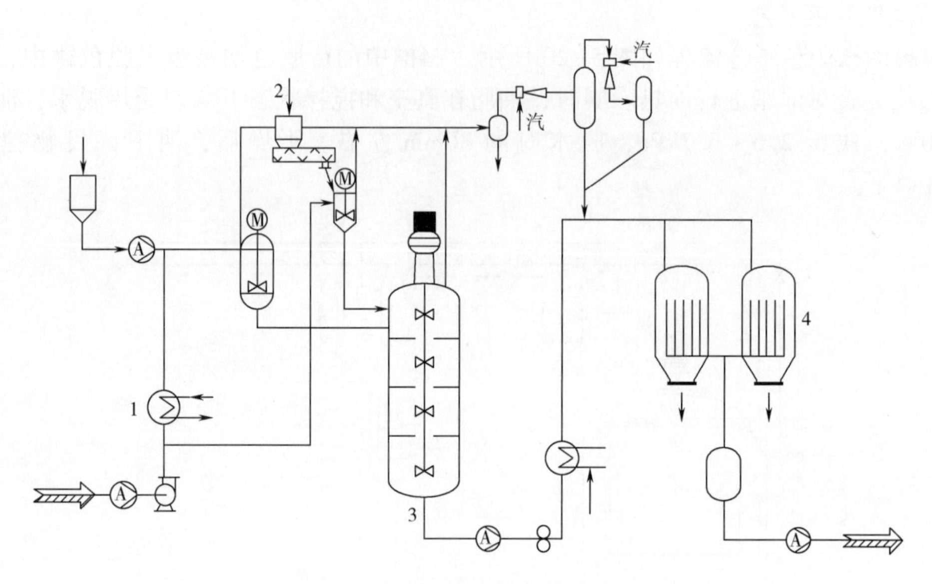

图 5-21 常规连续脱色工艺流程图

1—换热器 2—活性白土罐 3—脱色塔 4—叶片过滤机

（二）其他脱色法

1. 光能脱色法

光能脱色是利用色素的光敏性，通过光能对发色基团的作用，而达到脱色目的的脱色方法。油脂中的天然色素（类胡萝卜素、叶绿素等），其结构中的烃链高度不饱和，大多为异戊二烯单体的共轭烃链，能吸收可见光或近紫外光的能量，使双键氧化，从而使发色基团的结构破坏而褪色。

2. 热能脱色法

热能脱色是利用某些热敏性色素的热变性，通过加热而达到脱色目的的脱色方法。油脂中的某些蛋白质、胶质及磷脂等物质的降解物，在热能作用下脱水变性，于凝析过程中吸附其他色素一并沉降；其他热敏性物质受热分解，这就构成了热能脱色的机制。

3. 空气脱色法

空气脱色是利用发色基团对氧的不稳定性，通过空气氧化色素而脱色的方法。油脂中的类胡萝卜素、叶绿素，由于其结构的极不稳定，易在氧的作用下破坏而褪色。

4. 试剂脱色法

利用化学试剂对色素发色基团的氧化作用进行脱色的方法称为试剂脱色法。常用的氧化剂有重铬酸钠、过氧化物及臭氧等。

五、脱臭

纯净的甘油三酯是没有气味的，但用不同方法制取的天然油脂都具有不同程度的气味，有些为人们所喜爱，如芝麻油香味、花生油香味等，有些则不受人们欢迎，如菜油味、糠油异味。把油脂中各种气味统称为臭味，其中有些是天然的，有些是制油和加工中新生的，虽然含量极少，但也可被嗅觉感受到。

引起油脂臭味的主要组分有低级的醛、酮、游离脂肪酸、不饱和碳氢化合物等。如已鉴定的大豆油气味成分就有乙醛、正己醛、丁酮、丁二酮、3-羟基丁酮、庚酮、辛酮、乙酸、丁酸、乙酸乙酯、二甲硫等10多种。在油脂的制取和加工过程中也会产生新的异味，如焦煳味、溶剂味、漂土味、氢化异味等。此外，个别油脂还有其特殊的味道，如菜油中的异硫氰酸酯等硫化物。

油脂脱臭不仅可除去油中的臭味物质，提高油脂的烟点，改善食用油的风味，还能有效地提高油脂的安全度。因为在脱臭的同时，还能脱除游离脂肪酸、过氧化物和一些热敏性色素及其分解产物，除去霉烂油料中蛋白质挥发性分解物，除去相对分子质量小的多环芳烃及残留农药，从而使得油脂的稳定度、色度和品质有所改善。

（一）脱臭基本理论

1. 水蒸气蒸馏理论

油脂脱臭是利用油脂中的臭味物质和甘油三酯的挥发度有很大的差异，在高温高真空条件下，借助水蒸气蒸馏脱除臭味物质的工艺过程。

天然油脂是含有复杂组分的混甘油三酯的混合物，对于热敏性强的油脂而言，当操作温度达到臭味组分气化强度时，往往会发生氧化分解，从而导致脱臭操作无法进行。为了避免油脂高温下的分解，可采用辅助剂或载体蒸汽，其热力学中的意义在于从外加总压中承受一部分与其本身分压相当的压力。辅助剂或载体蒸汽的耗量与其相对分子质量成正比，因此，从经济效益出发，辅助剂应具有相对分子质量低、惰性、价廉、来源容易以及便于冷凝分离等特点，这些便构成了水蒸气蒸馏的基础。

水蒸气蒸馏脱臭的原理，水蒸气通过含有臭味组分的油脂时，汽-液表面相接触，水蒸气被挥发的臭味组分所饱和，并按其分压的比率逸出，从而达到了脱除臭味组分的目的。

2. 脱臭损耗

油脂中的气味组分量是极少的，一般均不超过油质量的0.10%。然而，油脂脱臭过程中的实际损耗却远大于理论数值，这是由于在任何情况下蒸馏引起的损耗与脱臭时间、通气速率、操作压力和温度、油脂中游离脂肪酸和不皂化物的含量以及甘油三酯的组分诸多因素有关。在汽提脱臭过程中，有相当数量的油脂是由于飞溅夹带在汽提蒸汽中而损失的。因此，脱臭总损耗包括蒸馏损耗和飞溅损耗。不同的油脂、不同企业和不同的设备，其脱臭总损耗是不一致的。在先进的设备和企业中，对于游离脂肪酸含量小于0.10%的油脂，在操作压力为0.67~1.33kPa、温度为204~246℃条件下脱臭制得良好产品时，其脱臭损耗一般为0.3%~0.5%。

（二）脱臭工艺

1. 间歇式脱臭工艺

间歇式脱臭适合于产量低，或加工小批量、多品种油脂的工厂。普通的间歇工艺产量是10t/d。间歇式脱臭工艺的主要缺点是汽提水蒸气的消耗高和热量不能有效地回收利用。通常间歇式生产造成水蒸气和冷却水的用量增加。

间歇式脱臭工艺流程如图5-22所示。待脱臭原料油首先进入脱气器，在真空下将油中微量空气脱除。脱气后的油被泵入脱臭器下部，与脱臭后的油脂充分进行热量交换。换热后的待脱臭油再通过加热器加热后，进入脱臭器中部的主汽提脱臭段，并通入直接蒸汽，使罐内油充分翻动，并开始计脱臭时间。脱臭达到规定时间后即关闭直接蒸汽。开启阀门使脱臭油进入脱臭器下部，与待脱臭油进行热量交换。降温后的脱臭油再通过冷却器，将油温降到50℃以下排出。汽提出的臭味组分挥发物上升至脱臭器顶部，与低温液体馏出物通过填料表面传质、冷凝回收，不凝气体进入真空系统排空。间歇系统的操作周期通常在8h内完成，其中最高温度下维持4h。

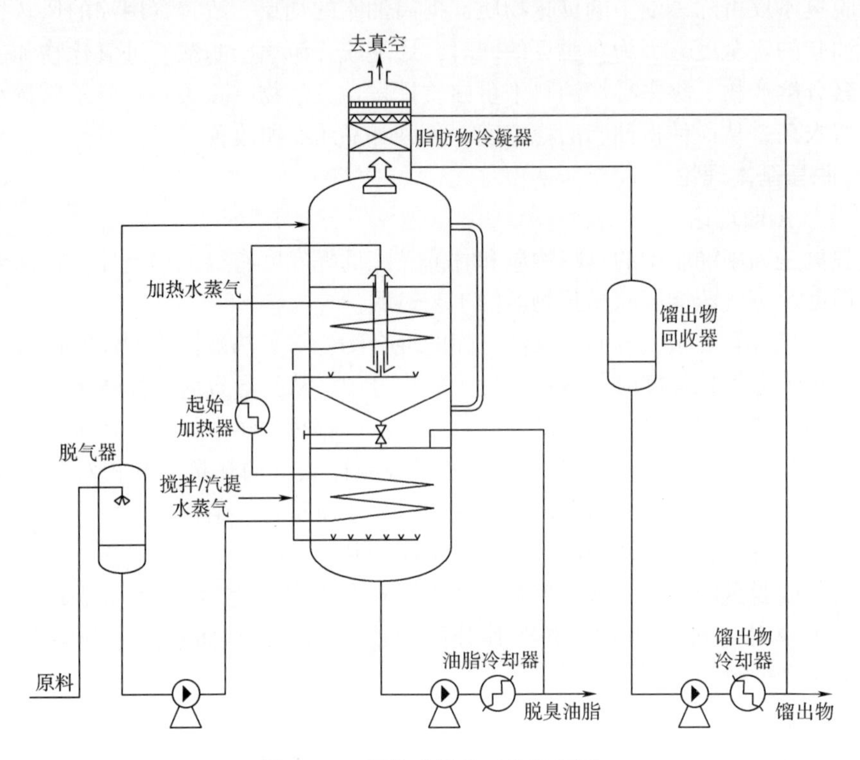

图5-22　间歇式脱臭工艺流程图

2. 半连续式脱臭工艺

半连续式脱臭工艺主要应用于对混合很敏感的油脂做频繁更换的工厂。在大多数设计中，经计量的一批油脂进入系统，然后，通过许多立式重叠的分隔室或浅盘，由重力转移，在设定时间的程序下，依次在真空下分批脱气、加热、脱臭和冷却。按系统的尺寸，每个分隔室中液面通常是0.3~0.8m，停留时间15~30min。

工艺过程如图5-23所示，进料油脂用泵泵至塔单壳体段的上部，首先进入计量的分隔室并使油脂脱气。经计量的油脂靠重力落下，经自动阀进入下一个分隔室，在该分隔室中油脂由热脱臭油脂产生的水蒸气预热。经一个预先设置的循环周期后，等下面的浅盘放空后，打开落料的阀门，按各段控制的程序，这一批料排入脱臭双壳体段的第一个浅盘，由高压水蒸气盘管加热至脱臭温度。

在下一个或几个浅盘中，由管道分布器喷入汽提水蒸气对油脂进行汽提、脱臭和热脱色。脱臭后，在与预热浅盘相连的热虹吸环路的盘管中产生水蒸气，回收脱臭浅盘的热量，使油脂在真空下冷却。在真空下已脱臭的油脂进一步由在塔内单壳体段的一个附加的浅盘中的冷却水盘管冷却。脱臭油脂排出，经精过滤器后送去储存。所有的加热和冷却分

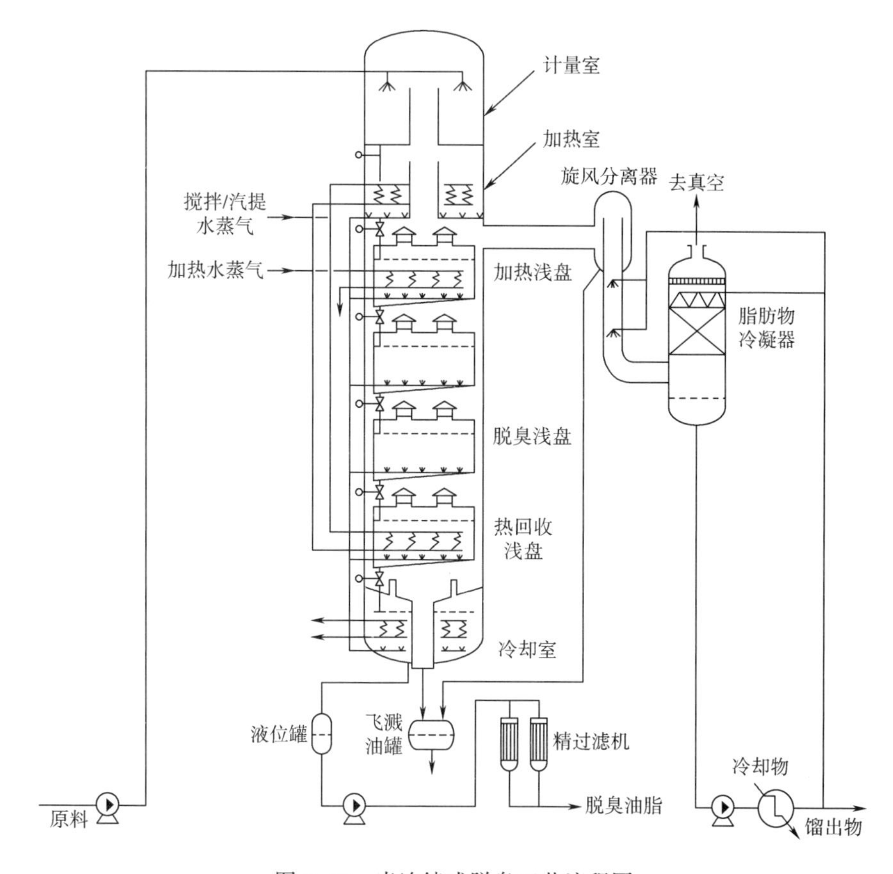

图 5-23　半连续式脱臭工艺流程图

隔室及浅盘均由管道分布器通入的水蒸气进行搅拌。

来自上部单壳体分隔室的蒸汽流经中央管至双壳体段；来自底部单壳体段和浅盘的蒸汽通过雾沫夹带分离器也到达双壳体段，混合的蒸汽经由侧面的管道和旋风分离设备排出，在管道中经馏出物辅助喷淋进行预冷却和部分冷凝后进入填料塔脂肪物冷凝器；来自旋风分离器和双壳体段的飞溅油收集在排出罐中。

3. 连续式脱臭工艺

连续式脱臭工艺比间歇式和半连续式需要的能量较少，相对设备价格一般较低。因此，它是不常改变油脂品种的加工厂常选择的工艺。大多数设计采用水蒸气的搅拌浅盘或分隔室立式层叠在圆筒的壳体中。

图 5-24 所示为美国皇冠钢铁公司的一种单立式层叠分隔室的连续式脱臭工艺。原料在喷雾型脱气器中脱气，在外部换热器中加热至最高加工温度。首先由热脱臭油脂（在省热器中）加热，然后由高压水蒸气（在最后加热器中）加热。

热油脂进入塔和脱臭浅盘，通过水蒸气进行汽提、脱臭和热脱色。汽提水蒸气通过管道分布器注入。脱臭后的油脂进入省热器中预冷却，然后回到脱臭器中，在后脱臭浅盘中再经过真空和汽提水蒸气的作用。油脂在另一只省热器和外部冷却器中进一步冷却，然后经精过滤机送至储存罐。当油脂流经浅盘时，沿着许多带有防溅罩额定中心蒸汽管周围排

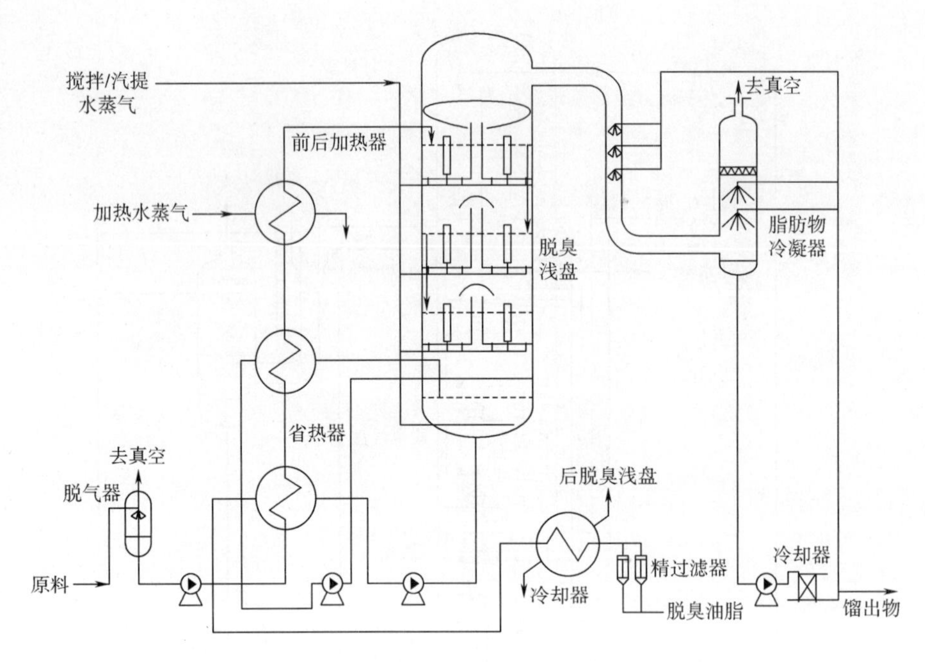

图 5-24 单立式层叠分隔室的连续式脱臭工艺流程图

列的折流板导流。油溢流管保持液位的适宜高度，并为原料油的变化和停车准备了单独排料阀门。

来自脱臭器的蒸汽进入设置在侧面的管道中，在进入喷雾型脂肪冷凝器前，先进行辅助馏出物喷雾预冷却和部分冷凝。

六、脱蜡

动植物蜡主要成分是高级一元羧酸和高级一元醇形成的酯，通常称作蜡酯。植物油料中的蜡质主要存在于皮壳中，其次存在于细胞壁中。蜡在40℃以上的高温下溶于油脂，因此，无论是以压榨法制取的原油中，还是以浸出法制取的原油中，均混入了一定量的蜡质。各种原油含蜡量有很大的差异，大多数原油含蜡量很少，有些原油含蜡量较高，如米糠油、棉籽油、芝麻油、玉米胚油和小麦胚芽油等均含蜡质。米糠油含蜡 3%~5%；葵花籽油含蜡 0.06%~0.2%，玉米胚芽油含蜡 0.01%~0.04%。

纯净的蜡在常温下呈结晶固体，因种类不同则熔点高低不同。这些物质的结晶状微粒分散在油中，使油呈浑浊状而透明度差，影响油品的外观和质量。植物油中大多含有微量蜡，在加工过程中除去油脂中蜡质的工艺过程称为脱蜡。蜡对热、碱较稳定，属难皂化或不皂化的物质，一般采用低温结晶过滤或液-液萃取法除去。

（一）脱蜡的目的及机理

1. 脱蜡的目的

常温（30℃）以下，蜡质在油脂中的溶解度降低，析出蜡晶粒而成为油溶胶，具有胶体的一切特性（如光学及电学性质），因此油脂中的含蜡量可借助于光的散射——丁达尔现象为原理设计的浊度计来测量。随着储存时间的延长，蜡的晶粒逐渐增大而变成悬浮体沉降下来，此时油又变成了“粗分散体系”——悬浊液，体现溶胶的不稳定性。可见含蜡原油既是溶胶又是悬浊液。因此，油脂中含有少量蜡质，甚至痕量的蜡即可使浊点升高，使油品的透明度和消化吸收率降低，并使气味、滋味和适口性变差，从而降低了食用油的营养价值及工业使用价值。为了提高食用油脂的营养价值和油脂食品的质量，提高油脂的工业利用价值，做到物尽其用，综合利用植物油脂蜡源。

2. 脱蜡的机理

蜡是一种带有弱亲水基团的亲脂性化合物。温度高于40℃时，蜡分子间力与油脂的分子间力相差不大，蜡显示出在油脂中的可溶性，也就是说这是蜡分子的亲脂性作用。当温度降到30℃以下时，蜡分子间力与油脂分子间力的差异明显增大，从而显示出在油中的不可溶性，也可以说蜡分子的亲脂性降低了。实验表明，此时随着温度的慢慢下降，含蜡油脂逐渐析出蜡质晶粒，成为油溶胶。蜡晶为分散相，油脂为连续相。这种油溶胶是不稳定的，随着存放时间的延长，蜡的晶粒逐渐增大而变成悬浮体慢慢沉降下来。这时，含蜡油脂成了悬浊液，可借助机械手段将蜡晶从油脂中分离出来，达到脱蜡的目的。这就是含蜡油脂冷却结晶、分离的基本原理。

（二）油脂脱蜡方法

脱蜡方法从工艺上可分为多种，如常规法、碱炼法、表面活性剂法、凝聚剂法、脲包合法、静电法及综合法等。虽然各种方法采用的辅助脱蜡的手段不同，但其基本原理均属常规法冷冻结晶及分离的范畴，即根据蜡与油脂的熔点差异及蜡在油脂中的溶解度随温度降低而变小的物理性质，通过冷却析出晶体蜡（或蜡和助晶剂混合体），经过滤或离心分离而达到蜡油分离的目的。

1. 常规法

常规法脱蜡即仅靠冷冻结晶，然后用机械方法分离油、蜡而不加任何辅助剂和辅助手段的脱蜡方法。分离时采用加压过滤、真空过滤和离心分离等设备。此法最简单的是一次结晶、过滤法。例如，将脱臭后的米糠油（温度在50℃以上）移入有冷却装置的储罐，慢速搅拌，在常压下充分冷却至25℃。整个冷却结晶时间为48h，然后过滤分离油、蜡。过滤压强维持在0.3～0.35MPa，过滤后要及时用压缩空气吹出蜡中夹带的油脂。

由于脱蜡温度低、黏度大，分离比较困难，所以对米糠油这种含蜡量较高的油脂，通常采用两次结晶过滤法，即将脱臭油在冷却罐中充分冷至30℃，冷却结晶时间为24h，用滤油机进行第一次过滤，以除去大部分蜡质，过滤机压强不超过0.35MPa。滤去的油进入第二个冷却罐中，继续通入低温冷水，使油温降至25℃以下，24h后，再进行第二次过滤，滤出的油即为脱蜡油，经两次过滤后，油中蜡含量（以丙酮不溶物表示）在0.03%以下。有的企业采用布袋过滤也能取得良好的脱蜡效果，但布袋过滤的速度慢，劳动强度也较大。

常规法脱蜡设备简单，投资省，操作容易，但油-蜡分离不完全，脱蜡油得率较低且浊点高。

2. 溶剂法

溶剂脱蜡是在蜡晶析出的油中添加选择性溶剂，然后进行蜡-油分离和溶剂蒸脱的方法，蜡的分离温度一般要求在30℃以下，而一般油品的黏度在30℃以下增加特别快，无论哪种分离设备，都因为黏度增加使分离困难。为了解决这一矛盾，可采用加入溶剂以加速分离。可供工业使用的溶剂有己烷、乙醇、异丙醇、丁酮和乙酸乙酯等。

3. 表面活性剂法

在蜡晶析出的过程中添加表面活性剂，强化结晶，改善蜡-油分离效果的脱蜡工艺称为表面活性剂脱蜡法。本法主要是利用表面活性物质中某些基团与蜡的亲和力（或吸附作用），形成与蜡的共聚体而有助于蜡的结晶及晶粒的成长，利于蜡-油的分离。

其他的脱蜡方法包括结合脱胶、脱酸的脱蜡方法、稀碱法、添加凝聚剂法、尿素脱蜡法等。

七、油脂的精炼工艺

（一）大豆油

大豆原油的品质较好，酸值≤3mg KOH/g。

1. 大豆油精炼工艺流程（间歇式）

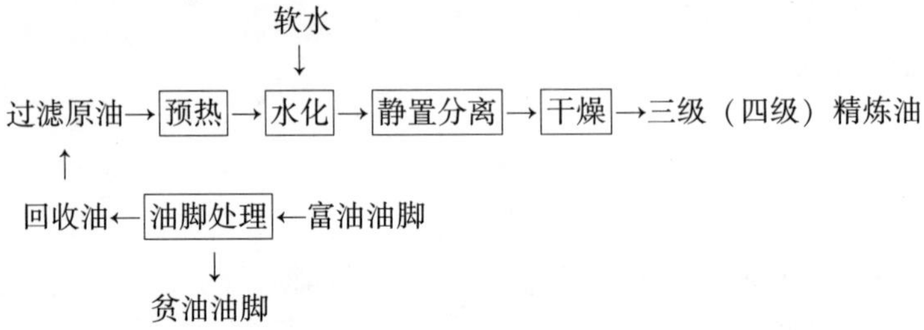

```
                              软水
                               ↓
过滤原油→[预热]→[水化]→[静置分离]→[干燥]→三级（四级）精炼油
   ↑
回收油←[油脚处理]←富油油脚
            ↓
         贫油油脚
```

操作条件：滤后大豆原油含杂不大于0.2%，水化温度90~95℃，加水量为原油量的10%左右，水化时间30~40min，沉降分离时间4h，干燥温度不低于90℃，操作绝对压力4.0kPa，精炼浸出大豆原油时，脱溶温度160℃左右，操作压力不大于4.0kPa，脱溶时间1~3h。

2. 大豆油连续精炼工艺流程

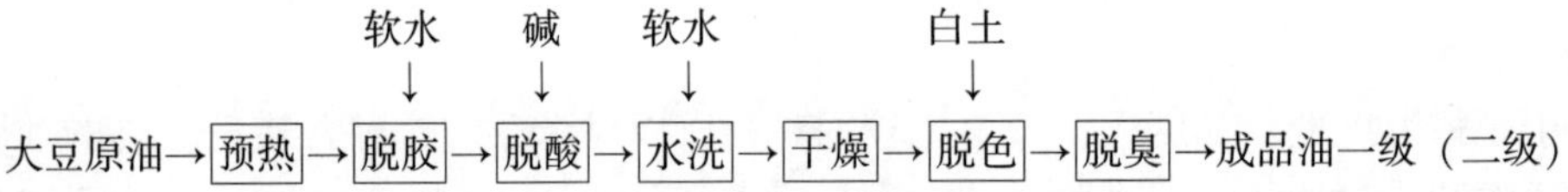

```
              软水     碱     软水             白土
               ↓       ↓       ↓                ↓
大豆原油→[预热]→[脱胶]→[脱酸]→[水洗]→[干燥]→[脱色]→[脱臭]→成品油一级（二级）
```

操作条件：过滤原油含杂不大于0.2%，预热温度80~85℃，脱胶加水量3%~5%，碱液浓度为18~22Bé，超量碱添加量为理论碱量的10%~25%，根据原油质量，有时还先添加油量的0.05%~0.20%的磷酸（浓度为85%），脱皂温度70~82℃，洗涤温度95℃左右，软水添加量为油量的10%~15%。吸附脱色温度为90~110℃，操作绝对压力为2.5~4.0kPa，脱色温度下的操作时间为20min左右，活性白土添加量为油量的1%~3%，分离白土时的过滤温度不大于70℃。脱臭温度230~260℃，操作绝对压力0.27~0.6kPa，脱臭时间15~120min，柠檬酸（浓度5%）添加量为油量的0.02%~0.04%，安全过滤温度不高于70℃。

（二）棉籽油

棉籽油也是主要的食用油。但毛棉油中含有棉酚（含量约1%）、胶质和蜡质（含量视制油棉胚含壳量而异)，品质较差，不宜直接食用，其精炼工艺也较为复杂。

1. 棉籽油精炼工艺流程一

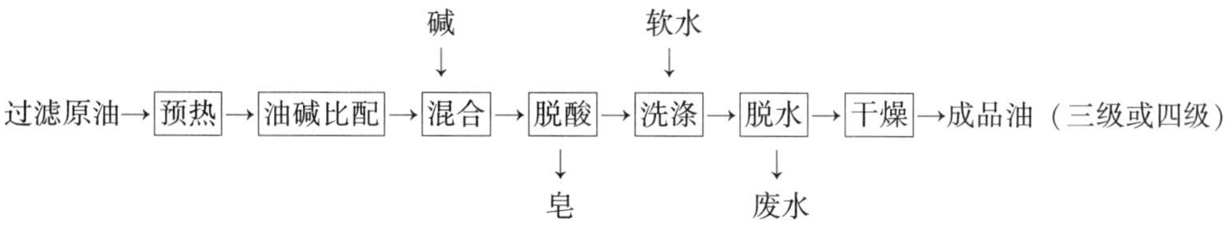

过滤原油→预热→油碱比配→混合（加碱）→脱酸（出皂）→洗涤（加软水）→脱水（出废水）→干燥→成品油（三级或四级）

操作条件：过滤毛油含杂不大于0.2%，碱液浓度20～28Bé，超量碱为理论碱的10%～25%，脱皂温度70～95℃，转鼓冲洗水添加量为25～100L/h，进油压力0.1～0.3MPa，出油压力0.1～0.3MPa，洗涤温度85～90℃，洗涤水添加量为油量的10%～15%，脱水压力0.15MPa，干燥温度不低于90℃，操作绝对压力4.0kPa，成品油过滤温度不高于70℃。

2. 棉籽油精炼工艺流程二

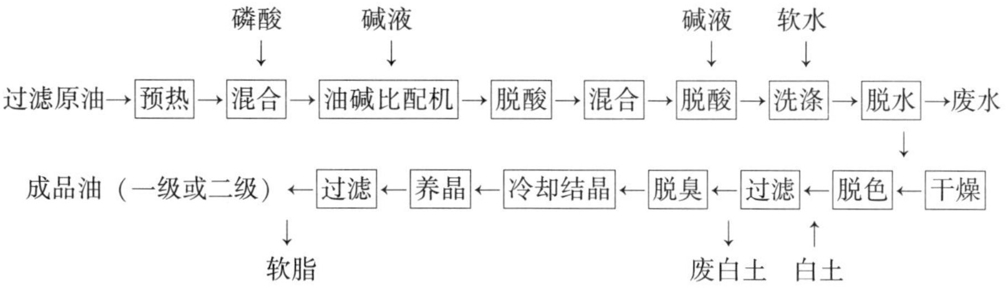

过滤原油→预热→混合（加磷酸）→油碱比配机（加碱液）→脱酸→混合→脱酸（加碱液）→洗涤（加软水）→脱水→废水

脱水→干燥→脱色（加白土）→过滤（出废白土）→脱臭→冷却结晶→养晶→过滤（出软脂）→成品油（一级或二级）

操作要点：碱炼前操作条件同上述三（四）级油，复炼碱液浓度6～12Bé，添加量为油量的1%～3%，复炼温度70～90℃，出油背压0.15MPa。洗涤、脱色、脱臭等操作条件与大豆精制食用油的操作条件相同，冷却结晶温度5～10℃，冷却水与油脂温差5℃左右，结晶时间8～12h，养晶时间10～12h。

（三）菜籽油

菜籽油是含芥酸的半干性油类。除低芥酸菜籽油外，其余品种的菜籽油均含有较多的芥酸，其含量占脂肪酸组成的26.3%～57%。高芥酸菜籽油的营养不及低芥酸菜籽油，但特别适合制船舶润滑油和轮胎等工业用油。在制油过程中芥子苷受芥子酶作用发生水解，形成一些含硫化合物和其他有毒成分，从而影响了毛油的质量。一般的粗炼工艺对硫化物的脱除率甚低，因此食用菜籽油应该进行精制。

1. 菜籽油精炼工艺流程（间歇）

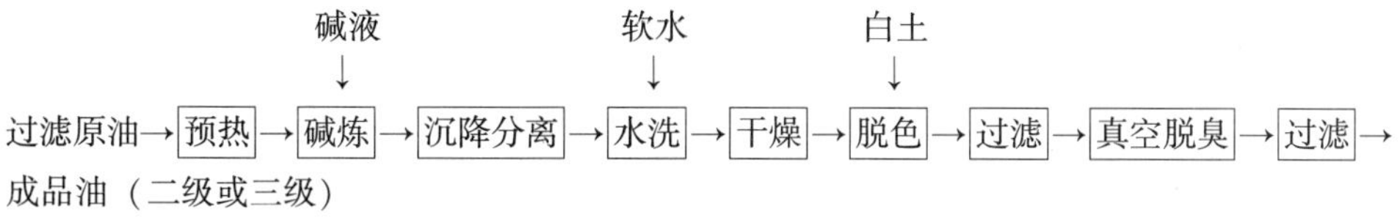

过滤原油→预热→碱炼（加碱液）→沉降分离→水洗（加软水）→干燥→脱色（加白土）→过滤→真空脱臭→过滤→成品油（二级或三级）

操作条件：碱炼操作温度初温30～35℃，终温60～65℃，碱液浓度16Bé，超量碱添加量为油量的0.2%～0.25%，另加占油量0.5%的泡花碱（浓度为40Bé），中和时间1h左右，沉降分离时间不小于6h。碱炼油洗涤温度85~90℃，第一遍洗涤水为稀盐碱水（碱液浓度4g/L，添加油量0.4%的食盐），添加量为油量的15%。以后再以热水洗涤数遍，洗涤至碱炼油含皂量不大于0.03%。脱色时先真空脱水30min，温度90℃，操作绝对压力4.0kPa，然后添加活性白土脱色，白土添加量为油量的2.5%~3%，脱色温度90~95℃，脱色时间20min，然后冷却至70℃以下过滤。脱色过滤油由一级、二级蒸汽喷射泵形成的真空吸入脱臭罐加热至100℃，再开启第三级和第四级蒸汽喷射泵和大气冷凝器冷却水，脱臭温度不低于245℃，操作绝对压力260~650Pa，大气冷凝器水温控制在30℃左右，汽提直接蒸汽压力0.2MPa，通入量为8~16kg/（t·h），脱臭时间3~6h，脱臭结束后及时冷却至70℃再过滤。

2. 精制菜籽油精炼流程（全连续）

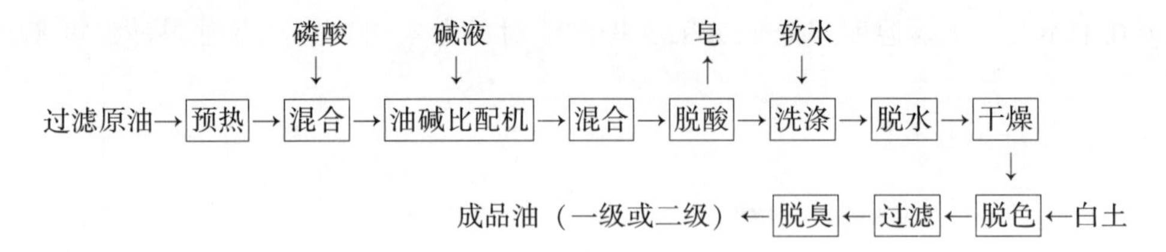

操作条件：过滤毛油含杂不大于0.2%，碱液浓度18~22Bé，超量碱添加量为理论碱量的10%~25%，有时还先添加油量的0.05%~0.20%的磷酸（浓度为850g/L），脱皂温度70~82℃，洗涤温度95℃左右，软水添加量为油量的10%~20%。连续真空干燥脱水，温度90~95℃，操作绝对压力为2.5~4.0kPa。吸附脱色温度为100~105℃，操作绝对压力为2.5~4.0kPa，脱色温度下的操作时间为30min左右，活性白土添加量为油量的1%~4%。脱臭温度240~260℃，操作绝对压力260~650Pa，汽提蒸汽通入量为油量的0.5%~2%，脱臭时间40~120min，柠檬酸（浓度5%）添加量为油量的0.02%~0.04%，安全过滤温度不高于70℃。

第三节　食用油脂制品

一、氢化油

所谓“氢化”就是在催化剂的作用下，将氢添加到不饱和甘油酯双键上，使饱和度提高的过程。它是一种放热反应。据测定，氢化后油脂碘价每降低1个单位，温度会升高1.6~1.7℃。氢化反应后的油脂碘价下降、熔点升高，固脂含量随着氢化深度的加深而增加。同时，也会产生不饱和键的异构化。由于油脂组成的多样性，不饱和程度、反应条件各不相同。因此，油脂氢化工艺是一种非常复杂的化学反应工程。

根据氢化程度的不同，通常把氢化分成极度氢化与选择性氢化两种。所谓极度氢化，即将油脂分子中的不饱和脂肪酸全部变成饱和脂肪酸。它主要用于工业用油，如制取肥皂、硬脂酸、山嵛酸、花生酸的原料油。选择性氢化则在氢化反应中，采用适当的工艺条件，使油脂中各种脂肪酸的氢化反应速度具有某种选择性，取得不同氢化程度的产品。其主要目的是用来制取碘价、熔点、固脂指数以及气味等指标符合生产各种食用脂肪产品的要求。同时，选择性氢化还可以作为油脂精炼的一种手段。控制氢化反应过程，使不饱和程度高的脂肪酸降解为较稳定的油酸或亚油酸。例如，经过氢化的大豆油、鱼油不仅可以提高其营养价值与稳定性，而且结合精炼过程能改善色泽、脱除异味。

二、人造奶油

人造奶油系指精制食用油添加水及其他辅料，经乳化、急冷捏合成具有天然奶油特色的可塑性制品。油脂含量一般在80%左右，这是人造奶油的主要成分，也是传统的配方。近年国际上人造奶油新产品不断出现，其规格在很多方面已超过了传统规定，在营养价值及使用性能等方面超过了天然奶油。目前，人造奶油大部分是家庭用，一部分是行业用。我国人造奶油的生产研究起步较晚，产量不高，大部分用于食品工业。人造奶油在国外被称作 Margarine，是从希腊语“珍珠”（Margarine）一词转化来的，这是根据人造奶油在制作过程中流动的油脂放出珍珠般的光泽而命名的。

（一）人造奶油的定义

1. 国际标准的定义

人造奶油是有可塑性的液体乳化状食品，主要是油包水型（W/O）产品。原则上人造奶油应用食用油脂加工而成，这种食用油脂不主要是从乳中提取的。其具有以下 3 个特征：可塑性、液态、W/O 型乳状液。乳脂不是其主要成分。

2. 日本农林标准定义

人造奶油是指在食用油脂中添加水等辅料乳化后，急冷捏合或不经急冷捏合加工出来的具有可塑性或流动性的油脂制品。

3. 中国专业标准定义

人造奶油系精制食用油添加水及其他辅料，经乳化、急冷捏合的具有天然奶油特色的可塑性制品。

（二）人造奶油的种类

人造奶油可分为两大类：家庭用人造奶油和食品工业用人造奶油。

1. 家庭用人造奶油

直接涂抹在面包上食出，少量用于烹调。市场销售的多为小包装。家庭用人造奶油必须具备以下性质：

保形性：置于室温时，不熔化、不变形等。在外力作用下，易变形，可做成各种花样。

延展性：置于低温时，在面包上仍易于涂抹。

口溶性：放入口中应迅速熔化。

风味：通过合理的配方和加工使其具有愉快的滋味和香味。

营养价值：营养价值一般包括两方面，一方面是其可作为人体热量的来源（一般 100g 人造奶油可产生 3050kJ 热量），另一方面是人造奶油应富含多不饱和脂肪酸（常用油脂中亚油酸对饱和脂肪酸的比率来表示）。

2. 食品工业用人造奶油

食品工业用人造奶油是以乳化液型出现的配酥油，它除具备起酥油的加工性能外，还能够利用水溶性的食盐、乳制品和其他水溶性增香剂改善食品的风味，使制品带上具有魅力的橙黄色等。

通用型人造奶油：这类人造奶油属于万能型。可塑性和酪化性、熔点都较低。

专用人造奶油：面包用人造奶油，起层用人造奶油，油酥用人造奶油。

逆相人造奶油：一般人造奶油是油包水型（W/O）乳状物，逆相人造奶油是水包油型（O/W）乳状物。由于水相在外侧，加工时不粘辊，延伸性好，这些优点对加工糕点有利。

双重乳化型人造奶油：这种人造奶油产生于 1970 年，是 O/W/O 乳化物。由于 O/W 型人造奶油与鲜乳一样，水相为外相，此风味清淡，受到消费者的欢迎，但容易引起微生物侵蚀，而 W/O 人造奶油不易滋生微生物，而且起泡性、保形性和保存性好。O/W/O 人造奶油同时具备 W/O 型和 O/W 型的优点，既易于保存，又清淡可口，无油腻味。

三、起酥油

起酥油是 19 世纪末在美国作为猪油代用品出现的。1910 年，美国从欧洲引进了氢化油技术，把植物油和海产动物油加工成硬脂肪，使起酥油生产进入一个新的时代。用氢化油制成起酥油，其加工面包、糕点的性能比猪油更好。猪油的酪化性差，稠度稍软，易氧化，因此猪油逐渐被起酥油所取代。日本起酥油生产是在 1951 年后开始的。我国工业生产起酥油起始于 20 世纪 80 年代初期。

传统的起酥油是具有可塑性的固体脂肪，它与人造奶油的区别主要在于起酥油没有水相。新开发的起酥油有流动状、粉末状产品，均具有可塑性产品相同的用途和性能。因此，起酥油的范围很广，给出一个确切的定义比较困难，不同国家、不同地区对起酥油的定义不尽相同。日本农林标准（JAS）中对起酥油的定义为：起酥油是指精炼的动、植物油脂、氢化油或上述油脂的混合物，经急冷捏合制造的固态油脂或不经急冷捏合加工出来的固态或流动态的油脂产品。起酥油具有可塑性、起酥性、乳化性等加工性能。

起酥油一般不宜直接食用，而是用来加工糕点、面包或煎炸食品，要求具有良好的加工性能。

四、调和油

调和油的品种很多。根据我国人民的食用习惯和市场需求，可以生产出多种调和油。

风味调和油：根据群众爱吃花生油、芝麻油的习惯，可把菜籽油、米糠油、棉籽油等经全精炼，然后与香味浓郁的花生油、芝麻油按一定比例调和，制成“轻味花生油”或“轻味芝麻油”供应市场。

营养调和油；利用玉米胚芽油、葵花籽油、红花籽油、米糠油、大豆油配制而成，其亚油酸和维生素 E 含量都高，是比例均衡的营养健康油，供应高血压、冠心病患者以及患必需脂肪酸缺乏症者。

煎炸调和油：利用氢化油和经全精炼的棉籽油、菜籽油、猪油或其他油脂调配成脂肪酸可组成平衡、起酥性能好、烟点高的炸油。

五、蛋黄酱

蛋黄酱是用食用植物油、蛋黄或全蛋、醋或柠檬为主要原料，并辅之以食盐、糖及香辛料，经调制、乳化混合制成的一种黏稠的半固体食品。它是不加任何合成着色剂、乳化剂、防腐剂的天然风味浓郁独特的高营养半固体状调味品，可浇在色拉（西式凉拌菜）、海鲜上，也可涂在面包、热狗等烘烤食品上，还可拌在米饭上，别具风味，深得各年龄组人们的欢迎。

六、煎炸油

煎炸专用油脂在我国的使用并不普遍，市面上仅有几种常温时呈固体的煎炸油，有些食品厂和快餐店用一部分氢化油作为煎炸油，方便面厂一般用进口棕榈油作为煎炸油。总体来看，煎炸油的开发在我国尚处于初级阶段。

煎炸油具有稳定性高、烟点高及良好的风味等特性。世界各国对煎炸油的规格要求不尽相同，例如，我国要求煎炸油的羰基值≤50meq/kg，酸值（KOH）≤5mg/g，极性组分≤27%；法国要求酸值（KOH）≤2.5mg/g，氧化脂肪酸含量≤0.7%，烟点≥170℃；日本则要求酸值（KOH）≤3.0mg/g，POV≤30meq/kg；欧洲许多国家以煎炸过程中产生的总极性物质含量作为煎炸油使用的终点指数上限（规定上限为25%）。一般煎炸油都是部分氢化的食用油脂。近年来，油脂氢化过程中产生的反式脂肪酸对人体的危害及潜在危险性受到国内外消费者的普遍关注。许多国家都已要求在油脂加工食品中强制标示反式酸含量，或限制其在油脂产品中的含量。目前，欧美市场上推出的新型煎炸油有调和煎炸油、代用脂和改性油等。

七、微胶囊化油脂

微胶囊化技术是当今世界上被广泛应用的三大控制释放系统（微胶囊、脂质体与多孔聚合物系统）之一。所谓“微胶囊化”，就是将固、液、气态物质包埋到微小、半透性或封闭的胶囊之中，使内含物在特定的条件下，以可控制的速度进行释放的技术。这一微小封闭的胶囊即微胶囊。其粒径大小一般在1~1000μm（常为5~200μm），壁厚0.2~10μm。将液体微滴（如油脂）封入食用级气密包装胶囊的，又被定名为软微胶囊。其形状以球形为主，可以呈多种形状（如米粒状、块状、针状等）。油脂微胶囊化后，由于其稳定性好、散落性优良、便于计量使用和运输，而被广泛应用于面包、冰淇淋、快餐食品、固体饮料、巧克力、糖果添加剂等多方面。随之，微胶囊化的专用油脂产品相继问世，如易挥发油溶性香味物质，复合香辛调味油、高不饱和脂肪酸、鱼油、易氧化褪色的油溶性色素（β-胡萝卜素）等。

八、专用油脂

专用油脂是为食品加工业专业化使用而量身定制的油脂制品。随着食品工业向细分化、功能化和方便化发展，食品专用油脂的种类也越来越多，以满足各种食品不同的加工要求。食品行业专用油脂多达上百种，除了人们所熟悉的色拉油、人造奶油和起酥油等之外，还有喷洒式食品涂层油（Spray Coating Oil）、脱膜油、代可可脂等，专用油脂已成为食品工业的最主要原辅料之一。

目前我国食品专用油脂主要有煎炸油、冰淇淋专用油、焙烤专用油、巧克力专用油和速冻食品专用油等。按照来源划分主要有植物油和动物油两种，植物油中主要有大豆油、花生油、菜籽油、棕榈油、椰子油、芝麻油、米糠油、可可脂等，而食用动物油主要有奶油、猪油、牛油、羊油等。食品专用油脂在食品工业应用中不仅可以赋予食品良好的风味、色泽、口感和造型，而且在食品加工中也有着重要的功能。

思考题

1. 常用的植物油脂提取方法有哪些？
2. 压榨法提取油脂的基本原理是什么？
3. 压榨原油的除渣通常采用什么方法？
4. 浸出法制油对采用的溶剂有哪些要求？
5. 常用的浸出设备有哪些？
6. 混合油处理的工艺流程是什么？
7. 混合油处理过程中，蒸发、汽提的原理分别是什么？
8. 湿粕处理的常用设备是什么？
9. 溶剂回收包括哪些内容？
10. 原油中含有哪些杂质？
11. 什么是油脂脱胶？常用的脱胶方法有哪些？
12. 什么是油脂脱酸？常用的脱酸方法有哪些？
13. 什么是油脂的吸附脱色？
14. 什么是油脂脱臭？常用方法是什么？
15. 什么是蜡？常用的脱蜡方法包括哪些？

参考文献

[1] 刘玉兰．油脂制取工艺学［M］．北京：化学工业出版社，2006.
[2] 于殿宇．油脂工艺学［M］．北京：科学出版社，2012.
[3] YHHui. 贝雷油脂化学与工艺学［M］．徐生庚等译．北京：中国轻工业出版社，2001.
[4] 韩景生．食用油脂加工工艺学［M］．新疆科技卫生出版社，四川科学技术出版社，1999.
[5] 吴建章．李东森．通风除尘与气力输送［M］．北京：中国轻工业出版社，2009.
[6] 黄社章，杨玉民．粮食加工厂设计与安装［M］．北京：科学出版社，2012.
[7] 田建珍，温纪平．小麦加工工艺与设备［M］．北京：科学出版社，2011.
[8] 刘英．稻谷加工技术［M］．武汉：湖北科学技术出版社，2010.
[9] 周显青．稻谷加工工艺与设备［M］．北京：中国轻工业出版社，2011.
[10] 刘永乐．稻谷及其制品加工技术［M］．北京：中国轻工业出版社，2010.
[11] 于新，胡林子．谷物加工技术［M］．北京：中国纺织出版社，2011.
[12] 丁文平．粮油副产品开发技术［M］．武汉：湖北科学技术出版社，2010.
[13] 宋宏光．粮食加工与检测技术［M］．北京：化学工业出版社，2011.
[14] 李新华，刘雄．粮油加工工艺学［M］．郑州：郑州大学出版社，2011.
[15] 刘延奇，李红，王瑞国．粮油加工技术［M］．北京：中国科学技术出版社，2012.

第六章　粮油储藏

[学习指导]

熟悉和掌握原粮和成品粮的储藏，重点掌握粮堆的组成和粮食的生理性质，熟悉稻谷、大米、小麦、面粉、玉米和豆类的储藏；熟悉和掌握食用油料的储藏，重点掌握油料的储藏特性，熟悉大豆、油菜籽、花生、葵花籽、芝麻和棉籽的储藏；熟悉和掌握食用油脂的储藏，重点掌握油脂的储藏特性，熟悉大豆油、菜籽油、花生油、葵花籽油、棉籽油、米糠油和玉米油的储藏。

由于受到遗传特性、地理环境和栽培条件等因素影响，每种粮食和油料都有其独特的形态结构、物理性质和化学性质，这些特性都会对其储藏产生有利或不利的影响。例如：在粮食或油料中，包围在胚和胚乳外部的种皮，形成了抵御不利储藏环境的保护组织，对储藏是有利的；而胚或胚乳由于含有较多的营养成分和水分，生命活动旺盛，容易受到虫霉感染，对储藏是不利的；将原粮或油料制成成品粮或食用油，其储藏特性和储藏方法都会发生极大变化。

第一节　原粮和成品粮的储藏

原粮是指收获后尚未经过加工的粮食的统称。成品粮是原粮经过碾磨加工而成的符合一定质量标准的粮食成品。粮食本身的物理特性和生理生化特性是影响原粮和成品粮安全储藏的重要因素。

一、粮堆的组成

粮食颗粒堆聚而成的群体称为粮堆。粮堆是粮食储藏的基本形态，它是一个以粮粒为主体、包含其他生物成分和非生物成分的生态系统。粮食在储藏期间所发生的各种变化过程，都在粮堆内进行。

（一）粮堆的组成成分

粮堆组成成分主要包括粮粒、微生物（霉菌、细菌、酵母菌等）、节肢动物（昆虫、螨类）和脊椎动物（鼠、雀）、杂质（有机杂质、无机杂质）、孔隙中的空气等。

1. 粮粒

粮粒是构成粮堆的主体，约占粮堆总体积的60%。粮粒是粮油作物的种子或果实，是活的有机体，它们在储藏过程中表现为休眠状态，但其新陈代谢并未停止，使粮堆具有一系列生物学特性。粮油作物种类繁多，各种粮粒形态结构复杂多样，但大多数粮粒基本结构有共性，其构成归纳如图6-1所示，一般都由皮层、胚、胚乳三个主要部分组成，有些

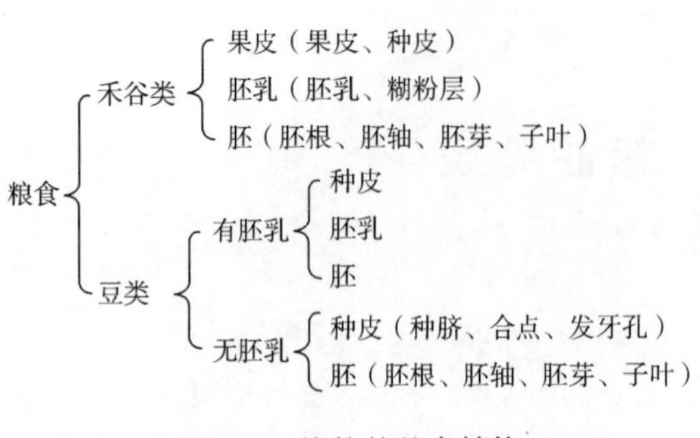

图 6-1　粮粒的基本结构

粮粒在皮层的外面还有外壳，如稻谷、大麦、谷子的内稃和外稃均有外壳。这些包围在粮粒的外壳和皮层是由死细胞组成的，已木质化，含水量低，形成了抵御不良储藏环境（如对湿热、虫霉等外来侵扰）的保护组织，对粮油储藏是有利的；而粮粒的胚和胚乳是粮粒的主要营养组织，含有较丰富的营养成分和较高水分，生命活力旺盛，最容易受虫霉感染，对外界不良侵扰的抵御能力差。所以，除去外壳和皮层的成品粮比原粮储藏稳定性差，不耐保管。

各种粮粒由于受遗传、地理位置、生态技术、栽培条件等内在和外在条件的影响，彼此之间在体积、形状、成熟度、饱满度、重度、含水量、破碎粒以及其他指标方面不完全相同，这些构造方面的差异，是导致各种粮油储藏稳定性差的原因之一。如充分成熟的、饱满完整的、大小一致的、含水量低的粮粒，储藏稳定性就强；反之，储藏稳定性就弱。粮油籽粒的化学成分比较复杂，主要有碳水化合物、脂类、蛋白质、水分、维生素、酶以及矿物质等成分。

不同品种之间，化学成分的含量各异，且差别很大，即使同一品种，受不同气候、栽培条件、成熟度、土壤等因素的影响，其化学成分也会有一定差异。这些化学成分的差异，对于粮油的储藏稳定性起着关键的作用。粮油在储藏期间的劣变，明显地反映了化学成分的量变和质变。如大米中的淀粉在储藏过程中和脂肪酸发生的相互作用，蛋白质形成二硫键等，都反映了粮食化学成分在储藏中的变化。

随粮油收获时混入的少量杂草种子，它们具有呼吸能力强、吸湿快、原始水分高、生命活力旺盛等特点，对粮油储藏稳定性产生不良影响。

2. 微生物

微生物是自然界中一群个体微小、结构简单的低等生物，它们形态小，繁殖快，数量大，适应能力强，分布极其广泛。就粮食来说，它不仅存在于粮粒的外部，在粮粒的内部也经常存在许多菌类。质量较好的粮食，每克粮食的带菌量一般是几千个；而质量差的粮食，每克粮食的带菌量则是几百万，甚至以亿来计算。粮食微生物指的是寄附在粮食上的微生物，主要包括真菌、细菌、放线菌及病毒等，而真菌主要有霉菌、酵母菌以及植物的病原菌等。寄附在粮食上的微生物往往形成一区系，随着生态条件的变化而逐渐演变：其中，对粮油安全储藏和食品卫生有直接危害的是霉菌。这是因为霉菌代谢活动所要求的水分和温度等条件远比细菌、酵母菌和放线菌低，与粮堆生态条件相接近。储粮微生物的生命活动是以粮油籽粒为营养物质，将其分解为无机物和简单的有机化合物并放出热量，而微生物的呼吸强度远远大于粮油籽粒本身。此外，有许多储粮微生物在其生命活动中能分泌有毒物质（如黄曲霉毒素 B_1），污染粮油。因此，微生物对储粮的危害和对储粮品质的影响主要表现在以下几个方面：干物质损耗，品质劣变且重量减轻；粮温和粮食水分增加，粮堆容易发热；酸度升高；变味变色；种子发芽率下降；加工工艺品质降低，严重的可使粮食完全失去食用价值，如毒素含量高的粮食。

3. 储粮害虫

凡是在储藏期间或运输中危害粮食的蛾类及昆虫类、螨类，统称为储粮害虫。通常情况下，粮油在田间和农户的初级保管中已感染害虫，带入粮仓继续为害。这些害虫分布广、种类多、危害极大，是安全储粮的大敌，其生命活动的结果，不仅侵食粮粒，引起储粮重量损失和品质劣变，甚至引起虫灾，而且在其取食呼吸、排泄等代谢过程中还散发热量和水分，促使粮堆发热、结露和霉变。同时虫、螨在活动过程中产生的分泌物、虫尸、虫粪、皮屑等混杂在粮堆中，不仅污染粮油，还促使霉菌滋生，严重时使其工艺价值、种用价值全部丧失。如果我们掌握了储粮害虫的特征、生活习性以及与环境之间的关系，就可利用三种主要的环境因素（温度、湿度及气体成分）抑制仓虫的生长繁育，最大限度地保证储粮品质。

4. 脊椎动物

粮油储藏中的脊椎动物是指鼠、雀，它们经常出没于储藏条件较差的环境，对储藏中的粮食危害极大，尤其是鼠类。据统计，全世界因鼠类危害损失的粮食，每年达几千万吨，我国每年损失粮食也接近 1000 万 t。鼠类对储粮的危害，不仅表现为它吃掉粮油，还能咬坏麻袋、面袋等仓储用具，掘洞营巢，破坏仓库、厂房建筑，排泄的粪便、鼠毛污染粮油，传播虫、霉、病。老鼠身上往往潜伏沙门菌，鼠尿中含有致毒病菌，能引起细螺旋体病等，鼠还能引起鼠疫，严重威胁人类的健康和生存。而麻雀在粮堆上活动；除啄食粮油、造成损失外，它们的粪便和羽毛或搭窝时运来的各种物质，也会传播虫霉、污染粮油，影响储粮的品质。

5. 杂质

粮堆中的杂质分无机杂质和有机杂质。无机杂质主要包括沙、石、泥土、煤渣、砖瓦块等，有机杂质主要有麦秸、稻秆、谷壳等，它们也是影响粮油储藏稳定性的因素之一。细小杂质多的粮堆空隙度小，透气性差，影响湿热散发，有利于虫、霉滋生。而有机杂质具有较强的吸湿性、原始水分高、带菌量大、呼吸旺盛等特点，能将水分转移给粮油，同样形成对虫、霉滋生的有利条件。因此，粮食入库前必须做好清理工作。

6. 气体成分

粮堆中气体成分与一般空气成分不同，由于生物成分的呼吸作用，氧气减少，二氧化碳增多，这就使粮堆内部氧气、二氧化碳与氮气的比例发生变化，粮堆内氧气含量对有害生物的生长、繁殖和粮油本身的代谢作用都会有影响。降低氧的含量，可抑制虫、霉的发生，减缓粮油的代谢活动，延缓品质陈化，使粮油在储藏期间的损耗降到最低限度。

7. 围护结构

围护结构是粮堆与外界环境之间的隔离层，如各类仓房、粮面覆盖物以及密封材料等。这些围护物是粮堆生态系统的一个重要组成部分，起到保护储粮不受外界气候因子的影响和有害生物的浸染的作用。可以说，没有良好的围护结构，就不可能有粮油的安全储藏。安全储粮要求围护结构具有良好的防潮、隔热性能以及灵活的通风与密闭性能。

（二）粮堆的物理性质

粮堆的物理性质，是指粮食在储藏期间表现出来的物理属性，如散落性、自动分级、孔隙度、导热性、吸附性、吸湿性等。这些物理性质相互联系、相互作用，使得粮堆生态系统的各种变量因素不断变化，从而对粮食储藏的稳定性产生有利或不利的影响。

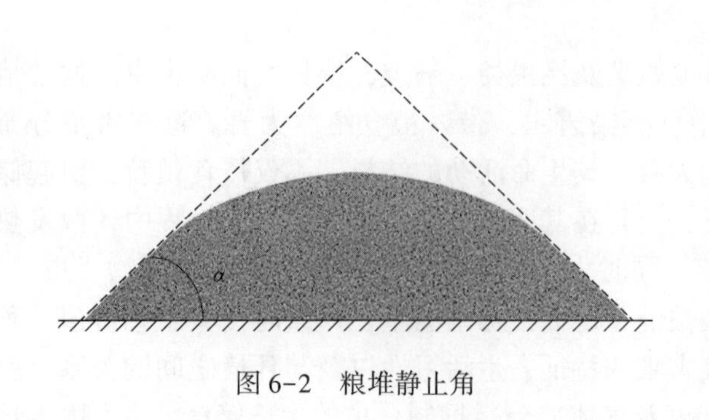

图 6-2　粮堆静止角

1. 散落性

散落性是指粮食籽粒从一定高度自由下落至平面时，有向四面流散形成一个圆锥体的性质。粮食颗粒是一种散粒体，相互间的内聚力小，由高处下落时，不足以在重力的作用下使粮粒保持垂直稳定，很容易向四面流散，致使粮食在堆装、运输、干燥、加工等过程中表现出这种特有的物理性质。粮食散落性的大小，以粮食自由下落形成的圆锥体的静止角 α 的大小来表示。如图 6-2 所示，静止角是指圆锥体的斜面与底面形成的夹角，其大小与散落性成反比，静止角大，则散落性小，静止角小，则散落性大。

粮食散落性的大小，与粮食的种类及其籽粒的大小、形状、轻重、水分、杂质含量等有关。粮食籽粒饱满、水分低、杂质少，散落性就大；粮食籽粒不饱满、水分高、杂质多，则散落性小。

在粮食储藏过程中，可以从散落性的变化看到粮食储藏稳定性的情况。用感官检查粮情时，粮面易于松动的散落性大，粮食质量较好；粮面不易松动、紧实、散落性小，粮食质量可能有问题。因为粮食出汗返潮、霉菌滋生，都会使粮食散落性较小、使粮面板结。

2. 自动分级

粮食在震动或散落时，同类型籽粒或杂质集中在粮堆的同一部位，不同类型的粮杂分布在不同部位，使粮堆组成重新分配的现象，称为自动分级。

按照形成的原因，自动分级可分为重力分级、浮力分级和气流分级三种类型。重力分级的情况常常发生在有震动运输过程中，如：散装原粮经过长途运输后，大而轻的物料就会浮在最上面，细而重的物料就会沉在底部，而较轻、较大、较重的物料介于两者之间，从而形成了明显的分层现象。浮力分级是粮粒在下落过程中由于受力不同而造成的自动分级。粮粒由高点下落，会受到空气的阻碍作用，即空气对粮粒产生浮力。当浮力一定时，重的粮粒下落快，轻的杂质下落慢，轻的杂质在慢慢下落过程中会由于受力方向的改变而漂移落点，从而形成分级现象。气流分级通常发生在露天堆粮的过程中，当输送机在风天卸粮时，在下风处就会积聚较多的轻杂质，从而形成分级现象。

自动分级有利于粮食的清理，而不利于粮食的储藏。粮食清理可以利用粮食自动分级这一物理特性，采用风车、筛子、去石机等机械，除去混杂在粮食中的杂质。在粮食储藏时，杂质多、水分大的粮食集中在粮堆某一部位，使这一部位孔隙度小、潮湿而容易滋生虫、霉，成为粮食发热霉变的发源地。如果不能及时发现并采取措施，蔓延开来，就将危害整个粮堆安全。因此，在储藏时，一定要注意检查粮堆中杂质多、水分大的部位，以便及时发现问题，并采取有效措施。

3. 孔隙度

在粮堆中，粮粒与粮粒之间存在着一定的空间，就形成了粮堆孔隙。粮堆的总体积就是由粮堆和混杂其间的杂质的实际体积以及孔隙所占的空间体积组成的。粮食籽粒和杂质的实际体积占粮堆总体积的百分比就是粮堆密度。粮堆内孔隙所占的空间体积与粮堆总体积的百分比就是粮堆孔隙度。容重是指单位容积的粮食重量，以 kg/m^3 来表示。容重与粮堆密度成正比，密度大，容重大；密度小，容重小。容重与孔隙度成反比，孔隙度大，容重小；孔隙度小，容重大。粮堆的密度和孔隙度可以通过容重来推算，用公式表示：密度=容重/相对密度×100%，孔隙度=（1-容重/相对密度）×100%。

影响粮堆孔隙度的因素较多，如粮食籽粒的形状、大小、杂质量的多少、水分高低、表面光滑程度等。一般来说，籽粒小而表面光滑的，孔隙度小；籽粒大而表面粗糙的，孔隙度大；杂质多、水分高的粮食，孔隙度小；杂质少、水分低的粮食，孔隙度大。各种粮食的形状、大小各不相同，孔隙度也有大有小。稻谷的孔隙度约为50%，小麦与稻米基本相同，约为40%。

粮堆孔隙度的大小与粮食储藏有很大关系。粮堆有孔隙，堆内空气才能对流，粮堆湿热交换才能进行。不少保藏技术措施就是利用粮堆孔隙的对流作用，例如，自然通风、机械通风、药物熏蒸等。孔隙度大，空气分流阻力小，通风的效果就好，粮食散热散湿的效果也好，药物也能顺利地扩散到粮堆的各个角落，充分发挥其作用，对粮食储藏有利；但当外界空气的温湿度高于粮食时，特别是高温高湿季节，孔隙度大，也易使外界湿热空气透进粮堆，使粮食吸湿增温，这时对粮食储藏又是非常不利的。

4. 导热性

导热性是指粮堆进行热量交换的性能。粮堆内外和粮堆内部时刻进行着热的传递。粮堆的导热性是粮堆的两个主要组成部分——粮粒和空气导热性的综合表现。在组成粮堆的主要成分中，粮粒对热的传导速度较慢，是热的不良导体。虽然粮堆中空气的流动有助于热传导，但粮堆内阻力较大，空气对流缓慢。因此，整个粮堆导热性是很差的。如正常粮堆温度总是落后于外温，深层粮温变化总是落后于表层，就是粮堆导热性不良的具体表现。

各种物体的导热能力是以导热系数来表示的。粮堆的导热系数是指在1m厚的粮堆里，当上层与底层的温度相差1℃时，在单位时间内通过粮堆表面积的热量，用符号 λ 表示，其单位是kJ/（m·h·K）。导热系数是粮堆的物理性质之一，导热系数大，则导热能力就强。粮食的导热系数为0.50~0.84kJ/（m·h·K）。

影响粮堆传热情况的因素有温差和体积。温差是热传导产生的必要条件。粮堆内各部位的温度是不一致的，有高有低，粮堆与外部气温也存在差异，这内外的温差就决定了粮堆内外的热交换。温差大，粮堆内外交换的热量就多；温差小，交换的热量就少。粮堆表面积大，交换的热量就多；粮堆表面积小，交换的热量就少。粮堆越高，热流路线就越长，单位时间内通过单位面积传递的热量就减少；粮堆越低，热流路线就越短，单位时间内通过单位面积传递的热量就增多。

粮食导热能力较低，对于粮食储藏来说，有利有弊。粮食导热系数低的特点，有利于维持粮食低温储藏或小麦高温储藏的温度。但当高温粮需要散热时，由于导热系数低而散热缓慢，容易助长粮食劣变，这时可采取合理的通风、翻仓倒粮、摊晾等措施。此外，用控制粮堆高低大小的办法，可以延缓或加速粮堆内外热交换的进程。一般来说，粮温低于气温，应将粮堆垛高，以减少热的向内传递，控制粮温升高；粮温高于气温，应使粮堆减低，加速热的向外传递，促使粮温降低。

5. 吸附性

所有粮食籽粒和粮堆都具有吸附和解吸各种气体分子的特性，这种特性称为吸附性。粮食储藏中的吸附行为主要是粮食对惰性气体、熏蒸气体以及一些污染物的吸附。粮食与气体分子发生吸附作用有两种：一是物理吸附，这种吸附不发生化学反应，比较容易解吸，如粮粒对二氧化碳的吸附，在通风几天后即可彻底除去；二是化学吸附，这种吸附发生化学反应，不易解吸，如小麦和面粉能吸收少量磷化氢，生成磷酸化合物。

粮食吸附能力和速度的大小，通常以吸附量和吸附速度来表示。吸附量是指粮食在一定条件下吸附气体和蒸汽的总量。吸附速度是指粮食在单位时间内吸附气体和蒸汽的数量。气体和蒸汽的吸收能力和速度差别，取决于气体性质、气体浓度、温度、粮粒的组织结构、化学成分等。在气体浓度相同的情况下，温度下降，物理吸附过程加强，吸附量增加，化学吸附随着温度的下降，吸附量减少；反之，温度升高，物理吸附过程减弱，吸附量减少，而化学吸附的速度增加，吸附量增加。在温度相同的情况下，气体浓度增加，超过粮堆内部的压力，吸附量增加；相反，吸附气体浓度降低，吸附动态平衡向解吸方向移动，吸附量减少。粮食种类不同，也是导致吸附量不同的主要因素之一，如二氧化碳的吸附，在相同条件下，玉米的吸附力大，稻谷和小麦的吸附力小（表 6-1）。

表 6-1　　几种主要粮食的二氧化碳吸附量（温度 20℃，时间 3h）

种类	稻谷	玉米	小麦和大米	面粉
吸附量/（mL/kg）	85	170	75	60

粮食的吸附性对于粮食储藏来说，同样有利有弊。由于粮食的吸附特性，很容易吸附不良气体和液体，产生异味，如煤油、汽油、化肥、农药等气味性物质，轻者影响食用品质，重者造成粮油污染。因此，粮油运输车辆、盛装粮油的器皿及使用的工具都要严加检查，以免污染。同样的，当熏蒸毒气分子被粮粒等熏蒸物大量吸附时，其挥发性、扩散性和渗透性就会受到影响，粮堆孔隙中毒气浓度也会降低，这对熏蒸杀虫显然不利；熏蒸后的粮食还必须充分通风散气，待毒气解吸达到卫生允许标准后，方可出仓供应食用。因此，化学熏蒸中，可选择容易解吸的熏蒸剂进行熏蒸，减少药剂残留。粮食吸附特性对于气调储藏是有利的，如粮食储藏技术中的二氧化碳置换法，就是利用粮粒对二氧化碳的吸附特性，使粮食在包装内呈现胶着状态（袋内负压 2000Pa 以上），从而有效地保持粮食品质。

6. 吸湿性

粮粒对水汽的吸附与解吸的性能称为吸湿特性，它是粮食吸附性的一个具体表现。在储藏期间，粮食水分的变化主要与粮食的吸湿性能有关，与粮食的储藏稳定性、储藏品质都密切相关，和粮食的发热霉变、结露、返潮等现象有直接关系。所以粮食的吸湿特性是粮食储藏中最重要的变量因素之一。

在储藏期间，粮食与水蒸气的吸附作用不断地进行。当外部水蒸气压力大于粮食内部的水汽压力时，粮食就吸附水蒸气，为吸湿过程；当外部水蒸气压力小于粮食内部的水汽压力时，粮食就解吸，为散湿过程。吸湿增加粮食水分，散湿降低粮食水分。但当大气水蒸气压力与粮食内部压力相等时，粮食既不吸附，也不解吸，其水分也就不发生变化，这时的粮食水分称为“平衡水分”，这时大气湿度称为“平衡相对湿度”。

粮食对水蒸气的吸附与解吸作用，始终影响着粮食水分。这种变化受大气水蒸气压力的影响而不断变化。粮食平衡水分受湿度、温度及粮食种类等因素的影响。粮食平衡水分与温度成反比，在湿度相同的条件下，温度高则平衡水分低，温度低则平衡水分高；与相对湿度成正比，在温度相同条件下，相对湿度大则平衡水分高，相对湿度小则平衡水分低。含蛋白质多的粮食品种，平衡水分高，含脂肪多的粮食品种，平衡水分低，因为蛋白质是亲水性物质，而脂肪则是疏水性物质。粮食的水分含量只有在安全水分以下，才能长期储藏。

二、粮食的生理性质

粮食实际是各种粮食作物的种子，它含有各种营养成分，供粮食作物生长发育。粮食收获后，虽然已与母体植株脱离，但其生命活动并未停止，仍为活的有机体，即使处于休眠或干燥条件下，仍会发生各种生理生化变化。这些生理活动是粮食新陈代谢的基础，又直接影响粮食的储藏稳定性。

（一）呼吸

呼吸是一切动植物维持生命的重要生理过程之一。在储藏期间，粮食仍然在不断地呼吸，吸收氧气，呼出二氧化碳。以糖类、脂类和蛋白质等为底物，通过糖酵解、三羧酸循环和戊糖磷酸途径等，产生能量和本身代谢所需要的物质，用以维持粮食种子的生理活动。粮食呼吸不是通过呼吸器官来完成的，而是通过粮食细胞的氧化作用来完成的。粮食细胞通过氧化粮食内部的营养成分来获得能量，用以维持其生理活动。这个过程就是粮食细胞的氧化作用。在呼吸过程中，粮食内的有机物被消耗了，变成二氧化碳、热量、水或酒精释放出来。

粮食籽粒的呼吸作用有两种类型，即有氧呼吸与无氧呼吸。粮食在有氧条件下进行有氧呼吸，在无氧或缺氧条件下进行无氧呼吸。有氧呼吸消耗粮食籽粒内的糖（由淀粉分解形成），产生二氧化碳、热量和水；无氧呼吸也消耗粮食籽粒内的糖，产生二氧化碳、热量和酒精。有氧和无氧呼吸作用虽然表现形式不同，但都会消耗粮食籽粒的营养成分，产生热量和水。呼吸作用越强，粮食内部营养物质的消耗就越多，粮堆间积累的水和热量就越多，对于粮食的储藏就越不利。

衡量粮食呼吸强弱的指标主要是呼吸强度，是指单位时间内单位重量的粮粒呼吸过程中所放出的二氧化碳的量或吸收的氧的量。粮食籽粒在储藏中的呼吸强度可以作为粮食陈化劣变速度的标准。呼吸强度增加，营养物质消耗就会加快，劣变速度就会加快，储藏年限就会缩短。因此，粮食在储藏期间正常的最低呼吸强度，维持粮食储藏期间生理活性是粮食保鲜的基础。

影响粮食籽粒呼吸强度的因素很多，主要分为内部因素和外部因素。内部因素即粮食籽粒本身，对储藏过程中呼吸作用的影响十分显著。通常，胚占籽粒比例大的粮种呼吸作用强，如在相同的外部条件下，玉米比小麦的呼吸强度要高；未熟粒较成熟粒的呼吸作用强；破碎籽粒较完整籽粒呼吸强度高；带菌量大的粮食较带菌量小的粮食呼吸能力强。外部因素则主要是水分、温度及环境气体成分。首先，水分是决定粮食呼吸强度的最主要因素，因为粮食的新陈代谢作用，只有在水的参与下才能进行。当粮食水分含量低于一定数值时，粮食呼吸作用就会控制在极其微弱的程度；而当粮食水分含量超过某一数值时，粮食呼吸作用就会显著增强。其次，温度也是影响粮食呼吸作用的一个重要因素。在一定的温度范围内，温度升高，粮食的呼吸作用也随之增强；温度下降，粮食呼吸作用也随之减弱。但超过这一范围，温度太高，粮食细胞会死亡，呼吸反而停止；温度太低，细胞液凝固，呼吸也不能进行。粮食进行呼吸的最适宜温度为30~40℃，最低为0℃，最高为50℃左右。当然，温度对粮食呼吸作用的影响，还与粮食的水分含量相关。再次，通风条件的好坏、粮堆间的氧气充足与否，也会影响粮食的呼吸作用。通风好而氧气充足，粮食的有氧呼吸就较强；通风条件不好，氧气不充分，粮食的有氧呼吸就减弱，无氧呼吸增强。

（二）后熟

后熟是指粮食在收获之后还要经过一个继续发育成熟的阶段。刚刚收获的新粮，生理上并没有完全成熟，胚的发育还在继续。这时粮食的呼吸作用旺盛，发芽率很低，工艺品质较差，也不好保管。新粮经过一个时期的保管，胚不再发育了，呼吸也逐渐趋于平稳，生理上达到完全成熟。这一个使新粮达到完全成熟的保管期就称为后熟期。经过后熟期的粮食的呼吸作用减弱，发芽率增加，加工品质得到改善。

新粮是否完成了后熟，常用的鉴定指标是发芽率。未完成后熟的粮食种子处于休眠状态，发芽率很低；完成后熟的粮食种子，发芽率一般都在80%以上。80%以上的发芽率，也就成为粮食完成后熟的一般标志。各种粮食种子，所需的后熟期长短不一。春小麦的后熟期最长，一般在半年以上：籼稻后熟期最短，一般在田间就完成了，可以看成是不再需要后熟期；冬小麦的后熟期为1~2.5个月；大麦为3~4个月；高粱为2~3个星期；粳稻为28d。

粮食后熟期的长短，主要受温度、湿度和粮堆空气成分的影响。较高的温度（但不能超过45℃）可以促进粮食种子细胞内生化反应的进行，使后熟期缩短；反之，低温则不利于粮食种子细胞内生化反应的进行，会使后熟期延长。湿度对粮食后熟期的影响相反，湿度高则延长后熟期，湿度低能缩短后熟期。二氧化碳对粮食后熟作用的完成有不利影响，通风条件好，粮堆中氧气充足，能促进后熟；反之，通风不好，粮堆中缺少氧气，则会阻碍后熟。

粮食的后熟过程对粮食保管非常不利，因为在后熟过程中粮食生理活动旺盛，一方面强烈的呼吸作用释放出大量的水和热，另一方面胚发育的合成作用也生成水。这些水以水汽状态散发到粮堆孔隙中，使颗粒间的空气变得潮湿，一遇冷空气就结露，这种现象称为“出汗”。“出汗”会使粮食水分含量增加，为微生物的生长繁殖创造条件，如不及时采取措施，就会导致粮食发热霉变。为了改善粮食品质、提高粮食储藏的稳定性，可通过控制温度、湿度及空气成分等因素，来促进粮食后熟。目前，国内外采用的方法有高温处理、超声波处理、电离射线处理及化学药剂处理等，最常采用的简便方法是日光晒和加强通风。

（三）发芽

粮食种子由生命萌动到长出幼芽的生理过程叫发芽。在这一生理过程中，粮食的呼吸作用特别旺盛，消耗的营养成分也特别多。发芽后的粮食，营养价值大为降低，食用品质也差，同时由于酶活力的增强，储藏稳定性随之变劣，对保管工作十分不利。因此在粮食保管中，要十分注意，不让粮食发芽。

要控制粮食发芽，并不十分困难，因为粮食种子的发芽能力只是一种潜在的能力，要有适合的条件，才能变为现实。其条件就是适合的水分、温度和空气成分，三者缺一不可。只要控制水分、温度、空气成分三个条件中的任何一条，粮食发芽就不会发生。水分是粮食发芽的最主要的因素。粮食水分低，生理作用微弱，酶缺乏活力，就不能发芽；粮食吸水膨胀，水分达到发芽要求，生理作用明显增强，酶活力增强，发芽的生理过程即从此开始。不同粮食发芽对水分的要求是不一致的。粮食发芽所需吸水量用水分占种子干重的百分率表示，低的只需 25%，而高的则要达到 150%以上。吸水量的差异是由粮食所含化学成分的不同决定的，含淀粉多的粮食，发芽所需吸水量少，如水稻、谷子、玉米，一般都在 50%以下；而含蛋白质、脂肪多的粮食，发芽所需吸水量就大，如大豆、蚕豆等，一般都在 100%以上；粮食籽粒的大小也影响吸水量，籽粒大，所需吸水量大，如蚕豆，需 150%以上；籽粒小，所需吸水量小，如菜籽，虽然含较多脂肪，但籽粒很小，只需 48%。总之，不论哪种粮食，发芽对水分的要求都比较高，只要保管得当，防止粮食结露受潮，是不会发芽的。

粮食种子发芽还受温度和空气成分影响。温度过高或过低都不能发芽。种子发芽所需温度也因粮食种类不同而有所差异，小麦最低发芽温度为 2℃，稻谷为 10℃；小麦最高发芽温度为 32℃，稻谷为 42℃。粮食发芽对温度的要求不高，大多数的室内温度都能满足，低温对粮食发芽有抑制作用，但不能完全避免发芽。因此，要避免粮食发芽，最主要的是控制水分。粮堆间的空气成分对粮食发芽也有影响。粮堆通风情况好，氧气充足，就有利于发芽；反之，氧气不足，就会阻碍发芽。

（四）陈化

粮食的陈化是指完成生理成熟的粮食籽粒随着储藏时间的延长，酶活力和生活力逐渐减弱，呼吸强度逐渐下降，种用品质和食用品质逐渐降低的现象。粮食籽粒陈化后，新鲜度和发芽率下降，食用品质和种用品质降低，商品的质量下降，价格也会降低。因此，为了保证粮食的品质，满足消费者的需要，对长期储藏的粮食籽粒，应有计划地推陈出新，尽可能创造低温、干燥的储粮环境条件，延缓陈化的进程。粮食在储藏期间，无论是有生活力的种子，还是无生活力的粮食籽粒，虽未发热、霉变，但随着储藏时间的延长，粮食籽粒的物理性质、化学成分和生理特性都将发生一系列的变化，使储存粮食发生由新到陈、由旺盛到衰老的不可逆转的变化。研究粮食陈化，推陈出新，使储存的粮食籽粒始终保持良好的品质。

粮食在储藏期间，随着时间的延长，陈化是不可避免的自然现象，陈化虽然是由粮食本身因素决定的，但陈化的进度又与环境条件密切相关。影响粮食陈化的因素同样是温度、水分、空气成分等，特别是温度、水分对粮食的陈化有强烈的影响。粮食在水分低、温度低、缺氧的环境下储藏，陈化的出现和发展都比较缓慢；反之，高温、高湿、氧气充足的环境，则不利于粮食保管，会加速粮食陈化的过程。虫、霉的危害也会促进粮食的陈化。粮食安全度夏之所以成为问题，就是因为夏季温度高、湿度大，粮食易陈化。同时，高温高湿易于滋生虫、霉，危害粮食。粮食陈化的深度与保管时间成正比。保管时间越长，陈化越深。一般隔年陈粮，由于水分降低，硬度增加，千粒重减少，容重加大，生活力减弱，虽对储藏稳定有利，但由于新鲜度减退，发芽率降低，品质下降。

所以，可通过改善储粮环境和采用储藏技术延缓粮食陈化，保持其新鲜度。根据影响粮食陈化的诸多因素分析，在粮食储藏中，要积极创造条件，改善仓房条件，造成低温、低湿的储粮环境，或者采用气调储藏、“双低储藏”“三低储藏”等储粮技术，抑制虫、霉危害，减少粮堆中杂质，提高净度，以控制粮食旺盛的代谢活动。

三、稻谷和大米的储藏

（一）稻谷的储藏特性

稻谷籽粒具有完整的内外颖（稻壳），能够保护易于变质的胚乳部分，具有一定的抵抗虫霉、温湿侵害的能力，并且稻谷籽粒的最外层的水分又偏低，这些结构上的特点使稻谷相对来讲易于储藏。但是另一方面，稻粒表面粗糙，粮堆孔隙度大，易受不良环境的影响，再者稻谷籽粒的组织较为松弛，耐热性差，陈化速度较大，特别是经过夏季高温后，品质劣变明显。

1. 不耐高温，易陈化

稻谷的胶体组织较为疏松，对高温的抵抗力很弱，在烈日暴晒或高温下烘干，均会增加爆腰率，降低稻谷食用品质和加工品质。水分含量为22%~26%的高水分稻谷，如果进行高温快速干燥或干燥后快速吸湿，都会增加爆腰率。因此，较为潮湿的稻谷最好进行自然干燥，如果采用人工加热烘干，则应注意控制加热温度、时间、烘干速度及水分的变化，以免爆腰率升高，降低加工大米质量。

2. 易发热、结露、生霉和发芽

新收获的稻谷生理活性强，早稻和中稻入库后积热难散，在1~2周内上层粮温往往会突然升高，超过仓温10~15℃，出现粮堆发热现象，即使水分正常的稻谷，也常出现这种现象。稻谷发热部位一般从粮堆内水分高、杂质多、温度偏高的部位开始，然后向四周扩散，逐步蔓延至全仓。杂质多的粮食或杂质聚集区含水量高，带菌量大，孔隙小，所以易发热。地坪的返潮或仓墙裂缝渗水以及害虫的大量繁殖，都会造成发热。在所有这些因素中，高水分引起的微生物大量繁殖是发热的主要原因。

高温入库和发热的稻谷，如未及时降低温度，在季节转换时往往会因粮堆内外温差过大而形成粮堆的上层结露，结露深度一般在粮面下20cm左右，并会进一步导致稻谷生霉、发芽。这时的霉变常称为“气顶霉变”“气面谷”“囤头霉”。

粮食上常见的霉菌有曲霉、青霉、毛霉和根霉，其中曲霉和青霉对储粮安全影响最大。曲霉菌对有机质的分解能力极强，广泛存在于各种粮食中。低水分粮食的变质，几乎都是曲霉活动造成的。有些曲霉在代谢过程中能产生毒素，使粮食带毒，危害人体健康。青霉菌分布极广，种类繁多，是对有机质破坏极强的一类霉菌。部分青霉菌具有浓烈的霉味或分泌色素，使粮食变色变味。毛霉对环境的适应性强，生长迅速，经常参与高水分粮食的发热霉变。因其具有嫌气性的特点，在高水分密闭储藏的粮食中，可引起发酵变质。根霉属于中温、高湿性霉菌，大多为好氧菌，有的能耐低氧，在适宜条件下能很快导致高水分粮食霉烂变质。稻谷霉变的过程，通常分为初期变质、生霉和霉烂三个阶段。在稻谷保管工作中，通常以达到生霉阶段作为发生霉变事故的标志。

由于稻米发芽所需的水分较低，且后熟期短，因此，在粮堆结露、发热未及时发现与处理时，有可能出现稻谷发芽，发芽的稻谷，其部分营养成分已被分解，储藏稳定性也大为降低，即使经干燥处理，也不宜再进行储藏。

3. 易黄变

稻谷除在收获期遇阴雨天气，未能及时干燥，使粮堆发热产生黄变外，在储藏期间也会发生黄变，这主要与储藏时的温度和水分含量有关。相关研究证明，粮温是引起稻谷黄变的重要因素，水分含量则是另一个不可忽视的原因。粮温与水分含量相互影响、相互作用，均促进黄变的发展，粮温越高，水分含量越高，储藏时间越长，黄变就越严重。据报道，气温在26~37℃时，稻谷水分含量在18%以上，堆放3d就会有10%的黄粒米；水分含量在20%以上时，堆放7d就会有30%左右的黄粒米。在储藏期间，早稻水分含量14%，发热3次，黄粒米可达20%；水分含量在17%以上，发热3~5次，则黄粒米可达80%以上。由此可见，无论仓内仓外均可发生黄变，稻谷含水量越高，发热次数越多，黄粒米的含量越高，黄变也越严重。一般情况下，黄粒米的发生，晚稻比早稻严重，这是因为晚稻收获时节气温低、阴雨天多、稻谷降水困难的缘故。但是，在南方一些地区的早、中稻成熟时，有时也会遇到连阴雨天，使收割的稻谷不能及时脱粒、干燥，以致早中稻也会发生严重的黄变。

稻谷黄变后，发芽率下降、黏度下降、酸度升高、脂肪酸值增加、碎米增加、品质明显劣化，对其食用品质和种用品质均有较大的影响。目前对于黄粒米形成的原因尚未有统一的认识，有人提出是美拉德反应使大米变黄、变褐，但也有人认为米粒黄变主要是微生物引起的。

（二）稻谷的储藏方法

稻谷属于原粮，是收货后未经加工的粮食，是粮食储藏的主要对象。根据我国的自然条件和经济条件及粮食储存企业的现状，我国储粮既不能像日本那样大规模发展机械制冷低温储藏仓，也不能像欧美等国采用机械通风冷却为主的储藏方法。我国稻谷储藏技术主要有：常规储藏、低温储藏、气调储藏（自然密闭缺氧储藏）和双低储藏等。

1. 常规储藏

各粮种的储藏均可用常规储藏方法储藏，从粮食入库到出库，为一个储藏周期，通过提高入库质量，加强粮情调查，根据季节变化采取适当的管理措施来防治虫害，基本上能够做到安全保管。稻谷常规储藏的主要内容包括：

（1）控制水分含量　稻谷入库时水分含量高低，关系到稻谷是否能安全储藏。早、中籼稻收获气温高，收获后容易干燥，入库水分含量低，可达到或低于安全水分标准，易于保管。晚粳稻在低温季节收获，不宜干燥，入库水分含量偏高，应注意采取不同方法进行干燥降水处理。如有烘干设备，应在春暖前进行干燥降水处理；如无干燥设备，可利用冬、春季节的有利时机进行晾晒降水，或利用通风系统通风降水，使得水分降至夏季安全水分标准以下。稻谷的安全水分标准与稻谷品种、季节以及气候条件有关。一般来说，粳稻的安全水分标准要高一些，籼稻低一些；晚稻高一些，早稻低一些；冬季高一些，夏季低一些；北方高一些，南方低一些。此外，稻谷的安全水分标准还与稻谷成熟度、纯净度、病伤粒数量等有密切关系。如果储藏种用稻谷，为了保持其发芽率，度夏水分含量应低于上述水分安全标准1%。

（2）清除杂质　稻谷在入库时，杂质常常由于自动分级现象聚集在粮堆的某一个部位，形成明显的杂质区域，因此，在入库前应尽可能降低杂质含量，通常需要将杂质的含量降低，确保储粮品质的稳定。因此，入库前需采用风扬或过筛等方法尽可能降低杂质含量，当含杂量降低到0.5%左右时，储藏稳定性可大大提高。有的仓库将加工厂的清理车间作为入库的第一道工序，稻谷清理后进入仓房，实现“净粮”保管对储藏和加工都较为有利。

（3）通风降温　稻谷入库后，特别是早、中稻入库时粮温高，生理活性强，堆内易积热，并且会导致发热、结露、生霉、发芽现象。因此，在稻谷入库后，应根据气候特点适时地通风，缩小粮温与外温及仓温的差距，防止发热、结露。根据江苏、浙江、江西、上海等省市的经验，利用离心式风机，采用地槽通风、竹笼通风和存气箱通风，在9~10月、11~12月、1~2月，利用夜间的冷空气，进行间歇通风，可使粮温从33~35℃分段降至20℃左右、15℃左右和10℃以下，能有效地防止稻谷的发热、结露，确保安全储藏。

（4）防治害虫　稻谷入库后，特别是早中稻易感染害虫，造成较大的损失。因此，稻谷入库后应及时采取有效措施防治害虫。通常防治害虫多采用防护剂或熏蒸剂，以防害虫感染，杜绝害虫或将危害程度降低到最低程度，减小储藏损失。

（5）低温密闭　在完成通风降温、防治害虫之后，冬末春初气温最低时，采取压盖粮面密闭粮堆的方法，保持粮堆的低温或准低温状态，延缓最高粮温出现的时间及降低夏季粮温。这种方法不仅可以减少害虫和霉菌的危害，而且可以保持粮食的新鲜度，避免了药物的污染，保证了粮食的卫生。

2. 低温储藏

（1）自然低温　我国北方气温低，高温季节短，日夜温差大，粮食导热性差，夏季也可使露天密闭的储粮达到准低温，再利用冬季寒冷条件降低粮温后入库储藏，并施之相应的防潮隔热措施，使稻谷能在较长的时间内处于低温状态，相对延长温度回升时间，这是保障稻谷安全度夏的一种有效的方法。

（2）空调准低温　根据成品粮储藏的需要，在条件允许的情况下，建造或改建空调准低温仓也能使储粮在准低温条件下过夏。空调准低温技术已在我国北京、上海、南京、武汉、郑州等几大城市得到应用，储粮效果良好。在南方高温地区，采用隔热、压盖、排积热与夏季空调控温相结合的方式储藏稻谷，能使稻谷保持较好的品质。

（3）机械制冷低温　1998年以来，我国在新建的555亿kg仓容的国家粮库中配置了600多台谷物冷却机，随后开展了谷物冷却机储粮应用试验研究，开辟了我国低温储粮新时代。低温储藏是一项复杂的系统工程，不应单一依赖某种控温技术，而应充分发挥各项储粮技术措施的综合优势，灵活运用自然通风、适时通风和空调控温（或机械制冷）等技术的协调作用，选择最佳的低温储藏运行模式。同时在实施低温储藏过程中，引入低温储藏智能化控制和程序化管理技术，实时检测和自动分析粮堆内外温度、湿度等各参数的变化情况，以便选择最佳降温通风时机，避免低效通风、无效通风造成的能源消耗。

总之，低温储藏是目前世界公认的安全、可靠、合理和符合绿色环保要求的储藏保鲜技术，虽然在应用推广的起始阶段投资较大，但从长远来看，还是具有很好的经济与社会效益。

3. 气调储藏

气调储粮是通过改变粮仓内粮堆气体成分的组成，造成不利于害虫及霉菌生长发育的生态环境，抑制粮食呼吸，实现防虫、杀虫、抑菌，延缓粮食品质变化的技术，同时这也是一项在国内外均已开展商业应用的经济有效的绿色储粮技术，主要包括充氮气气调和二氧化碳气调，目的是降低储藏环境氧气浓度。

（1）自然降氧　自然降氧是指将粮堆密封后，通过其内部生物群落的呼吸消耗氧气，形成足以防治储粮害虫的低氧环境的气调方法，常见的方法有常温自然降氧储粮、低温密闭储粮、潮粮应急储粮，其本质均是将粮食置于缺氧状态下储藏。实践证明，晚粳稻进行降氧储藏过夏试验，用聚氯乙稀薄膜密闭粮堆一段时间后，粮堆内氧气含量稳定在2%～5%，经检测无害虫发生。

（2）脱氧剂降氧　粮食脱氧剂气调储藏是在密闭条件下，利用脱氧剂使粮堆迅速降氧以获得防治害虫效果的方法。目前，脱氧剂在国外被广泛应用到各种食品中。

（3）燃烧降氧　燃烧降氧是指通过燃烧降氧机的使用，使粮仓内氧气浓度低于10%甚至更低，从而降低粮食的呼吸，延缓粮食陈化的降氧气方法。

（4）充二氧化碳气调　充二氧化碳气调就是向密闭的粮堆或粮仓充入二氧化碳，降低粮仓或粮堆中氧气的浓度，增加二氧化碳的浓度。充二氧化碳气调储藏不仅能达到降氧的目的，而且高浓度的二氧化碳对有害生物的毒害作用，对抑制害虫、微生物和粮食生理活动起到双重效果。

（5）充氮气气调　充氮气气调技术是在密闭条件下向粮堆充入适量氮气置换空气，使粮食长期处于低氧或绝氧的状态，从而达到杀死粮堆内害虫或抑制粮食呼吸的目的。

4. “双低”储藏

稻谷堆积导热性不良，可利用秋凉以后气温渐低的有利时机，结合机械通风降温，有条件的可采用机械制冷降温降水，使粮温降低到15℃以下，并进行压盖密封，实行低温、低氧的“双低”储藏，减少外界温度、湿度的影响。在低温、缺氧状态下，仓内虫和霉菌的生长被抑制，稻谷的呼吸强度降低，从而增强稻谷的储藏稳定性。

5. 臭氧储藏

臭氧（O_3）是一种氧化能力极强的气体，在室温下几小时内即可通过化学反应完全转化成氧气。臭氧的杀菌机制并不是非常复杂，它分解后放出新生态氧，并在一定的空间中立即扩散，迅速穿过真菌、细菌等微生物的细胞壁和细胞膜，并使得细胞膜受到损伤，然后继续渗透到膜组织内，使得菌体内蛋白质发生变性、酶系统遭到破坏并失活、正常的生理代谢过程失调和中止，从而导致菌体休克死亡，以达到消毒、灭菌、防腐的效果。从臭氧杀灭微生物的机理可见，臭氧对细胞膜直接接触外界的霉菌杀伤力最强，其次是蜻类、米虱和其他幼虫。害虫成虫由于有一个坚硬的外壳，它只有通过吸入臭氧而死亡，所以效果较差，但如果臭氧达到一定浓度并且持续时间较长，也能起到一定的熏蒸杀虫效果。从品种上说，几乎所有的粮食种类，包括成品粮，都能进行臭氧处理，试验结果表明，臭氧对高水分粮储粮杀菌效果明显。随着研究的不断深入，臭氧处理的方法已发展成为一个与冷藏、气调、土窖、水窖等配套使用的综合性技术。

6. 高水分稻谷储藏

近年来，随着农业机械化程度的提高，大量农户在稻谷收割后，为了节省劳力和成本，或因缺少场地等，将晾晒环节简化，有的甚至不晾晒，直接将高水分稻谷投入市场销售。目前，依靠农户传统的人工自然干燥达到安全水分的稻谷上市量逐年减少，特别是低于安全水分的粳稻已很难购到。为适应农业生产的新特点，稻谷仓储、加工和经销环节不得不放宽对购进稻谷的水分要求。高水分稻谷的储藏方法主要有以下几种。

（1）干燥机干燥储藏法　采用干燥机直接使得高水分稻谷中的含水量降低到安全标准水分以下，是目前国内外采用最多的高水分稻谷储藏方法。研究发现，当稻谷含水量高于21%时，可采用60~70℃的介质，烘干降水速率可大于每小时1%；当稻谷含水量小于18%时，介质温度应小于60℃，降水速率小于每小时1%。在此条件下，当高水分稻谷进行了3~4次烘干缓苏后，利用中间缓苏仓增加缓苏时间，使稻谷内部与表层的温度、水分趋于平衡，有利于改善烘后品质和后续工艺的干燥降水。

（2）三步降水法　采取场地晾晒、罩棚内通风降水和仓内就仓干燥三个降水步骤，在不使用烘干机的情况下，可以将稻谷的水分从20%左右降至15%~16%，使收购入库的高水分粳稻达到安全储存的目的。

（3）低温储藏法　在寒冷的冬季，利用自然低温储藏高水分稻谷；当进入高温高湿的夏季后，使用粮库中配备的谷物冷却通风系统，对有发热趋势的高水分稻谷进行降温冷却，基本上将粮温控制在20℃以下，可保证高水分稻谷的储藏安全。

（4）薄膜密闭法　收割后的湿谷（一般含水量在25%左右），在晒场或仓内，堆成高80cm、底宽100cm的梯形长条，然后用农用塑料薄膜覆盖密闭，四周用砂压实。薄膜不能有裂缝漏气，如有漏洞，该部位的湿谷就会发热、霉变。采用这种方法，在3d内湿谷不发芽、不霉变，晒干后加工成米，略有异味，但还能食用。

（5）拌和漂白粉密闭法　将一定量的漂白粉与湿谷拌和均匀，再用塑料薄膜密闭，堆形同上。漂白粉用量是每1kg湿谷用2kg普通漂白粉（或1kg漂白粉精）。采用这种方法湿谷在5~7d内不发芽、不霉变，晒干加工成米后，异味不大，可以食用。

（6）喷施丙酸法　丙酸是一种无毒的制菌剂，且对湿谷有抑制发芽的作用。将湿谷堆放在干爽通风的地方，并堆成梯形长条，按每500kg湿谷用0.5kg丙酸的比例，用干净的喷雾器将丙酸均匀地喷洒在湿谷上。施药后的1~2d湿谷堆的温度不会升高，但3d后谷堆易发热，故需经常翻动谷堆，在可能的情况下，每天将湿谷堆摊开一、二次。此法可使湿谷7~10d不会发芽、霉变，晒干后，碾出的大米品质无显著变化。

（三）大米的储藏特性

由于保护胚乳的稻壳和皮层在大米加工过程中均被去除，胚乳直接受到外界环境温湿度等因素的影响，且米粒是富含淀粉和蛋白质等营养物质的亲水胶体，极易受湿、热、氧、虫、霉菌等的影响而变质，大米是粮食中最难保存的粮品之一。特别在夏季高温、高湿条件下，大米品质劣变、霉变速度加快，导致大米酸度增加，黏性下降，使大米食用品质下降，甚至丧失食用价值。为此，大米储藏保鲜一直受到国内外食品科学工作者的重视。

1. 易吸潮、发热霉变

大米具有较高的吸湿性与平衡水分，其平衡水分高于同一环境中的稻谷。大米中如含有断米、碎米、米糠等成分，增加了表面积，且其吸湿性相对大于整粒米和稻谷。由于大米具有强的吸湿性，在外界水蒸气压高于米粒时，极易吸湿返潮，生霉发热，并促进生理代谢加剧，当水分从低到高增加时，呼吸强度将迅速增大。大米吸湿返潮、糠粉多以及生霉是造成发热的主要因素，散装大米发热多在中、上层，包装大米则多发生在上层第2~3包，然后向中心部位及深处扩展。大米发热霉变的初期，米质变化并不明显，但已呈现香味减退、光泽消失、稍见表面毛糙、黏附糠粉，如及时处理，不影响食用。也有大米粮堆表层局部结露引起的不伴随发热的霉变现象，虽大米水分不高也会发生，需勤加检查才会发现。

2. 湿、热因素引起大米爆腰

大米不规则的龟裂称为爆腰。爆腰的大米，影响其食用品质。米粒爆腰的原因与湿热有关，水分吸热、散热快，爆腰率增加。据试验，水分含量15%~16%的粳米，在相对湿度50%的环境中，袋装堆放8h，爆腰率由原来的2%增至100%。大米含水量高低决定于原料。籼稻成熟期在夏季，高温散湿快，所以籼米一般含水量低。粳稻成熟期一般在秋季，低温、光照弱，粳稻一般水分偏高。因此，高水分的粳稻在干燥降水时，最易产生爆腰，降水速度越快，爆腰率越高。

此外，爆腰与温度有关，大米不耐高温，不宜急剧加热、冷却，只能在常温下缓慢降温，大米不宜采用高温烘干或强烈阳光直接暴晒，只能在常温或通风条件下缓慢降水，特别是高水分大米在高温急剧干燥的过程中，使米粒内部与外层的形成水分差，米粒组织膨润不均，阻断胶体结构而造成的龟裂。爆腰的大米蒸煮时，变成细碎黏稠糊状体，使食用品质降低。

3. 稳定性差，易陈化

大米失去外层的保护组织，胚乳部分直接暴露，易受外界湿、热、氧气等不良环境条件的影响及虫、霉菌侵害，储藏稳定性很差，米粒中的营养物质代谢过程快，易于陈化，是所有粮种中较难储藏粮种之一。

（四）大米的储藏方法

目前，世界各国研究最多且应用比较广泛的储粮方法主要有常温储藏、气调储藏、低温储藏、化学储藏、辐射储藏等。其中气调储藏以其独有的特点发展迅速，低温储藏随着冷库建造成本的下降和技术的推广也日趋成熟。然而各国的发展方向不一样，美国主要采用机械通风储藏，澳大利亚以气调储藏为主，日本则采用低温储藏和准低温储藏为主。我国目前以将气调、低温、化学保藏三种方法结合起来的“三低”储粮法为主，下面介绍大米的主要储藏技术和方法。

1. 常温储藏

常温储藏是我国现在应用最为普遍的大米储藏方式。一般先将当年新收获的稻谷晾晒到安全水分以下，然后碾磨加工成精米，装入编织袋、桶、缸等，置于通风阴暗处常温储藏。此法主要是控制大米的含水量和环境相对湿度，抑制米粒本身代谢速度和霉菌、虫害的发生，减少大米营养物质的损失。常温储藏大米的品质变化与外界温度和大米水分含量密切相关。研究发现，低水分含量（<14%）的大米在常温储藏时品质劣变缓慢。大中型粮食加工厂、粮站储藏以标准粮库为主，储藏条件较好，储藏质量相对容易控制，但也存在仓容大、大米储藏质量不稳定等问题。低水分含量结合密封小包装是大米常温储藏的有效方法。由于常温储藏保鲜效果较差，在大米加工业和经销行业应用较少，已经不是大米储藏的主流方式。

2. 分类储藏

在实际生产中，对于批次不同、质量不同的大米，应该分类储藏，以防出现温差、水分转移和分层，而引起发热霉变。另外，对于受冻、受潮或发黄的稻谷加工后的大米，受虫霉、高温日晒或发热霉变的大米，都应分别进行储藏，以防互相影响。

3. 低温储藏

低温储藏对于大米的储藏保鲜具有五方面的优越性：第一，可以限制大米粮堆生物体的生命活动，减少储粮的损失；第二，减缓大米的陈化，利于保鲜；第三，有效解决大米储藏过夏难的问题；第四，不用或少用化学药剂处理大米，避免或减少污染，保证大米的安全卫生；第五，可以作为处理高水分稻谷和大米的一种应急措施。大米低温储藏技术与稻谷类似，可采用机械制冷法、空调式低温法、机械通风法、利用自然环境的温差的低温储藏法等。

4. 气调储藏

大米的气调储藏原理与稻谷、糙米气调原理相同，即在密封粮堆或气密库中，采用生物降氧或人工气调改变正常大气中氮气、二氧化碳和氧气的比例，或在仓库或粮堆中产生一种对储粮害虫致死的气体，抑制霉菌繁殖，并降低粮食呼吸作用及生理代谢。实验证明，当氧气浓度降到2%左右，或二氧化碳增加到40%以上，霉菌受到抑制，害虫也很快死亡，并能较好地保持粮食品质。大米低温储藏技术与稻谷类似，可采用自然缺氧法、充氮气气调法、充二氧化碳气调法、脱氧剂降氧法。大米气调储藏还可采用真空储藏法。无论是常规储藏还是真空储藏，大米储藏后米饭的香味都在下降。但真空条件下，大米呈透明状（与原始状态相同），而常规条件下呈乳白色，透明度下降。在真空条件下，大米中的脂肪酸、水分含量和总酸的理化性质变化幅度小；而在常规条件下，这些指标都有较大变化。因此，真空储藏比常规储藏能更好地保持稻米的食味。

5. 辐照储藏

辐照保鲜储藏是利用射线辐照食品，引起食品中的微生物、昆虫等发生一系列物理、化学反应，使有生命物质的新陈代谢、生长发育受到抑制或破坏，起到抑制发芽、杀虫、灭菌、调解熟度、保持食品鲜度和卫生、延长保质期和贮存期的作用，从而达到减少损失、保存食品目的的一项技术。食品辐照手段包括^{60}Co、^{137}Cs 放射性元素产生的 γ -射线辐照和电子加速器产生的电子束辐照，是一种“冷处理”的物理方法，耗能少，杀虫灭菌效果明显，且不添加任何化学物质，无营养学、微生物学方面的安全问题，已逐渐成为化学药物方法的有效替代与补充和害虫综合防治体系中的一项重要手段。

6. 化学储藏

化学储藏在欧美主要用于高水分饲料粮的保藏，在亚洲地区主要用于高水分粮的应急保藏措施。化学储藏使用的化学药剂主要为甲基溴和磷化铝，抑制大米本身和微生物的生命活动，防止大米发热。虽然可用磷化氢气体储藏高水分大米，但由于昆虫对磷化氢产生抗药性和甲基溴对大气臭氧层破坏，已被许多国家禁用。新的化学药剂如碳酰硫、乙烷二腈和甲酸乙酯（单独或与二氧化碳混合）已作为甲基溴和磷化铝的替代品用于食品防虫。然而，如果化学药剂与大米直接接触，不仅给大米造成药物残留，危害人体健康，而且由于长期使用会使一些储粮害虫产生抗药性，难以根治。因此，这种储藏技术已逐渐被其他绿色储粮技术所代替。

7. “三低”储粮技术

“三低”储粮技术从 20 世纪 80 年代初在全国推广，到现在已成为我国广泛应用的主要储粮技术，为我国国库储粮自然损耗率控制在 0.2%以下发挥了重要的作用，并受到国际同行的极大关注。“三低”储粮的实质就是综合利用低氧、低药量和低温技术，达到抑霉、杀虫、延缓品质变化的目的。而要使粮堆达到并保持“三低”的关键在于密闭隔热，在现有条件下，“三低”储粮的粮堆应保持含氧 11%以下、粮温 20℃以下、低药熏蒸磷化氢不低于 0.15g/m^3，有效浓度 0.01mg/m^3。

8. 微波处理储藏

微波是指频率为 300～300000MHz 的电磁波，工业上常用的频率有 915MHz 和 2450MHz。微波显著的特点就是对极性分子或基团进行选择性加热。在无外界条件影响下，物料中的分子杂乱无章地运动，而在微波的作用下，其中的极性分子呈现方向性的排列，排列方向随电磁场方向的改变而发生变化，由于电磁场方向变换频率高，从而使得极性分子发生高频转动，这种运动可能产生键的振动、撕裂和粒子之间的相互摩擦碰撞，使物料迅速产生大量的热量。微波对生物的致死作用存在热效应和非热效应两个方面，由于微波生物致死现象比较复杂，微波非热效应的作用机理目前还不明确，有待进一步研究证实。目前主要存在四种微波灭菌的学说：细胞膜离子通道模型；化学键被破坏，导致蛋白质变性；反应动力学变化导致代谢紊乱；基因突变致死。这些学说为微波对生物体的非热效应研究奠定了理论基础。目前已有研究表明，采用适度强度的工业微波照射大米 5～8min，可将大米中的成虫、虫卵等 100%杀死，消灭 80%的霉菌，这样的大米至少一年内不会再发生虫害和霉菌，也不会产生食品安全问题。但是由于微波对大米营养品质的影响研究较少，在广泛应用微波对大米进行保鲜的同时，还需要就微波对大米的具体品质影响的方面进行研究。

9. 纳米保鲜膜包装储藏

近年来，国内外研究较多的纳米包装材料是聚合物基纳米复合材料（PNMC），常用的纳米材料有金属、金属氧化物、无机聚合物等，而常用的高分子聚合物有聚酰胺（PA）、聚乙烯（PE）、聚丙烯（PP）、聚氯乙烯（PVC）、聚对苯二甲酸（PET）、液晶高分子聚合物（LCP）等。与普通包装材料相比，纳米包装材料在可塑性、稳定性、阻隔性、抗菌性、保鲜性等性能上有大幅度提高。研究表明，大米 PE/Ag 纳米防霉保鲜膜和 PVC/TiO_2 纳米防霉保鲜膜对大米灰霉菌的抑制作用明显，但从该物理性能测试结果分析，防霉膜增强效果较差，可能与含银系防霉材料同 PE 树脂交联有关。

10. 生物制剂保鲜储藏

大米生物制剂保鲜储藏是近年来才兴起的保鲜方法，即综合利用化学、物理、微生物学等多个学科的技术，解决大米生虫霉变、发黄起毛、变酸变味等问题，同时杀死诸如交链孢霉、灰绿曲霉、青霉和绿霉等霉菌，抑制脂肪酶的活化，防止非酶褐变，从而达到储藏保鲜目的。大米储藏中常用的生物制剂主要包括微生物类药剂（苏云金杆菌、阿维菌素）、植物类药剂（中草药、花椒、辣椒、大蒜等植物及其提取物）、食品营养类药剂（壳聚糖、海藻糖）等。

四、小麦和面粉的储藏

小麦具有较好的耐储性，适合长期储藏，在正常条件下储藏 3 年，仍能保持良好的品质，是一种重要的储备粮。

（一）小麦的储藏特性

1. 吸湿性强

小麦皮薄，组织松软，没有外壳保护，含有大量亲水物质，故容易吸收空气中的水分。在储藏期间容易受外界湿度影响而增加含水量。小麦吸湿后麦粒的体积胀大，粒面变粗，容重减轻，千粒重增大，散落性降低，淀粉、蛋白质水解，使用价值降低，容易遭受微生物侵害，引起发热霉变，因而做好防潮工作，保持小麦干燥，是安全储藏小麦的重要措施。在相同的温度和湿度条件下，小麦的平衡水分始终高于稻谷，这与小麦籽粒结构及成分的特点有关。不同品种、类型的小麦之间的吸湿能力也有差异。通常不同品种的小麦的吸湿性与呼吸强度相比，白皮小麦大于红皮小麦，软质小麦大于硬质小麦，瘪粒与虫蚀粒大于完整饱满粒。红皮小麦皮层较厚，吸湿较慢，因此耐储性明显优于白皮小麦。

2. 后熟期较长

小麦具有明显的后熟作用和较长的后熟期（以发芽率达 80%为完全成熟）。后熟期的长短，因种植季节和品种不同而有差异。如春小麦的后熟期较长，冬小麦的后熟期较短；红皮小麦的后熟期较长，个别品种达 3 个月之久，白皮小麦的后熟期较短，个别品种仅 7~10d。后熟中的小麦，呼吸量大，代谢旺盛，会放出大量湿热，并常向粮堆上层转移。因此，遇气温下降，粮温与气温（或仓温）存在较大温差时，即易出现粮堆上层出汗、结露、发热、生霉等不良变化。后熟作用完成后，小麦中的淀粉、蛋白质、脂肪等物质得到充分合成，干物质达到最高含量，因而生理活动减弱，品质有所改善，储藏稳定性也大大提高。

3. 呼吸强度弱

通过后熟期的小麦呼吸作用微弱，比其他禾谷类粮食都低。因此，小麦有较好的耐储性，正常条件下储藏 2~5 年仍能保持良好的品质。

4. 耐高温

小麦有较高的耐热性能，其蛋白质和呼吸酶具有较高的抗热性，小麦经过一定的高温，不仅不会丧失生命力，而且能改善品质。小麦较耐高温，水分在 17%以上、干燥温度不超过 46℃，水分在 17%以下时、干燥温度不超过 54℃，酶的活力不会有明显降低，发芽力仍能得到较好的保持，工艺品质良好。但过度的高温会引起蛋白质变性，同时使得其加工品质下降。充分干燥的小麦在 70℃下放置 7 d，面筋质并无明显变化。小麦水分越低，其耐热性越强。这一特性，为小麦采用高温密闭储藏提供了条件。

5. 易受虫害

小麦无外壳保护，皮层较薄，组织松软，是抗虫性差、染虫率高的粮种，除少数豆类专食性虫种外，几乎所有的储粮害虫都能侵蚀小麦，其中以玉米象和麦蛾等害虫危害严重。多种储粮害虫喜食小麦是因为小麦的成分和构造符合害虫的生理需要和习性。而且小麦成熟、收获、入库时正值高温、高湿季节，非常适合害虫的繁育和发展。这时，从田间到晒场以及到仓库的各个环节中，都有感染害虫的可能，一旦感染了害虫就会很快繁殖蔓延，使小麦遭受重大损失。因此，入库后切实做好害虫防治工作，是确保小麦安全储藏的重要技术措施。

（二）小麦的储藏方法

储藏小麦的原则是“干燥、低温、密藏”。通常采用的储藏方法有以下几种。

1. 常规储藏

常规储藏小麦的方法，主要措施是控制水分，清除杂质，提高入库粮质，坚持做到“四分开”（水分高低分开、质量好次分开、虫粮与无虫粮分开、新粮与陈粮分开）储藏，加强害虫防治与做好密闭储藏等。

2. 热密闭储藏

热密闭储藏小麦，可以防虫、防霉，促进小麦的后熟作用，提高发芽率。具体方法是：利用夏季高温暴晒小麦，注意掌握迟出早收、薄摊勤翻的原则，在麦温达到42℃以上，最好是50~52℃，保持2h，然后迅速入库堆放，平整粮面后，用晒热的席子、草帘等覆盖粮面，密闭门窗保温。做好热密闭储藏工作，其一是要求小麦含水量降到10%~12%，其二要求有足够的温度和密闭时间，入库后粮温在46℃左右，密闭7~10d；粮温在40℃左右，则需密闭2~3周。

3. 冷密闭储藏

冷密闭储藏即低温密闭储藏，是小麦安全储藏的基本途径。小麦虽耐温性强，但在高温下持续储藏，会降低其品质。而低温储藏，则可保持品质及发芽率。冷密闭储藏的操作方法有两种，一是在冬季寒冷的晴天，将小麦出仓摊开冷冻或利用皮带输送机进行倒仓，并与溜筛结合进行除杂降温，使麦温降至0℃左右或5℃以下，然后趁冷入仓，并关闭门窗进行隔热保冷密闭储藏；二是在冬季寒冷的晴天，对粮堆进行机械通风，使麦温降低到0℃左右或5℃以下，然后再进行隔热保冷密闭储藏。通过如此处理的小麦，能有效地抑制虫霉生长繁殖，避免虫蚀霉烂损失；稳定粮情，延缓品质劣变。另外，利用地下仓储藏小麦，也能延缓小麦品质劣变。

4. “双低”储藏和“三低”储藏

小麦也可采用“双低”储藏和“三低”储藏，其储藏方法与稻谷和大米的储藏方法类似。

（三）面粉的储藏特性

1. 极易感染虫霉

由于小麦粉失去皮层保护，营养物质直接与外界接触，故极易感染虫霉。

2. 吸湿作用和氧化作用强

小麦粉的总活化面大，吸湿作用和氧化作用强。小麦粉虽然孔隙度比小麦大5%~15%，但由于颗粒小，孔隙微，故气体与热传递受到很大阻碍，造成导热性差，湿热不易散失。据试验，同时把同温度小麦与小麦粉从热仓转入冷仓，经2~3d，小麦温度已经降到仓温，而小麦粉4~5d仍没有降到仓温。

3. 粉的“成熟”与“变白”

刚磨好的小麦粉，品质较差，存放一段时间，其品质得到改善，面筋弹性增加，延伸性适中，做成的面包大而松软，面条粗细均匀，这种现象称为小麦粉的成熟。与此同时，由于其中所含的脂溶性色素氧化，使得小麦粉变白，从色泽看品质似乎有了提高，而营养价值却有所下降。

4. 酸度增加或变苦

小麦粉的酸度一般随储藏时间的延长而逐渐增加，温度越高，水分越大，酸度增加越快。这主要是小麦粉中的脂肪在酶和微生物或空气中氧作用下被不断分解产生低级脂肪酸和醛、酮等酸、苦、臭物质，使小麦粉发酸变苦。

5. 成团结块

由于小麦粉粉粒间有较大的摩擦力，在储藏期间堆垛下部小麦粉常因上中层压力影响，出现压紧现象。如水分超过14%，储存3~4个月，压紧就会转变为结块。若无发热现象发生，结块经过揉搓、倒袋松散后，不影响品质；若结块同时发热霉变，则粉粒会被菌丝体黏结成团块，品质就显著降低，以至于不能食用。

6. 发热霉变

小麦粉颗粒细小，与外界接触面积大，吸湿性强；同时粉堆孔隙小，导热性变差，最易发热霉变；刚出机的热小麦粉未经摊晾即行堆垛，往往也易引起发热。小麦堆垛发热部位随气候而异，一般春夏季节发热多从上层开始，逐渐向四周发展，秋冬季节发热多从中下层开始，逐渐向四周发展，如堆垛内水分与温度分布不均匀，发热则从水分含量高、温度高的部位先开始，然后向四周扩散。外界湿度引起的生霉，一般先发生在堆垛下部的外层。

（四）面粉的储藏方法

1. 常规储藏

面粉是直接食用的粮食，存放面粉的仓库必须清洁干燥、无虫，最好选择能保持低温的仓库。一般采用实垛或通风垛储藏，可根据面粉水分大小，采取不同的储藏方法。水分在13%以下，可用实垛储藏，水分在13%~15%的采用通风垛储存。码垛时均应保持面袋内面粉松软，袋口朝内，避免吸湿、生霉和害虫潜伏，实垛堆高12~20包。尽量排列紧密，减少垛间空隙，限制气体交换和吸湿，高水分面粉及新出机的面粉均宜码成“井字形”或“半非字形”的通风垛，每月应搬捣、搓揉面袋，防止发热、结块。在夜间相对湿度较小时进行通风。水分小的面粉在入春后采取密闭、保持低温，能够有效延长储藏期。

面粉的储藏期限取决于水分、温度。一般认为小麦粉水分在13%以下，温度在30℃以下，可以安全储藏；水分13%~14%，温度在25℃以下，变化较小，可储藏3~5个月；水分14%~14.5%，温度在20℃以下，可储藏2~3个月；水分再高，储藏期就更短。

长期保管的面粉要适时翻桩倒垛，调换上下位置，防止下层结块。倒垛时应注意原来在外层的仍放在外层，以免将外层吸湿较多的面袋堆入中心，引起发热。大量保管面粉时，新陈面粉应分开堆放，便于推陈储新。面粉生虫较难清除，即使重新回机过筛. 虫卵和螨类仍难除净；熏蒸杀虫效果虽好，但虫尸留在粉内，影响食用品质。因此，对面粉更应严格做好防虫工作。主要办法是彻底做好原粮、面粉厂、面袋及仓房器材的清洁消毒工作，以防感染，也可用磷化氢进行熏蒸杀虫。据试验，在一般剂量范围内，熏后经7d散气，磷化氢可以消失，面粉可以出库供应。

2. 密闭储藏

根据面粉吸湿性与导热性不良的特性，可采用低温入库、密闭保管的办法，以延长面粉的安全储藏期。一般是将水分13%左右的面粉，利用自然低温，在3月上旬以前入仓密闭。密闭方法可根据不同情况，采用仓库密闭，也可采用塑料薄膜密闭，既可解决防潮、防霉，又能防止空气进入面粉引起氧化变质，同时也减少害虫感染的机会。然而，密闭储藏虽然在一定程度上可以防虫抑霉，延缓粮质变化，延长储藏期，但对面粉品质的保持方面效果有影响，特别是高温度夏的面粉，密闭储藏后，品质仍有一定的变化，只是变化幅度小于常规储藏。

3. 低温或准低温储藏

低温储藏是防止面粉生虫、霉变、品质劣变陈化的最有效途径，经低温储藏后的面粉，能保持良好的品质和口味，效果明显优于其他储藏方法。准低温储藏一般是通过空调机来实现的，投资较少，安装、运行管理方便，是近年来面粉储藏的一个发展方向。

五、玉米和豆类的储藏

（一）玉米的储藏特性

玉米耐储性较差，是较难保管的粮种之一，通常不适宜作长期储藏。

1. 原始含水量高，成熟度不均匀

玉米的生长期长，我国主要产区在北方，收获时天气已冷，加之果穗外面有苞叶，在植株上得不到充分的日晒干燥，故原始含水量较大，新收获的玉米水分含量为20%～35%。在秋收日照好、雨水少的情况下，玉米含水量也在17%～22%。玉米授粉时间较长，同一果穗的顶部与基部授粉时间相差可达7～10d，因而果穗基部多是成熟籽粒，而顶部则往往是未成熟的籽粒，故同一果穗上籽粒的成熟度很不均匀。未成熟的籽粒未经充分干燥，脱粒时容易受损伤，因此，玉米的未熟粒和破损粒较多，这些籽粒极易遭受害虫与霉菌侵害，甚至受黄曲霉菌侵害，造成很大损失。

2. 胚部大，吸湿性强

玉米的胚部很大，几乎占整个籽粒体积的1/3，占籽粒重量的8%～15%。胚中含有30%以上的蛋白质和较多的可溶性糖，故吸湿性强，呼吸旺盛。正常玉米的呼吸强度比正常小麦的呼吸强度大8～11倍。玉米胚部较之其他部位具有更大的吸湿性，因为胚部富含蛋白质和无机盐，且组织疏松，周围具有疏松的薄壁细胞组织。在大气相对湿度高时，薄壁细胞组织可使水分迅速扩散于胚内；而在大气相对湿度低时，则容易使胚内的水分迅速散发于大气中。因此，玉米吸收和散发水分主要是通过胚部进行的。通常干燥玉米的胚部，其含水量小于整个籽粒和胚乳，而潮湿玉米的胚部，其含水量则大于整个籽粒和胚乳。当玉米籽粒的水分在20%以下时，胚部水分比全粒低；当玉米籽粒的水分在20%以上时，胚部水分比全粒高。但玉米吸湿性在品种类型间有差异，硬粒、马齿和半马齿型中，硬粒型玉米的粒质结构紧密、坚硬，角质较多，故吸湿性较其他两类要小。

3. 胚部脂肪含量高，易酸败

玉米胚部富含脂肪，占整个籽粒中脂肪含量的77%～89%，在储藏期间胚部极易遭受虫霉侵害，酸败也首先从胚部开始，故胚部酸度始终高于胚乳，增加速度也很快。玉米在温度13℃、相对湿度50%～60%的条件下，存放30d，胚乳酸度为26.3（酒精溶液，下同），而胚部酸度则为211.5；在温度25℃、相对湿度90%的条件下，胚乳酸度为31.0，而胚部酸度则高达633.0。储藏期间，玉米的脂肪酸值随水分升高而增大，在脂肪酸值和总酸增加的同时，发芽率相应大幅度降低。

4. 胚部带菌量大，容易霉变

玉米胚部营养丰富，微生物附着量较大。据测定，经过一段储藏期后，玉米的带菌量比其他禾谷类粮食高得多。正常干燥的稻谷籽粒，每克干样的霉菌孢子在95000个以下，而正常干燥的玉米，每克干样却有98000～1470000个霉菌孢子。玉米生霉的早期症状是，粮温逐渐升高，粮粒表面发生湿润现象（俗称“出汗”），用手插入粮堆感觉潮湿，玉米的颜色较前鲜艳，气味发甜；继而粮温迅速上升，玉米胚变成淡褐色，胚部及断面出现白色菌丝（俗称“长毛”），接着菌丝体再发育产生绿色或青色孢子，在胚部十分明显（俗称“点翠”），这时会出现霉味和酒味，玉米的品质已变劣，再继续发展，玉米霉烂粒就不断增多，霉味逐渐变浓，最后造成霉烂结块，不能食用。

5. 易遭受低温冻害

越冬储藏时，玉米水分高于17%时易受冻害，发芽率迅速下降。

（二）玉米的储藏方法

1. 降水方法

由于降低玉米水分与安全储藏关系十分密切，而且又不完全与稻谷、小麦的降水方法相同，为了叙述方便，特将降水内容列入储藏方法一并介绍。常用的降水方法有以下几种：

（1）田间扒皮晒穗　田间扒皮晒穗即站杆扒皮晒穗，通常是在玉米生长进入腊熟中、后期（定浆）包叶呈现黄色，捏破籽粒种皮籽实呈现蜡状时进行。田间扒皮晒穗的时间性很强，要事先安排好劳力，适时进行扒皮。扒皮时用手把果穗上的包叶扒掉（一扒到底），让玉米果穗暴露在外，充分利用日光暴晒（晒15d左右），使果穗的水分迅速降低。这种降水方法已在东北各地广泛应用，一般可使玉米水分比未扒皮晒穗的降低5%~7%，并能促使玉米提前7~8d成熟，使其营养成分逐渐增加，籽粒饱满，硬度增强，脱粒时不易破碎，明显提高质量与产量。相比于未扒皮的玉米，田间扒皮晒穗的玉米除了水分降低，其千粒重（干重）增加5%~6%，容重增加5.4%~6%，主要营养成分变化趋势为脂肪、淀粉增加，粗蛋白相对减少，淀粉增加幅度达4.69%~5.99%，品质明显改善，质量等级大大提高。实践证明，推行田间扒皮晒穗，玉米成熟早、质量好、产量高、水分低，是实行科学种田、促进庄稼早熟、增产增收的一项重要措施。

（2）通风栅降水　采用特制的通风栅储存高水分玉米，利用自然通风降低玉米水分的方法。通风栅多采用角钢做成长30m、高4m、宽0.8m的骨架，组装成一个长方形整体，四周储藏玉米穗，这种储藏方法多用于农户小量储藏。

2. 玉米粒储藏

玉米粒储藏常用的方法有：

（1）常规储藏　常规储藏玉米的方法与稻谷、小麦一样，其主要措施也是控制水分，清除杂质，提高入库粮质，坚持做到“五分开”储藏，加强虫害防治与做好密闭储藏等。“五分开”储藏为水分高低分开、质量好次分开、虫粮与无虫粮分开、新粮与陈粮分开、色泽不同分开。

（2）干燥密闭储藏　玉米粒经过日晒筛选去杂，水分降至12%左右，进行散装密闭储藏，一般可以安全度夏。

（3）低温密闭储藏　低温密闭储藏是我国北方玉米产区主要储藏玉米的方法，通常是将水分在14%左右（或16%以下）的玉米在入库后充分利用自然低温通风冷冻，即采用仓外薄摊冷冻、皮带输送机转仓冷冻、仓内机械通风或敞开门窗翻扒粮面通风等方法，使粮温降低到0℃以下，然后以干河沙、麦糠、稻壳、席子、草袋或麻袋片等物覆盖粮面进行密闭储藏，长时间保持玉米处于低温或准低温状态，可以确保安全储藏。在低温储藏技术中尽量使原始粮温低，以保证有一段较长时间的低温延续期，有利于保持粮食的品质和新鲜度。另外，经过出仓冷冻，利用零下低温可将害虫冻死，有些害虫没有立即死亡的，在低温入仓后压盖密闭，保持较长时间低温的情况下，可使害虫致死。

（4）通风储藏　通风储藏是储藏半安全水分玉米的有效方法，能够在储藏期使玉米的温度与水分不断降低，确保安全储藏。其操作方法又分为包装自然通风和散装机械通风。包装自然通风是将包装玉米堆成“非”字形、半“非”字形或“井”字形长条堆垛，垛宽3~4包，垛间留一个宽40~50cm的风道，选择气温较高（20~30℃）、湿度较低（相对湿度低于60%）的有利时机打开门窗彻底通风，即可使玉米水分逐渐下降，安全储藏。散装机械通风是将玉米散装储存在已设置通风地槽、通风竹笼或用粮包堆成通风道的仓房，堆高2m。入库结束立即扒平粮面，然后选择气温较高（20~30℃）、湿度较低（相对湿度60%以下）的有利时机，采用离心式风机强力通风，每天通风约8h，通风时结合翻扒粮面1~2次，以加快粮堆表面上层水分散发的速度，可以迅速降低玉米的水分，提高玉米的储藏稳定性，确保安全储藏。

（5）综合储藏　综合储藏是从秋粮接收开始至第二年彻底晾晒干燥之前，安全储藏高水分（20%以上）玉米的方法。这种储藏方法根据气候情况分为三个阶段，分别采取化学防治，自然通风冷冻和低温密闭储藏等不同措施，有机地相互配合抑制微生物、害虫和粮食本身的生命活动，从而能够缓冲烘晒时间，充分利用仓容，减少重复搬运，节省保管费用，是我国北方低温地区储藏高水分玉米的有效措施。

3. 玉米果穗储藏

玉米果穗储藏是一种比较成熟的经验，很早就为我国农民广泛采用。玉米果穗储藏法是典型的通风储藏，由于果穗堆内空气流动大（孔隙度51.7%），在冬春季节长期通风中，玉米果穗也可以逐渐干燥。东北经验：收获时籽粒水分为20%~23%，经过150~170d穗储后，水分降至14.5%~15%，即可脱粒转入粒储。玉米果穗储藏还有许多优于粒储的地方，穗储时籽粒胚部埋藏于穗轴内，仅有籽粒顶部角质暴露在外，对虫霉侵害有一定保护作用。此外，穗轴与籽粒仍保持联系，穗轴内养分在初期仍可继续输送到籽粒内，增加籽粒养分。但此种方法占用仓容较多，增加运输量，因此不适合国家粮库，农村可以广泛采用。果穗储藏容易降低水分，但从六月开始，由于多雨，空气相对湿度高，致使玉米很快吸湿，增加水分，所以应掌握水分降到安全标准即可适时脱粒。玉米带穗入囤时，常常容易带进脱落的籽粒和包叶等，阻塞粮堆孔隙，因此入囤前必须做好挑选清理工作，才能起到穗藏效果。

（三）豆类的储藏特性

1. 易生虫

豆类在储藏期间常受蚕豆象、豌豆象和绿豆象等害虫浸染，被害率有时高达50%~70%。豆类生虫后，其食用、种用和工艺品质均会下降。

2. 易变色

各种豆均有其正常的色泽，如蚕豆呈青绿色或乳白色，豌豆多为白黄色，绿豆多为深绿色，小豆有赤、白、花褐等色，在保管过程中常因氧化受潮而变色。如：蚕豆在储藏过程中，皮色变劣，从合点周围及近脐隆起处，开始呈淡褐色，然后逐渐扩大，颜色加深，由红褐变黑褐。这主要是由于豆内含有酚类物质和多酚氧化酶，在空气、水分、温度等外界因素影响下，使多酚氧化酶活力增强，因此易变色。

因此，豆类的储藏工作重点在于防治虫害和防止变色。

（四）豆类的储藏方法

1. 防治虫害

从豆象的生活史来看，有的成虫产卵和幼虫孵化是在田间进行的，而化蛹和羽化成虫则是在保管过程中完成的。因此，对虫害的防治，分为田间防治和仓库防治。应抓紧在幼虫很小时给予杀灭，否则羽化成虫后，飞出仓外，杀虫效果变差。仓库防治可用磷化铝（3~6g/m^3）熏蒸。此外，沸水浸烫也是一种杀虫方法，对刚收获的豆类可立即进行沸水浸烫，蚕豆、绿豆及小豆为25s，豌豆为20s，浸烫后立即摊薄晒干，可获得满意的杀虫效果和保持发芽率。

2. 防止变色

豆类在光线强、温度高、水分含量高和遭受虫害的情况下，豆粒变色快，而且变色程度也较严重。散堆的豆类，上层表面先变色，往下60cm后逐渐减轻；夏天豆类变色较多，而冬天变色较少。储藏时，用干砂或洁净的稻壳压盖散装粮面，或用薄膜密闭，进行黑暗储藏均可减少变色。包装储藏时，应置于干燥阴凉处，防止阳光照射。

另外，采用缺氧储藏、低温储藏和“双低”储藏等方法，也可抑制害虫，有效防止豆类变色。

第二节　食用油料的储藏

一、油料的储藏特性

（一）易发热变质

植物油料脂肪含量一般为40%~50%，最少的也在20%左右，因此在温度高、水分大的条件下，容易受到微生物、氧气和光的影响，脂肪发生氧化、水解。脂肪氧化时，会产生较多的水和热量，例如，1g脂肪完全氧化时能放出39.36kJ热量和1.1g左右的水分，放出的热量比糖类、蛋白质要高一倍。所以油料比较容易发热，而且发热的最高温度要高于禾谷类粮食，例如，大豆可达80℃，棉籽可达88℃，有时棉籽发热可发生自燃。

油料中脂肪的导热性不良，热容量大，堆内升温后降温速度很慢。高温会促使脂肪进一步氧化分解，破坏油料中脂肪和蛋白质共存的乳化状态，从而导致油料出现浸油（俗称“走油”）现象，降低出油率。在高温下，油料发热霉变、酸败变质，并且发芽率降低。

（二）安全水分标准低

由于脂肪是一种疏水物质，因此油料内的水分分布极不均匀，大都集中在亲水凝胶部分。而一般所指的水分是以全部干物质为计算基础的，即使油料的水分含量较低，其亲水凝胶部分的水分含量也会很高。例如，脂肪含量为35%的油料，其含水量为15%时，油料中非脂肪部分含水量就达23%，所以油料安全储藏水分标准要比谷类粮食低得多。

油料的安全水分与油料中脂肪含量有关，含油量越高，其安全水分的数值就越低。油料的安全水分必须以非脂肪的亲水胶体部分含水量作为计算基础。通常以15%作为基准水分，再乘以油料中非脂肪部分所占的百分比即可推算出各种油料安全水分的理论值，如表6-2所示。油料安全水分计算公式：

$$油料安全水分（临界水分）=油料中非脂肪部分\times 15\%$$

（三）籽粒易于破损

油料中的脂肪以液滴状态分布在细胞中，脂肪的相对密度小，在籽粒中占有较大的体积。因此，整个油料的组织结构比较松软，在收获、运输和储藏过程中易发生机械损伤，不耐储藏。

表 6-2　几种油料安全水分的理论值　单位:%

油料种类	脂肪含量	安全水分
大豆	18	12.3
棉籽	20	12
油菜籽	40	9
花生仁	45	8.3
芝麻	50	7.5

（四）吸湿性强，籽粒易于软化

油料不仅富含脂肪，蛋白质的含量也很高。蛋白质是一种亲水胶体物质，对水的亲和能力和持水能力比糖类物质强。因此，油料的吸湿性比禾谷类粮食大，在相同的温度条件下，油料更容易吸收空气中的水蒸气，增加水分含量。同时，油料的散湿性也强，水分含量相同的粮食和油料，油料水分散发的速度和数量均大于在相同温湿度条件下的粮食。油料吸湿后，籽粒变软，机械强度低，耐压性降低，在翻扒和搬捣时容易破损。所以，油料保管一般都以密闭低堆为主，以防止干燥的油料吸湿返潮和籽粒受潮后挤压变形，影响油料的安全储藏和商品价值。

由于油料具有上述特点，故其储藏要求应比一般粮食更高、更严，不仅要防止发热、生霉，还要保证油料不酸败、不变苦、不浸油。

二、主要油料的储藏

（一）大豆储藏

大豆含有40%左右的蛋白质和较多的亲水胶体，吸湿性强；不耐高温，高温下蛋白质容易发生变性，降低工艺品质和食用价值；抗虫霉能力强，有特殊的豆腥味，害虫不易侵害，对霉菌也有较强的抵抗能力。因此，大豆储藏时应注意干燥降水，并在适宜的温度下储藏。

1. 干燥降水

降低大豆的含水量是安全储藏大豆的重要措施。大豆的相对安全水分为：粮温30℃时为12.5%，15℃时为14%，8℃时为17%。据黑龙江省储藏大豆的经验，大豆水分在12.5%为安全，12.5%~13.5%为半安全，13.5%以上为不安全。大豆水分超过14%时，储藏中脂肪酸值增加很快，长期储藏的大豆水分不应超过12.5%。大豆的干燥方法有带荚晒、脱粒晒和机械烘干三种。大豆带荚晒，即大豆收获入场后趁晴天带株铺晒2~3d，脱粒阴凉后即可入仓。这种方法因有豆荚保护，可防止豆粒裂皮皱纹，保持大豆的色泽和光泽，并可减轻大豆走油现象，但劳动强度大。如果入仓大豆水分高，也可将豆粒直接晾晒，但应避免强烈日光照射，豆温不宜超过45℃，以防止裂纹脱皮，光泽减退，子叶色泽变深。采用机械烘干具有降水快、清除杂质和不受阴雨影响等优点，但易发生焦斑和破皮粒，光泽减退；脂肪酸增加，如果豆温超过50℃以上，还可能引起蛋白质变性。蛋白质热变性速度与程度则与大豆含水量、受热时间、受热温度密切相关。含水量高、温度高、受热时间长，变性就严重。因此，采用机械烘干大豆时，应考虑含水量的高低，合理选用烘干温度与受热时间，出口豆温应低于40℃。对采用日晒或烘干降水的大豆都应摊晾降温后再入仓。

2. 适时通风

新收获的大豆入仓后，因后熟作用生理活动比较旺盛，粮堆的湿热容易积聚，同时正值气温下降季节，极易产生结露或使粮堆局部水分增加，所以大豆入仓后应及时扒沟翻动粮面或进行机械通风，及时散发湿热，防止大豆发热、霉变。如能在大豆入仓3~4周后，倒仓散温散湿并结合过筛除杂一次，则更能提高大豆的储藏稳定性。

3. 低温密闭

低温密闭储藏对防止大豆走油赤变最为有利。将冬季入仓的低温大豆，粮面用隔热材料压盖后，与不覆盖粮面相比，粮温和粮堆上部水分均可不同程度地下降，过夏后，豆粒色泽正常，没有走油赤变现象。

4. 气调储藏

大豆的呼吸强度比较高，还适合自然缺氧储藏。

（二）油菜籽储藏

油菜籽不宜长期储藏，除留有少数用作种子储存外，收获后应及早加工成菜籽油，应在当年加工完。

1. 干燥降水

据各地经验，油菜籽水分必须控制在9%以下才能确保夏季的储藏安全，水分超过10%，在高湿季节就开始结块，水分超过12%，会霉变成饼。因此，高水分油菜籽应抓紧时间干燥降水。降水的方法以日晒为主，烘干为辅。高水分油菜籽散湿较快，晴天出晒，摊薄为辅，一次翻晒可降低水分含量5%左右，且不影响出油率和发芽率。烘干油菜的干燥介质温度应不超过85℃。无论晒干或烘干的油菜籽都必须充分干燥后才能进仓，否则堆内温度过高，将促使脂肪分解，降低出油率。

2. 分等级储藏

入仓后油菜籽必须按不同水分、杂质、品种和品质好坏进行分等储藏。油菜籽水分在8%，杂质在2%左右的，散装堆高不得超过2.5m，包装不超过8包；水分为8%~9%，杂质在2%~3%，散装堆高不超过2m，包装不超过6包；仓房质量差的，还应适当降低，以防止墙壁倒塌或裂缝；水分在9%~12%，杂质超过3%的油菜籽，堆高应控制在1m以内，并利用晴天的天气条件尽快出晒，将水分降低到9%以下，并优先加工处理。

3. 高水分油菜籽应急储藏

油菜籽产区主要是长江流域各省，收获季节正值梅雨季节，碰到连续阴雨天气，只能雨中抢收，这种抢收的油菜籽大部分水分在20%以上，高的可达50%左右。如果来不及干燥降水，必须采取应急措施。这些应急措施主要有自然缺氧储藏和化学储藏。

自然缺氧储藏是利用高水分油菜籽呼吸旺盛、需氧性强的特点，用塑料薄膜使粮堆保持密闭。油菜籽在强烈的呼吸作用下，将粮堆内的氧气迅速耗尽，并产生大量二氧化碳，达到缺氧甚至无氧状态，从而抑制了油菜籽和微生物的生命活动，这样可以在短期使油菜籽不生芽、不发热、不霉烂，并可降低粮温。例如，油菜籽水分在20%，则储藏时间应不超过 15d；水分在 25%~30%，不超过 10d；水分在 30%以下，不超过 7d 为安全。

化学储藏是在缺氧储藏基础上，在堆内施放适量磷化铝（9~12g/m^3），以抑制霉菌的繁殖，防止发热与生芽，并迅速降低粮温，使油菜籽在 2~3 周内处于稳定状态。

以上两种应急措施效果基本相同，但从品质变化比较，则化学储藏好于自然缺氧储藏，这主要是由于磷化氢气体具有杀菌作用。此外还需注意，在密闭过程中，油菜籽水分并未降低，霉菌和油菜籽的生命活动只是暂时被抑制，一旦取消密闭，发热、霉变就会急速出现，因此，拆封后仍需及时干燥降水。

（三）花生储藏

从储藏安全角度看，花生果比花生仁好保管，但花生果比花生仁多占 2 倍以上仓容，而储藏花生仁，只要保管合理，也能安全度夏。

1. 花生果储藏

花生果在仓内或露天散存均可，只要水分控制在 9%~10%，就能较长期储存。在冬季水分较大但不超过 15%的花生果可以露天小囤储存，经过冬季通风降水后，到第二年春暖前再转入仓内保管。水分超过 15%的花生果，温度过低时，会遭受冻害，必须抓紧时间处理，降低水分后才能保管。花生果仓内密闭，在水分 9%以下，粮温不超过 28℃，一般可作较长期保管。花生果可利用冬季干燥、低温季节进行通风降温、密闭储藏，时间宜在 3 月份进行，或气温在 5℃以内开始密闭。密闭方式可因地制宜，如仓内套囤压盖密闭，或密封仓房、散堆压盖密闭均可。

2. 花生仁的储藏

储藏花生仁只要合理掌握干燥、低温、密闭各个环节，就能保证储藏安全。

（1）控制水分　花生仁长期保管的安全水分为 8%；水分在 9%以内的，基本安全；水分在 10%以内的，冬季采用通风方法短期保管；水分超过 10%以上的，必须及时处理，不能长期储存。

（2）保持低温　水分 8%以下，长期保管的花生仁最高堆温不宜超过 20℃，超过此温度界限，脂肪酸值显著增高，易于引起败坏。

（3）密闭储存　密闭储存可以防止虫害感染和外界温湿影响，有利于保持低温，是保管花生仁的主要方式。

（4）气调储藏　花生仁也可采用气调储藏，如抽真空充氮保藏，真空度达到 53kPa 左右，再充以氮气，可抑制花生的呼吸强度和霉菌繁殖，消灭害虫，防止吸湿，即使从 3 月储藏至 9 月，浸油现象不明显，酸价只微量增加，基本能保持原有色泽和品质。

（四）葵花籽储藏

葵花籽具有完整的木质纤维素籽壳，对虫霉有一定的抵抗力。低温干燥、密闭储藏最有利于保持葵花籽的品质。

1. 干燥降水

葵花籽在入仓前必须晒干、整净，普通食用的葵花籽水分不宜超过 10%，榨油用的葵花籽，水分不应超过 7%，杂质含量均不宜超过 2%。

2. 散装储藏

散装储藏的葵花籽可采用机械通风的方法降温降湿，在储藏期间应特别注意通风密闭的时机，在高温季节要经常检查，以便及时发现问题，及时处理。

3. 包装储藏

包装储藏的葵花籽入仓时应合理掌握堆垛高度，一般冬季堆垛高度不应超过 6 包，其他季节不应超过 1.5m。对榨油用葵花籽还应适当降低堆放高度。

（五）芝麻储藏

芝麻籽粒细小，皮薄肉嫩，极易吸收水分。芝麻密度大，空隙度小，杂质含量较高，湿热不易扩散。在储藏过程中容易发热、生虫和霉变。芝麻脂肪含量高达 50%以上，易发生浸油和酸败，储藏稳定性差。

1. 严格控制水分和杂质

通常芝麻的安全储藏水分为 7%~8%，半安全水分为 8%~9%，超过 9%则储藏稳定性下降。散装芝麻水分在 7%以下，杂质在 1%以下，利用冬季低温入库，可以安全度夏。水分在 8%以上，杂质超过 1%的，必须经降水除杂后才能安全储藏。

2. 合理堆装

通常水分、杂质未超过国家标准规定的芝麻，散装储藏堆高以 1.5~2m 为宜，包装储藏堆高不宜超过 6 包，而且应堆成通风垛。

3. 加强检查

在储藏过程中都必须加强检查。在春暖气温上升以前彻底普查一次，根据情况分别处理，采取倒垛、转囤、过风、除杂等措施，散发湿热，以延长安全储藏期。

（六）棉籽储藏

棉籽是棉花的种子，按采摘季节可分为霜前籽和霜后籽；按加工程度可分为毛籽（留有短绒的棉籽）和光籽（已脱绒的棉籽）。棉籽具有坚硬的外壳，抗潮、抗压性能好，比一般的粮食和油料易储藏。

1. 控制水分

通常水分在 12%以下的棉籽，在冬季趁低温堆垛或入仓，可以长期储藏；水分在 12%~13%的棉籽，一般只宜短期储藏。棉籽的安全水分冬季为 14%，春季为 13%，夏季为 12%。

2. 分级储藏

霜前籽和霜后籽、毛籽和光籽都要分开储藏。此外，还应根据水分高低分级储藏。毛籽具有较高的抗潮、抗压性能，可进行露天储藏。毛籽露天储藏先选择好地势高、通风排水良好的地基，做好塘底铺垫工作，并将棉籽水分降至 12%以下，然后选择气温较低的天气进行堆垛。堆垛的形状，一般底部为长方形，上部为椭圆形。大垛可储藏棉籽 200000kg，小垛可储藏棉籽 80000~100000kg。光籽由于皮壳受损，防潮性差，易受外界环境影响，一般不宜直接露天存放，但可采用光籽堆垛，外围覆盖毛籽的方法露天储藏，但对发芽率稍有影响。在实践中，如果严格控制光籽水分在 10%~12%，趁低温季节堆垛，并加强管理，保持垛身紧密无缝，是能保持光棉籽露天储藏安全的。

第三节　食用油脂的储藏

一、油脂的储藏特性

食用植物油脂一般含有大量的不饱和脂肪酸，在储藏过程中很容易氧化分解，游离脂肪酸含量不断增加，酸价升高，并逐渐酸败变质。容易酸败是食用植物油脂储藏特性中最突出的一点，但不同种类的食用植物油脂还具有不同的储藏特性。

（一）大豆油的储藏特性

大豆油是大豆经过热榨或冷榨制取，属半干性油。大豆油中亚油酸含量约为52%，亚油酸是人体必需的脂肪酸，具有重要的生理功能。儿童缺乏亚油酸，发育迟缓，皮肤干燥；老人缺乏亚油酸，易引起白内障。豆油的消化率可达98%，富含维生素E，所以是良好的食用油。但大豆毛油中含有1%~3%的磷脂、0.7%~0.8%的甾醇及少量的蛋白质，易引起油脂酸败，所以除去这些杂质，是保管中的首要工作。

精炼过的大豆油为淡黄色，深棕色的豆油是用变质大豆制得的，应分桶储存。精制大豆油在长期储存中，油色会由浅变深，其原因可能与油脂的自动氧化引起的复杂变化有关，因此颜色变深的大豆油不宜长期储存。大豆油有特殊的豆腥味，虽通过脱臭后可以消失，但在储藏过程中有“回味”的倾向。

（二）菜籽油的储藏特性

菜籽油是半干性油，它所含脂肪酸的大部分是芥酸，约占总脂肪的50%，并含有一些由种皮带进的色素。因此菜籽毛油色泽较暗，呈深黄色，热榨的菜籽油，色泽更深，并有令人不愉快的芥辣气味。精炼后的菜籽油澄清透明、颜色浅黄、无异味，适于食用。菜籽油中芥酸是一种不易消化、人体吸收慢、营养价值不高的脂肪酸。近年来，国内外都致力于培养低芥酸（含量2%以下）油菜新品种。菜籽油的凝固点为4℃。在冬季储藏时仓温最好不低于10℃，以免凝固后再熔化时发生氧化变质，使酸价增高。

（三）花生油的储藏特性

花生油属不干性油，含有37%的油酸和38%的亚油酸，它含有18种以上的饱和脂肪酸，比其他植物油多。花生油呈浅黄色，具有浓厚的香味。在夏季为透明的液体，冬季变稠使其不透明，一般在5℃稠度加大，到-3℃呈乳浊状，如果温度再低就会凝固。凝固后的花生油经熔化易发生氧化，增高酸价。因此，在储藏中要设法防止花生油凝固。

（四）葵花籽油的储藏特性

葵花籽油既是一种重要的食用油，也是工业生产上的原料，其主要脂肪酸为亚油酸和油酸，亚油酸含量54%~70%，油酸含量约为39%。由于葵花籽油中富含不饱和脂肪酸，还含有微量的含氧酸，储藏期间极易氧化分解酸败变质，储藏稳定性差。葵花籽油的油色根据加工精度的不同而稍有不同，毛葵花籽油呈浅琥珀色，含有少量磷脂和胶状物质，一般不宜食用，也不宜长期储存。精炼葵花籽油呈淡黄色，澄清透明，具有较好的风味，比毛油较容易储藏。

（五）芝麻油的储藏特性

芝麻油属半干性油，又称香油，含有46%的亚油酸。机榨芝麻油呈浅色，香味较淡，用水代法提取的芝麻油呈棕色，具有浓郁的香味。芝麻种子的外皮含有较多的蜡质，制油时会溶入油中。因此芝麻油在较低的温度下会有白色沉淀析出，影响油品的外观。芝麻油中不饱和脂肪酸的含量较高，但它的储藏稳定性较好，这是因为芝麻油中有甾醇、芝麻酚、维生素 E 等天然抗氧化剂，具有较强的抗氧化能力。储存在油池中的芝麻油在过夏时，由于高温也会产生哈喇味，所以在储藏中应尽量保持低温。

（六）棉籽油的储藏特性

棉籽油含有 57%的亚油酸，分为毛棉油和精炼棉籽油。毛棉油具有令人不愉快的气味，并含有 1%游离棉酚及其衍生物，故色泽深褐，不宜食用。毛棉油经过滤、水化和碱炼后除去其中的棉酚和杂质，称作精炼棉籽油。精炼棉籽油为淡黄色，无异味，可以食用。

（七）米糠油的储藏特性

米糠是粮食加工的副产品，含油率为 12%～15%，容易发生酸败，应尽快榨油，不易久放。毛糠油呈深棕色，颜色深暗，浓度大而浑浊，含有糠蜡 1%～2%，磷脂 0.5%左右，甾醇 0.7%左右，不能食用，也不宜储藏。精糠油呈淡黄色，是毛糠油经脱蜡、脱酸、脱色和脱臭后精制而成，比毛油较容易储藏。

（八）玉米油的储藏特性

玉米油是由玉米胚制取的油。玉米胚也是粮食加工的副产品，含油率为 30%～50%。毛玉米油呈深黄褐色，颜色深暗，含磷脂 1%～2%，甾醇 1%左右，还含有游离脂肪酸、色素、蛋白质、糖类和树脂黏液物等，不宜食用，也不宜储存，必须脱除磷脂后才可保管。精玉米油呈橙黄色，清晰透明，具有玉米香味，是由毛玉米油精制而成，磷脂甾醇已基本去除，比毛油较容易储藏。

二、主要油脂的储藏

（一）常规储藏

1. 清洁装具，合理灌装

容器在装油前，必须认真细致地检查，将容器中残留的油脚、污垢、铁锈及异味等用碱水洗刷干净，并进行干燥，容器内不容许丝毫湿润或水珠存在，以保证食用安全，并提高储藏稳定性。灌装油品时，不宜灌得太满或太少，一般每个标准油桶灌油 175～185kg。装得太满，易泼洒、流溢、膨胀，甚至高温爆炸；装得太少，既浪费装具，又会因桶内氧气太多而发生氧化酸败。

2. 清除水分和杂质

油脂入罐或正式装桶前，要认真检查水分、杂质和酸价，一般要求最高限额为水分 0.2%、杂质 0.2%，酸价根据油脂种类和等级不同而有所差异，见表 6-3。对于超过水分、杂质和酸价标准的油脂，必须先清除其中的水分、杂质及会引起酸败的物质后，再入罐装储藏。

3. 控制温度

通常油脂在冬季不会酸败，在夏季极易发生酸败。在进入高温季节后应采取有效措施隔热保冷，使油脂处于低温状态，能确保油脂安全储藏。将储油仓房的温度控制在 15℃以下，能有效地长期安全储藏油脂。

表 6-3　　部分食用植物油的酸价质量标准

油脂种类	等级	酸价/（mg KOH/kg）
大豆油、菜籽油、葵花籽油、米糠油、玉米油、花生油（浸出）	原油	≤4.0
	一级	≤0.2
	二级	≤0.3
	三级	≤1.0
	四级	≤3.0
花生油（压榨）	一级	≤1.0
	二级	≤2.5
芝麻油	原油	≤4.0
	一级	≤0.6
	二级	≤3.0
芝麻香油	一级	≤2.0
	二级	≤4.0
棉籽油	原油	≤4.0
	一级	≤0.2
	二级	≤0.3
	三级	≤1.0

（二）气调储藏

在储藏油脂时，为防止酸败变质，可采用气调法。因为油脂劣变的主要原因是氧化酸败，所以，只要控制油脂氧化，则可阻止劣变进程。油脂氧化的速度与空气或溶解在油脂中的氧浓度成正比，设法限制或切断氧的供给，如采用抽真空、充氮、脱氧等方法，可以有效地防止油脂在储藏过程中酸败。

1. 脱氧剂脱氧储藏

我国多采用无机系脱氧剂，常用的为特制铁粉脱氧剂，它是一种无毒、无臭的无机物，在水和金属卤化物的催化下，容易被空气中游离氧所氧化而消耗氧，防止被保护物氧化。油品储藏中利用脱氧剂脱氧储藏的方法很多，常用的有悬挂法、浮船法和投袋法三种。悬挂法是用铁丝把除氧剂悬挂在油层上面的空间，浮船法是用泡沫塑料制成浮船放在油面上，再将除氧剂投放在浮船上；投袋法是用一种能够透气而不使油渗入的通透性硅橡胶薄膜黏结成不同表面积的小袋，装入不同重量的除氧剂后立即密封袋口并将其投入油内，依靠浮力作用使除氧剂小袋分别漂浮在油脂上、中、下三层不同部位。

脱氧剂脱氧储藏，要求油罐（桶）密封性能良好，并具有较好的机械强度，否则就难以保持缺氧状态，或容易使油罐（桶）变形、损坏。因此，采用除氧剂脱氧储藏时，为保护油罐安全，应增设调压装置，使其与油罐成一密闭的储油系统，当气温升高时，罐内气体自动进入调压装置；当气温降低时，调压装置内的气体又自动进入罐内，以此罐内外压力差平衡，保证油罐的安全。脱氧剂的用量可根据脱氧剂的脱氧能力及罐桶内的空间计算而定。

2. 充气法

将一种不活泼的气体（惰性气体）充入油罐和油桶，排除其中的空气使之缺氧，以抑制油脂氧化，确保油脂安全储藏的方法称为充惰性气体储藏法。常用的不活泼气体有氮气和二氧化碳，充气法因油脂装具不同可分为油桶充气法和油罐充气法。油桶充气法是将容量为 180kg 的标准油桶，在大盖上焊接一个阀门，在小盖上焊接一根抽气橡皮管，装油后向桶内充入氮气或二氧化碳，使桶内空气全部排出，然后即用橡皮塞密封。油罐充气法是在储油罐上装设压力安全阀、真空控制盘（真空安全阀）和氮气压力调节器，然后用钢管将液氮瓶（或氮气发生器）与储油罐联接好，形成一个密封系统，并向油罐内充入适量氮气。将经过静置沉淀处理的精炼植物油直接装入已充氮气保护的储油罐中，通过氮气压力调节器控制充氮量。当油罐装满，压力达到最大值时，可将氮气排放到大气中去；当油脂从油罐中泵出时，罐内压力下降，氮气压力调节器自动开启，氮气又不断补充充入油罐。充氮储油实验证明，采用充氮法储藏的油脂，过氧化值增长速度慢，只有常规储藏（对照罐）油脂的 1/4，甚至更少一些，具有明显的阻止氧化、抑制微生物活动、保持油脂品质的效果。但在夏天高温季节，充氮储藏油脂的安全可靠性还不够稳定，这时仍应没法降低温度，实现低温储藏，才更有利于确保油脂安全度夏。采用充惰性气体储藏法时，要特别注意安全，既要在油罐上装压力安全阀与真空安全阀，以免油罐炸裂，又要建立严格的安全操作规章制度，以免管理人员进入油罐引起生命危险。

（三）抗氧化剂储藏

1. 抗氧化剂种类

在储藏油脂中添加一定量的抗氧化剂，可以延缓油脂的酸败进程。抗氧化剂种类有天然抗氧化剂和人工合成氧化剂两类。天然抗氧化剂主要有生育酚、柠檬酸、类胡萝卜素、抗坏血酸、芝麻酚、磷脂等。我国允许在食品中使用的人工合成抗氧化剂主要有丁基羟基茴香醚（BHA）、2，6-二叔丁基-4-甲基苯酚（BHT）、没食子酸丙酯（PG）及特丁基对苯二酚（TBHQ）等。油脂在抗氧化剂储藏时加入抗氧化剂增效剂，能增强抗氧化剂效能，还可以减少抗氧化剂用量。常用的抗氧化剂增效剂有柠檬酸、磷酸、酒石酸及抗坏血酸等。

2. 抗氧化剂储藏应用

抗氧化剂使用时，要考虑抗氧化剂的选择、添加的浓度、加入时机等。

（1）抗氧化剂的选择　抗氧化剂对油脂的抗氧化作用十分复杂，同一种抗氧化剂对不同的油脂具有不同的效能，就是同一种抗氧化剂用于同一种油脂，也会由于使用浓度及方法的不同而得到不同的效果，有时甚至会起到相反的作用。因此，选择抗氧化剂及使其能得到满意的效果，则首先必须对油脂的结构、自动氧化的机制、抗氧化剂的结构与性能、使用方法及其相互关系等有较全面的了解，否则将会事倍功半。另外，抗氧化剂具有清除油脂游离基的功能，因此又称为游离基清除剂，它对非游离基反应的氧化反应是不适用的，如油脂的光氧化反应。

（2）抗氧化剂使用浓度　使用人工合成抗氧化剂的浓度要适当，虽然浓度较大，抗氧化的效能也增大，但并不是成正比例关系。由于毒性的问题，抗氧化剂的使用应符合 GB 2760—2014《食品添加剂使用标准》的规定。如：TBHQ、BHA、BHT、抗坏血酸棕榈酸酯在油脂中的最大使用量为 0.2g/kg，PG 在油脂中的最大使用量为 0.1g/kg，磷脂在氢化植物油中可按生产需要适量使用。

（3）抗氧化剂的加入时机　抗氧化剂对油脂的抗氧化作用机制十分复杂，但大多数抗氧化剂主要是通过清除游离基达到抗氧化的目的，因此应在精炼后的新油中及时加入，而且要事先加入柠檬酸等金属钝化剂，使铁桶与油罐的金属钝化，才能获得理想的抗氧化效果。当油脂已经酸败，油脂中过氧化值已升高到一定程度时才添加抗氧化剂，难以获得理想效果。

思考题

1. 简述粮堆的组成成分。
2. 简述粮食的生理性质。
3. 稻谷和大米有哪些储藏特性？应采取什么储藏方法？
4. 小麦和面粉有哪些储藏特性？应采取什么储藏方法？
5. 玉米和豆类有哪些储藏特性？应采取什么储藏方法？
6. 食用油料有哪些共同的储藏特性？应采取什么储藏方法？
7. 食用油脂储藏有哪些共同特性？
8. 植物油脂的储藏可采用哪些共同的储藏方法？

参考文献

[1] 林亲录．稻谷品质与商品化处理［M］．北京：科学出版社，2014.
[2] 赵红，余昆主．粮油储藏［M］．北京：中国商业出版社，2007.
[3] 中储粮培训中心．粮油储藏［M］．北京：中国财政经济出版社，2007.
[4] 周惠明．谷物料学原理［M］．北京：中国轻工业出版社，2003.
[5] 王向阳．食品贮藏与保鲜［M］．杭州：浙江科学技术出版社，2002.
[6] 路茜玉．粮油储藏学［M］．北京：中国财政经济出版社，1999.

第七章　主要粮油加工品种的副产品综合利用

[学习指导]

熟悉和掌握粮油加工副产品综合利用技术原理，重点掌握制备技术、分离提取技术、浓缩技术和干燥技术的主要原理和特点，并了解这些技术的应用领域。熟悉稻谷加工副产品的综合利用，包括碎米、米糠、稻壳、米胚的综合利用；熟悉小麦加工副产品的综合利用，包括小麦麸皮、麦胚、次粉的综合利用；熟悉玉米加工副产品的综合利用，包括玉米胚、玉米芯、麸质、皮渣、玉米浸泡液的综合利用；熟悉大豆加工副产品的综合利用，包括黄浆水、豆渣、豆粕、大豆油脚和皂脚的综合利用。

粮食、油料都是世界上主要的农产品原料，这些原料富含人体生长发育所需要的糖类、蛋白质、脂肪及多种营养成分。据统计，粮油原料经过提取等加工过程，其中70%~80%会加工成成品粮油或食品原料，还会产生20%~30%的副产品。粮油加工副产品，是粮油加工过程中产生的皮壳、米糠、胚芽、残渣、油脚等物质，这些物质富含蛋白质、脂肪、糖类、膳食纤维、维生素、矿物质等营养成分，以及黄酮、甾醇、多酚等活性物质。粮油加工副产品中的某些营养物质，其利用价值并不一定低于主产品，有些甚至超过主产品，但是由于加工技术的限制，这些副产品还远未得到充分利用。

第一节　粮油加工副产品综合利用技术原理

粮油加工副产品种类繁多、成分复杂，加工技术各不相同，且随着科技发展不断推陈出新。总的来说，可概括为四大类：制备技术、分离提取技术、浓缩技术和干燥技术。

一、制备技术

从粮油加工副产品中提取高附加值的风味物质、活性多糖、活性蛋白以及类黄酮、酚类物质等功能性成分的方法很多，常规制备方法主要有浸出法、萃取法等。但这些传统方法存在操作烦琐、提取效率低、需要时间长、溶剂回收率低等缺点，因此，现在许多高新前处理技术，如超声波处理技术、微波处理技术、超微粉碎技术、生物酶解技术、挤压膨化技术等被广泛应用到粮油加工副产品综合利用中。

（一）常规浸出法

1. 浸出法的原理

浸出又称固液萃取，是应用有机或无机溶剂将固体原料中的可溶性组分溶解，使其进入液相，再将不溶性固体和溶液分开的操作。提取原料的可溶性组分称为溶质，用于溶解溶质的液体称为溶剂或提取剂，固体原料中的不溶性组分称为载体，提取所得的含有溶质的溶液称为浸出液或上清液，提取后的载体和残余的少量溶液称为残渣或提取渣。

浸出法是根据各种有效成分在溶剂中的溶解作用，选用对有效成分溶解度大、对不需要成分溶解度小的溶剂，而将有效成分从原料中提取出来。由于粮油加工副产品原料的结构非常复杂，提取的物质又是多组分混合物，因此统一的浸提理论难以确定，一般分为渗透、溶解、分配以及扩散等，其原理如下。

（1）渗透　浸提开始时，渗透随被浸出原料的情况不同而异。例如，提取非极性的功能性成分时，当这种原料与疏水性溶剂如正己烷、石油醚接触时，溶剂向原料内部的渗透比亲水性溶剂更为困难，为了加快渗透，可在疏水性溶剂中添加少量极性溶剂，如乙醇、丙酮等。

（2）溶解　溶剂渗入细胞后，可溶解的成分便按溶解度不同先后溶解到溶剂中去，这不单纯是溶解过程，还有分配的问题。

（3）分配　在细胞原生质中，溶剂与细胞液是分层的，有些组分在两相中都能溶解。若在两相中溶质浓度不平衡，则在相互接触时，将在相与相之间进行分配，即有效成分从细胞液的液相转入溶剂相中，直到有效成分在细胞原生质液和溶剂两个液相内达到完全平衡。

因为溶剂的量比细胞原生质中液体的量要大得多，因此浸提比较完全。但是，这种分配现象对某些粉碎的原料的浸提而言，可能就不是主要因素，而以溶解占主导作用。

（4）扩散　从植物原料中浸提有效成分时，溶剂经渗透浸入原料内，在细胞内生成一种溶液。根据分配原则，有效成分溶解到与之接触的溶剂中之后，引起溶剂中溶质浓度的上升，另一方面，溶剂本身将透入含高浓度溶质的细胞原生质溶液中，浓度差成为扩散的动力。扩散作用将一直进行到细胞内溶液成分的浓度和细胞外浸提液中成分的浓度相等时为止，即扩散的浓度差等于零时为止。这时浸提过程必须更换新溶剂才能重新开始，一直到新的浓度平衡时停止。

2. 浸出法的特点

浸出法具有操作简便、提取率高的特点，但容易造成溶剂残留。因此，溶剂浸提成功与否，关键在于溶剂的选择，还要考虑原料的粉碎度、提取温度、提取时间、设备条件等因素。

（1）浸出溶剂的选择　“相似相溶”原理是选择适当溶剂的主要依据，即有效成分的亲水性和亲脂性相当，就会具有较大的溶解度。粮油加工副产品如果作为食品或食品原料时，还要考虑下述因素：①浸出溶剂毒性小，且是国家标准规定中允许使用的加工助剂；②溶剂不能与植物的成分起化学反应；③溶剂要经济、易得、沸点适中、浓缩方便。

（2）粉碎度　由于提取过程包括渗透、溶解、扩散等过程，因此原料粉碎得越细，表面积就越大，浸出过程就越快，但粉碎度过高，原料颗粒表面积过大，吸附作用增强，又会影响过滤速度。另外，含蛋白质、多糖类成分较多的原料用水为溶剂提取时，粉碎过细，这些成分溶出过多，会使提取液黏度增大，甚至变为胶体，影响其他成分的溶出。因此，原料的粉碎度与原料组成和性质、溶剂性质有关。

（3）浓度差　溶剂进入细胞内，成分溶解后因细胞内外浓度差，就向外扩散，内外达到一定浓度时，扩散停止，即到了动态平衡，成分不再浸出。如果更换溶剂，就开始了新的扩散，反复多次即可提取完全，所以回流提取法效果最好，浸提法效果较差。

(4) 提取时间　各种化学成分随提取时间的延长，其浸出率也增大，但同时杂质成分也会随之浸提出来，因此要控制适当的提取时间。

(5) 提取设备　固液提取设备按其操作方式可分为间歇式、半连续式和连续式。按固体原料的处理方法，可分为固定床、移动床和分散接触式。按溶剂和固体原料接触的方式，可分为多级接触型和微分接触型。在选择设备时，要根据所处理的固体原料的形状、颗粒大小、物理性质、处理难易及其所需费用等因素来考虑。

3. 浸出法的应用

常用的提取溶剂有水、亲水性有机溶剂和亲脂性有机溶剂三类。根据这些溶剂极性的不同，在粮油加工副产品综合利用中的用途也不同。

其中，水是一种强极性溶剂，粮油中的亲水性成分，如无机盐、有机盐、生物盐、糖类、鞣质、氨基酸、蛋白质等都能被水溶出，因此，可以水为提取溶剂。但水作为提取溶剂的缺点是，容易使苷类成分酶解、原料易发霉变质、浓缩易发泡。为了增加某些成分的溶解度，也常采用酸性或碱性溶液作为提取溶剂。酸性溶液提取可使生物碱与酸生成盐类而溶出；碱性溶液提取可使有机酸、黄酮、蒽醌、内酯以及酚类物质溶出。

亲水性有机溶剂，即一般所说的能与水混溶的有机溶剂，如乙醇（酒精）、甲醇和丙酮等，以乙醇最常用。乙醇的溶解性能较好，对粮油细胞的穿透能力较强。亲水性的成分除蛋白质、果胶、淀粉和部分多糖等以外，大多能在乙醇中溶解。难溶于水的亲脂性成分在乙醇中的溶解度也较大。此外，还可根据被提取物质的性质，采用不同浓度的乙醇进行提取。

亲脂性有机溶剂，即一般所说的与水不能混溶的有机溶剂，如石油醚、苯、氯仿、乙醚、乙酸乙酯、二氯乙烷等。这些溶剂的选择性强，可以用于粮油加工副产品中油脂、脂溶性成分的提取。这类溶剂不容易提出亲水性杂质，但其挥发性大，易燃（氯仿除外），一般有毒，价格较贵，设备要求较高，且它们渗透入植物组织的能力较弱，往往需要长时间反复提取才能提取完全。

(二) 溶剂萃取法

1. 萃取法的原理

溶剂萃取法是利用混合物中各成分在两种互不相溶的溶剂中分配系数的不同而进行分离的方法。在定温定压下，如果一个溶质溶解在两个同时存在的互不相溶的液体里，达到平衡后，该溶质在两相中浓度的比等于常数，这一常数称为分配系数。萃取时，如果各成分在两相溶剂中的分配系数相差越大，则分离效率越高。

2. 萃取法的特点

萃取法具有操作温度低、组分不易变性的优点，特别适宜于对热不稳定成分的分离。根据两相接触方式的不同，萃取设备可分为逐级接触式和微分接触式两类。在逐级接触式设备中，每一级均进行两相的混合与分离，故两液相的组成在级间发生阶跃式变化。而在微分接触式设备中，两相逆流连续接触传质，两液相的组成则发生连续变化。根据外界是否输入机械能，萃取设备又可分为有外加能量和无外加能量两类。若两相密度差较大，萃取时，仅依靠液体进入设备时的压力差及密度差即可使液体有较好分散和流动，此时不需外加能量即能达到较好的萃取效果；反之，若两相密度差较小，界面张力较大，液滴易聚合不易分散，此时常采用从外界输入能量的方法来改善两相的相对运动及分散状况，如施加搅拌、振动、离心等。

3. 萃取法的应用

萃取法常用于从粮油加工副产品的溶液中提取、分离、浓缩有效成分或除去杂质。在水溶液中提取脂溶性有效成分时，一般多采用亲脂性有机溶剂，如苯、氯仿或乙醚等；如果提取的是亲水性有效成分，就采用亲水性有机溶剂，如乙酸乙酯、丁醇等，还可以在氯仿、乙醚中加入适量乙醇或甲醇，以增大其亲水性。例如，提取亲脂性的黄酮类成分时，多采用乙酸乙酯和水的两相进行萃取；提取亲水性的皂苷类成分时，则多选用正丁醇、异戊醇和水进行两相萃取。但是有机溶剂亲水性越大，与水作两相萃取的效果就越差，因为会使较多的亲水性杂质随之提出，对有效成分进一步精制影响很大。

（三）超临界流体萃取法

1. 超临界流体萃取法的原理

超临界流体萃取法是以超临界流体作为溶剂进行萃取分离的技术。通常情况下，纯净物质根据温度和压力的不同，呈现出液体、气体、固体等状态变化。在温度高于某一数值时，任何大的压力均不能使该物质由气相转化为液相，此时的温度即称为临界温度。而在临界温度下，气体能被液化的最低压力称为临界压力。在临界点附近，会出现流体的密度、黏度、溶解度、热容量、介电常数等所有流体的性质发生急剧变化的现象。当物质所处的温度高于临界温度，压力大于临界压力时，物质状态处于气体和液体之间，这个范围之内的流体称为超临界流体。超临界流体具有类似气体的较强穿透力和类似液体的较大密度和溶解度，即具有良好的溶剂特性。

2. 超临界流体萃取法的特点

（1）超临界流体萃取可以在接近室温（35~40℃）以及气体笼罩下进行提取，有效地防止了热敏性物质的氧化和逸散，因此，萃取物中保持了提取物中的功能物质，而且能把高沸点、低挥发性、易热解的物质在远低于其沸点的温度下萃取出来。

（2）超临界流体萃取技术由于全过程没有使用有机溶剂，所以萃取物中不会残留有害的溶剂物质，从而保证提取物对人体及自然环境无害，是一种安全、有效的提取技术。

（3）萃取与分离合二为一，当饱和的溶解物流体进入分离器后，由于温度和压力的下降，使得超临界流体变为气体，与萃取物迅速分离，效率高、成本低。

（4）超临界流体为不活泼物质，在整个萃取过程中不会与被萃取物发生化学反应，没有其他不良产物生成，安全性较好。超临界流体可重复使用，成本较低。

（5）整个萃取过程是通过控制萃取的温度和压力来实现萃取和分离的，工艺简单，容易实现。

3. 超临界流体萃取法的应用

超临界流体萃取技术的特点决定了它的应用范围十分广阔，现已普遍用于医药、食品、香料、石油化工和环保等领域，成为获得高质量产品的最有效方法之一。在粮油加工副产物提取方面，主要涉及麦胚芽油、大豆异黄酮、风味物质等的提取。

（四）超声波处理法

1. 超声波处理法的原理

超声波是指频率高于20kHz，在人的听觉阈以外的声波，超声波的频率上限一般认为是5×10^6kHz。超声波是一种弹性介质小的机械振荡，其在介质中主要产生两种形式的振荡，横向振荡（横波）和纵向振荡（纵波）。横波只能在固体中产生，而纵波可在固、液、气体中产生。超声波处理法是利用超声波具有的机械效应、空化效应及热效应，通过增大介质分子的运动速度、增大介质的穿透力以提取功能性成分的方法。

（1）机械效应　超声波在介质中的传播可以使介质质点在其传播空间内产生振动，从而强化介质的扩散、传质，这就是超声波的机械效应。超声波在传播过程中产生一种辐射压强，沿声波方向传播，对物料有很强的破坏作用，可使细胞组织变形、植物蛋白质变性，同时，它还可给予介质和悬浮体以不同的加速度，且介质分子的运动速度远大于悬浮体分子的运动速度，从而在两者之间产生摩擦，这种摩擦力可使生物分子解聚，使细胞壁上的有效成分更快地溶解于溶剂之中。

（2）空化效应　通常情况下，介质内都或多或少地溶解了一些微气泡，这些气泡在超声波的作用下产生振动，当声压达到一定值时，气泡由于定向扩散而增大，形成共振腔，然后突然闭合，这就是超声波的空化效应。这种增大的气泡在闭合时会在其周围产生高达几千个大气压的压力，形成微激波，它可造成植物细胞壁及整个生物体破裂，而且整个破裂过程在瞬间完成，有利于功能性成分的溶出。

（3）热效应　和其他物理波一样，超声波在介质中的传播过程也是一个能量的传播和扩散过程，即超声波在介质的传播过程中，其声能可以不断被介质的质点吸收，介质将所吸收能量的全部或大部分转变成热能，从而导致介质本身和粮油组织温度的升高，增大了功能性成分的溶解度。由于这种吸收声能引起的粮油组织内部温度的升高是瞬时的，因此可以使被提取的成分结构和生物活性保持不变。

此外，超声波还可以产生许多次级效应，如乳化、扩散、击碎、化学效应等，这些作用也促进了粮油籽粒中有效成分的溶解，促使功能性成分进入介质，并与介质充分混合，加快提取过程的进行，并提高有效成分的提取率。

2. 超声波处理法的特点

（1）超声波提取时不需加热，避免常规提取法长时间加热对功能性成分的不良影响，适用于对热敏物质的提取，同时由于其不需加热，也节省了能源。

（2）超声波提取提高了原料成分的提取率，有利于资源的充分利用，提高了经济效益。

（3）溶剂用量少，节约了溶剂。

（4）超声波提取是一个物理过程，在整个浸提过程中无化学反应发生，不会影响大多数有效成分的生理活性。

（5）提取物有效成分含量高，有利于进一步精制。

3. 超声波处理法的应用

超声波处理法是提取粮油副产品中营养成分和功能性成分的一种非常有效的方法。利用超声辅助超临界二氧化碳萃取小麦胚芽油，在萃取过程中可使物料和二氧化碳萃取剂充分接触，不仅出油率高，而且小麦胚芽油纯度高、质量好。将米糠经粉碎和超声波提取后离心过滤得到提取液，浓缩后用三氯乙酸法去除蛋白，离心所得上清液中加入乙醇充分搅拌、静置，收集一定浓度范围的乙醇沉淀，冷冻干燥即得米糠多糖提取物，这种方法具有快速、简便、成本低、得率高的优点。利用超声波提取脱脂豆粕中的大豆异黄酮，提取30min所得大豆异黄酮的提取率比加热回流法提取一次（120min）高约46%，与加热回流提取两次（240min）的提取率一致，因此，超声波法提取大豆异黄酮具有省时、节能、提取率高等优点。

（五）微波处理法

1. 微波处理法的原理

微波是指频率为300MHz~300GHz，即波长在1mm~1m范围内的特殊电磁波，它位于电磁波谱的红外辐射和无线电波之间，是分米波、厘米波、毫米波和亚毫米波的统称。商业生产的微波炉一般采用12.2cm作为固定波长。微波处理技术是将微波和传统的溶剂萃取法相结合的提取方法。物质吸收微波的能力主要由其介质损耗因数来决定。介质损耗因数大的物质对微波的吸收能力就强，相反，介质损耗因数小的物质吸收微波的能力也弱。由于各物质的损耗因数存在差异，微波加热就表现出选择性加热的特点。微波处理技术主要就是利用不同结构的化合物吸收微波能力的差异，使得细胞内的某些成分被微波选择性加热，导致细胞结构发生变化，加速这些成分与基体的分离，进入到微波吸收能力较差的萃取剂中，从而提高有效成分的溶出程度和速度。

（1）微波辐射过程是高频电磁波穿透萃取介质到达物料内部的微管束和细胞系统的过程。由于吸收了微波能，细胞内部的温度迅速上升，从而使细胞内部的压力超过细胞壁膨胀所能承受的能力，导致细胞破裂，其内的有效成分自由流出，并在较低的温度下溶解于萃取介质中。

（2）微波所产生的电磁场可加速被萃取组分的分子由固体内部向固液界面扩散的速率。例如，以水作溶剂时，在微波场的作用下，水分子内高速转动状态转变为激发态，这是一种高能量的不稳定状态。此时水分子或者汽化以加强萃取组分的驱动力，或者释放出自身多余的能量回到基态，所释放出的能量将传递给其他物质的分子，以加速其热运动，缩短萃取组分的分子由固体内部扩散至固液界面的时间，从而使萃取速率提高数倍并能降低萃取温度，最大限度地保证萃取物的质量。

（3）由于微波的频率与分子转动的频率相关联，因此，微波能是一种由离子迁移和偶极子转动而引起分子运动的非离子化辐射能，当它作用于分子时，可促进分子的转动运动，若分子具有一定的极性，即可在微波场的作用下产生瞬时极化，并以24.5亿次/s的速度做极性变换运动，从而产生键的振动、撕裂和粒子间的摩擦和碰撞，并迅速生成大量的热能，促使细胞破裂，使细胞液溢出并扩散至溶剂中。

2. 微波处理法的特点

（1）微波处理技术作为一种新型的前处理技术，有其独特的特点，高选择性，提取效率高，节省时间，试剂用量少，设备简单、节能、污染小，适用范围广等。

（2）微波处理技术还具有升温快、易控制、加热均匀等优点，可强化浸取过程，缩短周期，降低能耗、减少废物、提高产率和提取物纯度，既降低操作费用，又能保护环境，具有良好发展前景。

3. 微波处理法的应用

目前微波处理技术主要应用于粮油食品中活性成分（如活性多搪、黄酮类物质等）、风味物质等的提取。采用微波预处理，可从大豆胚芽中同步提取大豆胚芽蛋白和大豆低聚糖，所得大豆胚芽蛋白的提取率可达到30%以上，大豆低聚糖的提取率可达40%以上。采用微波辅助提取玉米须黄酮，黄酮提取率可达1.13%，与加热浸提法相比，提取时间缩短约90%，提取率提高约11%。

（六）超微粉碎法

1. 超微粉碎法的原理

超微粉碎技术是指利用机械或流体动力的方法克服固体内部凝聚力使之破碎，从而将3mm以上的物料颗粒粉碎至10~25μm的粉碎操作技术，该技术是20世纪70年代以后，为适应现代高新技术的发展而产生的一种物料加工高新技术。超微粉碎的原理与普通粉碎相同，只是细度要求更高。它利用外加机械力，使机械力转变成自由能，部分地破坏物质分子间的内聚力来达到粉碎的目的。机械法超微粉碎可分为干法粉碎和湿法粉碎。根据粉碎过程中产生粉碎力的原理不同，干法粉碎有气流式、高频振动式、旋转球（棒）磨式等几种形式；湿法粉碎主要是胶体磨和均质机。其中气流式超微粉碎技术较为先进，它利用气体通过压力喷嘴的喷射产生剧烈的冲击、碰撞和摩擦等作用力实现对物料的粉碎。

2. 超微粉碎法的特点

超微细粉末是超微粉碎的最终产品，具有一般颗粒所没有的特殊理化性质，虽然超微粉末的物理化学性质与大颗粒物质的物理化学性质相差不大，但其表面积增大、表面能大、表面活性高、表面与界面性质发生了很大变化。因此，物料制备成超微粉末后，可促进物料的分散性、吸附性、溶解性和生物活性等。

3. 超微粉碎法的应用

超微粉碎技术在粮油加工及其副产物综合利用方面得到广泛应用。例如，小麦麸皮、燕麦皮、玉米皮、玉米胚芽渣、豆皮、米糠等，含有丰富维生素、微量元素等，具有很好的营养价值，但由于常规粉碎的纤维粒度大，影响食品的口感，而使消费者难以接受。通过超微粉碎对纤维进行微粒化，能明显改善食品的口感和吸收性，从而使食物资源得到了充分的利用，而且丰富了食品的营养。

（七）生物酶解法

1. 生物酶解法的原理

生物酶解就是利用活性生物酶来水解特定的某种物质的作用，主要利用细胞壁降解酶（如果胶酶、纤维素酶、半纤维素酶类等），在常温、常压及温和的酸碱条件下，将植物细胞壁降解，使细胞保护器官破裂，细胞中有效成分渗出，同时根据不同的提取目的和要求，还可利用有关的水解酶（如淀粉酶、蛋白酶、果胶酶等），在适宜条件下，将提取液中所含的杂质（如淀粉、蛋白质、果胶）分解或除去，以提高产品纯度和制剂的质量。

生物酶解技术原理主要是利用生物酶具有高度特异性的特点，来选择性地水解目标物质。例如，粮油加工副产物米糠、麸皮、玉米胚芽等原料中的有效成分往往包裹在细胞壁内，而相邻细胞连接则靠果胶的作用。果胶既把单个的细胞连接起来形成一个整体，又有缓冲作用，还可成为阻挡病原微生物入侵的天然屏障，再加上其中含有的蛋白质、淀粉等成分，不但影响组织细胞中活性成分的浸出，而且影响浸出液的纯度。要提取细胞内的有效成分，就选择特定的果胶酶、纤维素酶、蛋白酶、淀粉酶，在较温和的条件下降解并破坏细胞壁，加速有效成分的释放，而且能够分解去除浸出液中的非目标产物如淀粉、蛋白质、果胶等，促进某些极性低的脂溶性成分转化为易溶于水的糖苷类，从而达到高效提取的目的。

2. 生物酶解法的特点

生物酶解技术具有提取率高、提取条件温和、有效成分理化性质稳定的特点。它在生物活性物质、功能性成分及药物有效成分提取中有较大的应用潜力，但该技术也存在一定的局限性。由于酶法提取对实验条件要求较高，为使酶发挥最大作用，需解决好如下关键技术。

（1）种类与用量　采用酶法处理时，所用酶的种类应根据物料中的有效成分、辅助成分及物料的性质来确定，不能一概而论。若采用复合酶，则复合酶的组成、比例、用量等都要进行筛选和优化。

（2）温度　在其他条件相同的情况下，需要在不同的温度下进行酶解反应，以测定酶的反应活力，根据酶反应活力最高值找出最适反应温度。

（3）最适 pH　酶反应需在一定 pH 条件下进行，不同的物料使用酶的种类不同，酶解时的最佳 pH 应根据试验来确定。

（4）酶解时间　不同酶的最佳酶解时间同样也需通过试验来确定。

（5）其他酶解条件的选择　采用酶法提取时，物料的粒度、浸泡时间、加入时间、搅拌速度等都影响酶解效果，需要以目标成分含量、酶的活力、非目标成分的种类与性质等因素进行综合优选。

3. 生物酶解法的应用

采用生物酶解技术，不仅可以提高有效成分的得率，而且酶解的反应条件温和，还可保持原料中非目标成分的性质，使其能进一步被加工利用。因此，随着酶制剂的应用和发展，生物酶解技术在粮油食品加工，如植物蛋白、功能性油脂、活性多糖、黄酮类物质的制取等方面都有广泛应用。利用碱性蛋白酶水解大豆蛋白和玉米蛋白的复合物，可制备具有抗氧化作用的活性肽，进而生产高 F 值寡肽。以碎米为原料，利用耐高温 α-淀粉酶、真菌淀粉酶和脱支酶，可生产啤酒专用淀粉糖浆。

（八）挤压膨化法

1. 挤压膨化法的原理

挤压膨化技术是物料经预处理（粉碎、调湿、预热、混合）后，经机械作用强行通过一个专门设计的孔口（模具），依靠物料与挤压腔中螺套壁及螺杆之间的相互挤压、摩擦作用，产生热量和压力，通过水分、热能、机械剪切和压力等综合作用，使物料内部的水分子呈过热状态，当物料被挤出喷嘴后，压力骤然下降，从而使物料体积膨大的工艺操作。

当含有一定水分的物料，通过供料装置进入套筒后，利用螺杆螺旋推动物料形成轴向流动。同时，由于螺旋与物料、物料与机筒以及物料内部的机械摩擦，物料被强烈地挤压、搅拌、剪切。在高温、高压、高剪切力等的综合作用下，使挤压机套筒内水分不会蒸发沸腾而呈现熔融的状态，一旦物料由模具口挤出，压力骤然降为常压，物料中的水分因瞬间的蒸发而产生巨大的膨胀力，同时，水分从物料中的散失带走了大量热，使物料在瞬间从挤压时的高温迅速下降，从而使物料固化定形，物料中留下许多的微孔，物料体积即迅速膨胀而形成了疏松的结构。

2. 挤压膨化法的特点

挤压膨化技术具有生产能力大、成本低、产品品种多、营养损失小、消化吸收率高等特点。挤压膨化设备一般使用螺杆式挤压膨化机，主要由进料装置、挤压腔体、检测与控制系统及动力传动装置等部分组成。根据螺杆数量可分为单螺杆和双螺杆 2 种类型。单螺杆挤压膨化机具有投资小、加工成本低等优点，但不能加工高脂肪、高水分的物料；而双螺杆挤压膨化机克服了这些缺点，但是投资较大，加工费用较高。

3. 挤压膨化法的应用

由于在挤压膨化过程中，不仅可使物料中所含的淀粉糊化、蛋白质变性、油脂细胞破裂，而且高温能使物料细胞间层及细胞壁各组分（包括木质素、纤维素、半纤维素等）发生水解，部分氢键断裂而吸水，加之物料挤出喷嘴时，压力的突然降低可使物料的细胞壁变得疏松、表面积大幅度增加，因此，挤压膨化技术作为对粮油副产品原料中有效成分进行综合利用的前处理技术，不仅有利于物料中有效成分的提取，而且还能节省溶剂用量，缩短浸提时间，降低能源消耗和生产成本。目前，该技术已在油脂提取和饲料生产中广泛利用。

二、分离提取技术

（一）离心分离

1. 离心分离的原理

离心分离是利用物体高速旋转时产生强大的离心力，使置于旋转体中的悬浮颗粒发生沉降或漂浮，从而使某些颗粒达到浓缩或与其他颗粒分离的目的。在粮油加工副产品综合利用过程中，经常需要将固-固、固-液、液-液、固-液-液的混合物料中的组分加以分离，其中，将固-液、液-液、固-液-液相组成的混合物分离的操作，称为非均相系分离操作。非均相混合物由具有分界面的两相组成，利用悬浮粒子与周围液体间存在的密度差，可采用离心分离的装置将其分离。

2. 离心分离装置的特点

离心分离装置可分为离心分离机和旋流器两类。离心分离机是物料在具有高速旋转的回转容器（转筒、转鼓）中进行分离。旋流器是物料由沿切线方向高速进入固定容器中回旋产生的离心力进行分离。离心分离机又分为离心过滤和离心沉降两种。离心过滤是使悬浮液在离心力场下产生的离心压力，作用在过滤介质上，使液体通过过滤介质成为滤液，而固体颗粒被截留在过滤介质表面，从而实现液-固分离；离心沉降是利用悬浮液（或乳浊液）密度不同的各组分在离心力场中迅速沉降分层的原理，实现液-固（或液-液）分离。衡量离心分离装置性能的重要指标是分离因数。它表示被分离物料在转鼓内所受的离心力与其重力的比值，分离因数越大，通常分离也越迅速，分离效果越好。工业用离心分离机的分离因数一般为 100~20000，超速管式分离机的分离因数可高达 62000，分析用超速分离机的分离因数最高达 610000。决定离心分离机处理能力的另一因素是转鼓的工作面积，工作面积大，处理能力也大。

3. 离心分离的应用

目前，离心机已广泛应用于化工、石油、食品、制药、环保等行业。工业离心机诞生于欧洲，如 19 世纪中叶，制糖厂分离结晶砂糖用的上悬式离心机。在粮油加工副产品综合利用过程中，选择离心机必须根据悬浮液（或乳浊液）中固体颗粒的大小和浓度、固体与液体（或两种液体）的密度差、液体黏度、滤渣（或沉渣）的特性，以及分离的要求等进行综合分析，满足对滤渣（沉渣）含湿量和滤液（分离液）澄清度的要求，初步选择采用哪一类离心分离机。然后按处理量和对操作的自动化要求，确定离心机的类型和规格，最后经实际试验验证。通常，对于含有粒度大于 0.01mm 颗粒的悬浮液，可选用过滤离心机；对于悬浮液中颗粒细小或可压缩变形的，则宜选用沉降离心机；对于悬浮液含固体量低、颗粒微小和对液体澄清度要求高时，应选用超速离心机。

（二）盐析

1. 盐析的原理

盐析是不同蛋白质在高浓度的盐溶液中，溶解度不同程度地降低来进行的，通过向含蛋白质的粗提取液中加入盐类使其达到不同饱和度，使各类蛋白质分别从溶液中沉淀析出，从而达到分离、提纯的目的。盐析作用的主要原因是由于大量盐的溶入，使高分析物质失去水化层，分子之间相互聚集而沉淀。

2. 盐析的特点

盐折技术的优点是不需要特殊设备和条件，安全且应用范围广，可满足一般样品中蛋白质的分离和提纯。但要注意，低浓度的盐反而会增加蛋白质的溶解度，产生盐溶作用。只有高浓度的盐才能降低蛋白质的溶解度并使之沉淀析出。特别是对于不溶于纯水的蛋白质如大豆球蛋白，盐溶作用特别明显。影响盐析的因素有：

（1）离子强度　各种蛋白质的结构和性质不同，盐析沉淀要求的离子强度也不同。通常离子强度越大，蛋白质溶解度越小。

（2）蛋白质浓度　在盐析蛋白质时，溶液中蛋白质的浓度对沉淀有双重影响，既影响沉淀极限，又影响其他蛋白质的共沉作用。当蛋白质浓度越高时，其他蛋白质的共沉作用也越强，所以当溶液浓度太大时，就应进行适当稀释，以防止发生严重的共沉作用。

（3）pH　溶液的 pH 距蛋白质的等电点越近，蛋白质沉淀所需的盐浓度越小，即盐沉淀蛋白质时，溶液的 pH 在接近其等电点时，效果最好。

（4）温度　通常情况下，蛋白质的盐析温度要求不严格，可以在室温下进行。只有某些对温度比较敏感的酶，要求在 0~4℃的低温下操作，以免酶活力丧失。

3. 盐析的应用

在粮油加工副产品综合利用中，许多物质都可以用盐析法进行分离沉淀，如蛋白质、多肽、多糖、核酸等。盐析操作中常用的中性盐有硫酸铵、硫酸钠、硫酸镁、磷酸钠、磷酸钾、氯化钠、氯化钾、醋酸钠和硫氰化钾等。其中用于蛋白质盐析的以硫酸铵、硫酸钠最为广泛。

（三）膜分离

1. 膜分离的原理

膜分离技术是指根据生物膜对物质选择性通过的原理所设计的一种对包含不同组分的混合样品进行分离的方法。分离中使用的膜是根据需要设计合成的高分子聚合物，分离的混合样品可以是液体或气体。膜浓缩是指利用具有一定选择透过性的薄膜介质，以外界能量差（如压力差、浓度差、电位差等）为推动力，对双组分或多组分的溶质和溶剂进行分离、分级、提纯和富集的方法。

2. 膜分离的特点

膜分离作为一项重要的高新技术，分离条件温和、流程简单、能耗较低，适合于生理活性物质的分离。具体来说：

（1）可在常温下进行　有效成分损失极少，特别适用于热敏性物质分离与浓缩。

（2）无相态变化　能够尽可能保持原有的风味。

（3）无化学变化　典型的物理分离过程，不用化学试剂和添加剂，产品不受污染。

（4）选择性好　可在分子级内进行物质分离，具有普通滤材无法取代的卓越性能。

（5）适应性强　处理规模可大可小，可以连续也可以间隙进行，工艺简单，操作方便，易于自动化。

（6）能耗低　只需电能驱动，能耗极低，其费用为蒸发浓缩或冷冻浓缩的1/8~1/3。

3. 膜分离的应用

膜分离技术在微生物、酶制剂、生物活性因子及食品的分离中应用广泛。膜分离技术根据过程推动力的不同，大体可分为三类。以压力为推动力的膜过程，如微滤、超滤、纳滤、反渗透；以电力为推动力的膜过程，如电渗析；以浓度差为推动力的膜过程，如透析。目前膜分离技术在工业上的应用分布很不均匀，市场最大的是超滤、微滤和透析等三种，其余膜分离技术的市场占比要小得多。

三、浓缩技术

浓缩是从溶液中除去部分溶剂的单元操作，是溶质和溶剂均匀混合液的部分分离的过程。从原理上说，浓缩方法可分为平衡浓缩和非平衡浓缩两种物理方法。平衡浓缩是利用两相在分配上的某种差异而获得溶质和溶剂分离的方法，例如，蒸发浓缩和冷冻浓缩。其中，蒸发浓缩在实践上是利用溶剂和溶质挥发度的差异，获得一个有利的气液平衡条件，达到分离目的。冷冻浓缩是利用稀溶液与固态冰在凝固点下的平衡关系，即利用有利的液固平衡条件。蒸发浓缩和冷冻浓缩这两种浓缩方法都是两相直接接触，通过热量的传递来完成的，故称为平衡浓缩。非平衡浓缩则不同，是利用固体半透膜来分离溶质与溶剂的过程，两相通过分离膜隔开，分离不靠两相的直接接触，故称为非平衡浓缩，又称为膜浓缩。膜浓缩过程是通过压力差或电位差来完成的。

浓缩的主要目的：一是提高制品的浓度，增加其保藏性；二是通过除去大量水分，可以减少包装、储藏和运输费用；三是作为干燥或结晶的预处理过程。

（一）蒸发浓缩

1. 蒸发浓缩的原理

蒸发浓缩就是利用加热的方法，将含有不挥发性溶质的溶液加热至沸腾状况，使部分溶剂汽化并被去除，从而提高溶剂中溶质浓度的单元操作。蒸发浓缩可以在常压或真空下进行，当在真空下进行时，就称为真空浓缩。真空浓缩也称减压浓缩，就是溶液在真空锅中，通过抽真空加热使溶剂在真空状态下沸点降低，在较低温度下蒸发，从而使溶液浓度升高的浓缩方法。

2. 蒸发浓缩的特点

蒸发操作的特点是蒸发过程只是从溶液中分离出部分溶剂，而溶质仍留在溶液中，因此蒸发操作是使溶液中的挥发性溶剂与不挥发性溶质的分离过程。真空浓缩的特点是，液体物质的沸点随压力而变化，压力增大，沸点升高，压力减小，沸点降低。通过控制压力，可以使溶液在较低温度下蒸发，不但可以节省能源，而且避免了热不稳定成分的破坏和损失，更好地保存原料中的营养物质和香气成分。

3. 蒸发浓缩的应用

蒸发浓缩，尤其是真空浓缩在粮油副产品综合利用中被广泛应用。例如，氨基酸、黄酮类、酚类等热敏物质的浓缩。此外，糖类、蛋白质、果胶等黏性较大的物料采用真空浓缩技术，其低温蒸发可防止物料的焦化。

（二）冷冻浓缩

1. 冷冻浓缩的原理

冷冻浓缩是一种应用冰晶与水溶液固-液相平衡原理的浓缩方法，当水溶液中所含溶质浓度低于共溶浓度时，溶液被冷却后，水（溶剂）便部分呈冰晶析出，剩余溶液的溶质浓度则由于冰晶数量和冷冻次数的增加而大大提高，其过程包括如下三步：结晶（冰晶的形成）、重结晶（冰晶的成长）、分离（冰晶与液相分开）。

2. 冷冻浓缩的特点

冷冻浓缩溶液中的水分排除是靠从液体到晶体的相转变，而不是用加热蒸发的方法，避免了挥发性芳香物质因加热所造成的损失。此外，由于冷冻浓缩的操作温度低，通常为-7～-3℃，酶、色素、维生素等热敏性成分的变化极少，还可避免操作过程中微生物的增殖。

3. 冷冻浓缩的应用

由于冷冻浓缩过程可以有效控制病原微生物的滋生，避免因蒸馏引起的聚合反应和冷凝反应，更好地保证被浓缩物的品质，在食品加工领域有广泛的应用前景，特别适用于含挥发性芳香物质的热敏食品的浓缩。

（三）膜浓缩

膜浓缩的技术原理、特点和应用在分离技术环节中已进行阐述，详见膜分离技术相关内容。

四、干燥技术

干燥是利用热量使湿物料中的水分被汽化去除，从而获得固体产品的操作，在粮油产品加工及其副产品综合利用中，干燥是最常用也是最重要的技术之一。按照干燥过程的热传递方式，干燥方法可分为对流干燥、传导干燥和辐射干燥。按照干燥过程中使用压力的不同，干燥方法可分为常压干燥和真空干燥。按照常用的干燥设备的工作原理，干燥方法又可分为气流干燥、沸腾干燥和喷雾干燥。下面介绍几种主要的干燥方法。

（一）对流干燥

1. 对流干燥的原理

对流干燥也称为热空气干燥或热风干燥，是由加热后的干燥介质将热量以对流传热的方式传给物料，物料内部的水分传递至物料表面，受热汽化成水蒸气从表面扩散至干燥介质的一种干燥方法。

2. 对流干燥的特点

对流干燥器也称热空气干燥器，是一种最常见的粮油及其副产品的干燥设备。由于其干燥介质采用的是大气压下的空气，其温度和湿度容易控制，只要控制进口空气的温度，就可使粮油物料免遭高温破坏。在对流干燥器中，干燥介质既是载热体也是载湿体，当干燥介质离开干燥器时，热损失较大，因而其热效率不高。

3. 对流干燥的应用

对流干燥器的形式很多，其中喷雾干燥应用最为广泛。由于喷雾干燥是利用不同的喷雾器，将悬浮液和黏滞的液体喷成雾状，形成具有较大表面积的分散微粒，同热空气发生强烈的热交换，迅速排除本身的水分，在几秒至几十秒内获得干燥，且设备结构简单、操作方便，因此，该方法常用于蛋白粉、酵母粉和酶制剂的工业化生产。

（二）传导干燥

1. 传导干燥的原理

传导干燥也称接触干燥，是以加热后的高温壁面将热量以导热的方式传递给与它相接触的湿物料，使其中水分汽化的一种干燥方法。传导干燥所产生的蒸汽，在常压操作时，被流动着的干燥介质带出干燥器外；在真空操作时，进入冷凝器及真空泵，蒸汽冷凝成水被排出，而不凝性气体由真空泵直接排出干燥器外。

2. 传导干燥的特点

在传导干燥过程中，热量是从热表面穿过湿物料的，所以热效率高。在操作过程中，应注意避免与热壁面接触的物料层因温度过高而变质。

3. 传导干燥的应用

传导干燥方法在粮油及其副产品加工中应用也较多。粮油产品加工技术的一个重要发展趋势是最大限度地保持粮油副产品的营养和色、香、味，以传导干燥方式为主进行的冷冻干燥，因其能较好地保持副产品的营养品质，越来越受到重视，但是由于能耗高的问题，目前该技术主要用于高附加值产品的加工。

（三）辐射干燥

1. 辐射干燥的原理

辐射干燥是一类以红外线和微波等电磁波为热源，通过辐射方式传递给待干燥物料，使物料水分汽化的一种干燥方法。辐射干燥可在常压和真空两种压力下进行，可以分为红外线干燥和微波干燥两种方法。红外线干燥的原理是当食品吸收红外线后产生共振现象，引起原子、分子的振动和转动，从而产生热量使食品温度升高，导致水分受热蒸发而获得干燥。微波干燥原理是利用微波照射和穿透食品时所产生的热量，使食品中的水分蒸发而获得干燥，微波加热类型有微波炉、波导加热器、辐射加热器、侵波加热器等。

2. 辐射干燥的特点

与传统的干燥方式相比，辐射干燥具有优质、高效、节能、环保的特点：

（1）加工速度快　干燥速度通常较传统干燥提高数倍以上，生产效率大幅提高。

（2）干燥能耗低　辐射干燥的能耗通常只有传统干燥能耗的50%，甚至更低。

（3）产品质量高　辐射干燥可使物料的干燥更加均匀，干燥温度低，产品质量好，实现安全洁净生产。

3. 辐射干燥的应用

虽然辐射干燥设备的一次性投资费用较大，但从长远来看，可以提高工作效率、节省劳动力、减少次品，从而降低生产成本。目前，辐射干燥主要用于粮食和油料的烘干和杀虫，以便于粮油长期储藏。

第二节　稻谷加工副产品的综合利用

稻谷加工的主要副产品有稻壳、米糠和碎米等，产量十分可观。据粗略推算，我国每年稻谷加工产生稻壳 3000 多万吨，米糠 1000 多万吨，碎米 2000 多万吨。这些丰富的资源如何加以合理利用，一直是我国粮油行业重点关注的问题。总的来说，稻谷加工副产品的综合利用，可以形成一个新型产业链，涉及科技研发、设备制造、能源转化、深度加工等领域。

一、碎米的综合利用

稻米加工过程中会产生 15%～20%的碎米，其营养成分和整米相近，含有质量分数 75%左右的淀粉和质量分数 8%左右的蛋白质。与整米相比，碎米含有较多的胚，胚中含有丰富的蛋白质、脂肪、维生素和矿物质等成分，营养很丰富，是一种极富增值潜力的良好资源。现阶段，许多科研工作者利用物理、化学和生物技术来处理碎米淀粉和蛋白质成分，开发出系列产品。例如，米淀粉处理过后开发出变性淀粉、淀粉糖、糖醇、聚羟基丁酸酯，米蛋白质处理过后开发出高蛋白质粉、多肽、可食性膜。此外，通过碎米的全利用技术开发出米粉（条）、米糊、米粥、米乳（饮料）、油炸食品、婴幼儿补充食品等产品。

（一）大米淀粉及其精深加工产品

1. 大米淀粉

大米淀粉是由多个 α-D-葡萄糖通过糖苷键结合而成的多糖，因其具有颗粒小且分布均匀，引起过敏性反应极小，糊化后的大米淀粉吸水快，质构柔滑似奶油，具有脂肪口感，且容易涂抹开等性能和用途，市场开发前景广阔。尤其在我国南方省份区域，没有玉米、小麦、马铃薯的原料优势，却是大米的主产区，因此，利用大米（碎米）生产淀粉和淀粉糖具有很大的优势。大米淀粉的加工方法大体分为：物理法、碱浸法、表面活性剂法、酶法、超声波法等。这些方法的共同点是从大米中去除蛋白质来获得淀粉颗粒，酶法由于反应条件温和、技术先进、产品适用范围广、对环境无污染等优点受到广泛关注，但其蛋白质提取率低，且蛋白酶价格昂贵，提高了生产成本。因此，未来研究必将向研发具有较高活力蛋白酶，且降低酶法制取淀粉成本的新生物技术方向发展。现对大米淀粉产品加工技术进行对比，见表 7-1。

表 7-1　　大米淀粉产品加工技术

大米淀粉产品	分类	处理方法	优点
变性淀粉	复合变性淀粉	酸处理	淀粉透明度好、黏度低、易糊化
	交联多孔淀粉	酶或酸处理	淀粉交联效果好、吸油率高
淀粉糖	高葡萄糖浆	复合酶法	产品中葡萄糖含量提高
	高果糖浆	糖化和液化	产品中果糖含量提高
	高麦芽糖浆	复合酶法	麦芽糖产率提高
	麦芽糊精	酶或酸处理	碎米淀粉资源得到充分利用

续表

大米淀粉产品	分类	处理方法	优点
糖醇	麦芽糖醇	酶法和氢化	麦芽糖转化率提高
	甘露醇	微生物法	污染小、能耗少、产率高、纯度高
	山梨糖醇	酶法和氢化	葡萄糖转化率提高
聚羟基丁酸酯		糖化和发酵	碎米利用率高

2. 变性淀粉

变性淀粉有很多种，目前研究较多的有复合变性淀粉和交联多孔淀粉。复合变性淀粉是利用一定浓度酸在淀粉的糊化温度下处理淀粉，使淀粉的部分糖苷键水解，然后再使酸解后淀粉分子中的醇羟基在碱性条件下被乙酰剂取代而得到的变性淀粉。例如，以盐酸为酸解剂，醋酸酐为乙酰化试剂处理碎米淀粉制备出透明度好、黏度低、易糊化的酸解醋酸酯复合淀粉。对于受到环境因素和病虫害影响的谷物来说，其淀粉糊化温度升高、峰值黏度降低、热黏度降低，单种酰化剂所制产品已不能满足市场需求。这时，可将醋酸酐和醋酸乙烯相结合进行复合酯化，制备出具有更高峰值黏度和反应效率、较低糊化温度的淀粉，使其更适宜于食品加工。该淀粉在制备过程中存在酯化度不高、反应时间长等问题，可采取同时酸解和酯化技术来达到预期目标。

交联多孔淀粉是由天然淀粉经过酶或酸处理后形成的一种具有吸附性能的蜂窝状小孔淀粉。交联多孔淀粉通过化学交联方法使其抗加工强度和耐热性较好，且对酸碱稳定性提高，不易糊化，口感更细腻。此外，在交联多孔淀粉制备过程中，交联剂的选择、淀粉多孔及交联处理顺序对交联多孔淀粉的吸附性能有很大的影响。不同品种的淀粉对酶的敏感性差别很大，若对淀粉原料进行适当的预糊化、湿热、机械力、微波、超声波等预处理，能有效促进淀粉酶解，提高交联多孔淀粉生成率。

3. 淀粉糖

工业上常用的淀粉糖有葡萄糖浆、高果糖浆、高麦芽糖浆和麦芽糊精。葡萄糖浆又称为液体葡萄糖、葡麦糖浆，是一种以淀粉为原料，在酶或酸的作用下产生的一种淀粉糖浆，主要成分为葡萄糖、麦芽糖、麦芽三糖、麦芽四糖及四糖以上等。目前，最常用的淀粉转化为葡萄糖的方法为双酶法。例如，以碎米为原料，采用耐高温 α-淀粉酶和糖化酶双酶法制备葡萄糖，液化温度 90℃、耐高温 α-淀粉酶加酶量 15U/g 左右，时间 15~20min；糖化温度 60℃、糖化酶加酶量 80U/g，时间 24h 等较佳的工艺参数，此技术可提高葡萄糖质量分数至 77.3%。双酶法在使用过程中，由于淀粉的高温回生，所用淀粉酶的特异性造成葡萄糖转化率较低；而且双酶解周期较长，能耗较大，限制了葡萄糖的生产能力。为了解决这些问题，许多学者在酶活力提高、酶固定化、双酶结合复合使用及改变工艺条件等方面进行了研究，达到了提高葡萄糖转化率的目的。

高果糖浆是以葡萄糖和果糖为主要成分的混合糖，其中果糖含量越高其价格越昂贵。其工艺是对碎米淀粉进行糖化和液化，并在糖化过程中加入硅藻进行脱色，再通过阴阳离子交换树脂，最佳工艺参数为葡萄糖异构酶加酶量 4mg/g、pH 8.5、温度 70℃、异构时间 42h，这种方法降低了糖化液中少量蛋白质、氨基酸及一些产色物质对异构化的影响。还可先对碎米葡萄糖异构化处理，再利用钙型树脂分离果糖和葡萄糖，这种方法可以提高果糖含量和纯度，制得的高果糖浆中果糖含量高达 89.64%。当然，在高果糖浆制备过程中，也可采用不同类型的离子或不同交联度的树脂复合处理来分离果糖，以提高果糖产率。

高麦芽糖浆是一种麦芽糖含量高达 70%以上的高级淀粉糖浆，具有透明度好、甜度低、耐热性强、吸湿性低、保水性好、抗结晶性好等特点。例如，以碎米为原料，添加耐高温 α-淀粉酶、大麦 β-淀粉酶、普鲁兰酶制备出麦芽糖质量分数为 70.7%的超高麦芽糖浆。还可在真菌 α-淀粉酶、普鲁兰酶比例适当的条件下，由于直/支链淀粉含量不会影响麦芽糖得率，高麦芽糖浆的麦芽糖质量分数可高达 87.14%。随着固定化酶技术的发展，可将液化酶和糖化酶进行固定化生产，这不仅提高糖液的产率及原料利用率，还可将液化酶和糖化酶重复利用，降低生产成本。

麦芽糊精是以淀粉为原料经酶或酸水解后喷雾干燥而成的淀粉低转化产品。其工艺是以碎米为原料，通过调浆、液化、过滤与蒸发来生产麦芽糊精，既充分利用碎米的淀粉资源，又实现了农副产品的加工增值，具有较好的社会效益和经济效益。

4. 糖醇

以碎米为原料生产的糖醇主要有麦芽糖醇、甘露醇和山梨糖醇。麦芽糖醇是麦芽糖经氢化还原而制得的重要糖醇类代糖品之一，它的甜度与蔗糖几乎完全一样，甜味纯正。通过对碎米进行液化、糖化、氢化等处理，可以得到干基质量分数为 70%以上的麦芽糖醇。

甘露醇是天然的糖醇，广泛存在于自然界。国内外主要生产方法有：天然物提取法、化学合成法和微生物发酵法。与其他两种方法相比，微生物发酵法反应条件温和，容易控制，同时避免了副产物山梨醇的产生。以碎米为原料，通过对乳酸菌诱变选育以及优化发酵条件和发酵液分离纯化工艺，可以制得纯度在 99%以上的甘露醇。但微生物法合成甘露醇存在发酵周期长、菌种生产力不高、不易工业化操作、生产成本高等问题，因此可以通过对发酵微生物进行自然选择、物理或化学诱变以及采用基因工程技术，以期达到缩短发酵周期，降低发酵培养控制条件，提高甘露醇产率的目的。

山梨醇和甘露醇、木糖醇、麦芽糖醇均是食用糖醇。山梨醇多以玉米为原料，但碎米的淀粉含量高于玉米，因此可用碎米代替玉米来制备山梨醇。山梨醇的生产方法包括氢化法、电化学法和生物发酵法等，其中氢化法是工业生产最常用的方法，是以蔗糖、淀粉、葡萄糖等为原料通过氢化反应得到。例如，用碎米代替玉米，在双酶法制成碎米葡萄糖的基础上，进一步对碎米葡萄糖进行前处理、催化加氢、离子交换、浓缩等来制取山梨醇，此方法提高了葡萄糖转化率，使其达到 40.34%。催化剂是氢化制备山梨醇的关键，选择合适的催化剂对葡萄糖转化率有很大的影响。

5. 聚羟基丁酸酯

聚羟基丁酸酯在好氧、厌氧条件下都具有可生物降解特性，能有效解决垃圾堆积问题。为了使以碎米为原料获得的聚羟基丁酸酯比以石油为原料获得的聚羟基丁酸酯更具有经济价值，有学者以碎米为原料，通过同步糖化和发酵，可以得到质量分数达到 58%的聚羟基丁酸酯。此研究不仅提高了碎米的综合利用，也为其他淀粉物质制备聚羟基丁酸酯产品奠定了基础。在利用微生物法生产聚羟基丁酸酯时，选育价格低廉、高产的优良菌种及革新聚羟基丁酸酯分离提取工艺成为关键。

（二）大米蛋白及其精深加工产品

1. 大米蛋白

大米蛋白质属优质谷蛋白，其生物价（BV）和蛋白价（PV）均比其他谷物高，氨基酸组成较平衡，营养价值较高。将碎米中蛋白质提取后制得高蛋白质米粉，可作为添加剂，生产低过敏的婴幼儿、老年人食品以及具有特殊功能的生物活性肽等产品。

大米蛋白质提取方法较多，目前研究较多的有碱法、酶法、物理法和复合法。碱法提取大米蛋白质的原理是利用大米蛋白质中80%以上为碱溶性谷蛋白；酶法分为淀粉酶提取和蛋白酶提取，前者是利用淀粉酶将大米淀粉降解为更容易溶解的糊精和低聚糖，并通过离心或过滤的方法将其除去，相对提高沉淀物中的蛋白质含量；后者是利用蛋白酶对大米蛋白质的降解和修饰作用，使其变成可溶的肽而被抽提出来。物理法提取主要是利用物理手段如超声波、超高压、高速均质、微波法等改变蛋白质一级结构或破坏其氢键，从而使蛋白质更容易溶出，且溶出的蛋白质没有变性。为了改进碱法制备时蛋白质容易变性、单一酶法蛋白质提取率低等问题，研究出利用不同蛋白酶进行复合提取或碱、酶分步法以提高蛋白质提取率的复合法。例如，以碎米为原料，先用稀碱对大米蛋白质和淀粉进行初步的分离，然后利用α-淀粉酶水解所得蛋白质液中的淀粉，结合了碱法和酶法的优点，得到碱法制备大米蛋白质的较佳工艺参数：米粉粒度 80 目，pH 11.0，温度 50℃，液料比 8∶1，时间 120min，淀粉酶加酶量 60U/g，pH6.0，温度 50℃，时间 30min，此条件下大米蛋白提取率为 73.22%，纯度为 88.75%。

2. 高蛋白质米粉

高蛋白质米粉中含有优质的赖氨酸，且具有低过敏性，使其所制食品更容易被婴幼儿吸收利用。以碎米为原料，采用酶法处理碎米浆，通过糊化、液化和离心分离等步骤制备的高蛋白质米粉，其蛋白质含量可达原料碎米的 3.3~4.5 倍。这既充分利用了碎米的蛋白质资源，又解决了淀粉糖生产中因蛋白质存在而导致淀粉糖质量下降的问题。

3. 多肽

多肽是分子结构介于蛋白质和氨基酸之间的一类蛋白质不完全水解产物，具有高溶解、易消化、易吸收等特点。大米蛋白质来源的多肽，例如，血管紧张素转移酶（ACE）抑制肽、免疫活性肽、抗氧化肽，分别有调节血压、提高免疫力、清除自由基等功能特性。有研究表明，以碎米为原料，采用酸性蛋白酶对其进行直接酶解，加酶量 5272U/g，酶解温度 54℃，pH 4.26，此条件下多肽产率为 18.92%。造成多肽产率不高的原因可能是蛋白质和淀粉结合紧密，不易分离，此时可采用多种复合蛋白酶酶解来提高多肽产率。

4. 可食性膜

蛋白质类可食性膜是以蛋白质为基质，通过热、碱、盐等作用以及添加适量、适宜的增塑剂，形成的一种具有保鲜，改善食品组织结构、感官品质，延长产品保质期功能的可食性膜。蛋白质类可食性膜主要是针对大豆分离蛋白、小麦面筋蛋白及玉米醇溶蛋白，对于谷蛋白含量很高的米蛋白质膜鲜有研究。有研究表明，以大米粉和碎米为原料，藻酸丙二醇酯为交联剂，通过酶处理，调节米蛋白质浓缩物和低聚麦芽三糖比例制备可食用膜，但膜的抗拉强度、延伸率等性能不是很理想。而以碎米蛋白质为原料，通过优化膜液 pH、蛋白质浓度、增塑剂添加量以及反应温度等工艺参数，可以得到抗拉性强、断裂伸长率高、水蒸气透过率低、透光率和溶解度高的蛋白质膜。由于蛋白质本身的亲水性，降低了膜的强度、阻水性及阻气性，在膜液中添加类脂物质、多糖等可食性材料来提高膜的阻水性能及热封性能。

（三）其他米制食品

1. 米粉（条）

米粉是指以大米为原料，经浸泡、蒸煮、压条等工序制成的条状、丝状米制品，是我国南方居民喜食的一种传统食品。米粉品种繁多，可分为排米粉、方块米粉、波纹米粉、银丝米粉、湿米粉和干米粉等。为了使米粉的品质更佳，也会加入发酵、酶处理或酸处理等工序。例如，传统的常德鲜湿米粉，由于采用了酵母菌、乳酸菌等菌种发酵，口感爽滑、风味独特，但是此工艺耗时长，步骤烦琐。如若对碎米进行酸处理，使其支链淀粉含量减少，直链淀粉含量增加，进而使碎米凝胶性、韧性增强，糊化温度、黏度降低，就可解决米粉制备工艺耗时长、不易操作等问题。此外，还可采用普鲁兰酶、中性蛋白酶、脂肪酶相结合的复合酶来处理碎米，增加其直链淀粉含量，降低脂肪和蛋白质的含量，制得外观并条少，煮熟后松散柔韧、不黏条、不糊汤、干炒不易断的米粉。

2. 米糊和米粥（片）

米糊是通过对大米进行泡米、打浆、配料、均质、干燥、粉碎、加水冲调的流质淀粉食品。但此方法存在工艺复杂，操作人员多，设备多，占地面积大，水、电、汽消耗较高等问题。因此，目前工业上常采用挤压膨化技术，这种方法具有生产周期短，成本低，提高淀粉分子溶解度、冲调性、消化率和风味口感的优点。例如，以碎米为主要原料，采用挤压膨化技术，螺旋杆转速 200r/min，模头温度 150℃，可制得溶解性和口感俱佳的膨化米粉。

方便米粥是米类方便食品的一种，但近年来，我国上市的膨化类方便粥未经过传统的蒸煮糊化工序，同样是采用挤压膨化技术。例如，以碎米和米糠为原料，按天然糙米的组成进行配方试验，通过改进的挤压膨化方式、造粒、冷却、压片、干燥等处理制备出方便性、营养性、适口性、消化率等方面都优于天然糙米制成的方便粥片，可作为早餐、营养保健和旅行食品，备受人们青睐。原料中的支链淀粉能促进膨化，直链淀粉则相反，可采用基因工程技术培育出支链淀粉含量高的大米来满足市场需求。

3. 米乳（饮料）

米乳饮料主要有大米发酵饮料和未发酵米乳饮料两种。其具有消暑解渴、帮助消化、增进食欲、减轻疲劳等特点。以碎米为主要原料，加入麦芽、酶，进行液化、糖化、发酵等工序，研制出酸甜可口、外观色泽金黄、清亮透明、口味纯正的发酵营养型软饮料。也可通过液化、糖化及酶解后上清液调配等处理，获得口感细腻、酸甜适口、稳定性良好的米乳饮料。米乳饮料中的支链淀粉重结晶易引起产品变质，可通过降低支链淀粉含量或筛选支链淀粉含量低的原料来提高产品的稳定性。

4. 米酒

传统的米酒酿造的原料一般为大米，但由于碎米中的营养成分与大米相近，且价格便宜，所以现在利用碎米作为酿酒的原料越来越普遍，工艺上也完全可行。研究人员利用碎米作为原料，以米曲霉为糖化剂，接种清酒酵母，制成含有 26 种香气成分的清酒，不但提高了碎米的经济价值，而且为碎米的综合利用开辟了一条新途径。

5. 油炸食品

普通油炸土豆片虽然内部结构柔软、外表面易碎，但其脂肪量过高，易引起动脉硬化、脂肪肝、胆结石等症状。美国路易斯安那州南部研究中心以碎米和米糠为原料，通过蒸煮、挤压处理获得具有柔软的内部结构、易碎的外表面，与普通土豆油炸品相比，减少了25%~50%脂肪的产品。这种方法克服了挤压产品的坚韧性、耐嚼性及黏性等组织结构问题。

6. 婴幼儿补充食品

婴幼儿补充食品被广泛用来为6个多月大的婴儿提供充足的营养成分。但是先前的研究表明，家庭制作的补充食品不能为3~24个月大母乳喂养的婴儿提供充足的钙和铁。由于碎米和大米具有相同的营养成分，有研究者将90℃条件下预先干燥60min的碎米原料，浸泡在含有维生素和矿物质元素的营养液中10min，之后在70℃条件下干燥110min，最后获得含有均匀营养素且其变异系数仅为3.2%的补充食物，这种方法缩短了补充食物的蒸煮时间，也预防了以大米消费为主国家的婴幼儿的营养不良。为了防止米粒在干燥过程中破裂，可采取多聚磷酸盐液处理后再干燥的方法。

二、米糠的综合利用

米糠是稻谷脱壳后精碾稻米时的副产品，由果皮、种皮、糊粉层和胚芽组成。米糠的成分随品种、精碾程度等因素的不同而存在较大差异。通常米糠中营养成分的组成见表7-2。

表7-2　米糠营养成分组成

成分	含量/（g/100g）	成分	含量/（mg/kg）	成分	含量/（mg/100g）
水分	7~14	钙	250~1310	肌醇	1500
蛋白质	12~18	铁	130~530	γ-谷维醇	245
脂肪	14~24	镁	860~12300	植物甾醇	302
碳水化合物	33~55	锰	110~880	维生素E	25.61
膳食纤维	23~30	钾	13200~22700	B族维生素	56.95
灰分	8~12	锌	50~160		

但由于米糠中含有较多的不饱和脂肪，米糠在加工和储藏过程中非常容易发生酸败变质，如果不经任何处理，在碾米之后的短短几个小时内，米糠的酸价就会急剧上升。米糠存放的时间越长，温度越高，酸败程度也就越高。变质后的米糠不仅风味劣变，而且其中的营养成分也受到了破坏，并产生对人体和动物有害的物质，不再适合作为食品原料和饲料。因此，米糠的稳定化是米糠资源开发利用的前提条件。米糠酸败的主要原因是由其自身所含的脂肪水解酶和氧化酶造成的，因而防止米糠酸败最有效的方法就是使脂肪酶失活。米糠稳定化的方法有很多种，如冻藏法、微波法、辐射法、介电加热法、化学法、热处理法、挤压法等。从目前的研究结果看，挤压法的效果最好，并适合工业化处理。

从脱脂米糠的组成上看，它含有50%以上的膳食纤维、20%左右蛋白质以及10%左右的植酸钙，还可以用来开发许多高附加值的产品，如米糠蛋白、植酸钙、膳食纤维等。目前，对米糠的综合利用最有成效的国家是日本。米糠油已成为日本重要的商品食用油脂，可作为色拉油和油炸专用油；米糠蛋白则被用作生产功能性多肽的原料；还可利用米糠生产含有生理活性成分（如谷维素、生育三烯酚等）的米糠发酵制品，以及对米糠或米糠中的多糖进行发酵或酶解处理，提取有增强免疫功能的活性因子；此外，米糠蛋白质及其衍生物还可作为化妆品的配料，米糠中提取的植酸及其水解产物磷酸肌醇可作为化工、医药的重要原料。

（一）米糠油及其精深加工产品

1. 米糠油

米糠中的脂肪质量分数为 14%~24%，其中不饱和脂肪酸占 80%以上，必需脂肪酸（主要是亚油酸）达 20%~42%。米糠是一种重要的油料资源，米糠油是一种营养丰富的植物油，食用后吸收率达 90%以上。米糠的脂肪组成、维生素 E、甾醇、谷维素等有利于人体的吸收，它有清除血液中的胆固醇、降低血压、加速血液循环、刺激人体内激素分泌、促进生长发育的作用。由于米糠油本身稳定性良好，适合作为油炸用油，还可制造人造奶油、人造黄油、起酥油、色拉油。米糠油除作食用油外，在工业上也得到广泛应用。

米糠油的制取主要有压榨法和浸出法两种。压榨法是目前国内主要采用的一种方法，分为液压机压榨法和动力螺旋榨油法，具有适应性强、工艺简单、设备和技术要求低、操作方便、生产成本低等优点，但该方法生产效率低，出油率只有 8%~10%，干饼残油率高达 7%~8%。浸出法是利用已烷等有机溶剂将米糠中的油脂浸出的方法，是一种比较先进的制油工艺，出油率高达 12%~15%，干饼残油率只有 1.5%~2%，该方法劳动强度低、生产效率高、有机溶剂可以回收循环使用。

传统的米糠油精炼工艺为化学碱炼方法，该方法适合于酸值较低的米糠油精炼，并可以从皂脚中提取谷维素。针对高酸值米糠毛油的加工，采用物理精炼工艺在提高油脂精炼率和经济效益方面具有明显的优势。具体可参见“第五章 油脂制取与加工”相关内容。

2. 米糠蜡

米糠油中米糠蜡的质量分数一般为 3%~5%，米糠蜡多为棕褐色硬质固体，精制程度高的色泽为浅黄色。纯净的米糠蜡为白色粉末。米糠蜡主要是高级脂肪醇和高级脂肪酸组成的酯，相对分子质量在 750~800，平均约为 780，熔点较高，常温下以沉淀析出。纯蜡中含脂肪醇 55%~60%，脂肪酸 40%~45%。米糠蜡脂肪醇为饱和正构一元伯醇，是同一系列的多种长链脂肪醇的混合物。米糠蜡的用途很广，一般的蜡可以用作照明的原料，质量较高的蜡可以用作电器的绝缘材料，还可以用于制造蜡纸、蜡笔、地板蜡、皮糙油、车用上光蜡、抛光膏、胶膜型、唱片材料、纤维用乳胶、水果喷洒保鲜剂以及胶母糖等。

从米糠油中提取米糠蜡的方法有压榨皂化法和溶剂萃取法两种。

（1）压榨皂化法　将米糠油送到加热罐加温到 90℃，趁热用压滤机将油过滤。热过滤后的糠粕泵入冷却罐，降温到 20℃左右再过滤，滤出的毛油供精炼用，粗糠蜡需进一步精制。将粗糠蜡在水化罐中加热熔化，通入粗糠蜡质量分数 11%左右的饱和水蒸气，在 80~90℃下水化 2h，放出沉淀物，用沸水洗涤 1h 再静置 1h，放出下层废水。水化后的糠蜡装入圆形滤袋，置于榨油机内，在 34~38℃温度下进行压榨，压榨过程要求压力和温度均由低到高缓慢增加，终压可达 12MPa，至无油滴出为止。蜡糊压榨后可得含油 25%左右的软块状毛糠蜡和含蜡10%左右的毛糠油。将熔化后的蜡油打入皂化锅，以间接蒸汽加热至95℃左右，在60r/min搅拌下缓慢加入质量浓度为45~60g/L的烧碱液，全部碱液需在20min左右加完，继续搅拌4h以使毛糠蜡中的油完全皂化，然后停止搅拌静置沉降1h。毛糠蜡皂化液静置分层后，放出下层皂液，再加入占毛糠蜡体积1/3~1/2的沸水洗涤数次，直至洗液不呈碱性为止。洗涤后的蜡油在60r/min搅拌下缓慢加入有效氯含量不低于13%的次氯酸钠溶液进行漂白，加入量约为毛糠蜡的5%，待蜡油色泽变浅后，再用沸水洗涤2~3次，即得精制米糠蜡。

（2）溶剂萃取法　毛糠蜡萃取的溶剂有多种，常用的单一溶剂有工业已烷、三氯乙烯、异丙醇、丁酮、乙酸乙酯等，另外为提高分离效果，也可用某些混合溶剂如工业已烷：乙醇（1：1或2：1）、苯：乙醇（1：1.3）、乙酸乙酯饱和水溶液等。根据所用的溶剂不同，工艺参数也不同，可分别根据小样试验确定。以异丙醇为例，其工艺参数如下：毛糠蜡用3倍异丙醇加热溶解，在50℃时过滤，滤液脱溶后得毛糠油，滤出的固体物再用6倍的异丙醇加热溶解，在70℃时过滤，所得滤液冷却至25℃，待糠蜡结晶后再过滤，滤出的固体物再经脱溶、漂白冰洗、脱水、成型即得精制米糠蜡。

3. 二十八烷醇和三十烷醇

二十八烷醇和三十烷醇均属于长链脂肪醇，在米糠蜡中含量分别为米糠蜡脂肪醇总量的20%左右。二十八烷醇［$CH_3(CH_2)_{27}OH$］是世界公认的抗疲劳物质，具有增强耐力、精力、体力，提高反应灵敏性和应急能力，促进性激素作用，减轻肌肉疼痛，改善心肌功能，降低收缩期血压，提高机体代谢率等作用。三十烷醇［$CH_3(CH_2)_{29}OH$］在农业生产中具有较高应用价值，可用于浸种，提高发芽率，促进生根和幼苗生长；喷洒植株可促进根系生长和对土壤中水分、氮、磷等养分的吸收；促进光合作用，加速茎叶生长，增加叶绿素含量；促进开花，调节花时；提高结实率、坐果率，从而增加粒重、果重，显著提高农作物产量；对某些作物还具有促进早熟，提高品质，增强作物抗病、耐旱、耐寒、抗倒伏能力等作用。

从糠蜡中提取脂肪醇的代表性制备方法有四种。一是蜡皂化分解，除皂提取脂肪醇；二是蜡皂化分解，有机溶剂提取脂肪醇；三是蜡醇解，通过真空蒸馏脱除脂肪酸低级醇酯，得脂肪醇；四是蜡经酸或碱分解，再经超临界流体浸出脂肪醇。这些方法得到的是含有二十八烷醇和三十烷醇的混合醇产品。要使制出的产品符合功能性食品、医药和化妆品应用的要求，则需要对此混合醇进行进一步的分离纯化。获得高纯度二十八烷醇或其他高级醇的方法主要有以下几种：一是将蜡进行皂化后，分离出未皂化物，用氧化铝层析法分离醇；二是用不同溶剂对蜡皂化后的物质进行处理，可得到不同纯度的二十八烷醇产品；三是采用溶剂萃取、真空分馏的方法对二十八烷醇、三十烷醇等产品进行分离纯化。

4. 谷维素

谷维素一般是指环状阿魏酸酯，分子式$C_{10}H_{10}O_4$，谷类油脂中阿魏酸酯的含量比其他油脂高得多。阿魏酸酯主要富集于谷类种子的糠层中，米糠中含阿魏酸酯0.3%~0.5%，米糠油中其含量为2%~3%。目前有很多提取谷维素的方法，如酸化蒸馏分离法、离子交换树脂法、甲醇萃取法、非极性溶液萃取法、甲醇皂化分离法等。下面简单介绍几种提取方法。

（1）甲醇皂化分离法　当毛糠油的酸价高于30，则需要进行头道碱炼（预脱酸），将米糠油酸价控制在5~7，产生的皂脚用作制作肥皂或脂肪酸的原料，再进行二道碱炼（捕集碱炼）；如毛糠油的酸价低于10，则可直接用以进行捕集碱炼。捕集碱炼的精糠油酸价必须低于0.5，加碱量要适当；终温50~60℃，不能超过64℃，因为温度过高，会使谷维素又转入精糠油中；加水量控制在油质量的10%，以形成一个较好的皂化环境，有利于收集谷维素。将捕集碱炼的皂脚作为制取谷维素的原料。为了便于从捕集碱炼的皂脚中分离谷维素，往往要把中性皂转化为肥皂，以供提取谷维素之用，补充皂化的加碱量约为理论加碱量的50%。将皂脚加热到50℃左右时，开始均匀地加入碱液，不断地搅拌，当温度升到95℃左右时开始计时，约皂化2h，控制pH8~9。向皂脚中加入5~6倍的甲醇，然后再加入理论量的碱液（烧碱或纯碱），混合均匀，在不断搅拌下逐渐升温至60~70℃，皂化30 min左右即可停止加热和搅拌，调节pH8.8~9.3，然后将皂化液冷却至50~55℃，过滤。滤渣中往往含有5%~6%的谷维素，可再予回收。甲醇母液中的谷维素钠盐，以弱酸或弱酸盐分解法恢复为谷维素，此时谷维素不会再溶于甲醇酸性溶液中，因而结晶析出。皂化液的滤液在不断搅拌下加热至50~60℃，再用盐酸调节滤液pH至7.0左右，然后定量加入弱酸或弱酸盐（一般为硼酸、酒石酸、醋酸和磷酸二氢钾、磷酸二氢钠），调节pH 6.5~6.7，搅拌30min左右，冷却到45~50℃。混合液经真空抽滤，固体物谷维素再经甲醇洗涤，除净甲醇后，所得固体即为粗谷维素。粗谷维素用石油醚浸沉至变白且无黏性，再用热蒸馏水洗至无咸味为止，再经低温真空烘干，即得谷维素成品。

（2）甲醇萃取法 甲醇萃取法是将毛糠油直接溶于碱性甲醇溶剂中，分离去除不溶性糠蜡、甾醇等不皂化物后，在加热状态下用弱有机酸调节pH，冷却后谷维素钠即还原成谷维素从甲醇中析出。这种以甲醇直接萃取的方法，省去了甲醇皂化分离法中的碱炼和皂脚补充皂化工序，大大简化了工艺，提高了产品得率，但甲醇用量较大，回收成本高。

（3）非极性溶液萃取法 非极性溶液萃取法的原理是利用谷维素在不同酸碱度时对于非极性溶剂的溶解度不同的特点。当pH>12.1时，谷维素在非极性溶剂中的溶解度很低，而当pH<12时，却具有较高的溶解度，尤其是在pH 8~9时，谷维素的溶解度非常高，而此时脂肪酸在非极性溶剂中的溶解度则很低。因此，利用这种性质可以免除弱酸取代法在甲醇溶液中的皂化步骤，只需简单地调节pH，就可得到高纯度的谷维素，同时还可以得到甾醇、维生素E等不皂化物。

（二）脱脂米糠及其精深加工产品

1. 脱脂米糠

脱脂米糠，即米糠去除油脂后得到的副产品，与原料米糠外形相同，呈粉状，黄色或黄褐色，有米味或烤香味，且储藏、加工性能比原料米糠优。经过脱脂等加工过程，提高了脱脂米糠中的蛋白含量，使脂肪酶失去活力，并且除去了米糠中的真菌、细菌等微生物，因而正常储藏条件下，脱脂米糠存放3个月不会变质。脱脂米糠中富含蛋白质、粗纤维、矿物质等物质，同时含B族维生素、维生素E及钾、硅、氨基酸等营养元素。脱脂米糠是优质的饲料原料和饲料添加剂，可直接用于家禽饲养，也可作为提取米糠蛋白、米糠膳食纤维和植酸钙的原料。

2. 米糠蛋白

米糠中含有12%~18%的蛋白质，米糠蛋白的氨基酸组成与FAO/WHO推荐模式相似，其生物效价为2.0~2.5、消化率可达到90%；同时，米糠蛋白具有的低过敏特性，可以用来作为特殊人群，特别是婴儿配方食品的食物原料，是不可多得的优质蛋白资源。虽然早在20世纪70年代就已开展米糠蛋白提取和纯化方法的研究，然而历经40余年，米糠蛋白的商业化生产及应用仍然没有实现。原因可能是米糠蛋白的溶解性质复杂，按Osborne分类方法，米糠蛋白中清蛋白、球蛋白、醇溶蛋白和谷蛋白的比例分别为37%、31%、2%、27%，很难有合适的单一提取方法。米糠蛋白的提取方法，主要有化学法、酶法及物理法。

（1）化学法提取　化学法提取中，碱液提取法最常用，虽然复合使用其他溶剂的提取方法也有报道，这些溶剂包括水、盐、乙醇及氢氧化钠溶液，但碱法提取是米糠蛋白化学提取方法中较为成熟的。碱液可以切断蛋白中的氢键、酰胺键及二硫键，并可使一些极性基团解离，使蛋白质分子表面所带电荷相同，促使蛋白质与淀粉、纤维素等结合物分离，从而增加蛋白质分子的溶解性。研究报道，将过80目筛的脱脂米糠原料采用碱提酸沉法提取米糠蛋白，在pH 10、温度50~55℃下提取1h，再在pH 4.0、50~55℃下酸沉1h，提取率为24.1%，得到的米糠蛋白的蛋白含量为86.2%。但是单一碱液提取米糠蛋白法的提取率较低，可以采用多种溶剂的分步、复合提取和超声辅助提取来提高米糠蛋白的提取率。例如，采用超声波及盐提法辅助碱法提取米糠蛋白，得到米糠蛋白提取的最优工艺条件为水浴温度40℃、水浴时间90min、超声时间75min、pH 10.0、氯化钾浓度为0.04mol/L，此条件下米糠蛋白的提取率可达70%以上。值得注意的是，用碱液提取米糠蛋白时，虽然提取率随着溶液pH的升高而增大，但应避免提取pH过高，因为蛋白质暴露在碱性环境中会改变蛋白的营养性质并且产生有毒物质。此外，碱液pH过高还会导致提取出来的蛋白质与其他物质结合紧密，从而影响到蛋白纯度。

（2）酶法提取　酶法提取可以使米糠蛋白在中性或弱碱性条件下被提取出来，此类方法不会让蛋白暴露在碱性条件下而产生有害物质或失去营养价值。糖酶可以通过攻击细胞壁，从米糠麸皮的糖基质中释放更多的蛋白来提高蛋白提取率；植酸酶的作用是破坏米糠中蛋白与植酸的相互作用，从而解除它们对蛋白提取的干扰；蛋白酶可以使米糠蛋白有效地水解，酶解后的蛋白具有更好的溶解性，更利于提取。为获得更高的蛋白提取率，利用复合酶提取米糠蛋白成为研究趋势。例如，采用淀粉酶、纤维素酶和植酸酶3种酶分步提取米糠蛋白，在淀粉酶水解掉米糠中的淀粉后，再添加纤维素酶和植酸酶继续提取米糠蛋白，经3种酶分步提取后，米糠蛋白的提取率达77.41%、蛋白纯度达68.83%。与碱法相比，酶法提取米糠蛋白可以较显著地提高提取率，但是酶法提取米糠蛋白所用纤维素酶、木聚糖酶、植酸酶的成本费用相对较高；并且蛋白酶酶解的产物为米糠肽，蛋白质降解为肽类通常会降低蛋白质的胶凝性、起泡性、表面张力及风味结合等功能性质，同时，蛋白水解时释放出的苦味肽还可能会影响产品的可接受性。

（3）物理法提取　物理法主要通过破碎细胞和释放蛋白来提取蛋白，因此物理法可相对减少食物成分的改变而降低安全风险。提取蛋白常用物理法包括胶体磨、均质、高速混匀、冻融、高压及超声波降解等。胶体磨、均质及高速混匀过程中产生的剪切力可以破碎细胞；冻融过程中细胞内的水分会形成冰晶体，冰晶体会撑破或刺破细胞膜结构而导致细胞裂解；高压也会使细胞破裂；超声波产生的冲击波可以打破细胞壁和分子键。其中，超声波降解法是提取米糠蛋白前景较好的物理方法之一。其他物理方法如亚临界水提取法、超临界二氧化碳提取法对米糠蛋白提取也有一定作用。

3. 米糠膳食纤维

膳食纤维是指在人体内不能被消化酶分解的植物非淀粉多糖类物质和木质素等高分子化合物。一般具有较好的持水持油性、螯合人体消化道内的重金属和胆固醇、诱导微生物等生理功能，逐渐被人们公认为“第七大营养素”。它可以作为功能性食品的一种基料，从而提升食品的营养价值。从脱脂米糠中提取的纤维称为米糠膳食纤维，其含量占脱脂米糠的30%~50%。目前，膳食纤维生产利用率极低，除了因为其纤维性较强、口感粗糙外，还与其难以分离提纯获得高品质的成品有关。膳食纤维的功能特性日益被人们认识，对膳食纤维的研究也越来越广泛和深入，目前膳食纤维的提取方法主要有化学分离法、酶处理法、化学试剂-酶结合分离法、膜分离法、发酵法等。

（1）化学分离法　化学分离法是指采用酸、碱试剂对原料进行处理，提取膳食纤维的方法，其中以碱法应用最为普遍。其工艺流程一般是干燥的原料经过磨碎、过筛后，加入氧氧化钠等强碱或强酸溶液，经过过滤或离心取得的残渣即为水不溶性膳食纤维，将上清液或滤液经过酒精沉淀得到水溶性膳食纤维。化学分离法工艺简单，成本低，但不可避免地会排放大量的污水，对环境造成严重污染，因此，不符合当今国家可持续发展战略的要求。

（2）酶处理法　当对膳食纤维的纯度要求较高时，一般采用酶解的方法，常用酶包括淀粉酶、蛋白酶等。若要获得高得率的水溶性膳食纤维，一般采用纤维素酶。首先对原料加水和酶制剂并保持特定的酶反应条件，使原料中蛋白质和淀粉水解，然后再通过过滤或离心获得的沉淀为水不溶性膳食纤维。对滤液或上清液加入一定量的酒精沉淀即可获得水溶性膳食纤维。酶处理法能取得较高品质的成品，缺点是成本较高。

（3）化学试剂-酶分离法　化学试剂-酶分离法指首先利用一定浓度的碱液对原料进行预处理，使原料中致密的蛋白质和糖类物质的结构得到进一步疏松，然后再添加淀粉酶或蛋白酶等，使淀粉、蛋白质去除地更加充分，获得高纯度的膳食纤维。相对于其他方法，化学试剂-酶分离法所产生的工业废水较少，成本相对酶法较低且能获得纯度较高的成品。

（4）膜分离法　膜分离技术是利用天然或人工制备的具有选择透过性的膜对双组分或多组分的溶质和溶剂进行分离、提纯、浓缩等操作，具有高效、节能、易于操作等特点，是食品工业较为先进的一项分离技术。当今，膜分离法应用于制备膳食纤维的报道不多。但是膜分离法具有能改变膜的分子截流量的特点，因此，可以利用这一特性分离低聚糖和一些小分子的酸、酶来提高膳食纤维的纯度，也可以以此获得不同相对分子质量的膳食纤维。因此，膜分离法是提取膳食纤维极具前景的方法。除了以上几种常用的提取方法之外，还有用超声结合酶法、发酵法提取膳食纤维的报道。

4. 植酸钙

植酸钙是植酸与钙、镁等金属离子形成的一种复盐，又称菲丁，在脱脂米糠中含量较高，达10%~11%。植酸钙广泛用于医药领域，可以促进人体的新陈代谢，是一种滋补强壮剂。在食品工业中，用植酸钙溶液处理容器的金属盖或易拉罐等可防止生锈，并防止食品变黑变质，是一种理想的食品防腐蚀剂。目前，植酸钙最主要的用途是作为植酸和肌醇的生产原料。植酸钙提取方法很多，如酸沉淀法、重金属盐分离法、稀酸萃取加碱中和沉淀法等。工业生产普遍采用第三种方法，即用稀的无机酸或有机酸浸泡原料，然后用氢氧化钙、氢氧化铵、氢氧化钠等碱性溶液中和沉淀，制得水膏状的植酸钙产品。在提取过程中，溶剂的种类、浓度及萃取温度，沉淀剂的种类和浓度是影响植酸钙得率和质量的重要因素。工艺流程：将米糠饼粕粉碎，然后用 pH 2.5~3.0 的稀酸浸泡 3~5h，过滤得到滤液，再用氢氧化钙等碱液调至 pH 7.0~7.5 得到沉淀，过滤即得到水膏状的粗植酸钙。将粗植酸钙置于容器中，加入 4~5 倍水，搅拌使其充分分散，再加工业盐酸调至 pH 1.5，继续搅拌 30min，抽滤弃去滤渣，将滤液 pH 上升到 2.5 左右，加入植酸钙液量约 45%的活性炭，在 40℃下保温搅拌吸附 45min，抽滤除去活性炭，用 150g/L 的氢氧化钠溶液进行中和，使最终 pH 为 5.0，有大量白色沉淀析出，搅拌 1h，抽滤，弃去滤液；沉淀用蒸馏水反复洗涤至无氯离子，再抽滤，将白色沉淀在 70 ℃烘干，粉碎即得精制植酸钙。此外，采用超声波辅助可将酸提时间缩短，且所得粗植酸钙的产量和纯度均明显提高。

5. 肌醇

肌醇即环己六醇，分子式 $C_6H_{12}O_6$，从其立体异构来说，肌醇可能有 8 种顺式、反式异构体，还有一种是以内消旋体形式存在。在这些异构体当中，只有内消旋体肌醇可作为 B 族维生素的重要组分，对某些动物和微生物具有促进生长的作用，所以肌醇一般是指内消旋肌醇。目前国内外以植酸钙为原料，用水解的方法生产肌醇，有许多不同的工艺路线和操作条件。就国内的肌醇生产而言，虽然生产路线大体相同，但部分工艺的顺序和操作条件也略有不同，采用不同的工艺，都是为了最大限度地利用原材料，提高肌醇的得率和质量，降低生产成本。

工艺流程：首先将植酸钙加水打浆处理，即将植酸钙倒入打浆罐中，按固液比 1：5 加水后充分搅拌成糊状。将打浆后的植酸钙糊浆打入水解锅，开动搅拌，用直接蒸汽、间接蒸汽或油浴加热，升温升压，当水解锅内的压力达到 0.8~0.9MPa 时，关闭直接蒸汽，用间接蒸汽或油浴加热，保持水解锅内的压力，水解时间 5~8h，当水解液的 pH 达到 3 左右时，即视为水解完毕。植酸钙水解后生成肌醇和磷酸盐，其中肌醇、磷酸是溶于水的，而磷酸钙、磷酸镁和磷酸钙镁不溶于水，酸式磷酸盐微溶于水。为了提高肌醇的纯度，必须除去肌醇以外的杂质，常采取加入石灰乳中和的方法，使溶于水的磷酸及其酸式盐生成磷酸盐，沉淀出来。利用水解完毕后水解锅内的余压（不得超过 0.1MPa），将水解液压入中和罐，用新配制的石灰乳液中和，温度控制在 80~85℃，当 pH>8 时，继续搅拌 20min，使 pH 稳定在 8~9，中和完毕。中和后的溶液中大部分杂质已形成沉淀，而肌醇仍然留在溶液中，利用板框压滤机压滤，得到肌醇的水溶液。滤饼主要是磷酸三钙，可作肥料使用。中和过滤液由于颜色较深，应进行脱色处理。脱色是在脱色罐中进行，将中和液打入脱色罐中，按溶液的 1%~3%加活性炭，开动搅拌器，升温至 80℃，继续搅拌 30min，时间不要过长，以免解脱。脱色液进行压滤，滤液 pH≥8，收集滤液。浓缩时为了降低能耗，提高产品质量，可采用减压浓缩和多效蒸发器。温度控制在 70℃以下，当浓缩液的相对密度达到 1.28~1.30 时，将浓缩液放入结晶器中，缓慢降温，以利于晶体的生长，当温度降至 32℃时，便有大量结晶生成，可离心分离，即得到肌醇产品。

三、稻壳的综合利用

稻壳约占稻谷质量的 20%，富含纤维素、木质素与二氧化硅，而脂肪和蛋白质的含量极低。其最为显著的特点是高灰分（7%~9%）和高硅含量（20%左右），具有良好的韧性、多孔性、低密度性（112~144kg/m^3）及质地粗糙等特性。但由于稻壳体积大、密度小，不便堆放，在有些企业甚至已经成为一大污染源，因此通常情况下，都是将其焚烧。实际上，稻壳的用途十分广泛，例如，可利用稻壳发电，生产活性炭和硅产品等，能使大多数稻壳得到利用，变废为宝。

（一）稻壳发电

稻壳作为优良的能源燃料，可燃成分达70%以上，发热量12.5~14.6MJ/kg，约为标准煤的一半；稻壳挥发组分含量高，达50%以上，易着火燃烧。随着环境法规日趋完善，低效、重污染的直接燃烧方式逐渐被禁止。采用先进的、高效的稻壳汽化/燃烧发电技术，就地为稻谷加工企业提供能源动力，或者上网供电，是稻壳作为能源燃料利用的有效方法，也是解决相关环境问题的有效途径。

目前稻壳发电总括起来有两种。一是利用汽化技术、分离技术，将稻壳通过煤气发生装置产生煤气，以煤气来驱动煤气内燃发动机，带动发电机组发电；二是与小型煤火电站普遍采用的路线相同，将锅炉进行改造，专门燃烧稻壳并有足够的燃烧强度以产生高压蒸汽，驱动汽轮发电机组发电。总体来说，上述两条稻壳发电的技术路线与设备各自覆盖了不同的功率范围，稻壳煤气发电功率较小，为60~350kW，而稻壳蒸汽发电一般为750~1500kW。

（二）稻壳生产活性炭

炭化活性炭是由微晶碳和无定形碳构成，含有数量不等的灰分，是一种黑色多孔性固体。其最大的特点是具有发达的孔隙结构和很大的比表面积，具有很强的吸附性。炭的活化方法有两种，一种是利用氧化气体（如水蒸气、空气等）活化，又称物理活化法；另一种是利用化学物质活化，又称化学活化法。

1. 水蒸气法制备稻壳粒状活性炭

用水蒸气法生产稻壳活性炭需要先将稻壳炭化，而稻壳炭化后颗粒细小、呈粉状，会给较大规模的物理法生产带来困难，而且物理法生产的粉状活性炭产品性能和质量不易控制。为克服这一困难，可先用螺杆式挤压机将稻壳挤压成外径55mm、内径15mm、长约500mm的稻壳棒，然后制备粒状活性炭。炭化可在旋转式炭化炉中进行，炭化温度600~700℃，炭化时间大约30min，炭化升温速度控制在4.5℃/min左右。炭化后的稻壳棒再在活化炉中用一定比例的水蒸气活化30~60min，活化温度800~900℃。

2. 磷酸法制备稻壳活性炭

稻壳经清理除杂后，用一定浓度的磷酸浸渍一定时间，即可得到工艺原料，然后经过活化处理（活化温度400~550℃，活化时间30~90min），磷酸稻壳比1.5~3.5，即可得到合格的活性炭产品。以稻壳为原料，用化学法生产活性炭，可避免碳元素的大量流失，而且根据活化剂加入比例的不同，可以随时调整活性炭产品的性能。化学法生产活性炭后，不会对硅的提取造成影响。

3. 氢氧化钾法制备高比表面积活性炭

将稻壳洗净、烘干，然后在一定温度和氮气的保护下对稻壳进行干馏，炭化温度350~450℃，将炭化物粉碎后与一定质量的氢氧化钾活化剂混合研磨后，在650~850℃下活化，最后将活化产物水洗至中性，在120℃下烘干得到产品。以稻壳为原料，氢氧化钾为活化剂制得的高比表面积活性炭，其比表面积超过3000m^2/g，而且孔径均一，孔分布较窄。

4. 稻壳灰制备活性炭

稻壳灰是稻壳经过高温碳化（如发电、燃烧）后的剩余产物，其主要成分是碳和二氧化硅。光谱分析表明，其中二氧化硅约占60%，碳约占40%。在适当条件下，稻壳灰和氢氧化钠反应提取二氧化硅后，碳含量可达90%以上，而且炭质疏松多孔，是制备活性炭的良好材料。在二氧化硅浸出过程中，由于碱对稻壳灰的侵蚀作用，随着二氧化硅的浸出，剩下的炭的表面产生许多孔隙，加上水蒸气的作用，进一步使微孔增加，较好地达到了活化的目的。其工艺比传统的气体活化、化学活化法简便很多，不仅缩短了工艺流程，而且大幅度降低了生产成本。只需将生产水玻璃后的稻壳灰用20%的盐酸在蒸汽作用下处理大约40min，过滤洗涤至pH 5.5~7.0，然后干燥粉碎即可得到活性炭产品。

（三）稻壳生产硅产品

1. 水玻璃

水玻璃的用途非常广泛，几乎遍及国民经济的各个部门，主要用作制备硅胶、白炭黑、沸石分子筛、硅溶胶等硅化合物的基本原料，以及耐火材料、清洁剂原料、铸造业原料和僵装材料的胶黏剂、速凝剂，还可用于防酸腐蚀工程。目前用稻壳灰制备水玻璃的生产一般采用一步碱浸法，该工艺简单，二氧化硅的浸出率较高。氢氧化钠溶液质量分数为20%，液料比为3∶1，反应时间4h，反应温度10℃。

2. 白炭黑

稻壳灰制备白炭黑大多采用传统的沉淀法，即首先将稻壳灰与碱液反应，制备水玻璃，然后再酸化，经沉淀、洗涤、干燥后得白炭黑产品。新技术实质上也是采用沉淀法生产白炭黑，与传统方法不同之处在于参与反应的硅酸钠与碳酸氢钠在反应生成单硅酸之前就已均布于混合液中，处于饱和状态的单硅酸发生沉淀相变析出。因而，白炭黑性能调控主要是在降温过程实现的，由于这一特点，新工艺易于制得结构均匀、性能稳定的产品。

新工艺主要是控制碱液中水合二氧化硅浓度及析出温度。当溶液中水合二氧化硅浓度较小或溶液温度较高，即过饱和度较小时，由于晶核形成数量较少，导致粒子生长速度增大，最终得到原始粒径大、比表面积小和活性差的白炭黑产品。当溶液中水合二氧化硅浓度较大或溶液温度较低，即过饱和度较大时，由于晶核形成数量急剧增加，产生爆炸性成核，过饱和度迅速降低，导致粒子生长速度减慢，最终得到原始粒径小、比表面积大和胶凝性强的白炭黑产品，这种产品在橡胶中分散性较差。因此，控制适当水合二氧化硅浓度及溶液温度，使过饱和度保持在一个理想范围内，可以得到原始粒径和比表面积适中且分散性良好的产品。

制备白炭黑的具体流程是，将稻壳灰除杂后粉碎过0.16mm筛（100目筛），在60℃搅拌下用水清洗30min，离心后重复洗涤，将水洗后的稻壳灰在60℃搅拌下用盐酸调节到pH1.0，并在此条件下浸泡2.5h，离心洗涤至洗出液为中性，得到稻壳灰；将稻壳灰与氢氧化钠溶液按比例置于烧瓶中，于搅拌下在电热套中保持沸腾1~4h，然后抽滤，用沸水洗涤滤渣，收集滤液及洗液在85℃下于旋转蒸发器中浓缩，得到一定浓度的水玻璃；取上述浓缩后的水玻璃溶液置于四口烧瓶中，加入水玻璃溶液质量0.8%的螯合剂于60~90℃下熟化30min，然后用恒流泵加入浓度10%的硫酸溶液，根据所取水玻璃的量来控制滴加速度，控制终点 pH 9.0，反应完成后将沉淀体系静置 1.5h，然后离心分离，调节酸度至 pH 7.0 后，将所得的沉淀物洗涤，离心干燥后得白炭黑成品。

3. 硅胶

稻壳经过炭化、提取、浓缩、中和、熟化、洗涤、干燥等步骤可生产硅胶。炭化的目的是热解去除稻壳中的有机物，最适宜炭化温度 500~700℃。炭化温度过低，挥发物不能完全去除，在后续提取二氧化硅时，残存挥发物将溶于碱液中，使制取硅胶色泽发黄；炭化温度过高，稻壳中硅晶结构将发生转变，出现玻璃体态，破坏炭化稻壳中水合二氧化硅，影响其提取率。然后根据产品要求不同，在反应釜中配制好不同浓度的稀硫酸，在沉淀罐中配制好不同相对密度和氧化钠含量的稀硅酸钠溶液，将配制合格的酸和硅酸钠溶液经计量后，分别放入不同的耐压储罐中，当工作压力达到一定时，开启阀门，使酸与硅酸钠按要求流速进入反应喷头，生成溶胶，控制 pH 和反应温度。熟化后将凝胶装入水洗槽，进行洗涤脱盐，除去硫酸钠。水洗后，根据硅胶产品孔径粗细要求不同，选择不同处理方式。粗孔块状硅胶需用浓度为 0.13%~0.18%的稀氨水浸泡至胶块内部含碱量达到 0.03%以上，细孔状硅胶则用浓度为 0.016%~0.020%的稀硫酸浸泡至胶块中含酸量为 0.01%~0.015%。

4. 高纯硅

利用稻壳制取高纯硅有以下几种方法：一是将稻壳在煮沸酸中纯化，然后在不活泼气体中加热，进一步去除残留杂质，把稻壳制成小圆片，置于电弧炉中高温冶炼而得高纯单晶硅片；二是将稻壳用盐酸煮沸，用超纯水洗涤，使杂质含量降低到 300mg/kg，灼烧除去有机物，使杂质含量降到 75mg/kg，最后经酸洗和高纯水洗涤，进一步除去杂质，干燥后在高温下和高纯碳反应，还原出高纯硅；三是将稻壳高温分解，然后通入高纯氯气生成四氯化硅，将四氯化硅水解生成高纯多晶硅；四是稻壳炭化后用泡沫浮选法除去炭粉，再经高温处理得高纯硅。

四、米胚的综合利用

稻谷的含胚量较高，为 2%~2.2%，且取胚容易，据测算我国大米胚芽年产量在 10 万 t 以上。大米胚芽中蛋白质和脂类含量均在 20%以上，蛋白质中氨基酸组成较为平衡，脂类中 70%以上脂肪酸是不饱和脂肪酸，并含有丰富的维生素和矿物质，其中天然维生素 E 的含量达 200~300mg/100g。大米胚芽的营养成分如表 7-3 所示。

表 7-3　　米胚的营养成分组成

成分	含量/（g/100g）	成分	含量/（mg/kg）
水分	10~13	钙	510~2750
粗蛋白（N×5.95）	17~26	铁	110~490
粗脂肪	17~40	镁	6000~15300
碳水化合物	15~30	锰	120~140
膳食纤维	7~10	钾	3800~21500
灰分	6~10	锌	100~300

大米胚芽因为含有较多脂类，因此常常用来制取米胚芽油。而在日本、美国等发达国家，除米胚芽油和经稳定化处理直接食用的商品化米胚芽外，还有多种米胚芽开发利用的高附加值产品。

（一）功能性米胚芽食品配料

米胚芽中富集数十种之多生物活性成分，如谷胱甘肽（Glutathione，GSH）、γ-氨基丁酸（γ-aminobutyric Acid，GABA）等，其含量如表 7-4 所示。运用现代食品加工高新技术，在保持米胚芽固有各种生物活性成分的前提下，富集 GSH 或（及）GABA 含量，制备成功能性食品基料，进而开发米胚芽功能性食品。

表 7-4　　稻米中 GSH、GABA 含量　　单位：mg/100g

种类	米胚芽	糙米	精米	米糠*
GSH	100~120	3.64	痕量	—
GABA	25~50	3.8	0.76	10.9

注：* 指未提胚芽米糠，—指相关文献未报道 GSH 数据。

1. 富含 γ-氨基丁酸的米胚芽食品配料

γ-氨基丁酸（GABA）是广泛分布于动植物中的一种非蛋白质氨基酸，由谷氨酸脱羧酶催化转化而来，是存在于哺乳动物脑、脊髓中的抑制性神经传递物质。GABA 具有多种生理功能，如调节血压和抗心律失常、促进神经系统发育、促进生长激素分泌、抗衰老等。米胚芽蛋白中谷氨酸含量丰富，在内源性的蛋白酶和谷氨酸脱羧酶的作用下可产生 GABA，因此米胚芽是 GABA 良好的来源。

米胚芽中 GABA 的富集方法有三种，一是利用米胚芽中所含的内源性蛋白酶和谷氨酸脱羧酶富集 GABA；二是利用外加蛋白酶水解米胚蛋白富集 GABA；三是利用米胚谷氨酸脱羧酶直接转化谷氨酸制备 GABA。三种方法得到的产品 GABA 含量不同，分别适合不同食品的应用。

（1）内源酶富集米胚芽中 GABA 是利用米胚芽中天然存在的蛋白酶水解米胚蛋白，产生谷氨酸，再由米胚芽谷氨酸脱羧酶转化为 GABA。利用内源酶富集米胚芽中 GABA 的量可由未富集的 28mg/100g 提高到 450mg/100g 以上，但是原料米胚芽中的谷氨酸利用率只有 17%。该方法工艺简单、成本低廉，对于 GABA 浓度要求不高的含 GABA 保健食品，如功能饮料等非常适合。

（2）外加蛋白酶水解米胚蛋白富集 GABA 是利用胰蛋白酶水解米胚蛋白富集 GABA 的方法，可以使 GABA 产量达到 2g/100g 以上，米胚芽中的谷氨酸利用率为 40%以上。该方法不仅提高了原料的利用率，还大幅度提高了 GABA 的产量和富集液中 GABA 的浓度，使之更加适合用于富含 GABA 米胚芽健康食品的生产。

（3）米胚谷氨酸脱羧酶直接转化谷氨酸制备 GABA 的方法可以生产出更高浓度的 GABA，可以使 0.2mol/L 的谷氨酸 100%转化为 GABA，可使其浓度达到 20.4g/100g。该方法制备的 GABA 浓度更高，可以作为 GABA 配料添加到食品中，应用范围进一步扩大。

2. 富集 GSH 的米胚芽食品配料

制取富集 GSH 米胚芽功能性饮料的工艺方法有：有机溶剂萃取法、酶法、热水抽提法、机械破碎法等。工业生产常用的是发酵法，其技术原理是对米胚芽乳采取酵母发酵和酶促反应，使 GSH 大幅增加。酵母菌在发酵过程中，自身进行中间代谢，发育繁殖；复合蛋白酶、复合多糖酶、发芽糙米中水解酶等可提高底物中蛋白质溶出率，同时促使米胚芽蛋白、酵母蛋白、米蛋白的肽键裂解，转化为短链氨基酸、肽类。酶（蛋白酶）促反应是米胚芽富集 GSH 的关键技术举措。

3. 富集 GSH 和 GABA 双重功能因子的米胚芽食品配料

从上述两种富集 GSH 或 GABA 的米胚芽功能性饮料工艺来看，当在富集 GSH 时，GABA 伴随增加，同样在富集 GABA 时，GSH 量也会有所提高。因而，可按 1 : 1 的配比取富集 GSH 和富集 GABA 两种基料，用真空乳化机配制成均一、稳定、富含 GSH 和 GABA 双重功能因子的米胚芽功能性食品基料。

（二）米胚芽功能性饮料

利用以上米胚芽食品配料可以开发多种富集 GSH 或（及）GABA 的米胚芽功能性饮料。

1. 即食型乳化饮料

将米胚芽食品基料、全脂乳粉、甜味剂、复合稳定剂、乳化剂、增稠剂、增香剂等原料和辅料经混配、超细化混合乳化、真空乳化均质、真空脱气、灭菌、无菌化罐装等工序加工成即食型的米胚芽功能性饮料。

2. 冲调型速溶乳粉

将米胚芽食品基料真空浓缩至固形物含量 35%±5%后，加入辅料调配，经超细化混合乳化、真空乳化匀质、真空脱气、灭菌、喷雾干燥成粉体；粉体经造粒装置，用卵磷脂（无水乳脂肪为溶媒）涂层团聚化成微颗粒，再与全脂乳粉、植物脂末、粉末香精、乙基麦芽酚经双螺旋锥形混合机充分混合均匀，即为富集 GSH 或（及）GABA 米胚芽功能性速溶乳粉。

3. 冲调型泡腾片

将米胚芽食品基料经真空浓缩、冷冻干燥、粉碎加工成基料干冻粉，配入辅料，制颗粒（用润湿剂、浓糖浆制片材供造粒用），干燥、整粒、压片、无菌化包装制成富集 GSH 或（及）GABA 米胚芽功能性泡腾片。

4. 冲调型袋泡茶

将米胚芽食品基料冻干粉、绿茶粉（细胞级微粉）、功能性叶类和果蔬冻干粉等按一定质量比混合，用双螺旋锥形混合机充分混合均匀，无菌化装袋，即为富集 GSH 或（及）GABA 米胚芽功能性袋泡茶饮料。

第三节　小麦加工副产品的综合利用

目前，我国小麦初级加工以及深加工技术取得了很大的进步，但是与国外发达国家相比，在小麦加工副产品转化与利用方面的技术、规模、科技含量还相对比较低，产业化发展速度缓慢，资源优势不能更好地转化为经济优势。小麦经过加工得到成品面粉的同时，还得到次粉、小麦麸皮以及麦胚三种副产品，三者均含有丰富的营养物质，如果能够有效地对其进行开发和利用，将是一笔巨大的财富。

一、小麦麸皮的综合利用

小麦麸皮是小麦面粉加工中的主要副产品。一般情况下，面粉厂生产出的麸皮约占小麦籽粒质量的20%。目前，我国小麦加工后的麸皮基本上直接应用于饲料工业，很少用于深加工和再利用，经济价值不高。然而麸皮中富含纤维素和半纤维素，还有较为丰富的蛋白质、脂肪、低聚糖、植酸以及天然抗氧化剂等成分（表7-5），同时麸皮来源广泛，价格低廉，因此，对小麦麸皮进行综合开发和利用，可使谷物加工副产品的综合利用得到进一步发展，而且还可增加产品的附加值，从而提高企业的经济效益和社会效益。

表7-5　　小麦麸皮主要营养成分组成　　单位：g/100g

成分	含量	成分	含量
蛋白质	12~18	戊聚糖	18~20
脂肪	3~5	灰分	4~6
总碳水化合物	45~65	肌醇	0.065
总膳食纤维	35~50	生育酚	3.17
可溶性膳食纤维	2.00		

（一）食用小麦麸皮

通过蒸煮、加酸、加糖、干燥，除掉麸皮本身的气味，使之产生香味，可提高麸皮的食用性。日本市售的食用麸皮都是经过加热精制后的产品，既除去了麸皮中原有的微生物和植酸酶，又提高了二次加工的适应性，使制出的食品既提高了风味，同时也更安全、卫生。主要工艺流程是将麸皮蒸煮后热风干燥，然后粉碎过40目筛，再加入柠檬酸、酒石酸和蜂蜜混合水溶液搅拌均匀，再次烘干后即得成品。

（二）小麦麸质面粉

麸质面粉是指麸皮含量达到50%~60%的面粉，不是简单地向白面中掺入麸皮的面粉，而是通过改进面粉加工工艺，提高面粉的麸皮含量。麸质面粉产品特点是，适口性稍差于精白粉，但粗纤维蛋白质含量优于精白粉，粗脂肪低于精白粉，其粉质地疏松，可消化的蛋白在干物质中比例占11%~13%，优于精白粉的蛋白量，其营养成分评定表见表7-6。麸质面粉在当前国际市场已有了一定的市场和生产规模，国内市场仍处于开发和起步阶段，其潜力不可低估。麸质面粉加工的主要问题是麸皮的研磨。小麦的结构是由种皮、糊粉层和一部分胚乳及少量胚芽组成，加工的关键是去除或磨细外皮，而胚外的种皮透明且韧滑，无食用价值，但是去除这一层坚韧的细胞膜结构一直是一个难题。目前常用的工艺有两种：一是干磨法，先将麸皮一次碾磨，风筛去皮，再进行二次碾磨，然后过筛装包；二是湿磨法，先将麸皮加压湿磨，然后吸附过滤，再减压干燥，然后过筛包装。

表7-6　　小麦麸质面粉营养成分评定表（以干物质计）

项目	粗蛋白质含量/%	粗脂肪含量/%	粗纤维含量/%	粗灰分含量/%	无氮浸出物含量/%	钙含量/%	磷含量/%	总能/（MJ/kg）	消化能/（MJ/kg）	代谢能/（MJ/kg）
数值	17.00	3.80	8.70	5.00	65.60	0.31	0.98	18.20	11.20	7.00

（三）小麦麸皮膳食纤维

膳食纤维是指不为人体消化的多糖类碳水化合物与木质素的总称。小麦麸皮中约含有40%的膳食纤维。小麦麸皮中含有的膳食纤维具有十分重要的生理功能，如预防便秘、抗癌、降低血清胆固醇、调节糖尿病患者的血糖水平、预防胆结石、减少憩室病等。因此，膳食纤维及其食品的研究和开发越来越受到营养学界和食品科学工作者的高度重视。小麦麸皮膳食纤维主要用于生产高纤维食品中，如面包、饼干、糕点等，还可利用膳食纤维具有的吸水、吸油、保水等性质，添加到豆酱、豆腐和肉制品中，可以保鲜和防止水的渗透。制备膳食纤维的方法有酒精沉淀法、中性洗涤剂法、酸碱法、酶法等。其中酶法提取膳食纤维的方法简便易行，不需要特殊的设备，投资小、污染少，而且膳食纤维的产率较高，成分较理想。酶法提取膳食纤维的制备工艺：将小麦麸皮预处理，加入65~70℃的热水（麦麸：热水= 1： 10），再加入混合酶制剂（α-淀粉酶和糖化酶）降解淀粉，加碱或蛋白酶水解蛋白质，然后水洗、离心脱水、高温灭酶再烘干得到粗膳食纤维，最后再将粗膳食纤维漂白处理后粉碎得到精制小麦麸皮膳食纤维。

（四）小麦麸皮蛋白

小麦麸皮中含有12%~18%的蛋白质，是一种十分丰富的植物蛋白质资源。麸皮中的蛋白质组成和面粉中的不同，如表7-7所示。小麦麸皮中含有人体必需的多种氨基酸，尤其具有较高含量的赖氨酸，其蛋白质功效比值（PER）为2.07，消化率为89.9%，高于大豆蛋白和小麦蛋白，因此麸皮蛋白质可以作为营养强化剂添加到食品中。从食品行业发展的潮流看，植物性来源的蛋白质在膳食补充和食品加工中的地位也越来越重要。人们为了减少对身体不利的饱和脂肪酸的摄入，不宜过多食用动物性蛋白质。植物性蛋白质不仅可弥补膳食中蛋白质的不足，还含有一些有生理活性的物质，具有一些非常重要的功能特性。另外，麸皮蛋白质还可以用在面包和糕点中作发泡剂，并可防止食品老化；用在肉制品中可以增加弹性和持油性，用来制作乳酪或高蛋白乳酸饮料，增加食品风味。

表7-7　麸皮及面粉中的蛋白质组成　　单位：%

蛋白成分	清蛋白	球蛋白	醇溶蛋白	谷蛋白
麸皮	20.1	14.3	12.4	23.5
面粉	5.0	4.0	63.0	24.0

提取麸皮蛋白的常用方法有物理分离法、化学分离法和酶法。物理分离法（捣碎法）是将麸皮粉碎加水搅成奶油状，而后将其捣碎，用清水洗净，再用网筛分离蛋白质小块及淀粉。化学分离法（碱法）是用水浸泡麸皮，加碱溶解蛋白，而后以酸中和再沉淀蛋白液。酶法提取小麦麸皮蛋白质常用胃蛋白酶和淀粉酶，胃蛋白酶是将麸皮中的蛋白质分解，得到蛋白质水解液，再进行分离提取；淀粉酶是将麸皮中的淀粉液化，使蛋白质在不变性的状态下被分离出来。由于酶法提取麸皮蛋白质的得率较低，且纯度不高，故工业上主要采用碱法提取小麦麸皮中的蛋白质。

（五）小麦麸皮寡糖和多糖

小麦麸皮中含有较多的糖类，其质量分数在50%左右，主要为细胞壁多糖。另外还含有10%左右的淀粉，主要是由麸皮中粘连的胚乳所造成。

1. 低聚糖

低聚糖又称小糖和寡糖，是由2~10个单糖通过糖苷键连接起来形成的低度聚合糖的总称，是介于多糖大分子和单糖之间的碳水化合物。小麦麸皮中富含纤维素和半纤维素，是制备低聚糖的良好资源。研究发现，低聚糖具有良好的双歧杆菌增殖效果和低热性能，以及良好的表面活性，因此制备的低聚糖可用作双歧杆菌生长因子并应用于食品中；同时，由于其所具有的低热性能，属难消化糖，因此可作为糖尿病、肥胖病、高血脂等患者的理想糖源。另外，利用低聚糖所具有的表面活性，能够吸附肠道中的有毒物质和提高抗病能力，它还可以用在医药工业和饲料工业。

小麦麸皮低聚糖的一般加工工艺：将小麦麸皮粉碎、调浆，加入淀粉酶降解淀粉以及蛋白酶降解蛋白质，然后分离过滤去除滤液，再加入低聚糖酶水解，最后经过过滤、活性炭脱色、离子交换、浓缩、喷雾干燥等步骤得到小麦麸皮低聚糖成品。

2. 戊聚糖

戊聚糖是一种具有较高黏性的非淀粉多糖，主要由阿拉伯糖和木糖组成，还可能含有一定量的己糖、酚类物质和杂多糖等。戊聚糖在谷物中广泛存在，但含量很少。它是构成植物细胞壁的重要成分，大多数谷物的糊粉层细胞外薄壁和胚乳层细胞外薄壁的60%~70%是由戊聚糖构成的。戊聚糖在小麦麸皮中含量很高，可以达到干基的20%以上。

戊聚糖的性质主要体现在以下几方面：一是较高的吸水、持水特性，戊聚糖可吸收自身质量10倍以上的水分；二是高黏度特性，戊聚糖作为一种大分子多糖，具有非常高的强度；三是氧化交联性质，在某些化学氧化剂和氧化酶体系的作用下，戊聚糖与戊聚糖分子之间发生相互交联，使溶液的黏度增加，这就是戊聚糖独特的氧化交联性质，另外面团体系中戊聚糖发生氧化交联反应，可使戊聚糖与戊聚糖、戊聚糖与蛋白质之间发生相互连接而生成大分子的网络结构，从而对面团特性及面包烘焙品质有非常重要影响；四是戊聚糖的酶解性质，戊聚糖在木聚糖酶、阿拉伯糖酶、木糖酶、半纤维素酶、戊聚糖酶等的作用下，可使戊聚糖发生降解，分子大小及结构发生改变，从而使其性质发生变化。另外，研究发现，戊聚糖还具有较好的乳化稳定性、表面活性以及较好的起泡性和泡沫稳定性等性质。由于以上性质，小麦戊聚糖在食品工业中主要用作面制品的改良剂，比如适量添加在面粉中，可以增加面团的吸水率；增加面筋和淀粉膜的强度与延伸性，使蛋白质泡沫的抗热破裂能力增强，提高面团的持气性；面团中单纯加入水活性的戊聚糖，可增加面团的延伸性，使面团的内聚力增强，弹性增加，延伸性下降，延缓面制品老化，抑制淀粉回生等。

根据戊聚糖在水中的溶解性，可以将其分为水溶性戊聚糖和水不溶性戊聚糖两大类。后者大部分可以溶于碱液，所以也常称为碱溶性戊聚糖。这两种戊聚糖的分子结构十分相似，均是由D-吡喃木糖通过β-1，4糖苷键构成木聚糖主链，L-呋喃阿拉伯糖基以寡糖侧链的形式在木糖的C（O）-2和C（O）-3位进行取代。阿拉伯糖寡糖侧链是以两个或者两个以上的阿拉伯糖单糖分子通过1-2、1-3、1-5键连接起来的。溶解度性质的不同主要是由侧链的取代方式不同造成的。另外，戊聚糖分子之间相互缠绕和戊聚糖、细胞壁结构中其他组分的相互作用也会影响戊聚糖的溶解性。小麦戊聚糖的分支程度相对较低，未被取代的木糖残基很多，单取代和双取代的数量相当。

目前常用的工艺是采用水和碱作为提取溶剂，制备水溶性戊聚糖和碱溶性戊聚糖。具体操作：将小麦麸皮加水提取，然后离心分别收集上清液和水不溶物。将收集的上清液加淀粉酶降解淀粉、蛋白酶降解蛋白质，然后通过离心、浓缩、有机溶剂沉淀、干燥等步骤得到水溶性戊聚糖。将收集的水不溶物，用碱液提取，再离心得到上清液，将上清液调pH至中性，再用淀粉酶降解淀粉、蛋白酶降解蛋白质，然后通过离心、浓缩、有机溶剂沉淀、干燥等步骤得到碱溶性戊聚糖。

（六）小麦麸皮抗氧化剂

谷物中含有较多的抗氧化物，这些物质主要是一些酚酸类或酚类化合物，它们主要存在于谷物外层，总量可达500mg/kg，其中最主要的是阿魏酸。小麦麸皮中主要的功能性抗氧化剂为阿魏酸、香草酸、香豆酸。小麦麸皮中游离碱溶阿魏酸含量在0.5%~0.7%，可以将这部分物质富集处理，作为天然的抗氧化剂。该提取物具有非常好的抗氧化特性，是一种较好的天然抗氧化剂来源，此外由于抗氧化提取物中酚酸的协同效应，因此含有酚酸的复合物还具有抗癌活性。提取工艺：将小麦麸皮脱脂后，用95%乙醇提取，过滤得到滤液，真空蒸馏去除乙醇，再在115℃、1500kPa下高温高压处理15min，冷冻干燥即得抗氧化提取物。

阿魏酸的化学名称为4-羟基-3-甲氧基肉桂酸，是植物界普遍存在的一种酚酸。在麦麸中主要与细胞壁多糖和木质素交联构成细胞壁的一部分。阿魏酸具有很高的药用价值，有抗氧化、抗血栓、降血脂、抗菌消炎、治疗心脏病、防癌、防辐射、护肝等功能。因而，阿魏酸在食品、医药、农药、化妆品行业都有广泛应用。

阿魏酸的提取目前主要有碱法和酶法两种。碱法提取的原理是，在麦麸中阿魏酸主要通过酯键与细胞壁物质木聚糖交联在一起，强碱（如氢氧化钠）可以将酯键断裂，使得阿魏酸呈游离态释放出来，因此可以用碱法水解麦麸制备阿魏酸。提取过程中，随着碱浓度增加，阿魏酸提取率增加，但释放出的阿魏酸受破坏程度也增加。碱法提取阿魏酸的最佳工艺是用5g/L氢氧化钠溶液在85℃下提取6h。

酶法提取的原理是采用阿魏酸酯酶可以将麦麸中的阿魏酸与阿拉伯糖之间的酯键断裂，从而使阿魏酸游离出来，联合使用木聚糖酶可有效提高阿魏酸的提取效率。酶法反应条件温和、容易控制，且制备的阿魏酸得率高，不易引起褐变。

（七）小麦麸皮内源酶

植酸酶是一种能促进植酸（肌醇六磷酸）或植酸盐水解生成肌醇与磷的一类酶的总称。植酸酶广泛分布于植物和动物组织及一些特殊的微生物中，小麦麸皮也是提取植酸酶的价廉易得的好原料。β-淀粉酶广泛存在于粮食谷物中，尤其以小麦、大麦、山芋、大豆等粮食中含量较高。小麦麸皮中含有大量的淀粉酶系，其中β-淀粉酶的含量约5×10^4U/g麸皮。从麸皮中提取β-淀粉酶，代替或部分代替麦芽用于啤酒、饮料等生产上的糖化剂，可节约粮食，并且也可实现粮食副产品的有效增值。

综合提取植酸酶和淀粉酶的工艺：将小麦麸皮在50℃、pH 6的弱酸性溶液中浸泡一定时间，然后加入350g/L硫酸铵溶液离心分离得到上清液，在上清液中加入900g/L硫酸铵溶液离心分离，分别得到上清液和沉淀。将沉淀经透析、通风干燥得到β-淀粉酶；将上清液经沉淀、透析、通风干燥得到植酸酶。

二、麦胚的综合利用

麦胚是小麦制粉的副产品，占小麦籽粒质量的1.5%~3%，资源十分丰富，我国麦胚的蕴藏量每年达280~400万t，麦胚的营养价值极高。分析表明，麦胚中蛋白质的含量占30%以上，它含有人体必需的8种氨基酸，特别是赖氨酸的含量十分丰富，比大米、面粉高出6~7倍。麦胚中脂肪含量约10%，其中80%是不饱和脂肪酸，亚油酸的含量占60%以上，而亚油酸正是人体所必需的三种脂肪酸之一，它对维持人体水电解质平衡及保持肌体内环境稳定、调节血压、降低血清胆固醇、预防心血管疾病等都有重要作用。维生素在麦胚中不仅种类多（维生素 B_1、维生素 B_2、维生素 B_3、维生素 B_6、维生素E等），而且含量丰富，其中维生素 B_1 占小麦全粒维生素 B_1 的60%，维生素E在麦胚中的含量很高，其本身为天然抗氧化剂。麦胚中还含有Ca、Mg、Fe、Zn、K、P、Cu、Mn等多种矿物质，特别是Fe和Zn的含量较为丰富，每100g胚含Fe 9.4mg、Zn 10.8mg，这些微量元素对维持人体健康，特别是对促进儿童生长发育有重要作用。

（一）小麦胚芽油及其精深加工产品

1. 小麦胚芽油

小麦胚芽油有“液体黄金”之称，富含不饱和脂肪酸、生育酚、类胡萝卜素等，有清除自由基和抗氧化的功效，维生素组成成分及功效见表7-8，因此，小麦胚芽油不仅可食用，还可以作为化妆品及药用等。小麦胚芽油可直接食用或添加在牛乳、豆浆、面包中或乳化制成多种饮料。小麦胚芽油还可与其他功能性食品共同食用，各种材料按一定比例混合后制成保健品，多为软胶囊或微胶囊，产品种类繁多。此外，从经济角度考虑，小麦胚芽油还可制成化妆品，例如，小麦胚芽油精油，由于含有丰富的维生素E，平皱保湿效果明显；能稳定精油，与其他植物油混合使用，可防止混合油变质，延长调和油的保鲜期，使效果更加持久；蛋白质含量丰富（含人体必需的8种氨基酸），能保持皮肤弹性和光泽，最适合衰老、干燥、粗糙、色斑的女性护肤或美体使用，能由内而外改善肌肤，可单独按摩使用（直接涂抹肌肤）或调和单方精油使用。

表7-8　小麦胚芽维生素组成及功效

名称	含量/（mg/100g）	主要生理作用
维生素 B_1	2.10	参与糖代谢
维生素 B_2	0.60	氨基酸、脂糖代谢所必需
维生素 B_6	1.00	蛋白质正常代谢
尼克酸	7.00	核酸成分，维持细胞组成
泛酸	0.80	脂质代谢所必需，参与糖、蛋白质代谢
维生素E	22.00	抗氧化剂，维持生殖功能
叶酸	0.50	参与制造核酸、蛋白质代谢
生物素	0.01	合成维生素C的必要物质，脂肪、蛋白质代谢所必需
肌醇	852.00	有代谢脂肪和胆固醇的作用，有助预防动脉硬化

虽然小麦胚芽油是天然的健康佳品，但是其产量低、成本较高，再加上目前我国的小麦胚芽油主要依赖进口，价格昂贵。目前，小麦胚芽油主要提取方法为压榨法、浸出法、超临界二氧化碳萃取法和酶解法。

（1）压榨法　压榨法是借助机械外力将油脂从油料中挤压出来的物理方法，是最主要的植物油脂提取方法，有热榨与冷榨之分，冷榨能降低油脂氧化程度，较好保存油脂中营养成分。有研究报道，进行热榨与冷榨，小麦胚芽油得率均很低，且热榨油脂颜色偏黑，工艺效果都不理想。压榨法具有工艺简单、适用面广的特点，但是在压榨过程中温度等变化显著，营养成分破坏程度大，生产效率也不高，并不适用于精贵的小麦胚芽油的加工。

（2）浸出法　浸出法是利用油脂能溶于有机溶剂的原理，将油脂从油料中提取出来，再除去有机溶剂，得到粗制油脂的方法。有研究者从提高浸出效果、改善毛油质量、降低生产成本、确保使用安全等角度综合考虑，选用正己烷、丙酮、石油醚、乙醇、三氯甲烷等有机溶剂浸提小麦胚芽油，选出最佳溶剂为正己烷和丙酮的体积比为 1∶1 的复配溶剂，小麦胚芽的 40 目过筛物与溶剂比为 1∶5，胚芽含水量小于 4%，在 50℃下浸提 2 h，毛油得率可达 10.96%。虽然浸出法有着出油率高、原料利用率高、劳动强度低、生产效率高、营养成分保留较好、容易实现大规模生产和生产自动化等优点，但是由于有机溶剂的介入，使小麦胚芽油的生产安全性较差。

（3）超临界二氧化碳萃取法　超临界二氧化碳萃取法是目前被广泛研究的方法之一。超临界流体有着优良的溶解性，当温度和压力发生变化的同时，溶解性也随之发生变化，利用这一原理，可通过环境调节来改变气体密度，从而提取出不同的物质。萃取压力、温度、气体循环量对小麦胚芽油萃取率都有影响，研究表明，萃取压力影响大于温度影响，随着压力和气体循环量增大，则萃取速度加快。超临界二氧化碳萃取法具有节约能源、营养成分保留好、无毒无害的优点，但是其设备要求高、生产成本高、操作难度大，制约了该方法在实际生产中的应用，但是随着科技发展，这些问题必将得到解决，应用前景广阔。

（4）酶解法　纤维素酶、果胶酶等可以降解植物细胞壁，将这些酶类运用于油料作物中，可以在温和的条件下释放其内含物，使制得的油脂有较高的品质。有研究者以液固比、萃取时间和酶浓度为参数优化工艺，得到了液固比 16.5∶1，酶浓度 1.1%和提取时间 19.25h 的最优条件，产率达 66.5%。此外，还可对溶液 pH、提取温度等因素进行优化。

（5）其他方法　有研究报道，将现有的酶解与压榨结合起来，先酶解后冷榨，确定了低温下进行提取的酶解冷榨法工艺参数，出油率虽然较低，但油脂活性高。还有研究者在超临界二氧化碳萃取时加入乙醇作为夹带剂，可提高萃取效率，其机理是提高待萃取成分溶解度，以及克服待萃取成分与母体间的结合力。由此可见，各种提取方法还可以结合使用。

2. 维生素 E

如前所述，天然维生素 E 是一种极其宝贵的营养素，可以清除自由基，促进血液循环，起到抗氧化的作用，关于其生理活性和多功能性，已经成为了人们关注的焦点。小麦胚芽油中维生素 E 含量远高于其他植物油。目前，超临界流体萃取技术的发展大大促进了麦胚中维生素E的提取分离，可利用超临界二氧化碳作为萃取溶剂，在萃取压力30MPa，萃取温度35℃，分离压力12MPa，分离温度45℃下，对维生素E进行初步浓缩。

（二）麦胚蛋白及其精深加工产品

1. 麦胚蛋白

小麦胚芽的蛋白质含量高达30%，仅次于大豆，分别是主食大米、面粉的4.9倍和3.2倍，是瘦牛肉、瘦猪肉及鸡蛋的1.5倍、1.8倍和2.1倍。在麦胚蛋白质的组成中，清蛋白占30.2%，α、γ、δ三种球蛋白占18.9%，麦醇溶蛋白占14.0%，麦谷蛋白占0.3%~0.37%，水不溶性蛋白占30.2%。非蛋白态氮含量为11.3%~15.3%，以天冬酰胺、甜菜碱、胆碱、卵磷脂、尿囊素、精氨酸为主。核酸的成分中核糖核酸RNA为3.5%~4.2%，与酵母的核糖核酸含量相同。麦胚蛋白是一种完全蛋白，它含有人体必需的8种氨基酸，占总氨基酸的34.74%（表7-9）。小麦胚芽蛋白质中必需氨基酸的构成比例与FAO/WHO颁布的模式值以及大豆、牛肉、鸡蛋的氨基酸构成比例基本接近，明显优于大米、面粉蛋白质中必需氨基酸的构成比例，有很好的平衡氨基酸，在营养学上具有重要意义。此外，小麦胚芽蛋白中还含有一种由谷氨酸、半胱氨酸、甘氨酸3个氨基酸经肽键缩合而成的含硫活性三肽——谷胱甘肽，具有抗氧化延缓衰老功能。通过谷胱甘肽催化，可与过氧化物反应，还原氧化物，保护人体细胞免受氧化损害，特别能保护大脑功能，并能传递氨基酸生物功能，促进生长发育。谷胱甘肽过氧化物酶是一种含硒酶，具有很强的抗氧化作用，是一种延缓衰老、防癌的有效因子。根据生物实验表明，小麦胚芽蛋白的蛋白质功效比值、净蛋白质比值、蛋白质真消化率、生物价、净蛋白质利用率及相对净蛋白质比值相当于高定额的动物蛋白的生物价，它的有效率可与牛乳粉的蛋白质有效率相当，相对营养价为80%，它的营养价值还可与标准营养的鱼粉相媲美。由此可见，小麦胚芽中不仅蛋白质含量丰富，氨基酸全面平衡，而且易于人体吸收，是很好的优质全价蛋白质营养源。小麦胚芽可广泛用于增补食品中的蛋白质，强化食品的氨基酸营养价值，是一种天然的优质食品蛋白质和氨基酸强化剂。

表7-9　　小麦胚芽的氨基酸组成　　单位：g/100g

名称	含量	名称	含量
丙氨酸	1.34~1.71	赖氨酸*	1.30~1.77
精氨酸	1.77~2.09	甲硫氨酸*	0.39~0.58
天门冬氨酸	1.92~2.25	苯丙氨酸*	0.86~1.01
胱氨酸	0.43~0.61	脯氨酸	1.13~1.52
谷氨酸	3.65~4.59	丝氨酸	1.05~1.28
甘氨酸	1.32~1.58	苏氨酸*	0.89~1.09
组氨酸	0.59~0.82	色氨酸*	2.44
异亮氨酸*	0.77~0.94	酪氨酸	0.65~0.78
亮氨酸*	1.50~1.75	缬氨酸*	1.01~1.37

注：*为人体必需氨基酸。

小麦胚芽蛋白不仅质量优异，而且有着良好的起泡性、乳化性、保水性等，适用于添加到不同种类的食品之中，可以改良食品性状，增添特有的风味等。在面制品、肉制品和饮料中，小麦胚芽蛋白都可以作为辅料添加其中，均有较好的效果。麦胚蛋白还可制作成为小麦胚芽蛋白粉、麦胚蛋白饮品、麦胚蛋白口服液等针对特殊人群的保健食品。此外，小麦胚芽的无细胞蛋白质合成系统具有高速、精确的特点，可建立高效且高活力的蛋白质合成系统，为疫苗候选株的研制提供了很好的蛋白质来源，是制备疫苗候选株的关键工具，现已有不少成功运用此疫苗的例子，如针对疟疾等。

麦胚蛋白的提取分离技术可为有效利用小麦胚芽提供途径。目前常用的麦胚蛋白提取技术有超声波法、盐溶碱提酸沉法、反胶束萃取法等。

（1）超声波法　作为一种物理提取工艺，超声波法安全可靠，适用于天然物质的提取，应用广泛。研究表明，提取过程中超声功率的改变会引起麦胚蛋白的结构性能发生变化，虽然高级结构改变，但一级结构并无变化。

（2）盐溶碱提酸沉法　自该法被首先利用从脱脂麦胚中提取麦胚蛋白后，大量其他类似研究也随之展开，方法也在不断地改良优化。因为单一碱提酸沉法提取麦胚蛋白纯度和得率较低，有研究者在此法基础上，加入了淀粉酶解步骤，提高了麦胚的纯度和得率。此法的缺点是会产生大量废水，污染环境。

（3）反胶束萃取法　表面活性剂在有机溶剂中可以自发形成一种纳米尺度的聚集体，即为反胶束。表面活性剂的极性基团围出一个包裹水分子的极性核心，亲水性的生物分子就可以溶解其中，以胶束的形式被萃取出来。麦胚中的麦胚蛋白即可用此法萃取，可通过改变温度、酸碱度等条件，优化萃取工艺，还可将超声法作为辅助，同时利用反胶束法对麦胚蛋白进行提取。

（4）其他方法　麦胚蛋白的分离纯化方法还有沉淀分离、电泳分离、离子交换、柱层析等。

2. 活性肽

麦胚蛋白水解后，肽链断裂，释放出具有生理活性的短肽化合物，如麦胚谷胱甘肽。还原型谷胱甘肽在生物体内具有十分重要的生理功能，如参与氨基酸的吸收与转运；参与血红蛋白的还原作用；清除自由基、解毒、促进铁质吸收；维持红细胞膜的完整性和DNA的生物合成；维持细胞的正常生长及具有细胞免疫作用等。麦胚谷胱甘肽的主要提取工艺：将小麦胚芽置于一定比例的异戊醇和正己烷溶剂中，加入异抗坏血酸和抗坏血酸，回流20 min，将麦胚蛋白转化为短链的谷胱甘肽，然后冷却、过滤后，再将滤渣置于红外线下干燥，便可得到高谷胱甘肽含量的制品。

3. 凝集素

目前，国内外研究者针对麦胚凝集素做了不少研究。凝集素是一种糖蛋白或是能结合糖的蛋白，由于具有凝集效应而被称为凝集素。麦胚凝集素是从小麦胚芽中提取的，可促进细胞凝集的二聚体专一性可逆糖结合蛋白，可用于细胞的分离和凝集，进行抑制细胞生长或是融合细胞的实验。用小鼠进行研究表明，麦胚凝集素可以增强大脑对于鼻腔给药抗体的摄取程度，这对治疗阿尔茨海默病有着极大的裨益。

4. 脂肪酶

小麦胚芽脂肪酶在食品生产中通常为灭活对象，因为其具有很高的生物活性，极易引起小麦胚芽的酸败变质，但是因其热稳定性和高活性，小麦胚芽脂肪酶却也有很多用途。例如，有研究者运用小麦胚芽脂肪酶对壳聚糖进行解聚和取代，以改善壳聚糖的吸收效果和膳食价值。小麦胚芽脂肪酶在手性拆分上有较多应用，尤其是氨基酸酯的水解消旋，可分开2个对映体。此外，脂肪酶的催化功能可用来生产生物柴油，若将小麦胚芽中的脂肪酶提取出来加以合理利用，可使酶法制备生物柴油的催化剂成本显著降低。现主要采用沉淀、凝胶过滤、色谱等的组合方法对小麦胚芽脂肪酶进行分离富集。

（三）其他小麦胚芽食品

1. 小麦胚芽豆制品

（1）麦胚豆腐　可以将小麦胚芽粉在制作豆腐时加入豆浆中，或是小麦胚芽粉与大豆粉混合后加水匀浆，再用凝固剂凝固。两者不同比例的成品，风味与质构会有所不同。可以得到口感和风味优于传统口味的豆腐、酷似布丁的豆腐和近似酸奶酪甜品的豆腐。

（2）麦胚豆奶　豆奶中加入麦胚浸提汁或超微粉碎的麦胚粉末，经煮沸、过滤，再调味后均质、杀菌，即可制成具有植物香气的麦胚豆奶，口感清甜、香味醇厚。另外，加入花生浆或其他坚果粉、浆，可制成复合豆奶。

（3）麦胚酱油　黄豆粉内添加小麦胚芽粉，依照传统工艺发酵制作酱油，即可得营养丰富的小麦胚芽酱油。

2. 小麦胚芽面制品

以麦胚为配料制作面包、饼干等；加入面粉内制作麦胚面条、麦胚馒头等；也可用小麦胚芽来制作功能性面筋和起泡性面筋。麦胚面制品中添加小麦胚芽汁可达5%以上，小麦胚芽中的蛋白和色素等成分可以改善面制品营养价值及外观特性。

3. 小麦胚芽饮品

麦胚灭酶磨浆后，加入乳粉，加糖调配，杀菌、冷却、接菌发酵，加入配料（如果料等），加入稳定剂后二次均质，即可制得小麦胚芽乳酸菌饮料。小麦胚芽还可与其他材料制成复合饮料、汤料等。

4. 小麦胚芽休闲食品

将小麦胚芽进行膨化和挤压，可加工成多种麦胚食品。因为其中的矿物质、蛋白质等含量丰富，非常适于儿童和老年人食用，而且麦胚小吃香脆可口，是休闲佐餐的佳品。

5. 强化型麦胚糊系列制品

在小麦胚芽中添加大豆蛋白粉、花生蛋白粉、蛋黄粉、米粉等，再添加其他营养组分，如磷脂、维生素C、β-胡萝卜素等制成复合营养胚芽糊。此外，也可作健康食品配料和冷冻甜食如冰淇淋组分，以增强营养性。

三、次粉的利用

小麦次粉是以小麦籽粒为原料磨制各种面粉后所获得的副产品之一，也被称为尾粉，主要是小麦胚、糊粉层、果皮及部分胚乳组成的混合物，重量约占小麦籽粒的5%。我国每年小麦次粉的产量在400万t左右，随着市场上对于优质面粉的需求量越来越大，小麦次粉的产量也必然会相应增加。由于小麦品种、小麦产地、面粉加工工艺、制粉程度与出麸率不同，小麦次粉的组成存在明显差异。小麦次粉中胚乳高于麸皮而低于面粉；糊粉层的含量高于麸皮和面粉，这使其富含蛋白质、膳食纤维、维生素、矿物质等，营养非常丰富。

小麦次粉的淀粉组成与面粉淀粉组成进行比较，由小麦次粉制得的总淀粉和 B 淀粉（尾淀粉）所含杂质高于面粉淀粉，A 淀粉（精制淀粉）的纯度高于面粉所得 A 淀粉，次粉淀粉糊化后透明度、凝胶稳定性、冻融稳定性不如面粉淀粉。

小麦次粉中蛋白质含量占 12.5%~17%，由于小麦品种、面粉加工工艺等的不同，其含量存在一定的差异。小麦次粉蛋白质主要由清蛋白、球蛋白、麦胶蛋白、麦谷蛋白构成。清蛋白是一类低分子质量蛋白质，呈球状，溶于水和稀酸溶液，易结晶，热稳定性差，在中性溶液中加热即沉淀或凝固，不能被 500g/L 饱和度的硫酸铵溶液沉淀。球蛋白是一种不溶或微溶于水，可溶于稀盐溶液的单体蛋白质，能被饱和度硫酸铵溶液沉淀，热稳定性差，加热即沉淀或凝固。球蛋白广泛应用于医药领域，在食品领域应用较少。醇溶蛋白和麦谷蛋白是构成面筋的主要成分，其中醇溶蛋白占面筋总蛋白的 40%~50%，占小麦面粉总量的 4%~5%，具有良好流变性、延伸性和膨胀性，主要赋予面团以延伸性。醇溶蛋白为单体蛋白质，分子质量较小，为 30000~80000u。醇溶蛋白分子呈球状，只含有分子内二硫键，无亚基结构，又无肽链间二硫键，共有 3 种 *N*-末端序列：α-型、γ-型、ω-型。分子间的相互作用力不强，靠氢键、疏水键、分子内二硫键等作用力相互作用形成较紧密的三维结构。麦谷蛋白占面筋总蛋白的 30%~40%，水化后有良好弹性、韧性和抗延伸性，无黏性，延伸性差，主要赋予面团以弹性。麦谷蛋白是由 17~20 个多肽亚基构成的大分子质量复合体，含有大量分子间二硫键，结构不规则，分子内含 β 折叠结构较多，分子质量 40000~300000u，呈纤维状，分子间相互结合的能力强。麦谷蛋白有 HMW 和 LMW 谷蛋白亚基，其中 HMW-GS 分子质量 80000~130000u，占麦谷蛋白的 10%，LMW-GS 分子质量 10000~70000u，占 90%。

（一）小麦淀粉及其衍生产品

1. 小麦淀粉

近年来，由于食品、化工和医药行业的发展，小麦淀粉的用量也在逐年增加。小麦淀粉可用于生产变性淀粉，如氧化淀粉、交联淀粉、取代淀粉等，用于食品和非食品领域；小麦淀粉还可转化为小麦淀粉的水解产品，如淀粉糖等。

小麦淀粉的生产工艺多种多样，有十几种，在生产小麦淀粉的同时，也会生产出小麦面筋蛋白，即通常所说的谷朊粉。在这些方法中，有几种已在工业化生产中得到应用，如马丁法、面糊法、瑞休法、旋流法和三相卧螺法。

（1）马丁法　马丁法是在手工分离小麦面筋和淀粉方法的基础上形成的一种相对较简单的面筋和淀粉分离方法，也称水洗小麦谷朊粉和淀粉分离工艺。马丁法是最早广泛应用的小麦淀粉和谷朊粉的生产方法。随着时间的推移，传统的马丁法被逐步改进，通过增加过程水的重新循环以及采用新型淀粉和蛋白有效分离设备而降低新鲜水用量，每吨面粉耗水量从 10~12t 降低到 7~9t。

（2）离心分离法　离心分离工艺是目前国际上比较先进的小麦淀粉和谷朊粉生产工艺，代表着今后小麦淀粉工业的发展方向。目前，国内已经有企业采用卧螺法和旋流法。离心分离工艺是现代化的小麦淀粉生产工艺，它的典型工艺特征是淀粉和面筋蛋白的分离由两个阶段完成，首先 A 淀粉与面筋蛋白在面筋蛋白形成网络前使用离心分离设备先分离，然后湿面筋与B淀粉等成分采用筛分的方法分离。离心分离工艺的优点：①可获得蛋白质含量比较高的谷朊粉：由于湿面筋在整个工艺过程中没有受到高强度的机械搅拌，受到损伤的机会很少，质量较好；②A淀粉的质量高：A淀粉在面筋形成前就被分离出来，因而蛋白质等成分混入A淀粉的几率减小；③耗水量少：离心分离设备的使用使分离的效率大大提高，单位产品的水消耗量少，每吨面粉耗水量可以降低到2~3t。从水洗工艺到离心分离工艺，小麦淀粉工业在工艺技术方面的进步可以概括为以下几个方面：①敞开式工艺向密闭管道式工艺转变，以保证产品的卫生安全；②间歇式、半自动化工艺向连续自动化工艺转变，以提高劳动效率、可靠性和稳定性；③降低单位产品的新鲜水的消耗量，以减轻环保压力和生产成本；④不断提高谷朊粉的质量以提高产品附加值。

2. 小麦变性淀粉

由于小麦淀粉的某些品质指标在实际应用时，很难得到非常理想的效果，为改善小麦淀粉的性能，扩大其应用范围，利用物理、化学或发酵处理，在淀粉分子上引入新的官能团或改变淀粉分子大小和淀粉颗粒性质，使其更适合一定应用的要求。这种经过二次加工，改变性质的淀粉称为变性淀粉。变性的目的：一是为了适应各种工业应用的要求，二是为了开辟淀粉的新用途，扩大应用范围。目前食品用小麦变性淀粉的主要品种有预糊化淀粉、酯化淀粉、交联淀粉以及复合变性淀粉产品。在每种变性淀粉生产中，根据采用的试剂种类不同，以及取代和交联度的不同，又分为很多品种。所以在实际生产中，根据市场的需求，改变和控制配方以及变性条件和参数，对于小麦变性淀粉的生产是非常重要的。

3. 小麦淀粉糖

小麦淀粉还可作为很好的淀粉糖的生产原料。小麦淀粉经酶法、酸法可加工成淀粉糖，也是小麦淀粉深加工的主要产品之一。淀粉糖主要品种有液体葡萄糖、结晶葡萄糖、麦芽糖浆、麦芽糊精、果葡糖浆等。淀粉糖广泛应用于糖果、糕点、饮料、冷饮、焙烤、罐头、果酱、果冻、乳制品等各种食品中，也可以作为医药、化工、发酵、食品添加剂等行业的重要原料，还可以应用于精细化工以及精密机械制造等行业。

4. 小麦淀粉发酵制品

小麦淀粉可经微生物发酵加工各种发酵制品，这也是小麦深加工的主要产品之一。发酵产品主要品种有：酒精、味精、乳酸、柠檬酸、山梨酸、各种氨基酸等。发酵产品广泛应用于糕点、饮料、焙烤、罐头、果酱、果冻、乳制品等各种食品中，也可以作为医药、化工、食品添加剂等行业的重要原料。

（二）小麦面筋蛋白及其衍生产品

小麦次粉也是小麦面筋蛋白的重要原料，这进一步提升了小麦次粉的经济效益。小麦面筋蛋白及其产品在食品、化工工业中应用广泛。小麦面筋蛋白是一种优良的面团改良剂，在面包、面条等面制品的生产中应用广泛。在制作面包时，添加2%左右小麦面筋蛋白能够增强面团筋力，在醒发过程中留存气体，控制面包膨胀，提高产品得率，有利于保持面包柔软，并能够延长面包保质期，增强面包口味。在挂面生产中，添加1%~2%的活性小麦面筋蛋白，可使面片成型好，柔软性增加，提高面团的加工特性，减少断条率。面筋蛋白对面条拉伸特性影响较大，能够有效防止面条过软或断条，咀嚼性、黏合性增大，有利于提高面条的口感。小麦面筋蛋白在肉制品中同样应用广泛。在火腿肠的生产中，添加一定量的小麦面筋蛋白能够提高火腿出品率，改善其营养结构，增加产品稳定性。在重组化肉品中添加1%~5%的小麦面筋蛋白，能够有效增加重组肉的保水性、黏弹性、出汁率和色泽稳定性，降低加工损耗。小麦面筋蛋白也可用于制作仿真肉。这类仿真肉具有高蛋白、低脂肪的特点，尤其适合老年人和肥胖人士的食用。此外，还可利用微波处理、湿热处理、酸脱酰胺、右旋糖苷反应、木瓜蛋白酶和碱性蛋白酶控制水解及转谷氨酰胺酶催化交联等技术，提高谷朊粉乳化性，或者通过微波处理、湿热处理以及酶法提高谷朊粉的溶解性，以拓宽谷朊粉在食品和化妆品、洗发品等方面的应用范围。

（三）其他小麦次粉产品

1. 小麦次粉发酵食品

小麦次粉还可应用于食醋等方面，作为发酵食品的原料。有研究者以次粉为原料，采用前稀后固法工艺酿造食醋，结果证明以次粉为原料酿造的食醋的风味与传统方法酿造的基本相同，出醋率高，食醋成本降低，扩展了次粉的利用范围。

2. 小麦次粉饲料产品

小麦次粉在现阶段主要用于饲料。次粉作为饲料有多种优势。小麦次粉中含有畜禽生长中所需的13种必需氨基酸，其中甲硫氨酸、赖氨酸、苏氨酸含量均高于玉米和小麦。粗纤维含量低于麦麸，但高于玉米和小麦，能够有效促进禽畜的肠道蠕动。B族维生素含量较高，其中胡萝卜素含量为0.008%。次粉中的钙磷含量与麦麸中的接近，小麦次粉中的总磷以植酸盐的形式存在，不易被畜禽吸收。所含矿物质，如钠、铁、镁、铜、锌、锰等元素均高于玉米、小麦和麸皮。从总营养价值看，每公斤次粉总能量为68.31MJ，代谢能（鸡）为50.65MJ，可消化能（猪）为56.26MJ，与小麦、玉米大致相同，比麦麸略高。小麦次粉是一种良好的能量饲料，在饲料生产中应用广泛。

第四节　玉米加工副产品的综合利用

长期以来，玉米生产都以饲料生产为主要目的，直至目前世界生产的玉米仍有70%作为饲料。但是随着工业化的发展，特别是食品工业的发展，需要更多的玉米生产各类产品。通过综合利用和深度加工，资源得到合理利用，可以使每万吨玉米所得产品的价值增值5倍以上，不仅使企业的经济效益有较大的提高，而且可以减少环境污染。所以，玉米深加工和副产品综合利用已逐渐成为玉米加工的趋势。

一、玉米胚的综合利用

玉米胚芽是玉米淀粉及酒精工业的副产物。玉米湿法磨浆后提取的玉米胚芽，通过挤干机脱除附着在胚芽表面的游离水分。然后经过沸腾炉进行烘干，控制成品含水量为3%~4%。玉米的胚是玉米生长发育的核心和起点，是主要营养活性物质的宝库，其主要营养成分如表7-10所示。由于玉米胚含油高达45%以上，而玉米粒其他部分的脂肪含量很少，因此玉米胚芽主要用于生产玉米胚芽油。

表 7-10　玉米胚主要营养成分

成分	含量/（g/100g）	成分	含量/（mg/100g）
水分	4.0~7.0	植物甾醇	633.4
蛋白质	15.0~17.0	维生素 E	5.0~10.0
脂肪	45.0~55.0	钙	22.04
碳水化合物	20.0~30.0	铁	23.18
灰分	0.8~1.5	锌	3.8
粗纤维	9.1		

（一）玉米胚芽油及其精深加工产品

1. 玉米胚芽油

从玉米胚芽中提炼出的油脂称为玉米胚芽油，又称粟米油或玉米油，属于谷物油。玉米胚芽油脂肪酸中的亚油酸、亚麻酸、花生四烯酸是人体所必需的脂肪酸，很容易被人体吸收。精炼油中的维生素 E 含量是油重的 0.08%~0.12%，是普通油无法相比的，另外还含有比普通植物油更丰富的维生素 A 及维生素 D。玉米胚芽油含有的谷固醇和磷脂，能增强人体肌肉和心脏、血管系统的功能，且本身不含胆固醇，因此，它是世界卫生组织推荐的三大健康油品之一。目前制取玉米胚芽油的工艺、设备和操作技术与其他油料制取油脂的过程大体相同，均需经清理、干燥、软化、轧胚、蒸炒、取油、精炼等过程，具体可参见“第四章 油脂制取与加工”相关内容。

2. 磷脂和皂脚

油脂精炼分为脱胶、脱酸、脱色、脱蜡、脱臭等工序，毛油经精炼后所含有的可皂化物（磷脂、游离脂肪酸等）以及不皂化物（甾醇、脂肪醇、生育酚、色素等）被脱除而进入下脚料。玉米毛油经水洗脱胶和碱洗脱酸分别得到磷脂和皂脚。磷脂在体内参与脂肪的吸收，促进代谢，调整血清脂质，因而具有防止动脉硬化、提高肝功能、调节神经功能等作用。

因此，磷脂可用作医药的载体，已有国外科研人员研究出从玉米毛油中提取出的磷脂制取降胆固醇药。除此之外，磷脂还可用作乳化剂、抗氧化剂、营养剂和分散剂等。皂脚是生产肥皂、低泡沫洗衣粉的良好原料，并且成本低廉。但是，只将其用来制造低级肥皂，并没有达到物尽其用的效果。皂脚还可以经过简易、有效的方法制取出脂肪酸酯、谷维素、油酸和软脂酸。

3. 脱臭馏出物

油脂加工的最后一道工序就是脱臭，脱臭的目的是去除碱炼后残留在油中的带有不良气味的组分，并破坏存在于油中的过氧化物。油脂的脱臭一般是在 200~260℃ 的高温、266~799Pa 的压强下，直接吹入蒸汽进行减压水蒸气蒸馏操作。此时馏出的成分，沿着升压器、喷射泵的排气气流挥发出去，倒入大气冷凝器处的排水槽，作为热水槽馏出物用以回收。在从脱臭塔到达热水槽的各个阶段中，部分作为壳体排泄水在内壁附着，另一部分通过表面冷凝器、液沫分离器或洗涤器等设备得到收集，这些物质统称为脱臭馏出物。在此过程中也同时去除了色素、甾醇、烃类及其他由氢过氧化物热分解形成的化合物。因此，脱臭馏出物是玉米胚芽油副产物中含量最丰富的物质，其中含有天然维生素 E、植物甾醇、甾醇酯、脂肪酸甘油酯、角鲨烯、碳水化合物、醛、酮和复杂的脂肪酸混合物（油酸、亚油酸、棕榈酸等）。首先对脱臭馏出物中的脂肪酸进行甲酯化反应，然后经过冷析分离出植物甾醇，最后通过萃取、离子交换法或分子蒸馏得到天然维生素 E。目前，国内外尚未有人对玉米胚芽油脱臭馏出物的成分及含量进行深入研究，其中潜在的商业价值仍需要一些科研人员进行深入研究和探讨。

（二）玉米胚芽饼粕及其精深加工产品

玉米胚芽经油脂提取后成为玉米胚芽饼粕，蛋白质含量高，其主要成分为：蛋白质 22.6%、脂肪 1.9%、淀粉 24%、粗纤维 9.5%、灰分 3.8%、水分 10%、植酸 3%~6%。如采用机械压榨，含油量较高，为 6%~10%。因此，玉米胚芽饼粕可作为优质的饲料原料，也可提取玉米蛋白。经脱臭处理的胚芽饼粕，是营养价值很高的食品加工原料，可在糕点、饼干、面包等食品中添加使用。

1. 玉米胚芽饼粕饲料

玉米胚芽取油后得到的玉米胚芽饼粕，其化学成分发生了很大的变化，一些生味、异味被除去，香味增加，而且容易被动物吸收，适口性特别好。胚芽饼中富含纤维和脂肪，添加到含玉米麸质的配合饲料中改善饲料的口味，并且也可以单独饲喂动物。玉米胚芽饼粕还具有较高的吸水、吸油性能，因而可以作为液体营养剂的载体。

2. 玉米胚芽蛋白

根据传统的奥斯本（Osborne）分离法，玉米胚芽蛋白中的可溶性部分主要为清蛋白和球蛋白，两者所占比例为 60%~78%，醇溶蛋白很少，仅为 2%~5%，谷蛋白的含量差别很大，为 6%~23%。玉米胚芽蛋白中的不溶性部分占 12%~20%，不同产地、不同品种的玉米，其胚芽蛋白的组成差别较大。玉米胚芽蛋白的氨基酸组成不同于胚乳，必需氨基酸含量很高，其氨基酸组成见表 7-11。

表 7-11　　玉米胚中氨基酸组成　　单位：g/100g

氨基酸种类	含量	氨基酸种类	含量
天门冬氨酸	0.72	缬氨酸*	0.70
苏氨酸*	0.38	甲硫氨酸*	0.18
丝氨酸	0.37	异亮氨酸*	0.37
谷氨酸	1.38	亮氨酸*	0.93
甘氨酸	0.49	酪氨酸	0.29
丙氨酸	0.60	苯丙氨酸*	0.48

注：*为人体必需氨基酸。

玉米胚芽蛋白的提取工艺通常采用碱提酸沉法，将脱脂玉米胚芽粉碎，调节水料比 11∶1，pH 8.7，温度 46℃，搅拌条件下提取 90min，3000r/min 离心取上清液，用 1mol/L 盐酸调 pH 至 4.7，沉降、离心，沉淀用清水洗涤，再用氢氧化钠调节 pH 至中性，干燥即得成品。此外，还可采用水、50g/L 亚硫酸钠溶液、70%乙醇溶液和 4g/L 氢氧化钠溶液，分步提取玉米胚芽中的清蛋白、球蛋白、醇溶蛋白和碱溶蛋白。具体操作：称取一定量的脱脂玉米胚芽，粉碎后加水溶解，料水比1∶7，在温度40℃恒温条件下搅拌浸提40min，使蛋白质溶于水溶液中，4000r/min离心20min收集上清液，即为清蛋白。取上述经水提取的残留物，加入50g/L的亚硫酸钠溶液，料水比1∶6，充分溶解后，在温度40℃浸提30min，按同样方法收集上清液，即为球蛋白。再将残留物加入8倍的浓度为70%的乙醇溶液溶解，温度50℃浸提30min，离心收集上清液，即为醇溶性蛋白。将剩余沉淀加入5~6倍的4g/L氢氧化钠，充分溶解，在温度50℃浸提30 min，以同样方法制得碱溶蛋白（谷蛋白）。在此工艺条件下，清蛋白的提取率达39.5%~41.17%，球蛋白的提取率达30.78%~32.67%，醇溶蛋白的提取率达2.95%~2.97%，碱溶蛋白的提取率达14.82%~15.60%。

3. 生物活性玉米肽

如前所述，生物活性肽是天然氨基酸以不同排列组合方式构成的从二肽到复杂的线性或环形结构的不同肽类的总称，具有多种人体代谢和生理调节功能，易消化吸收，有促进免疫、激素调节、抗菌、抗病毒、降血压、降血脂等作用，且食用安全性极高。玉米胚中还原型谷胱甘肽的含量112~126mg/100g，具有抗氧化的作用，它在临床医药领域上用于保护肝脏、治疗肿瘤等。谷胱甘肽作为一种新型功能性食品添加剂，在食品加工领域也得到了广泛的应用。目前，市场上常见的玉米肽糙米胚片，就是从优质玉米中提取的功效成分玉米肽，具有协助清除体内自由基、延缓衰老、促进酒精的分解等作用。同时有研究表明，玉米胚芽蛋白酶解物能显著提高正常小鼠的免疫脏器指数，腹腔巨噬细胞的吞噬百分率、吞噬指数和淋巴细胞的转化功能活性、促进溶血素的形成，因而，是一种很好的非特异性免疫激活剂。

4. γ-氨基丁酸

γ-氨基丁酸（GABA）是一种非蛋白质氨基酸，是天然存在的功能性氨基酸，也是新型的功能食品因子。玉米胚芽是γ-氨基丁酸的重要来源之一，玉米胚中γ-氨基丁酸的干基含量286.8mg/（100g），对食品热加工稳定。以脱脂玉米胚芽为原料，利用其中的蛋白酶和谷氨酸脱羧酶（Glutamic Acid Decarboxylase，GAD）富集γ-氨基丁酸。通过实验确定的富集工艺条件为：脱脂玉米胚芽与磷酸盐溶液（0.06mol/L、pH 5.7），比例1∶40（g/mL），反应时间5h，温度40℃，pH 5.7；同时添加6μmol/L Ca^{2+}，可将GABA产量提高到4mg/g，比未富集时提高了10倍。另外，通过添加底物谷氨酸（L-Glu）进行反应，脱脂玉米胚芽与磷酸盐缓冲液（0.08mol/L、pH 5.7）比例为1∶40（g/mL），维生素B_6和氯化钙的添加量分别为3mmol/mol（Glu）和15 mmol/mol（Glu）。脱脂玉米胚芽与L-Glu质量比为45∶1，40℃下反应6h，Glu的转化率可达100%，GABA产量为15mg/g，比未富集时提高40倍。

二、玉米芯的综合利用

玉米芯是玉米生产和加工的副产物，主要是由35%~40%半纤维素、32%~36%纤维素、17%~20%木质素、灰分和少量其他物质构成。纤维素、半纤维素、木质素都是可再生资源。目前，大量的玉米芯除了部分用作栽培食用菌、制备糠醛、生产木糖醇等产品的原料外，很大一部分被直接燃烧处理，造成资源浪费和环境污染。玉米芯被用来生产木糖醇和糠醛虽然已经商业化，但是原料利用不充分，使得经济效益不高。随着生物质能的发展，利用木质纤维素生产能源产品与化工品已经受到人们的重视，但是木质纤维素原料的天然抗降解屏障使得生物质原料需要经过一定处理后才能加以利用。玉米芯工业化生产木糖醇、糠醛等相当于对原料进行了充分预处理，在原有的产业链基础上对玉米芯进行综合利用，可以使其三大组分全部转变为产品，得到高值化开发。

（一）半纤维素及其精深加工产品

1. 半纤维素

半纤维素是不均一多聚体，包括聚木糖、甘露聚糖、木葡聚糖、葡糖甘露聚糖等，这些聚糖由木糖基、甘露糖基、葡萄糖基、半乳糖基、阿拉伯糖基、葡萄糖醛酸基等聚合而成。聚糖的主链聚合度为 100~150，将聚糖分解可用来制取低聚木糖、木糖、阿拉伯糖等，单糖脱水可以制取糠醛。

2. 低聚木糖

半纤维素中 80%以上为木聚糖，木聚糖由木糖聚合而成，木聚糖经木聚糖酶水解后聚合度降低，控制酶加量和酶解时间可以得到由 2~7 个木糖分子结合而成的低聚木糖。低聚木糖被称为益生元，可以增殖肠道内益生菌、抑制病原菌、防止腹泻和便秘、保护肝脏功能、降低血清胆固醇和血压，是目前用量最低便可达到效果的低聚糖产品（日使用量 0.7~1.4g）。低聚木糖是目前半纤维素附加值最高的产品之一。

利用玉米芯制备低聚木糖的工艺过程：玉米芯经过粉碎后蒸煮提取出高聚合度的木聚糖链；在木聚糖酶的作用下将木聚糖链进行水解，通过控制木聚糖酶添加量与反应时间得到低聚木糖液；采用活性炭脱色、离子交换树脂除杂工序去除糖液中的色素和杂质；经浓缩制备成淡黄色或无色糖浆。随着我国糖尿病患者人数的增加，为去除低聚木糖中的单糖，还可利用先进的纳滤或色谱分离技术，获得高纯度的低聚木糖产品。

3. 木糖与阿拉伯糖

半纤维素的聚合度相对于纤维素和木质素小得多，其在酸性溶液、高温高压条件下即可完全水解为单糖，单糖回收率高达 90%，即玉米芯酸水解是制备木糖的最佳工艺。传统产业利用玉米芯制备木糖的工艺是：将玉米芯进行一定清洗和预处理，随后利用稀硫酸在 120℃左右酸解，半纤维素几乎完全转化为单糖；然后采用活性炭脱色、离子交换工序除去糖液中的色素和其他杂质，最后通过结晶获得木糖。木糖在高温高压和催化剂条件下可以被氢气还原得到木糖醇，或利用微生物发酵转化为木糖醇。

传统木糖工艺中得到的主要副产物有木糖母液（木糖结晶后剩余的糖液）和木糖渣（玉米芯酸解残渣）。其中木糖母液中富含木糖、葡萄糖、阿拉伯糖，学者们对 L-阿拉伯糖在肠道内对糖类代谢的作用做了大量的研究，发现其对蔗糖的代谢转化具有阻断作用；美国医疗协会也将其列入抗肥胖剂的营养补充剂或非处方药；日本厚生省的特定保健用食品清单中则将 L-阿拉伯糖列入调节血糖的专用特殊保健食品添加剂。传统木糖生产工艺中木糖母液的利用途径是低价卖给焦糖厂生产焦糖色素，造成阿拉伯糖严重浪费。利用色谱分离设备分离体系可以在生产食品级木糖过程中将木糖母液中的 L-阿拉伯糖直接分离提取，制备 L-阿拉伯糖可以直接利用食品级木糖的生产设备，从而提高食品级木糖和 L-阿拉伯糖的成本优势，使其更具市场竞争力，并实现玉米芯半纤维素产品的多样化。

4. 木糖醇

木糖醇是一种白色粉末或白色晶体五碳糖醇，其分子式 $C_5H_{12}O_5$。它最早被发现存在于许多水果及蔬菜中，其实人体也能够靠自身产生，但由于自然界中木糖醇含量太低，如果直接从天然物中萃取，成本十分昂贵，所以商品化的木糖醇生产都来源于半纤维素资源，如玉米芯、棉籽壳、甘蔗渣、桦树皮等。其甜度与蔗糖相当，外观呈白色结晶体，入口有清凉感。木糖醇除具有蔗糖、葡萄糖的共性外，还具有特殊的生化性能。它不需要通过胰岛素而是直接通过细胞壁被人体吸收，具有降低血脂，抗酮体等功能，是糖尿病、肝炎等病症患者良好的食糖替代品。此外，木糖醇不被口腔中的细菌所利用，具有优良的防龋齿功能。因此被广泛应用于医药、食品、精细化工等诸多领域。生产工艺：木糖加氢后转化为木糖醇，加氢选择雷尼镍催化剂。

5. 多酚

多酚是一类广泛存在于植物体内的多元酚化合物，属于一种非营养性生物剂，在保护人体不受自由基所致的氧化损伤方面有十分重要的作用，可直接影响到蛋白质、脂质、碳水化合物和 DNA。有学者研究了超声波辅助提取甜玉米芯多酚的最优条件，结果表明，超声辅助提取甜玉米芯多酚最佳工艺条件为固液比（g/mL）1∶15，乙醇浓度 80%，提取温度 40℃，超声功率 200W，提取时间 45min，此条件下所得提取液的总酚提取率 2.61%±0.09%，因此可以采用一些辅助的方法来从玉米芯中提取多酚。

6. 糠醛

糠醛及其衍生物是工业上应用广泛的重要化工原料，糠醛和糠醇可以用作防腐剂，糠醛还可以用来制备顺丁烯二酸、四氢呋喃等化工产品。富含半纤维素的玉米芯是目前工业化制备糠醛的主要原料。一步法生产糠醛是目前产业化采用的主要工艺，即在酸存在下通过高温将半纤维素水解生成戊糖，随后戊糖脱水生成糠醛，整个生产过程在一个容器内完成。两步法生产糠醛是利用高温、稀酸将原料中的半纤维素水解生成戊糖，然后固液分离，液体组分浓缩后在专用糠醛生成器内通过高温使戊糖脱水生成糠醛。两步法中酸水解的温度较一步法低，蒸汽消耗少，副产物少，原料中只有半纤维素被降解，剩余的废渣更有利于做下游产品开发，是未来糠醛行业发展的主要趋势。

7. 糠醇

糠醇学名呋喃甲醇，糠醇的 80%~90%用于生产呋喃树脂。糠醇在酸性催化剂存在下与甲醛、尿素、苯酚等发生缩聚反应制成各种规格的呋喃树脂，呋喃树脂可用作铸造用胶黏剂、浇铸用胶泥、芯型和铸模。此外在玻璃纤维增强塑料、硅填充塑料及防腐灰浆中也配入一定量的呋喃树脂。少部分糠醇用于生产摩擦轮用耐高温酚醛树脂胶黏剂，如汽车用的刹车片等，此外糠醇还是生产香料、香味剂、医药、农药的中间体。糠醇在常压下沸点 171℃，熔点-14.6℃，相对密度 1.11296，与水的共沸点 99.85℃，糠醇能与水、乙醇、乙醚等混溶。生产工艺是将玉米芯经水解、脱水、蒸馏、精制、糠醛、加氢、得到糠醇，加氢催化剂一般选择用铜铬钙系催化剂。

（二）木质素及其精深加工产品

1. 木质素

木质素是由四种醇单体（对香豆醇、松柏醇、5-羟基松柏醇、芥子醇）构成的复杂酚类聚合物。木质素的利用始于 19 世纪 80 年代，从亚硫酸钙制浆厂的废液中提取木质素磺酸盐用作皮革鞣剂和染料添加剂。目前，国内外的木质素及其衍生物制品很多，取得了较好的经济效益和社会效益。玉米芯中的半纤维素被利用后，剩余的废渣主要由纤维素和木质素组成，是制备高纯木质素和木质素高值化产品的优良原料。

2. 木质素磺酸盐

木质素磺酸盐又称磺化木素，是亚硫酸盐法造纸木浆的副产品，木质素磺酸盐为线性高分子化合物，官能团为酚式羟基，通常为黄褐色固体粉末或黏稠浆液，有良好的扩散性，可溶于各种 pH 的水溶液中。磺化木素主要用于油田钻井泥浆、油井压裂、三次采油提高石油采收率等工艺过程，还可用作水煤浆分散剂及混凝土减水剂、石膏板生产助剂、农药助剂、印染扩散剂和橡胶耐磨剂等。高品质、高纯度的木质素磺酸盐则可用作生产染料、香兰素、鞣剂的原料或中间体，可以代替 50%苯酚与甲醛缩合成塑料制品。一般传统造纸行业中，经过亚硫酸盐制浆后，原料中的木质素被磺化的同时，半纤维素也大量溶出，造成木质素磺酸盐溶液中含有戊聚糖、戊糖等杂质，只能用来生产水泥减水剂。而以玉米芯（特别是生产完木糖、低聚木糖后的废渣）进行生产的木质素磺酸盐纯度高、分子质量较为均一，可以很好地应用于染料分散剂，是未来木质素应用的主流方向。

3. 酚醛树脂

为了更好地应用木质素，人们通过对其改性来提高木质素的各种性能，木质素的酚羟基化改性使其具有更多的酚羟基，同时分子质量和分散性的降低可使木质素部分替代苯酚用于合成酚醛树脂。酚醛树脂是人造合成板的主要胶黏剂，木质素合成酚醛树脂的工艺如下：木质素在酸性、高温条件下与苯酚反应，得到的酚化产物再与甲醛反应合成酚醛树脂。酚化过程使得木质素含有更多的酚羟基，可以高效替代苯酚。目前木质素酚醛树脂已经广泛应用于刨花板、纤维板和胶合板制作，但真正产业化应用并不多，所以木质素应用的产业化还需要继续开拓。

（三）纤维素及其精深加工产品

1. 纤维素

纤维素是由葡萄糖组成的大分子多糖，其分子式（$C_6H_{10}O_5$）$_n$，它不溶于水及一般有机溶剂，是植物细胞壁的主要成分。纤维素是地球上最丰富的可再生资源，每年通过光合作用可合成约 100 亿 t，而且具有价廉、可降解性和对生态环境不产生污染等优点，所以，纤维素的功能化一直是人们研究的热点。近年来，随着石油、煤炭储量的下降，纤维素研究的重要性日益显著。

2. 纤维乙醇

在目前的纤维素乙醇产业化探索中常采用酸水解和酶水解两条不同的技术路线来实现木质纤维素的降解，两种方法相比，酶水解具有反应条件温和、不生成有毒降解产物、糖得率高和设备投资低等优点。纤维素酶解效率高低取决于原料预处理程度强弱，当前较先进的预处理方法有酸解法、碱处理法、蒸汽爆破法、热水预处理法等，原料不同，适用方法也不同。但这些预处理方法成本都比较高。而在玉米芯综合利用过程中，玉米芯经提取低聚木糖、木糖或制备糠醛后半纤维素被水解，剩余的富含纤维素的废渣是制备纤维乙醇的最佳原料，同时也是纤维素酶生产诱导的最佳原料。对玉米芯提取木糖后剩余的废渣进一步用碱处理，纤维乙醇转化效率大大提高，原料的预处理与高附加值产品生产相结合，大大降低了生产纤维乙醇的成本。

3. 纤维素及其衍生物的功能性材料

纤维素及其衍生物的功能性材料是高分子化学中最早研制和生产的一类功能材料。

(1) 可生物降解材料　由于塑料工业的发展，塑料制品的广泛使用给人们的生活带来极大方便。但是，由塑料引起的白色污染又给人类的生产和生活环境带来了极大的危害。为了解决这一严重的社会问题，越来越多的研究者正致力于研究和开发一些可生物降解的多功能高技术材料。纤维素能够作为生物降解材料的基材，主要是由于它具有许多独特的优点：一是纤维素大分子链上有许多羟基，具有较强的反应性能和相互作用性能，因此，这类材料加工工艺比较简单，成本低，加工过程无污染；二是能够被微生物完全降解；三是纤维素材料本身无毒；四是生物相容性好。由于纤维素分子间有强氢键，取向度、结晶度高，且不溶于一般溶剂，高温下分解而不融，因此不能直接用来制作生物降解材料，首先必须对其改性。纤维素改性的方法主要有酯化、醚化，以及氧化成醛、酮、酸等。

(2) 高性能纤维材料　粘胶纤维的生产发展已有近 100 年的历史，因它具有适宜的强度和伸长、吸湿透气性好、不易产生静电等优点，粘胶纤维已成为纺织工业的重要原材料。但是，粘胶纤维的生产大都采用铜氨法或粘胶法，其致命弱点是工艺流程长，工作环境恶劣，环境污染非常严重。因此，开发出对生态环境无污染的新型纺纤材料引起研究者们的高度重视。目前，以纤维素为原料，用无毒、无污染的有机溶剂纺制的短纤维已取得了较大突破，该类纤维刚刚投入市场，便形成巨大的冲击波，被科技界和产业界称为“21 世纪环保型纤维”。

(3) 高吸附性纤维素材料　纤维素是由 D-吡喃葡萄糖经 β-1，4 糖苷键组成的直链多糖，分子内含有许多亲水性的羟基基团，是一种纤维状、多毛细管的高分子聚合物，具有多孔性和大表面积的特性，因此具有亲和吸附性。但是天然纤维素的吸附（如吸水、吸油、吸重金属等）能力并不很强，必须通过化学改性使它具有更强或更多的亲和基团，才能成为性能良好的吸附性材料。目前主要是通过酯化、醚化、接枝共聚等方法中的一种或几种，以制备高吸水、吸油、吸附重金属等高吸附性纤维素材料。

除上述几种基于纤维素的功能材料外，还有许多其他用途的功能性材料，如用作抗凝剂、人工肾、膜等各种医用功能材料；表面活性剂、离子交换等表面活性材料；固定化酶、固定化细胞、固定化抗原、分离抗体的基质等生物功能材料等。随着科学技术的发展，对纤维素功能材料的要求也越来越高，既要求功能性与经济性的统一，又必须符合环境和人身安全等法规，而纤维素类功能材料正是能够满足这些要求的一类新型高分子材料。对于纤维素功能材料的研究与开发需要涉及物理、化学、生物、医药、材料科学等多学科的交叉知识，是具有创造性、开拓性的研究领域。

三、麸质和皮渣的综合利用

（一）玉米麸质的综合利用

玉米麸质是玉米淀粉加工中的主要副产物，是由玉米湿磨时产生的麸质水经沉淀、过滤及干燥后所得，一般占原料的 30%左右，其中蛋白质的含量高达 60%以上。由于玉米麸质独特的气味及色泽，加之其蛋白质以醇溶性蛋白为主，水溶性差，且生物体营养上所必需的氨基酸如赖氨酸、色氨酸等较缺乏，使其营养与食用价值较低，限制了它的利用。长期以来，玉米麸质主要作为饲料廉价出售，这不仅浪费了宝贵的资源，有时更因麸质水不能及时处理而排放，造成对环境的严重污染。近年来，越来越多的研究者对玉米麸质进行综合利用，以提高其附加值。

1. 玉米麸质蛋白

玉米麸质中的蛋白质有近50%为醇溶蛋白。研究表明，醇溶蛋白不仅溶解性特殊，一般仅溶于60%~95%的醇溶剂中，而且其分子组成、形状与结构也具特殊性。如醇溶蛋白中含有大量疏水性氨基酸，在分子内部以二硫键、氢键相结合，并在多肽主链上形成α-螺旋体。研究发现，醇溶蛋白在醇溶液中溶解后呈无规则网络状结构，若醇溶剂被蒸发后，它就能形成透明、均匀的薄膜。由醇溶蛋白制备的这种薄膜为可食性、可降解薄膜，在国外已被广泛用于各类食品保鲜膜、药片包衣等。此外，醇溶蛋白还可用于涂层料、黏结剂等，是一种极具开发潜力的新资源。由玉米麸质提取醇溶蛋白，并开发不同产品的工艺如下。

（1）预处理　预处理的目的是除去原料中的杂质，使醇溶蛋白最大限度地溶出。主要包括原料粉碎与除杂纯化。原料细度在40~80目时，最有利于蛋白质的溶出。除杂主要为脱色脱臭脱脂，常用化学溶剂处理法，其中丙酮、乙酸乙酯、过氧化氢及6号溶剂均为较好的溶剂，“三脱”后的产品纯度大大提高，液相分离后经脱溶可获得天然玉米黄色素，产率平均在5.0%以上。

（2）溶剂萃取　溶剂萃取即用醇溶液将玉米麸质中醇溶蛋白最大限度地提出。一般萃取体系pH、温度、醇浓度、固液比及其交互作用对产品得率有较大影响。有研究表明，多次提取，同时考虑不同构型醇溶蛋白在不同醇溶液中的溶解性差异，可较大幅度地提高产量。

（3）后处理　后处理泛指根据对醇溶蛋白的应用途径而采取的各种技术。以制备食品保鲜薄膜为例，一般包括成膜配方与成膜工艺的筛选、膜功能性改进、应用条件确定等，同时还要建立起一整套在上述工艺过程中的考核指标，这些都是这一领域的新课题，需要进一步研究。

此外，由于与一般食物蛋白质资源相比，玉米麸质中的蛋白质大部分为水不溶性蛋白质，这使玉米麸质直接用于食品受到限制，而蛋白质必须处于良好的溶解状态，才能表现其营养价值或功能特性。因此，为了增强玉米麸质在食品生产中的应用，就要将其中的主要蛋白质进行改性，使蛋白质由不溶解转变为可溶解状态。改性的关键是水解步骤。根据生产条件及产品要求，可采用碱或酶水解。一般酶解反应条件温和、副产物少且易于控制水解进程，此外，还应根据产品性能要求，对水解程度进行控制。例如，生产功能性玉米蛋白发泡粉时，就不能使水解度过高，否则水解产物中低分子物质数量过多，产品难以形成坚实的网状结构，使其发泡力及泡沫稳定性差。然而，如果是生产某些功能食品，则可适当增加水解度，因为低分子肽在人体消化道中更易消化吸收，也不会带来胃肠不适的问题。

2. 生物活性肽

玉米麸质蛋白质具有独特的氨基酸组成，使它成为多种生理活性功能肽的良好天然来源。这是当前利用酶技术对玉米麸质进行深加工的研究热点之一。近年来的研究发现，许多天然蛋白质水解后可以获得对血管紧张素转换酶具有抑制作用（降血压）的活性肽。这些肽的分子结构的*N*-端一般为疏水性氨基酸，而C-端常为脯氨酸或芳香族氨基酸。分析表明，醇溶蛋白中含有较多的脯氨酸、亮氨酸，且其中脯氨酸的羧基常与亮氨酸连接，若能从其中切断，便可获得较多的以脯氨酸为C–端，以亮氨酸为*N*–端的活性肽。高*F*值寡肽是另一类生理功能活性肽。它是指氨基酸混合物中支链氨基酸与芳香族氨基酸比值远高于人体中这两类氨基酸比值模式的寡肽。据报道，高*F*值寡肽应用于临床，对于肝昏迷患者、癌症患者均有显著的疗效。从玉米蛋白质氨基酸组成发现，其支链氨基酸如亮氨酸、异亮氨酸等含量较高，而芳香族氨基酸如苯丙氨酸、酪氨酸含量很低，这表明玉米麸质是一种生产高*F*值寡肽的优良天然资源。由玉米麸质制备生理活性肽的工艺如下。

（1）预处理　通过物理或化学的方法对玉米麸质原料进行预处理，主要目的是使蛋白质结构变得松散，有利于酶的作用。

（2）酶水解　这是制备活性肽的关键步骤。其中有两方面的问题需要考虑，一是醇溶蛋白水溶性差，如何使酶反应（在水溶液中）进行良好；二是特定酶的筛选。以制备降血压肽为例，采用二步水解法可解决第一个方面的问题，而利用碱性蛋白酶可以从疏水性氨基酸的*N*–端切断，从而获得以脯氨酸为C–端，以亮氨酸为*N*–端的活性降血压肽。

（3）精制　精制是获得高纯度活性肽的必要处理技术。产品不同，精制的方法也不同。例如，降血压肽多为10个以下氨基酸残基构成的小肽，因此要使产品效果显著，就必须在酶解以后的肽混合物中除去片断大的肽；而在制备高*F*值寡肽时，就要尽可能地从混合物中除去芳香族氨基酸。常用的方法为超滤膜过滤或活性炭吸附、凝胶过滤等。此外，利用酶技术对玉米麸质进行开发，还可制备其他生物活性肽如降胆固醇肽、谷氨酰胺肽等。

3. 氨基酸

利用玉米麸质制备氨基酸，据分析，玉米麸质的蛋白质中含有丰富的谷氨酸和亮氨酸，其含量分别达26.9%和21.1%。谷氨酸为食品及医药工业的重要原料，亮氨酸是人与动物营养上必需的氨基酸。由玉米麸质制备这些氨基酸，为玉米麸质的综合利用开辟了新途径。制备工艺如下。

（1）预处理　预处理是对原料进行不同的化学处理，以除去其中非氮类组分，使原料中粗蛋白含量相应提高。这不仅可使酸水解产率更高，而且还可以有效地减少水解过程中色泽的生成，为进一步的制备工艺创造良好的条件。

（2）酸解　目前在氨基酸制备过程中，酸水解是最常用的方法。一般可选用工业硫酸，在高温下水解原料10h左右即可。

（3）吸附树脂　水解液经活性炭脱色后，选择对谷氨酸和亮氨酸有特定吸附作用的树脂进行分离制备，再经真空浓缩洗脱液，可结晶出产品。

（二）玉米皮渣的综合利用

玉米皮渣是伴随玉米淀粉加工获得的工业副产物，玉米皮渣的总质量一般占玉米质量的14%~20%，其中，淀粉含有20%以上，纤维素11%，半纤维素38%，蛋白质11.8%，灰分1.2%。玉米皮渣是十分宝贵的生物质资源与可持续获得的绿色资源，具有价廉、永不枯竭、可再生、生物可降解、绿色环保等突出的特点。

1. 玉米皮渣膳食纤维

根据膳食纤维溶解性的不同，可分成水溶性膳食纤维和水不溶性膳食纤维两大类，它们在食品中起着不同作用，水溶性膳食纤维对人体主要发挥代谢功能，作为食品配料，其功能优于水不溶性膳食纤维，一般天然的膳食纤维中水溶性膳食纤维的含量较低，若要获得高品质膳食纤维，首先要增加水溶性膳食纤维含量，使其达到10%左右，以便更好地发挥其生理功能。玉米皮渣是很好的膳食纤维的生产原料。

目前，人们主要通过物理处理（高温蒸煮改性、机械挤压等）、化学处理（酸碱反应等）以及生物学处理（酶反应、微生物发酵反应）等方法提高水溶性膳食纤维含量。其中酶解方法是将植物纤维中的水不溶性膳食纤维转化为水溶性膳食纤维最安全有效的方法。例如，取一定量玉米皮渣为原料，加水稀释至料液比 1∶10（g/mL），首先进行脱淀粉处理，调 pH 5.0，温度 60℃，加淀粉酶 10mg/g 底物，酶解 45min，再调 pH 4.5，温度 60℃，加糖化酶 1mg/g 底物，酶解 60min，处理后的玉米皮悬浮液调 pH 7.0、温度 40℃，加中性蛋白酶 10mg/g 底物，酶解 90min，将样品提取液用无水乙醇提取，得到的沉淀即为玉米皮渣膳食纤维。可对处理后的玉米皮渣膳食纤维进行酶法改性处理，进一步提高水溶性膳食纤维的含量，加入蒸馏水，调节料液比 1∶10（g/mL），调 pH 5.5，酶解温度 50℃，加入纤维素酶 40mg/g 底物和半纤维素酶用量 40mg/g 底物，酶解时间 30min，酶解产物烘干后测定可溶性膳食纤维的含量，改性后水溶性膳食纤维得率最高为 5.21%，改性后的玉米纤维中的总水溶性膳食纤维含量能够更接近于 10%，可称为高品质膳食纤维。

2. 玉米皮渣黄色素

玉米黄色素属于异戊二烯类色素即类胡萝卜素，是一种天然色素，其主要成分为玉米黄素、隐黄素和叶黄素等，此外还包括少量的 α-胡萝卜素、β-胡萝卜素。玉米黄色素具有多种生物活性，如抗氧化性、提高肌体免疫力等，由于其具有抗氧化性质，对癌症、心血管疾病、眼部疾病和心脏疾病等也有明显的治疗和预防作用，因此玉米黄色素在食品、饮料、医药、保健等领域有着广泛的应用。玉米黄色素色系稳定，色泽光亮，从营养、安全、经济和功能等方面来看，是天然食品色素中很好的品种，完全可以取代现用的偶氮类合成食用色素。玉米黄色素提取方法有如下几种。

（1）溶剂浸提法　玉米黄色素溶剂浸提法的提取流程是将一定浓度的乙醇水溶液加入到玉米皮渣等原料中，然后在一定温度下提取一定时间，浸提液经过滤、离心分离去除固形物，最后经减压浓缩、真空干燥得色素成品。回流提取法、索氏提取法等就属于溶剂浸提法。由于乙醇价格低廉，所以一般采用乙醇为提取溶剂，例如，95%的乙醇为提取剂，提取时间 2h，料液比 1∶8（g/mL），温度 75℃，pH 7。在此条件下，玉米黄色素提取率 0.331 mg/g。此外，溶剂浸提法对原料要求不高，因此，也可以采用玉米麸皮等原料进行提取黄色素。乙醇水溶液提取玉米黄色素，会使原料中的部分醇溶蛋白溶出，使得玉米黄色素纯度较低，因此，此法适用于对产品纯度要求不高的产品，如食品添加剂。要减少杂质含量，多采用提取后再精制分离的方法，或者采用其他溶剂，如丙酮、石油醚、正己烷等提取，或者采用混合溶剂的方法进行提取。综合考虑提取溶剂的价格以及食品安全性问题，仍以乙醇水溶液提取较佳，这也是目前采用最多的提取溶剂，但会使 α-胡萝卜素、β-胡萝卜素等极性较小的成分提取率低。溶剂浸提法是目前研究最多的玉米黄色素提取工艺，研究内容主要集中在工艺条件的优化，由于其操作简单、对设备要求不高而易于实现工业化生产，缺点是生产时间较长，溶剂消耗量大，若与其他提取方法结合，或者对原料进行一定的预处理可有效改善提取效果。例如，对玉米皮渣进行膨化预处理后，再进行玉米黄色素的提取，可使玉米黄色素的得率大幅度提高。

（2）微波辅助提取法　如前所述，微波辅助提取技术是以传统溶剂浸提原理为基础发展的新型萃取技术，把微波用于浸提，能强化浸提过程，降低生产时间、能源、溶剂的消耗以及废物的产生，可提高产率，既降低操作费用，又合乎环境保护的要求，是具有良好发展前景的新工艺。利用微波辅助提取玉米皮中黄色素，具有提取率高、时间短、溶剂用量少、有利于回收、节约能源、产品色泽好等优点。微波辅助提取优势明显，但由于操作过程中温度难以控制，而过高的温度容易造成玉米黄色素有效成分的破坏，所以提取时对设备及工艺条件要求较高。此外，目前微波辅助提取的模式大多为静态方式，动态微波辅助萃取具有更为明显的优势，因为其可以加快目标化合物向萃取溶剂的传质速度，并且由于待测物及时从萃取体系中转移出来，因而可以减少不稳定化合物因长时间经受微波照射而引起分解，但目前这方面的研究见于报道的尚不多。近年来，很多研究者采用微波技术与其他技术结合的工艺来提取玉米黄色素，取得了比较理想的效果。例如，微波与表面活性剂水溶液协同提取玉米黄色素，借助表面活性剂可减少有机溶剂对色素产品的污染，具有速度快、提取率高等优点，其玉米黄色素的提取率可比仅用微波辐射法提高 11.6%，并且与传统的乙醇溶剂浸提法相比，耗时仅为 1/1500，效率高，成本更低。此外，还可以对玉米皮渣进行酶解后再采用微波处理提取玉米黄色素，可以大大缩短提取时间，缩小生产周期，并能够且显著提高玉米黄色素的提取率。

（3）超声辅助提取法　超声辅助提取法是利用超声波的空化作用、机械振动，改变物质组织结构、状态、功能或加速这些改变的过程，用于玉米黄色素的提取，可使原料的组织细胞内或细胞间产生搅拌作用，提高细胞壁和细胞膜的溶剂穿透力，加速玉米黄色素的扩散释放，从而加速有效成分进入溶剂，促进提取的进行。超声辅助提取法提取玉米黄色素具有提取时间短、提取率高、提取温度低而有利于黄色素的保护等优点，比较适合于规模化的工业生产，近年来得到了广泛应用。超声辅助提取玉米黄色素与溶剂浸提法相比，可使玉米黄色素的提取效率得到显著提高。其提取流程是将提取溶剂如乙醇等，与原料按一定比例混合，然后在超声设备中处理，处理完毕过滤或者离心分离，再进行浓缩干燥即得成品。有研究者对超声波辅助提取法的提取工艺进行了优化，在料液比 1∶10，温度 30℃，pH 3 条件下提取时间 15min，玉米黄色素提取率 5.60%。超声也可与微波协同复合处理，效果要较无处理和单一处理色素提取率要高。超声波处理过后的样品适宜微波发挥作用，大大提高提取效率。此法克服了传统方法的缺点，具有操作简便、经济、省时的优点，在相同的时间内大大提高了色素的提取率。总的来说，超声辅助提取法是研究较多的一种玉米黄色素提取技术，易于实现工业化生产，因而近年来得到了广泛的推广。

（4）超临界流体萃取法　超临界流体萃取法是利用超临界流体的特殊性质，将超临界流体中所溶解的玉米黄色素分离析出，目前超临界流体一般采用的是 CO_2。目前，对超临界流体萃取法提取黄色素的研究仍以工艺研究为主，另外也可以与其他方法结合，以提高产品收率。例如，有研究者先对玉米蛋白粉加酶水解，再使用超临界 CO_2 法提取玉米黄色素，最佳条件：萃取时间 2h，CO_2 流速 35kg/h，萃取压力 30MPa，萃取温度 45℃，夹带剂 15%无水乙醇，此时玉米黄色素产量 210.97μg/g。超临界流体萃取玉米黄色素的得率要高于溶剂浸提法，且溶剂无残留，所得玉米黄色素的品质好，是食品、医药等领域生产玉米黄色素优先考虑的方法。但是超临界流体萃取法提取黄色素成本高，不利于大规模生产，现在只限于实验室阶段。

（5）其他提取方法　随着研究工作的不断深入，许多新型的玉米黄色素提取方法不断被开发出来。例如，有研究者将产碱性蛋白酶较多的枯草芽孢杆菌接种于玉米糟渣，将包埋玉米黄色素的染色蛋白分解，使色素得到更好的释放，再用溶剂浸提法提取玉米黄色素，可提高色素提取率。

四、玉米浸泡液的浓缩利用

玉米籽粒中的可溶性物质在玉米浸泡工序中大部分被转移到浸泡液中，静止浸泡法的浸泡液中含干物质5%~6%，逆流浸泡法的浸泡液中含干物质可达7%~9%。浸泡液中的干物质包括多种可溶性成分，如可溶性糖、可溶性蛋白质、氨基酸、植酸、微量元素等。将浸泡液浓缩成玉米浆后，可用于饲料补充剂、提取营养物质或发酵生产抗生素、酵母、酒精等。

（一）浓缩玉米浆

玉米浸泡液进行蒸发浓缩后得到玉米浆。浓缩后的玉米浆富含多种营养物质，固形物含量40%~50%，蛋白质含量16%~30%，氨基酸含量8%~12%，还原糖含量5%~7%，维生素含量0.7~1mg/L，总酸含量8%~13%，乳酸含量7%~12%，磷含量4%~4.5%，钾含量2%~2.5%。当然，受生产原料种类、工艺控制和生产季节等因素的影响，玉米浆成分变化比较大。玉米浆的pH 3.7~4.1，密度1.25mg/mL。大多数玉米浆总氮含量3.8%~4.1%，少数玉米浆总氮含量低于或高于这个范围，大部分玉米浆氨基氮含量1.45%~1.65%，挥发性氮主要以氨为主。

玉米浆的制备多采用双效或三效蒸发器，将玉米浸泡液进行负压蒸发。蒸发操作前应滤除浸泡液中悬浮的物质。三效蒸发器各罐的工艺要求，第一罐温度75~80℃，真空度53.33~59.99kPa，第二罐温度60~70℃，真空度66.66~79.99kPa。用作饲料的玉米浆，可浓缩至干物质含量40%，生产抗生素的玉米浆，应浓缩至干物质不低于48%。

（二）植酸和肌醇

在本章“第二节　稻谷加工副产品的综合利用”中已介绍了植酸的功能及提取方法。由于玉米浸泡液中也具有较高的植酸含量，因此，这里简要介绍一下从玉米浸泡液中提取植酸的工艺：将玉米浸泡液泵入反应罐，加入11%的石灰，再加入0.15g/L的氢氧化钠，搅拌10min，浸泡液中溶解状态的植酸与石灰反应生成植酸钙析出。然后将提取液泵至板框过滤机，留在滤布上的滤饼即为含水的植酸钙。从板框过滤机卸下的植酸钙湿块，送至烘干箱内，在120℃的温度下烘干，即得到植酸钙成品。植酸钙再经过精制可得到植酸。

生产肌醇的传统方法为加压水解法（详见本章“第二节　稻谷加工副产品的综合利用”），近年又开发了常压水解新工艺，目前研究的热点是微生物酶解法和化学合成法。酶解法在美国已经应用于小规模生产。化学合成法在日本有所应用，在我国已实现工业化生产。酶解法和化学合成法技术的研究开发具有广阔应用前景，特别是酶解法已经成为今后肌醇生产的发展方向。

（三）玉米蛋白和脂多糖

1. 玉米蛋白

除了玉米胚芽和麸质中含有较多的玉米蛋白，玉米浸泡液中也含有4%蛋白质，其中含有8%白蛋白、9%球蛋白、39%醇溶蛋白和40%谷蛋白。如前所述，玉米醇溶蛋白在碱性溶液中溶解，因而可以纺丝，用甲醛处理后做成很好的纤维。玉米醇溶蛋白具有良好的成膜性、黏结性和防水、防湿性能，并且还具有耐酸、耐油等特性，可广泛应用于医药、食品及化工等行业。玉米谷蛋白中含大量酰胺基氨基酸，由于谷蛋白中含量最高的谷氨酰胺可提高机体对应激适应性和增强免疫力，促进生长激素分泌和肌肉蛋白合成，维持健康或疾病态下胃肠代谢功能，可作为天然食品营养剂广泛应用于食品工业领域。由此可以变废为宝，大大提高玉米淀粉厂的经济效益和社会效益。

在玉米浸泡液提取玉米蛋白研究方面，最早是利用蒸发浓缩的方式生产玉米蛋白粉，作为微生物培养基或作为饲料添加物。这种方法简单易行，浓缩过程中蛋白质损失小，原料利用率高，但其缺陷也很明显：其一，浸泡液的浓度很低（固形物含量通常低于7%），需要蒸发大量的水分，才能最终得到蛋白粉，因而能源消耗很大，而蛋白粉经济价值又不是很高，一般只作为饲料添加剂或微生物培养基，故对大批的中小型淀粉厂而言，其经济可行性还值得考虑；其二，蒸发工艺未考虑浸泡水中其他经济价值较高的成分，如脂多糖，从这个角度讲，这种方法仍然造成了资源的浪费。

此外，蛋白质利用方面还有部分回收方法，其实质是采用各种方法使浸泡水中的蛋白质沉淀，再通过过滤将其分离出来。常用的方法有盐析法、生物碱沉淀法、等电点法等。这些方法存在的缺陷是蛋白质沉淀不完全，如等电点法分离出的蛋白质不到浸泡水中蛋白质总量的40%，生物碱沉淀法蛋白质回收率只有20%。

2. 玉米脂多糖

脂多糖原系指覆盖于革兰阴性菌外膜的一种复合多糖，主要为细菌来源。植物脂多糖的研究是从1992年日本学者杉源一郎等人从小麦面粉中提取得到脂多糖开始的，并且发现该来源的脂多糖对糖尿病、胃溃疡、疼痛等疾病有抑制作用，还具有降低血清胆固醇、促进动植物生长的功效以及增进鸡胚骨骼生成和提高母鸡产蛋率等作用。在这以后的研究中又发现，中国的许多中草药中含有较多的脂多糖，从此，对于植物来源的脂多糖的研究不断深入。目前，植物脂多糖的研究已成为多糖研究的热点之一。

玉米浸泡水中脂多糖的提取和分离纯化方法主要分三步：一是浸泡水中蛋白质的去除；二是浸泡水的浓缩与脂多糖分离；三是脂多糖提纯，采用乙醇沉淀法使浸泡水中的脂多糖沉淀，从而将它从浸泡水中分离出来。

第五节　大豆加工副产品的综合利用

大豆及其产品的营养保健价值特别高，其含有约40%蛋白质、18%脂肪和10%大豆低聚糖，还含有丰富的维生素和多种矿物质。在大豆工业中，除了得到食用油脂，还有很多副产品随之产生，如豆粕、豆渣、油脚、皂脚、黄浆水等。经研究发现，这些副产品中含有丰富的蛋白质、游离脂肪酸、碳水化合物、磷脂、维生素等。充分开发利用大豆加工副产品，对减少资源浪费、增加大豆产业附加值、保护环境具有重要意义。

一、黄浆水的综合利用

大豆黄浆水是豆制品加工过程中所产生的废液，含有大量的蛋白质、碳水化合物、脂类、色素及盐类物质，如直接排放，易成为腐败及病原微生物的良好生长基质，产生较高的 BOD 值（生物需氧量）和 COD 值（化学需氧量），严重污染环境。除上述大部分的营养基质外，大豆黄浆水还含有较多的功能性物质，如大豆蛋白、大豆低聚糖、大豆异黄酮等。大豆黄浆水主要成分见表 7-12。然而，由于回收利用体系不健全、无害化成本较高等因素，大多数企业选择直接排放，既浪费资源又污染环境，不符合环保节约型社会发展理念。目前，大豆黄浆水的回收利用技术主要用于营养物质的提取、食品及食品添加剂的加工和微生物发酵等方面，根据黄浆水的产量、成分差异、地域性和技术条件等因素的影响，采取不同的回收利用方式。

表 7-12　大豆黄浆水的成分分析（以干基计）　单位：g/100g

成分	总蛋白	总糖	棉子糖	水苏糖	蔗糖	异黄酮
质量分数	18.10	47.18	4.37	9.35	24.24	0.38

（一）提取大豆乳清蛋白和低聚糖

大豆黄浆水中功能性成分按含量高低依次为：大豆低聚糖 14.9mg/g、大豆乳清蛋白 4.2mg/g、大豆皂苷 0.3mg/g、大豆异黄酮 0.2mg/g，从成本和产品价值出发，大部分研究都是以提取大豆乳清蛋白和大豆低聚糖为主要研究目的。而提取的方法主要以膜分离技术为主，20 世纪 70 年代，国外就开始了膜分离方法处理大豆黄浆水的研究，亲水性超滤膜和疏水性超滤膜都能有效地分离大豆乳清蛋白。国外有研究者还对反渗透和纳滤方法分离纯化大豆低聚糖进行了比较，其分离后大豆低聚糖的质量浓度分别为 100g/L 和 220g/L。国内也有很多研究人员对大豆黄浆水中功能性物质提取进行了工艺和技术的探讨，有研究者使用截留相对分子质量 10000 的 PES 膜，在操作压力 0.2MPa 及室温下对大豆黄浆水原液进行超滤，实现了大豆乳清蛋白和大豆低聚糖的高效分离，并通过复配絮凝剂从分离液中絮凝出大豆乳清蛋白，并对脱蛋白后的大豆黄浆水进行脱盐、脱色处理，得到总糖含量为 6.41mg/mL 的大豆低聚糖粗糖液，同时研究了溶剂萃取法回收大豆异黄酮，也取得了一定的效果。随着膜分离技术的发展，膜设备的成本在逐步降低，利用该技术从大豆黄浆水中提取大豆乳清蛋白和大豆低聚糖产业化的前景非常乐观，具有一定的发展潜力。但是，在膜组件的选择、分离条件的优化、分离后的二次废液的处理等方面仍然需要行业人员去探讨和研究。

（二）生产发酵食品

生产发酵食品是基于黄浆水中的营养基质丰富，通过相关技术进行再加工，可制备成价值较高的食品和食品添加剂。例如，以大豆黄浆水为原料，通过复合乳酸菌发酵制备富含苷元型大豆异黄酮的发酵乳，所选乳酸菌能实现大豆异黄酮糖苷向苷元的转化，发酵乳表观组织细腻，性状良好，无析水分层，微有豆奶味，无明显豆腥味，但稍有不明气味。还可利用黄浆水为原料，料水比（黄浆水：无菌水）为 1：0，酒精度为 5%，豆浆添加量为 6%，醋酸菌的接种量为 2%，以此作为最佳酿造条件，经过 7d 酿造出酸度>3.5%的食醋。乳酸菌发酵黄浆水可以产生凝固酶，使大豆蛋白凝固，依据此原理，可将黄浆水与牛乳配比，乳酸菌发酵制备新型豆腐凝固剂，凝胶效果好，且在凝胶过程中产生的微量醇、醛、酯类等风味物质可以赋予豆腐更优良的风味。与其他方法相比，此法提高凝固剂中乳酸含量，改善豆腐凝固剂功能性，同时提高了豆腐中蛋白质含量。由于黄浆水毕竟是豆制品工业的废液，加工成的食品或食品添加剂从食品心理学上比较难让消费者接受，若能从前期原料预处理环节增加安全性和卫生学评价，可能会取得积极的效果。

（三）作为微生物发酵基质

黄浆水中含有大量的微生物生长所需的营养基质，以黄浆水为微生物发酵基质，制备各种初级或次级代谢产物，是当今黄浆水回收利用的研究热点。例如，以黄浆水为主要原料，添加葡萄糖 2%、蛋白胨 2%、硫酸铵 1%、磷酸二氢钾 0.08%、谷氨酸 3%，初始 pH 7.0，以此条件通过乳酸菌发酵制备 γ-氨基丁酸（GABA），GABA 产量为 6.22g/L，产品纯度达到 95%以上。以黄浆水和豆渣代替成本较高的 MRS 培养基作为发酵基质，以鼠李糖杆菌为发酵菌株制备 L-乳酸，结果表明，在豆渣与黄浆水以 1∶4.8 为基础培养基，添加烟酸 0.06%、精氨酸 1%和甲硫氨酸［m（精氨酸）∶m（甲硫氨酸）= 2.21∶1］、葡萄糖 6%和低聚果糖［m（葡萄糖）∶m（低聚果糖）= 1.57∶1］，接种量 3%，pH 6.2，37℃，发酵 72h 的条件下，L-乳酸含量为 2.35%。还有研究者在此基础上作了进一步研究，在发酵基质中添加了生长因子维生素、氨基酸和益生元，结果表明：L-乳酸含量依次分别为 1.42%、1.79%、1.45%，均比对照组 1.07% 分别提高 32.71%、67.29%、35.51%。此外，利用黄浆水为原料，分别选用细菌和酵母为发酵菌种生产 B 族维生素，均可获得一定产量的成品。各项研究表明，发酵制备是黄浆水回收利用的主要方式，因为黄浆水中蛋白质、碳水化合物含量高，而且富含一定量的生长因子和矿物质元素，非常适合发酵菌种的生长繁殖。鉴于黄浆水的回收利用在我国尚处于起步时期，大部分研究都集中在探索阶段，真正产业化的科研成果几乎没有，下一步若能在发酵体系的优化和工艺设备的开发上做出详尽的研究，对于黄浆水的发酵制备产业化和实际应用将具有很大的促进作用。

二、豆渣、豆粕的综合利用

（一）豆渣的综合利用

豆渣是加工豆腐、豆乳等豆制品的副产品。按每加工 1t 大豆产生 2t 湿豆渣计算，目前国内大豆食品行业每年约生产 2000 万 t 湿豆渣。通过对豆渣营养成分的分析，发现豆渣营养成分丰富，营养价值甚高。微生物分析测定表明其在安全性上也没有问题，豆渣是一个尚未充分利用的宝贵资源。豆渣的营养成分组成见表 7-13，通过对豆渣营养成分的分析看出，豆渣中含有丰富的蛋白质、脂肪、纤维素、维生素、微量元素等，其中纤维素含量占了干物质的一半，因而豆渣是良好的膳食纤维原料。豆渣蛋白的氨基酸比值与世界粮农组织提出的参考值接近，氨基酸组成见表 7-14，同时支链氨基酸（亮氨酸、异亮氨酸、缬氨酸）含量较高，而芳香氨基酸（苯丙氨酸、酪氨酸）含量较低，刚好与动物蛋白的氨基酸组成互补，所以豆渣蛋白质的使用价值很高。

表 7-13　　豆渣的营养成分组成（以干基计）

成分	含量/（g/100g）	成分	含量/（mg/100g）	成分	含量/（mg/100g）
水分	8.31	锌	2.263	镁	39
蛋白质	19.32	锰	1.511	钾	200
脂肪	12.40	铁	10.69	磷	380
纤维素	51.80	铜	1.148	维生素 B_1	0.272
灰分	3.54	钙	210	维生素 B_2	0.976

表 7-14　豆渣蛋白的氨基酸组成　　单位：g/100g

氨基酸种类	含量	氨基酸种类	含量
异亮氨酸*	4.68	精氨酸	7.57
亮氨酸*	9.25	组氨酸	2.91
赖氨酸*	5.86	天冬氨酸	9.43
甲硫氨酸*	1.24	谷氨酸	18.46
苯丙氨酸*	5.97	丙氨酸	4.61
苏氨酸*	3.94	甘氨酸	4.31
色氨酸*	1.48	脯氨酸	5.6
缬氨酸*	4.72	丝氨酸	5.37
酪氨酸	3.96	胱氨酸	1.39

注：*为人体必需氨基酸。

湿豆渣的含水量80%~90%，由于其水分含量高，运输困难，又极易腐败变质，目前只有极少一部分豆渣作为食用消费，绝大部分直接用作饲料或肥料。以某公司为例，每天加工大豆约产生30t湿豆渣，平均3t/h，全部以低廉的价格（40元/t）销给附近的养殖厂作饲料。由于豆渣本身含水量大，且营养丰富，是微生物的良好栖身地，极易腐败，加工要及时，必须在生产过程中直接加工成食品或干燥后才能保存运输，因干燥处理费用大，或干燥后作为原料却销路不佳，这严重阻碍了豆渣的综合利用，造成了资源的浪费。

1. 提取营养成分

（1）提取豆渣蛋白　由豆制品生产工艺中可知，生产中被利用的是大豆中的水溶性蛋白，水不溶性蛋白及少量水溶性蛋白则留在豆渣中。提取豆渣蛋白的工艺流程：将新鲜豆渣加水和碱搅拌，然后离心分离取上清液，调等电点，再经离心、沉淀、干燥等步骤得到豆渣蛋白。豆渣蛋白与大豆蛋白在性质上有一定区别，豆渣蛋白的等电点为5.4。由于提取豆渣蛋白后剩余部分还可提取淀粉或作他用，因此提取液的pH严格控制在11~12，搅拌30min，促进蛋白质溶解，上清液在pH 5.4时，沉淀蛋白并分离，沉渣经过滤后制取淀粉，豆渣蛋白为乳白色固体颗粒或粉末，有豆香味，灰分3.6%，水分6.1%，蛋白质含量80%左右，蛋白质得率90%以上。

（2）制取膳食纤维　据资料报道，豆渣所含食物纤维中，非结构性水溶多糖占2.2%，半纤维素32.5%，纤维素20.2%，木质素0.37%，是十分理想的膳食纤维源。日本已用豆渣开发出膳食纤维片。国内已有以豆渣为原料制取膳食纤维的研究，其基本工艺：将新鲜豆渣经漂洗、除蛋白、除脂肪、脱色处理、均质、干燥、粉碎而成，该工艺处理可得粒度近似面粉，乳白色，含膳食纤维61%左右，还含有17%的蛋白质的膳食纤维制品。豆渣中残存的蛋白质用酶处理和调整pH的办法，较难完全除去，其主要原因是大豆中含有的不溶性球蛋白，即使使用加温的方法调制豆渣，仍然显示不溶性，同时却呈现出纤维成分物理性状的包围结构。为得到纯度高的纤维产品，调整pH至10后进行化学处理，然后再用果胶酶和蛋白质分解酶处理，可得到膳食纤维98.6%、蛋白质1.4%的精制膳食纤维。大豆膳食纤维可作为保健食品原料添加到各种食品中，可用于降脂、减肥、改善胃肠道功能的保健类食品。

（3）提取大豆多糖　日本武器药品公司利用豆渣成功地制取多糖，提取方法是用300~700g/L碱性水溶液的乙醇抽提，再用酸中和、压榨、脱水、干燥得到固体多糖，产品为无臭无味的白色粉末，可用于食品的保水保型及分散剂。日本不二制油公司从豆渣中提取的大豆多糖含食物纤维60%，该产品除具有水溶性和食物纤维的生理活性功能之外，还完全可代替阿拉伯树胶用于食品制造，而且用途远比阿拉伯树胶广泛。另外，在酸性条件下可供蛋白质粒子保持稳定，其水溶液有很强的黏合性，能在食品表面形成一层无色透明的水溶性可食薄膜。该大豆多聚糖还可广泛应用于各种饮料生产。

（4）提取抗氧化物质　日本青森县产业技术中心应用各种微生物酶、三酸甘油酯酶、肽酶等酶分解豆渣中可溶性物质，分解率可达70%。这些可溶性物质有优良的抗油脂氧化效果，比抗氧化剂维生素E更耐热，判定其功能成分为低聚糖，还可用作调味健康食品原料。

（5）制取核黄素　核黄素即维生素B_2。将新鲜豆渣挤去水分后，使水分含量为50%左右，取新鲜米糠用清水拌湿，使水分含量为50%左右，按豆渣：米糠为7：3的比例混合，而后高温蒸汽灭菌。参与豆渣生产核黄素的菌种是阿氏假囊酵母，将培养好的种子与原料混匀，在28℃培养10~14d，在80~90℃下烘干到水分含量在3%以下，粉碎后即为粗制核黄素产品，每克成品含核黄素3~5mg。

2. 生产食品或食品添加剂

（1）豆渣膨化食品　在豆渣（占70%）、豆粉、淀粉、植物油等加入混料机中搅拌均匀，然后经过挤出成型、油炸、冷却、调味加香、包装等工序制成豆渣膨化食品。该技术的特点是采用干法生产新工艺开发豆渣纤维食品，干法生产的优点是科学合理地保持了大豆原有的营养成分，提高了综合利用率，在湿法生产时排出的豆渣中含有23%左右的大豆固形物，固形物中含有蛋白质、纤维素、微量元素等营养物质，干法生产可全部保留这些营养成分，开辟了一条豆渣纤维利用的新途径。采用干法生产工艺，便于配料时添加各种营养强化剂和优势互补的其他食品，如蔬菜、调味品、维生素、富含异黄酮的大豆胚芽等，使产品营养丰富，口味更佳，改变传统大豆制品配料单一的缺陷。本技术利用豆制品生产的副产物新鲜豆渣（无需干燥），生产出营养健康美味的纤维食品，使大豆得到了综合利用，解决了豆制品厂豆渣资源浪费的难题，又无废水及其他废弃物产生，对环境不构成污染。

（2）豆渣挤压方便食品　将大豆去脂磨成豆粉，然后搅拌均匀后挤压成型，再晾干、包装得到豆渣挤压方便食品。该技术的特点是利用螺杆挤压机将调配均匀的原料经瞬间高温高压处理，利用挤压加工新技术对大豆蛋白进行改性处理，同时使不良因子酶失活。该挤压技术是集混合、搅拌、破碎、加热、蒸煮、杀菌、成型为一体的新技术。产品主要成分为蛋白质、膳食纤维，温水浸泡后可直接食用或作菜肴，有面条状、块状、波纹丝状等各种形状。

（3）豆渣焙烤食品　将豆渣直接用于焙烤食品，如面包、饼干、蛋糕等，所得产品口感粗糙，因此豆渣应先进行细化，然后再使用，也可根据实际需要，在豆渣磨碎前添加谷物、淀粉、糖类、乳制品、油脂类、乳化剂等，也可加调味料制成调味豆渣。磨碎后的豆渣粒度通常在 0.1mm 以下。磨碎后的豆渣若直接应用于食品，在食品中的配比一般为 1%～35%。例如，豆渣面包是将新鲜豆渣在酸性条件下热处理，为除去异味，使颜色变白，消除抗营养因子，然后用碱中和，甩干，再烘干，烘干温度控制在 65～70℃，防止褐变，粉碎如面粉状。制作面包时，加入面包粉 95%～100%，豆渣粉 3%，干酵母 1%，糖 6%，食盐 1%，水适量，再按面包的加工工艺加工。豆渣饼干是将新鲜豆渣浸入由明矾、纯碱、小苏打、水配制的 pH 7.8～8.5 的碱性缓冲溶液中浸泡 5～10h，目的是软化纤维。冲洗后，过胶体磨，热风干燥制豆渣粉。饼干中豆渣粉的添加量在 22% 以下，利于饼干成型，然后按饼干加工工艺加工。

（4）豆渣方便食品　将新鲜豆渣放入 pH 7.5～8.5 的微碱性溶液中浸泡 5～12h，然后向 100 份豆渣中加入小麦粉 120～180 份，淀粉 30～70 份，水 12～28 份，加少许调味料和膨胀剂，捏合，蒸煮后得强度和弹性适宜的熟面团，轧成 1～3mm 片状，冷却熟化后切成大小合适的形状，将面团干燥至含水量 13%～20%，得半成品，食用时可油炸或油煎。

（5）豆渣饮料　豆渣饮料主要有豆渣纤维饮料和发酵型豆渣饮料两类。豆渣纤维饮料是采用纤维素酶对湿豆渣进行水解，然后加入一定比例的白砂糖、柠檬酸、蔗糖脂肪酸酯等食品添加剂进行调配和均质而制成的高纤维饮料。发酵型豆渣饮料是在湿豆渣中接种米曲霉，利用米曲霉产生的蛋白酶、淀粉酶、脂肪酶、核酸酶等发生水解作用制得发酵豆乳，再加入柠檬酸、苹果酸、乳酸等酸度调节剂，并填充二氧化碳，制成的发酵碳酸豆乳饮料。

（6）豆渣酱和酱油　豆渣酱的原料包括豆渣、花生饼、面粉，辅料包括麸皮、香辛料、米曲霉。将豆渣、花生饼混合蒸熟，面粉炒成黄色，有浓香味即可。将已蒸熟的豆渣、花生饼、炒面粉混匀，再加入制好的米曲霉曲种，放入 28℃培养箱中制曲，到酱曲长成黄绿色、有曲香味后，将酱曲捣碎，洒热盐水，保温发酵 10d 左右，酱醅成熟。在发酵完成的酱醅中，加入香辛料浸出液和 5%食盐，充分拌匀，于室温下发酵 3d 即成酱。豆渣酿造酱油是将豆渣与麸皮按 2∶1 比例，或代替部分主料酿制酱油，通过配料与蒸料、冷却、接种、制曲、加食盐发酵、浸泡、淋油、生酱油、调香、加色、灭菌而成。其产品质量较高，而且制造工艺简单。

（7）糖化菌粉　糖化菌粉又称甜酒药粉，用于生产醪糟或制酒等。将新鲜豆渣压滤，干燥，粉碎后补加麦芽汁或饴糖液营养液，接种菌种，菌种为根霉菌，恒温发酵 3d 后，干燥包装即成品。

（8）维酶素　维酶素是一种富含维生素 B_2 等多种维生素的新型营养强化剂，主要用于治疗消化道疾病。将豆渣加入灭菌后，降温至 28℃，接种维酶素生产菌，于 28℃恒温进行发酵培养，转化即可得到维酶素粉，每吨豆渣可得 200kg 维酶素粉。

3. 生产其他产品

除了提取营养成分，生产各类食品和食品添加剂，豆渣还可以作为其他多种产品的加工原料。

（1）发酵饲料　将新鲜豆渣，经压榨脱水至 70% 含水量，配以干麸皮，每 10kg 豆渣 2.5kg 麸皮，在 0.1MPa 蒸汽压力下灭菌 30min，接种后培养 72h。分析后看出，经发酵后的豆渣比未发酵的豆渣蛋白质含量增加 8%左右，氨基酸态氮含量增加了 4.9 倍，且含蛋白酶活力 1157U/g，是一种非常理想的蛋白质饲料，可代替部分鱼粉。

（2）食用纸　随着世界各国环保呼声的日益加强，开发可降解而无污染的包装材料已经成为一个新热点，而以豆渣为原料开发的可食包装纸恰恰可适应这种潮流。日本酒井农业食品工程公司研究出一种用豆渣生产可食用纸的方法，其具体的技术工艺：将榨汁或提取豆制品以后的豆粕（豆渣）加入适量的水和植物性蛋白酶，过滤出经酶处理后的这种豆渣液，即为含食物纤维素23%~25%的可食纸浆；然后用生产普通纸的方法和设备制成各种大小的干燥纸膜即为可食纸。这种可食纸在食品工业中的用途非常广泛，例如，作快餐面的调料包装纸，糖果、饼干、粉状食品和饮品内包装纸等，由于这种纸在水中或唾液下可溶化，因而不必撕碎可直接食用；又因为这种纸是食物纤维且热能极低，所以也可作保健食品的载体。

（3）聚氨酯　聚氨酯（全称聚氨基甲酸乙酯），是由多元醇与多聚异氰酸酯经重负荷聚合反应后形成氨基甲酸乙酯结合主链的高分子化合物，比较容易水解，是一种可由微生物分解的塑料材料。研究人员考虑到，如果在其主链上再引入天然高分子物质，可以进一步提高其生物降解性。为此，日本研究者用豆腐渣加入到多元醇中，加工试制生物降解型聚氨酯薄膜和聚氨酯泡沫塑料，并研究分析其机械性能。含豆腐渣的聚氨酯调制工艺流程：先将豆腐渣于120℃干燥制成豆渣粉，并用50~280目筛筛分成不同的微粉末，然后将这种豆渣粉与作为多元醇原料的聚乙二醇的一部分混合好，混合比例为0~1.0g/g，试制成各种不同豆腐渣含量的聚氨酯薄膜及聚氨酯泡沫塑料。研究表明。豆腐渣可以作为多元醇原料的一部分用于合成聚氨酯中，而且豆腐渣提高了形成聚氨酯三维架桥结构的密度，耐压强度可与现有的广泛使用的聚氨酯相当。

（4）金属离子去除剂　用交联淀粉黄原酸酯和纤维素黄原酸酯去除废水中的重金属离子已有研究，利用豆渣为主要原料，选择合理工艺条件，合成新型重金属离子去除剂——豆渣纤维加黄原酸酯。将新鲜豆渣用清水漂洗后，加入适量氢氧化钠和助剂放置一段时间使豆渣降解，将预处理的豆渣在20℃下搅拌，30min内加入环氧氯丙烷进行交联，搅拌12h，再在15min内滴加适量二硫化碳进行黄化，搅拌适当时间后加入稳定剂，经转型、挤压后制成。豆渣黄原酸酯的原料来源广泛，价格低廉，合成方法简单，使用量少，对废水中重金属离子有较好的去除作用，本身能自然降解，在环境保护领域有广泛的应用前景。

（二）豆粕的综合利用

豆粕是大豆经提取豆油后得到的副产品。根据提取方法不同可分为一浸豆粕和二浸豆粕，用浸提法提取豆油后得到的副产品为一浸豆粕，压榨取油后再经过浸提取油后得到的副产品称为二浸豆粕。一浸豆粕的生产工艺较为先进，蛋白质含量高，是目前国内外现货市场上流通的主要产品。豆粕中含蛋白质43%左右、赖氨酸2.5%~3.0%、色氨酸0.6%~0.7%、甲硫氨酸0.5%~0.7%、胱氨酸0.5%~0.8%、胡萝卜素0.2~0.4mg/kg、硫胺素3~6mg/kg、核黄素3~6mg/kg、烟酸15~30mg/kg、胆碱2200~2800mg/kg。豆粕中较缺乏甲硫氨酸，粗纤维主要来自豆皮，无氮浸出物、B族维生素与淀粉含量低，矿物质含量少。豆粕是各类油粕中用途最广的一种，目前豆粕的需求主要集中在饲养业与饲料加工业，还可应用于食品工业、造纸业、涂料业、制药业等行业。

由于豆粕中抗营养因子的存在以及其适口性差等问题限制了豆粕的应用价值，见表7-15。目前，应用发酵技术处理豆粕，是有效提高豆粕品质的方法之一。发酵豆粕是指利用有益微生物发酵低值豆粕，去除多种抗营养因子，同时产生微生物蛋白质，丰富并平衡豆粕中的蛋白质营养水平，最终改善豆粕的营养品质，提高饲料效率。发酵豆粕含益生菌、酶、水溶型维生素、肽、氨基酸、大豆异黄酮等功能成分，这对动物的生长十分有利。另外，在发酵过程中产生的酸味物质，对于幼龄动物具有明显的诱食效果。并且，由于部分碳水化合物被降解，豆粕致密结构变得疏松，适口性显著提高。由此可见，经过发酵后，豆粕的生物学价值显著提高。

表 7-15　　豆粕中主要抗营养因子

名称	生化组成	在豆粕中含量	抗营养作用	检测方法
胰蛋白酶抑制因子	蛋白质或多肽	2%	抑制胰蛋白酶、凝乳蛋白酶活性，使蛋白质消化率下降；造成胰腺补偿性肿大，消化吸收功能失调，出现腹泻，机体生长受抑制	脲酶活性法，ELISA 法
脲酶	酶蛋白	—	在有水情况下，将尿素分解为氨和二氧化碳，引起动物氨中毒	GB/T 8622—2006
大豆凝血素	酶蛋白	3%	可与动物小肠黏膜上皮微绒毛表面糖蛋白结合，引起微绒毛损伤和发育异常，对蛋白质利用率下降	血凝法
大豆球蛋白	大分子蛋白质或糖蛋白	主要为 4% 的大豆球蛋白和 2% 的 β-大豆伴球蛋白	具有抗原性和致敏性，刺激免疫系统产生抗体，导致腹泻和生长受阻	ELISA 法
大豆低聚糖（胀气因子）	半乳寡糖	含量 5%~6%，主要包括棉子糖、水苏糖等	人或动物缺乏 α-半乳糖苷酶，不能水解棉子糖与水苏糖，摄入的 α-半乳糖苷不能被消化吸收，容易引起消化不良、腹胀、腹泻等现象	气相色谱法，高效液相色谱法
植酸	肌醇六磷酸	1%~2%	与金属离子形成稳定的络合物植酸盐，并与蛋白质、淀粉、脂肪结合，使内源淀粉酶、蛋白酶、脂肪酶的活力降低，影响消化	分光光度法
非淀粉多糖	碳水化合物	豆粕中含有 14% 果胶，1.85%~2.37% 乙型甘露聚糖，6%~7% 纤维素	非淀粉多糖是植物细胞壁物质中除了淀粉以外所有碳水化合物的总称，由纤维素、半纤维素、果胶类物质和抗性淀粉四部分组成，常与蛋白质和无机离子等结合，一般难以被单胃动物自身分泌的消化酶水解；能在消化道形成黏性食糜，降低饲料脂肪、淀粉和蛋白质等养分的营养价值	—

我国豆粕生物降解的生产工艺众多，包括简单的手工批次操作及其复杂的自动化连续流水线生产。归纳起来主要有酶解法和微生物发酵法。酶解法可用特定酶定位产生特定肽或氨基酸，酶解过程和产物易控制，生产条件温和、产品安全性高；但由于酶解后产物需要脱苦，而且单一酶种降解产物单一，复合酶降解又增加成本，因此，人们越来越多地开始转向微生物发酵降解豆粕。

应用于微生物发酵豆粕的技术方法目前主要有固态发酵技术和液态发酵技术两种。液体发酵使养分和微生物处于水溶状态，充分的水分活度使微生物充分活化，又是在物料消毒灭菌后密闭发酵，保证了产品的优良品质和稳定性。但鉴于液体发酵设备造价高，发酵过程中的废液排放造成环境污染，发酵后处理成本高，因此，基于环保和经济方面的综合考量，对于低值的豆粕发酵，目前多采用的是固体发酵。

常见的固体发酵菌种有细菌类和真菌类：细菌类主要有芽孢杆菌、乳酸菌；真菌类主要有酵母菌和霉菌（根霉、毛霉、木霉、曲霉）。发酵菌种的剂型主要有液体和固体两种。一般来说，大多数纯培养的发酵剂采用液体剂型，菌种的生产是从斜面、菌种活化、三角瓶、小型种子罐到大型种子罐，然后用于生产发酵。固体剂型的菌种主要是曲种，按传统固体制曲技术制作。不同微生物对营养物质的各种理化因子要求不同，而发酵过程是一个动态过程，不会维持某一个恒定的状态，因此，目前常见的豆粕固体发酵是由多种微生物共同协同或按顺序进行的。开始发酵时，表层的低温耗氧微生物开始大量繁殖，导致发酵料温持续上升和氧气的减少，为厌氧微生物的生长提供了条件，然后厌氧微生物有机会大量繁殖，发酵产酸，致使发酵物料 pH 下降，抑制杂菌生长，使得嗜酸性微生物大量繁殖。另外，采用多菌种协同发酵，是考虑到芽孢杆菌、酵母菌和乳酸菌等具有各自独特的发酵性质，如芽孢杆菌因为芽孢的存在使得耐受性极强，可以保证大量繁殖；酵母菌菌体本身蛋白质含量高，氨基酸组成合理，而且极易利用非蛋白氮合成优质的酵母菌体蛋白，提高蛋白品质；乳酸菌在发酵过程中由于其产酸作用，能降低物料 pH，抑制杂菌滋生，同时改善物料风味和适口性。实际生产中，如何对各菌种进行组合，进行优势互补，对于进行一个高品质的发酵极为重要。

固体发酵多数采用开放式发酵。按照生产模式，可分为浅层发酵和深层发酵。浅层发酵的物料厚度一般在 5cm 以下，采取水泥地面平铺式发酵，适合好氧发酵。物料厚度薄，利于氧气扩散，需氧菌可以得以大量繁殖。另外，由于是浅层发酵，也利于菌种产生热量的扩散，使发酵始终保持一个适合菌种生长的温度。但由于浅层发酵占地面积大，不利于高效率的发酵生产。深层发酵的物料厚度一般在 30cm 以上，多数在 100cm 左右，甚至有高达 200cm 以上的，采取水泥池自然堆放式发酵，这种物料堆放模式适合混合菌种发酵，前期好氧菌活动频繁，中后期兼性厌氧发酵。整个固体发酵过程无废液产生，发酵产品全部回收，安全无污染，符合绿色环保的要求。

三、大豆油脚的综合利用

大豆油脚一般是指毛油经水化后以及油长期静置后的沉淀物。首先大豆经压榨或溶剂浸提可得到含磷脂的毛油，再根据毛油中非油脂成分其理化性质的不同，而采取不同的精炼方法得到的。原料油脂质量不同，大豆油脚组成往往也不同。如果原料油脂的酸价较低，杂质少而色泽浅，则可得到数量较少而质量较优的大豆油脚；如果原料油脂的酸价较高，且杂质多而色泽深，那就会得到数量较多而质量较次的大豆油脚。

大豆油脚是大自然赋予人类的一种宝贵资源，是豆油生产的副产物，它的主要成分是大豆磷脂、中性油、水分、甾醇及其他类脂物，此外，还有少量的蛋白质、糖类、蜡、色素以及有机和无机杂质，组成与含量见表 7-16。

表 7-16　　大豆油脚的组成与含量　　单位:%

组成	大豆磷脂	油脂	水	甾醇	其他杂质
含量	20~30	15~20	40~60	0.2~0.6	少量

（一）大豆磷脂

大豆磷脂是大豆油生产过程的伴随物，加工大豆油的油脚中含有 40%~50%的磷脂，它是大豆中主要生物活性成分，在心脑血管、肝脏及健脑等方面的营养保健及治疗作用获得广泛的认同，是广阔而有价值的资源。大豆磷脂在催化剂存在下，还可以水解为脂肪酸、甘油、肌醇等组成磷脂的化合物。成分与含量见表 7-17。

表 7-17　　大豆磷脂的组成与含量　　单位:%

组成	脂肪酸	甘油	肌醇	甾醇	其他杂质
含量	70~80	7~8	2~4	0.5~1	5~8

大豆磷脂通常是多种磷脂的混合物，主要由磷脂酰胆碱（卵磷脂）、磷脂酰乙醇胺（脑磷脂）和磷脂酰肌醇等组成，除此之外还含有少量的磷脂酸和磷脂酰丝胺酸。

1. 卵磷脂

1850 年，Gobley 首先从蛋黄中分离出了一种含磷的油脂性物质，遂命名为卵磷脂，在大豆磷脂中，卵磷脂是由甘油、胆碱、磷酸、饱和及不饱和脂肪酸组成的一种含磷脂类物质，普遍存在于蛋黄、动物脑、大豆、玉米、棉籽等资源中，其结构式如图 7-1 所示。卵磷脂作为人体正常新陈代谢和健康生存必不可少的物质，对人体的细胞活化、生存及脏器功能的维持、肌肉关节的活化及脂肪的代谢等都起到非常重要的作用。因此，卵磷脂具有以下几个方面的功能：对人体具有调节代谢、增强体能的功能；健脑、补脑、消除大脑疲劳、增强智商、提高人体记忆力的功能；降低人体血液胆固醇、调节血脂、防止动脉粥样硬化的功能；保护人体肝脏、防治脂肪肝的功能；防治老年骨质疏松症的功能；对人体的健美、健体功能。作为食品原料使用的卵磷脂是大豆油加工中的副产物之一，其资源丰富，价格低廉且有利环境保护，它又是人体正常代谢和保持健康必不可少的物质。它广泛用于医药、食品工业，在化工、轻工、皮革、涂料、饲料、农业等行业都得到广泛的应用。

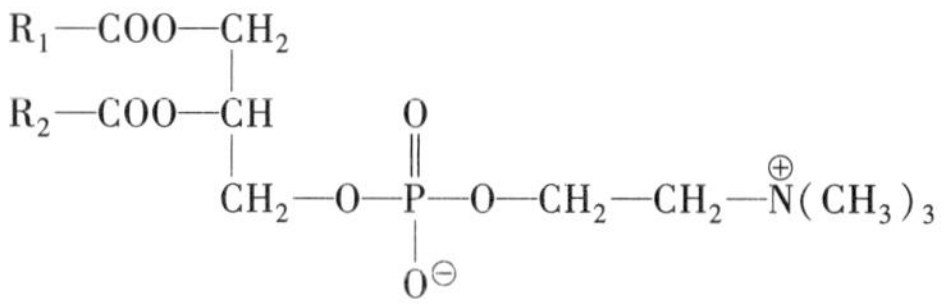

```
R1—COO—CH2
        |
R2—COO—CH        O
        |        ‖                     ⊕
        CH2—O—P—O—CH2—CH2—N(CH3)3
                 |
                 O⊖
```

图 7-1　卵磷脂

2. 脑磷脂

脑磷脂是良好的天然表面活性剂，具有特有的生物活性和生理功能，无毒，无污染，无刺激，易生物降解，因而受到国内外科技界和工业界的高度重视。其结构式如图 7-2 所示。

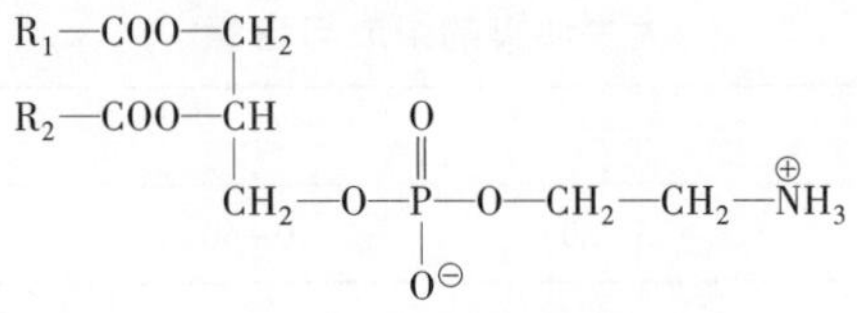

$$R_1—COO—CH_2$$
$$R_2—COO—CH$$
$$CH_2—O—\overset{O}{\overset{\|}{P}}—O—CH_2—CH_2—\overset{\oplus}{N}H_3$$
$$O^{\ominus}$$

图 7-2　脑磷脂

3. 肌醇磷脂

1942 年，Folch 发现了肌醇磷脂，它为白色无定形固体，钠盐是晶体，对湿敏感。易溶于水、氯仿、苯，微溶于甲醇、乙醚、石油醚，但不溶于丙酮、乙醇和水。暴露在空气中易被氧化，肌醇磷脂通常作为一种重要的细胞内信号传导通路备受关注，其对于维持中枢神经系统正常的生理功能，尤其在调节钙稳态方面起重要作用。其结构式如图 7-3 所示。

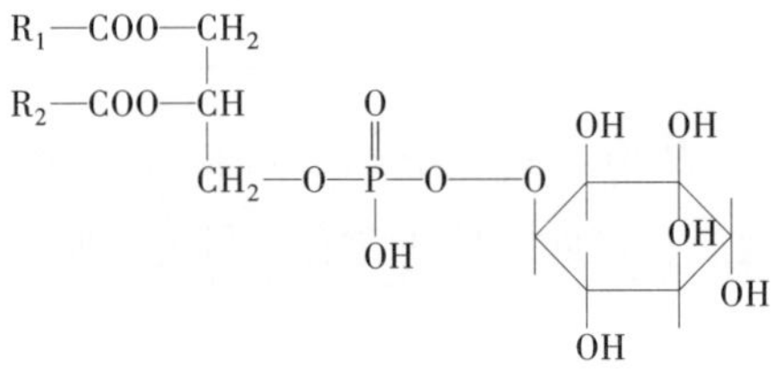

$$R_1—COO—CH_2$$
$$R_2—COO—CH$$
$$CH_2—O—\overset{O}{\overset{\|}{P}}—O—O—(\text{环己烷环，带 OH、OH、OH、OH、OH})$$
$$OH$$

图 7-3　肌醇磷脂

磷脂的提取方法主要有以下几种。

（1）溶剂法　溶剂法的原理是利用卵磷脂、脑磷脂和杂质在溶剂中的溶解度差异。最常用的溶剂是丙酮和乙醇，丙酮能溶解油脂和游离脂肪酸，而不溶解大豆磷脂，因而用丙酮可以将磷脂中的油脂等除去，该法提供的工艺路线简单且操作方便，资源丰富，价格低廉，溶剂法易工业化，在生产磷脂领域中有一定的应用。

（2）超滤膜　膜技术分离磷脂是近几十年来才被人们重视的新兴技术。真正对超滤膜分离磷脂有指导意义的理论是 Hancer M 等学者研究的在非水介质中磷脂和大豆油在亲水和亲油的表面形成胶束和吸附的机理。许多学者们将膜的抗污染能力、流量和磷脂的截留量作为指标，研究了膜的抗溶剂能力，其中聚酰亚胺被认为具有优秀的抗溶剂和耐高温的能力。目前，日本研究试验应用膜分离法制备高纯度磷脂制品。通过己烷等低极性溶剂溶解，磷脂形成胶束，根据相对分子质量大小进行膜分离，但限于膜功能不能完全分离相对分子质量相近组分，所以难以提纯制高纯度磷脂，尚需开发出特定功能膜后才有可能工业应用。虽然膜技术没有使用化学试剂，而且节能，但由于渗透量和膜的寿命等问题没有得到更好的解决，因此膜工艺的工业化发展受到了制约。

（3）超临界流体萃取法　超临界流体萃取是近几十年来迅速发展起来的一项新型化工

分离技术，尤其适用于提取和精制难挥发性、热敏性的天然物质，作为一种新型分离技术在国内外已经得到人们的广泛重视。超临界二氧化碳萃取是超临界流体技术发展的主流。如前所述，超临界流体萃取的原理是利用超临界流体的溶解能力与其密度的关系，即利用压力和温度变化对超临界流体溶解能力的影响而进行的。将超临界流体与待分离的物质接触，使其有选择性地萃取某一组分，然后利用减压、升温的方法，使超临界流体变成普通气体，被萃取物质则完全或基本析出，从而达到分离提纯的目的。虽然二氧化碳对人体无害，但该法萃取装置昂贵、生产成本偏高、萃取效率比溶剂低，尚处于试验阶段，未达工业化应用。

（4）其他方法　主要有无机盐复合沉淀法、柱层析法、高压液相色谱法等。无机盐复合沉淀法是利用无机盐和卵磷脂可生成沉淀的性质，把卵磷脂从有机溶剂中分离出来，由此除去蛋白质、脂肪等杂质，再用适当溶剂萃取出无机盐和其他磷脂杂质（主要是脑磷脂），这样可大大提高卵磷脂纯度。柱层析法的常用填料有三氧化二铝、二氧化锰及硅胶等，其洗脱剂有正己烷、三氯甲烷和甲醇及它们的混合液等，由于洗脱剂有毒，给工业化生产带来许多困难。高压液相色谱法由于其分离水平高，多用来分析，现在已拓宽到制备领域。

（二）脂肪酸和亚油酸

油脚的主要用途是用于提取磷脂。将磷脂提取后的毛油进一步水解可以制备混合脂肪酸，混合脂肪酸进一步分离可以得到亚油酸。由大豆油脚得到的混合脂肪酸含大量的不饱和脂肪酸，是重要的化工原料，广泛用于涂料、表面活性剂、塑料助剂、黏结剂、建筑脱模剂、油墨、合成树脂等领域。目前脂肪酸供应主要以各种油脂的形式为主，但在油漆、涂料、表面活性剂、日用化学品、塑料助剂等领域也需求大量的游离脂肪酸。国内脂肪酸总需求量在100万t以上。大豆油脚的脂肪酸组成如表7-18所示。

表7-18　大豆油脚中脂肪酸的组成与结构

脂肪酸名称	化学结构	相对分子质量	在混合脂肪酸中含量/%
硬脂酸	$CH_3—(CH_2)_{16}—COOH$	284	3~7
软脂酸	$CH_3—(CH_2)_{14}—COOH$	256	8~14
油酸	$CH_3—(CH_2)_7—CH═CH—(CH_2)_7—COOH$	282	45~51
亚油酸	$CH_3—(CH_2)_4—CH═CH—CH_2—CH═CH—(CH_2)_7—COOH$	280	20~24
亚麻酸	$CH_3—CH_2—CH═CH—CH_2—CH═CH—CH_2—CH═CH—(CH_2)_7—COOH$	278	8~11

亚油酸学名为顺式十八碳-9，12-二烯酸，属于不饱和脂肪酸，并以甘油酯的形式存在于许多动植物油脂中。由于其分子式中含有两个双键，因此被广泛应用于树脂、玻璃钢、涂料、医药、助剂、油漆和油墨工业中。目前市场上的亚油酸主要是以大豆油为原料，经皂化、水解、初馏、精馏制得，该工艺环保，对环境污染小，有着良好的市场前景。

脂肪酸的提取关键在于油脂水解制取脂肪酸和甘油，而亚油酸的提取关键在于混合脂肪酸中饱和脂肪酸的去除。具体工艺详见后文“四、皂脚中脂肪酸的提取”。

四、皂脚中脂肪酸的提取

皂脚是在碱炼脱酸工序中，采用碱性溶液脱除毛油中的游离脂肪酸中和为脂肪酸盐而分离出来的肥皂胶体，其总量占油脂产量的5%~6%。其成分随工艺条件不同而异，大致为：中性油（甘油酯）8%~27%，皂（脂肪酸钠）30%~40%，其余主要为水，还有少量的游离脂肪酸、磷脂、类脂物和色素等物质，其中总脂肪酸含量高达40%~60%。随着油脂工业的发展，油脂精炼过程中产生的皂脚成了生产脂肪酸的重要原料。

从皂脚中提取和分离脂肪酸主要经过以下工艺流程。

（一）混合脂肪酸提取

从皂脚中提取脂肪酸，一般都要经过几个工序才能得到粗制品至脂肪酸成品。提取脂肪酸时对皂脚前处理常用工艺有三种：皂化酸解法、高压水解法、加酶水解法等。

1. 皂化酸解法

皂化酸解法是将皂脚加水稀释后，加热加碱进行补充皂化、酸化、水洗制取脂肪酸的一种方法。对于不同的皂脚，酸解后脂肪酸的酸价要有一定的质量要求。该工艺设备简单，操作方便，周期短且产品质量较好，适用于小化工生产，但存在酸碱套用不合理的缺点。

2. 常压触媒水解法

通称屈魏氏法（Twitchell Process），它是采用1898年屈魏氏法的专利试剂作为催化剂，使油脂和水在常压的敞口设备中用蒸汽煮沸分解成脂肪酸的方法。屈魏氏试剂开始是用油酸与硫酸反应制成，其后改用邻二甲苯与油酸、硫酸反应制成硬脂酸二甲苯磺酸作为分解油脂专利试剂。该方法尽管存在着脂肪酸色泽深、甘油水处理困难等不足，但因设备投资省，操作方便，故目前工业上仍有应用。

3. 低压（触媒或无触媒）间歇水解法

此法在蒸汽压力0.8~1.3MPa和温度170~190℃条件下，以碱性物质（氧化锌、氧化钙、氧化镁和氢氧化钠）为催化剂的油脂分解方法。为了省去硫酸处理水解后脂肪酸中所含有金属，生成硫酸盐水溶液的污染，也可不用催化剂，经1~2次分段反应，在原有压力的基础上，分解度均可达到95%以上。这一方法的设备投资为连续高压法的70%，不用高压蒸汽，操作方便，生产灵活，适于对批量小、品种多的油脂进行水解，在现行的工业方法中仍然占有一定的位置。

4. 连续高压水解法

该法是在压力3.0~5.0MPa下对油脂进行连续水解，不加催化剂，适于现代大规模工业生产。

5. 加酶水解法

该法是用脂肪酶作催化剂水解脂肪。此法反应条件温和，收率高，产品质量好。酶水解技术在国内处于研制阶段。日本已有工业化装置。但国内生产的脂肪酶还不适合油脂水解的工业化生产。

（二）混合脂肪酸蒸馏

粗脂肪酸蒸馏目的是去除其中的杂质。该方法是将粗脂肪酸加热于沸点以上，气化而分离，气化的混合脂肪酸通过冷凝后形成液状混合脂肪酸。这种杂质俗称黑脚，通常是高沸点组分，不易气化，称为难挥发组分，定期从蒸馏釜中排放出去。粗脂肪酸的蒸馏仅仅是分离其中的黑脚，占粗脂肪酸的5%~10%。粗脂肪酸蒸馏条件必须在高温和高真空条件下进行，由于脂肪酸有腐蚀性，蒸馏釜等设备均用不锈钢材料制成。粗脂肪酸蒸馏工艺过程：首先使计量缸内粗脂肪酸的量达到液位标准，间接加热至85~90℃，再开启蒸馏釜真空系统，使三级蒸汽喷射泵极限真空达到667Pa（5mmHg）。计量缸内粗脂肪酸由真空吸入预热器内，升温至135~140℃，再吸入电加热器内升温至240~250℃，由真空吸入蒸馏釜。蒸馏釜内装有电热棒，吸入的粗脂肪酸使电热棒浸没，蒸馏釜内粗脂肪酸量约占釜内容量60%。这时关闭进料阀，停止进料。将蒸馏釜内电热棒开启升温，蒸馏釜内装有直接蒸汽喷管，当蒸馏釜内料温在达到240~250℃时，从视镜内观察粗脂肪酸逐步汽化，这时直接蒸汽开启，起到翻动粗脂肪酸的作用。将冷凝器内冷却水打开，冷凝器冷却的液体混合脂肪酸，可从视镜中看到，冷却的混合脂肪酸流量正常时，逐步开启适量进料。从计量缸到冷凝器收集出酸正常下进行工作。蒸馏到一定时间，蒸馏釜内积存一定量黑脚，定时将其排放。在蒸馏操作过程中，一定要严格按操作规程进行，经常注意观察各种仪表显示数字，若发现不正常情况，应及时采取措施。

（三）混合脂肪酸分离

目前，国内工业生产上分离混合脂肪酸有四种方法：冷冻压榨法、表面活性剂分离法、溶剂分离法、尿素分离法等。

1. 冷冻压榨法

该法是利用各种脂肪酸结晶温度的差异，在较低的温度下，用挤压的方法将结晶温度低的不饱和脂肪酸与结晶温度较高的饱和脂肪酸分离。该法是最早使用的脂肪酸分离方法，分离效果不好，能量消耗大，生产周期长。但具有技术简单、在分离过程中不引入其他物质等优点，所以药用亚油酸及由天然脂肪酸生产硬脂酸时多采用此法。操作过程：将混合脂肪酸泵入冷冻锅内，并不断进行搅拌，冷冻锅的夹套内输入冷冻盐水冷却，使混合脂肪酸徐徐冷却至最终温度零度，以促使固体酸晶粒粗大且结晶分明。混合酸输入冷冻锅前，温度控制在室温最适宜。输入冷冻锅的混合酸从20℃降到0℃，冷却速度可为1~17℃/h。经过两步冷却结晶，在缓慢的搅拌下有利于晶体转变成粗大晶型，便于两相分离。将冷冻结晶好的混合脂肪酸，装入棉布袋进行压榨。每只布袋内灌入冷冻混合脂肪酸0.5kg，用手抹平整齐地叠放在水压机上的箱框中，每车装袋550~600只进行压榨。压榨时压力要逐步增加，要轻压勤压，使油酸在压力下细流不断，一般压榨时间6h。硬脂酸拆车后，从布袋里倒出，装过硬脂酸的布袋放入热水池中将硬脂酸溶解出，收集起来脱水后，即得硬脂酸。油酸经脱水后还需复蒸馏一次即得油酸成品。

2. 表面活性剂分离法

表面活性剂分离法也称乳化分散分离法、湿润交换分离法等，它是20世纪60年代开始应用于生产上的一种分离方法。表面活性剂法分离混合脂肪酸的基本原理是基于饱和脂肪酸与不饱和脂肪酸凝固点的不同，使其在一定的温度下，混合脂肪酸用表面活性剂的水溶液处理，使固体酸结晶液体酸乳化，形成固体和液体两相。这种不同物相的混合脂肪酸，分散于有表面活性剂的电解质的水溶液中，形成多相分散体系。然后再根据体系中相对密度的不同，借助于离心机分离出其中的轻相（油酸）和重相（硬脂酸），即可分别得到不饱和脂肪酸和饱和脂肪酸。操作过程：将经蒸馏后的混合脂肪酸放置贮藏池内，一般有几天时间，温度在20℃左右，操作时将贮存池内的混合酸输入冷冻缸内，冷冻锅夹套通入冷冻盐水液，混合酸从开始的20℃降温至10～12℃，搅拌4～6h，待固体酸明显结晶，有利于配料和分离。将冷冻好的混合脂肪酸输入配料锅内，加6%左右的烷基磺酸钠溶液、3%左右的硫酸镁，并在硫酸镁计量罐内溶解好，流入配料锅内。混合液中加水量为混合脂肪酸量的1.5倍，水温在进入配料锅前温度控制在10～12℃。最后采用蝶式离心机对物料进行分离，经离心机分离出的油酸和硬脂酸，还含有表面活性剂水溶液，必须在分离后进行水洗、脱水等处理后才能作为油酸和固体酸成品。

3. 溶剂分离法

还可采用溶剂分离法，即利用饱和脂肪酸与不饱和脂肪酸在某些溶剂中溶解度的差异来达到分离二者的目的。

思考题

1. 在粮油加工副产品综合利用过程中，制备技术有哪些？其基本原理是什么？
2. 任选某一粮油加工副产品，采用制备、分离、浓缩、干燥等技术设计一套生产工艺流程。
3. 米糠的主要营养成分及其利用途径有哪些？
4. 简述稻壳制备硅胶的原理和方法。
5. 小麦麸皮的主要营养成分及其利用途径有哪些？
6. 麦胚蛋白的提取方法有哪些？
7. 玉米胚的主要营养成分及其利用途径有哪些？
8. 从玉米皮渣中提取黄色素的方法有哪些？
9. 采用多菌种协同发酵生产发酵豆粕时，使用的菌种主要有哪些？其作用是什么？
10. 从皂脚中提取和分离混合脂肪酸分别有哪几种方法？

参考文献

[1] 徐怀德．天然产物提取工艺学［M］．北京：中国轻工业出版社，2006.

[2] 李新华，刘雄．粮油加工工艺学［M］．郑州：郑州大学出版社，2011.

[3] 邹礼根，赵芸，姜慧燕，等．农产品加工副产物综合利用技术［M］．杭州：浙江大学出版社，2013.

[4] 周显青，崔岩珂，张玉荣，等．我国碎米资源及其转化利用技术现状与发展［J］．粮食与饲料工业，2015（2）：29-34.

[5] 吕莹果，季慧，张晖，等．米糠资源的综合利用［J］．粮食与饲料工业，2009（4）：19-22.

[6] 吕飞，许宙，程云辉．米糠蛋白提取及其应用研究进展［J］．食品与机械，2014，30（3）：234-238.

[7] 李昌文，欧阳韶晖．小麦麸皮的综合利用［J］．粮油加工与食品机械，2007（7）：55-56.

[8] 严晓月，吴金鸿，钟耀广，等．小麦胚芽综合开发利用研究进展［J］．农产品加工·学刊，2014（11）：14-18，23.

[9] 李海燕．玉米浆及其副产物的制备与应用［D］．武汉：湖北工业大学，2013.

[10] 任婷婷，石亚丽，李书国．玉米胚食品加工技术的研究进展［J］．粮食与饲料工业，2012

(5)：28-30.

[11] 鲁晓翔，唐津忠．玉米麸质综合利用研究进展［J］．食品科技，1999 (6)：52-53.

[12] 刘军海，王俊宏，代红灵．玉米黄色素提取工艺的研究进展［J］．食品研究与开发，2014，34 (11)：109-111.

[13] 覃树林，王新明，孙保剑，等．玉米芯综合利用研究进展［J］．氨基酸和生物资源，2014，36 (2)：23-27.

[14] 殷涌光，刘静波．大豆食品工艺学［M］．北京：化学工业出版社，2006.

[15] 张振山，叶素萍，李泉，等．豆渣的处理与加工利用［M］．食品科学，2004，25 (10)：400-406.

[16] 余涛．大豆油脚的综合利用［D］．哈尔滨：哈尔滨理工大学，2005.

[17] 饶华俊，徐坤华，王庆和，等．油脂精炼副产物皂脚的研究进展［J］．食品科技，2014，39 (9)：199-203.